荣获中国石油和化学工业优秀出版物奖·教材奖一等奖

江苏省高等学校重点教材(编号：2021 - 1 - 051)

高等院校应用型本科规划教材
国家级一流专业建设项目

U0192348

材料物理性能(第三版)

主　编　吴其胜　张　霞
副主编　蔡安兰

华东理工大学出版社
EAST CHINA UNIVERSITY OF SCIENCE AND TECHNOLOGY PRESS
·上海·

图书在版编目(CIP)数据

材料物理性能 / 吴其胜,张霞主编;蔡安兰副主编
. —3 版. —上海:华东理工大学出版社,2023.4
ISBN 978-7-5628-6928-3

Ⅰ.①材… Ⅱ.①吴… ②张… ③蔡… Ⅲ.①工程材
料-物理性能 Ⅳ.①TB303

中国版本图书馆 CIP 数据核字(2022)第 186140 号

内 容 提 要

本书以无机材料的物理性能为主要研究对象,并适当延伸至聚合物等材料,介绍了材料的力、热、光、电、磁的功能转换性能及其发展,材料各种性能的重要原理及微观机制,材料成分、组织结构与性能的关系及主要制约规律;阐述了温度、压力、电场、磁场、化学介质、力场等环境条件下材料物理性能的稳定性及其变化过程;介绍了与物理性能相关的特殊材料,并重点介绍了现代功能材料。

本书可作为高等院校,尤其是应用型本科院校的无机非金属材料、金属材料、高分子材料与工程和材料物理、材料化学等专业的教材,也可供相关工程技术人员参考。

项目统筹 / 马夫娇
责任编辑 / 马夫娇
责任校对 / 陈　涵
装帧设计 / 徐　蓉
出版发行 / 华东理工大学出版社有限公司
　　　　　　地址:上海市梅陇路 130 号,200237
　　　　　　电话:021-64250306
　　　　　　网址:www.ecustpress.cn
　　　　　　邮箱:zongbianban@ecustpress.cn
印　　刷 / 上海展强印刷有限公司
开　　本 / 787 mm×1092 mm　1/16
印　　张 / 19.5
字　　数 / 519 千字
版　　次 / 2006 年 10 月第 1 版
　　　　　　2018 年 12 月第 2 版
　　　　　　2023 年 4 月第 3 版
印　　次 / 2023 年 4 月第 1 次
定　　价 / 59.80 元

序

　　材料科学是关于利用初级物质构造具有一定功能和使用价值的新物质的科学,主要内容是研究关于成分、合成加工、组织结构与材料性能四者之间的相互关系,其任务是采用科学和经济的方法,设计、合成、制备出具有优异使用性能的材料。粗略统计,在数十万种庞大的材料家族中,95%以上是通过各种手段人工合成或改性过的再制品。按使用性能大体可分为以利用其强度、刚度等力学性能为主的结构材料和以利用物理、化学、生物效应为主的功能材料两大类。

　　进入 21 世纪以来,材料科学与技术发生了巨大的变革。人们可以利用基础科学和信息技术提供的知识和工具,在物质结构更深的层次上,重新认识传统材料中的某些重大科学问题和关键技术,更精确地设计、合成新材料;更准确地控制、预测其性能,材料科学与技术必将步入前所未有的历史发展新阶段。全球至今尚未出现贯穿从基础理论、高科技到产业化过程的知识体系。因此理解和掌握金属、陶瓷和高分子材料中的共性科学规律、构成新的知识系统,是抢占全球制高点的新挑战。材料在不同的条件下具有独特的力、电、磁、热、光、声等功能,涉及不同层次的组织演化与性能之间的关系。这些关系是材料技术科学的主线和核心,是材料与器件功能多样性的基础,是各种材料设计与制备的共同基础,是创新材料制造科学体系的基础。

　　《材料物理性能(第二版)》从材料科学理论出发并结合工程实际应用,强调多学科知识的交叉与渗透,介绍材料力学、热学、磁学、介电和光学性能,评价材料的各种性能指标,讲解材料性能指标的测定原理与方法,分析各种内在因素和外在因素对材料各项性能的影响。在内容选取上注重实践、突出应用,使学生能够掌握材料的性能特点、影响因素、检测技术以及实际应用,培养学生的探索精神与创新能力。为正确选择和合理使用材料提供可靠的性能依据,充分发挥材料性能潜力,也为研制新材料,改进和发展加工工艺,以及进行零件或器件的失效分析等方面提供坚实的理论基础和工程应用知识。

　　《材料物理性能(第二版)》是在第一版的基础上,突出材料物理性能的实践性和应用性,加强性能与具体材料应用的联系,可进一步强化学生的工程实践能力,同时也提高了本教材的创新性、实践性和实用性。因此,本书是一部非常优秀的应用型本科院校材料类专业的教材。

院士

2018 年 6 月

第三版前言

  《材料物理性能》于 2006 年由华东理工大学出版社出版,于 2018 年 8 月再版,作为全国 90 余所高校材料类专业本科教材或研究生教学参考书,其使用量已超过 17 000 册,受到广泛认同。

  近年来,材料物理性能研究发展迅速,光电功能材料、介电材料、压电材料、超导材料、红外材料、光纤材料和信息存储材料的发展更是突飞猛进。2022 年,根据"2021 年江苏省高等学校重点教材"项目要求,为适应材料物理专业的发展,编者对《材料物理性能(第二版)》进行了修订。

  本次修订主要针对材料物理性能的综合应用,与实际相结合增加实际案例。《材料物理性能(第三版)》从材料科学理论出发并结合工程实际应用,进一步强化多学科知识的交叉与渗透,介绍材料力学、热学、磁学、介电和光学性能,评价材料的各种性能指标,讲述材料性能指标的测定原理与方法,分析各种内在因素和外在因素对材料各项性能的影响。在内容选取上注重实践、突出应用,使学生能够掌握材料的性能特点、影响因素、检测技术以及实际应用,培养学生探索精神与创新能力。为正确选择和合理使用材料提供可靠的性能依据,充分发挥材料性能潜力,也为研制新材料,改进和发展加工工艺,以及零件或器件的失效分析等方面提供坚实的理论基础和工程应用知识。

  本书由吴其胜教授、蔡安兰教授、张霞副教授负责全书再版修订与统稿工作,温永春博士和杜建周博士也参与了修订。具体分工如下:吴其胜教授修订绪论、第 1 章;蔡安兰教授修订第 2 章、第 4 章;杜建周博士修订第 3 章;温永春博士修订第 5 章;张霞副教授修订第 6 章。

  在修订与再版过程中,编者收集了众多师生的宝贵意见,并参考了大量的资料文献,在此向广大的师生读者及文献的作者们表示衷心感谢。本书涉及的知识面较广,限于编者学识水平有限,书中不足与不妥之处在所难免,恳请读者批评指正。

  本次修订特别增加了与教材可以配套使用的多媒体动画演示电子资源,师生读者可以通过手机扫描书中二维码获取。

编 者
2023 年 4 月

第 二 版 前 言

《材料物理性能》自 2006 年由华东理工大学出版社出版以来,已作为全国 45 所高校材料类专业本科教材或研究生教学参考书,受到广泛认同。十多年来,材料物理性能发生了日新月异的变化,光电功能材料、介电材料、压电材料、超导材料、红外材料、光纤材料和信息存储材料的发展更是突飞猛进。

2018 年,在"江苏高校品牌专业建设工程资助项目"(Top-notch Academic Programs Project of Jiangsu Higher Education Institutions,简称 TAPP)——材料科学与工程专业建设基金(编号:PPZY2015A025)的支持下,为适应材料物理性能的发展,我们对《材料物理性能》2006 版进行了修订。本次修订主要针对材料物理性能新进展,对原书的内容进行了更新与补充。通过以物理性能为主线,以物理基础、性能评价和功能材料应用为重点,突出材料物理性能的共性规律,注重各种材料物理性能的共性和特性的关系。加强知识与应用相结合,培育学生的创新思维和综合能力,适合培养宽基础、高素质人才的需要。

本书由吴其胜教授、蔡安兰教授、张霞副教授负责全书再版的统稿工作。由盐城工学院吴其胜教授、蔡安兰教授、张霞副教授、温永春博士参与修订与编写。具体编写分工如下:吴其胜教授修订绪论、第 1 章;蔡安兰教授修订第 2 章、第 4 章;张霞副教授修订第 3 章、第 6 章;温永春博士修订第 5 章。

在修订与再版过程中,编者吸收了使用本教材的教师及同学的宝贵意见,另外本书参考了大量的资料文献,在此向这些文献的作者们表示衷心感谢。本书涉及的知识面较广,限于编者学识水平有限,书中不足与不妥之处在所难免,恳请读者批评指正。

编 者

2018 年 6 月

第 一 版 前 言

随着市场经济的发展与高等教育改革的深化,应用型本科作为高等教育的一个办学层次,在我国经济发展中的作用和地位越来越显示出强有力的生命力。为适应社会对应用型人才培养的需求,我们对材料科学与工程专业应用型本科人才培养目标、模式和课程体系改革做了探索与实践。为服务于培养目标、课程体系的改革方向和教学要求,在统一协调与优化整合的基础上,编写了体现应用型本科特色的系列教材,《材料物理性能》为其中之一。在编写过程中,主要把握以下几点:

以材料学二级学科——无机非金属材料专业作为平台,适当延伸材料学科相关专业,如金属材料、高分子材料的内容,介绍材料的力学性能、热学性能、光学性能、电学性能、磁学性能及功能转换性能。

着力描述材料力、热、光、电、磁的物理本质;阐述这些材料的物性与成分、组成、结构、工艺过程的关系及变化规律;介绍温度、压力、电场、磁场、辐射、化学介质、力场等环境条件下材料物性的稳定性及其变化过程;介绍与物理性能相关的特殊材料,如现代功能材料。

突出材料物理性能的实践性、应用性较强的内容,强化学生工程基本能力的培养。

对反映材料学科前沿的研究理论仅作一般引入,以拓宽学生的视野。注重教材内容的更新,体现教学改革的阶段性成果。

以务实、适用为原则,简化不必要的数学推导,文字做到少而精。

本教材由盐城工学院吴其胜教授、蔡安兰副教授、杨亚群讲师编写。具体编写分工如下:吴其胜教授编写绪论、第1章、第3章,并负责全书的统稿工作;蔡安兰副教授编写第2章、第4章;杨亚群讲师编写第5章、第6章。

在本书出版过程中,得到了盐城工学院校领导的支持,在此表示感谢。

应用型本科教材的编写,只是一种探索,限于编者学识水平有限,书中不足与不妥之处在所难免,恳请各位教师、学生给予批评指正。

编 者
2006 年 7 月

目　　录

绪　　论

1. 材料性能的定义

材料性能是一种用于表征材料在给定外界条件下的行为参量。有多少行为,就对应有多少性能。例如,外力作用下的拉伸行为的载荷-位移曲线或应力-应变曲线,采用屈服、缩颈、断裂等的行为判据,便分别有屈服强度、抗拉强度、断裂强度等力学性能。用表征材料在外磁场作用下磁化及退磁行为的磁滞回线,采用不同的行为判据,便分别有矫顽力、剩余磁感、贮藏的磁能等磁学性能。不同的外界条件下,相同的材料也会有不同的性能。断裂强度的临界条件是断裂,不同的外界条件可以影响断裂行为。例如:温度升高到熔点的 $40\%\sim50\%$ 以上——蠕变断裂强度;反复的交变载荷——疲劳断裂强度;特定的化学介质——腐蚀断裂强度。

2. 材料的作用物理量和感应物理量

固体材料是由大量的粒子(如电子、原子或离子)所组成的,这些粒子之间存在着很强的相互作用,是一个复杂的多元体系。在外界因素(作用物理量,如应力、温度、电场、磁场、光等)的作用下,体系中的微观粒子的状态有可能会发生变化,在宏观上表现为感应物理量。感应物理量的性质及参数因材料的不同而不同,这主要取决于材料的本性。在外界因素忽略不计的条件下,一般作用物理量与感应物理量具有线性的关系,比例系数为材料的本征参数,即这些参数通过作用物理量和感应物理量间的关系来体现。表 0-1 列举了材料的几种本征参数及其作用物理量和感应物理量。

表 0-1　材料的几种本征参数及其作用物理量和感应物理量

作用物理量	感应物理量	公　式	材料内部的变化	材料本征参数
应力 σ	形变 ε	$\sigma = K_S \cdot \varepsilon$	原子或离子发生相对位移	弹性系数 K_S
	表面电荷密度 D	$D = d\sigma$	原子或离子发生相对位移,引起电偶极矩发生变化	压电常数 d
温差 ΔT	形变 ε	$\varepsilon = \alpha \Delta T$	原子或离子的平衡位置发生相对位移	热膨胀系数 α
	热量 Q	$Q = C\Delta T$	原子或离子的振动振幅发生变化	热容 C
	温差电动势 ΔV	$\Delta V = S(T)\Delta T$	载流子的定向运动	温差电动势系数 $S(T)$
	热流密度 q	$q = \lambda \mathrm{d}T/\mathrm{d}x$	格波间的相互作用	导热系数 λ
电场 E	电流密度 J	$J = \sigma E$	荷电粒子长距离的移动	电导率 σ
	极化强度 P	$P = \chi \varepsilon_0 E$	荷电粒子短距离的移动	介质的电极化率 χ

续　表

作用物理量	感应物理量	公　式	材料内部的变化	材料本征参数
电场 E	离子的电偶极矩 μ	$\mu = \alpha_a E_{loc}$	周围电子相对于原子核发生短距离的移动	离子的极化率 α_a
	材料的形变 ε	$\varepsilon = dE$	偶极矩发生变化,引起原子或离子的相对位移	压电常数 d

3. 材料性能的外延与划分

材料性能的划分只是为了学习和研究的方便。各种性能间既有区别,又有联系(表0-2)。复杂性能就是不同简单性能的组合。消振性,对于高振动的器件(如汽轮机的叶片)是一个重要的力学性能,但对于琴丝、大钟,除了力学性能外还涉及悦耳的声学性能;材料的高温蠕变强度,既是力学性能,又是热学性能;材料的应力腐蚀既是化学问题,又是力学问题;反射率既是光学性能,又与金属表面的化学稳定性有关。

表 0-2　材料性能的一般划分方法

物理性能	力学性能	化学性能	复　杂　性　能		
热学性能	强　度	抗氧化性	复合性能:简单性能的组合,如高温、疲劳强度等		
声学性能	延　性	耐腐蚀性	工艺性能:铸造性、可锻性、可焊性、切削性等		
光学性能	韧　性	抗渗入性	使用性能:抗弹穿入性、耐磨性、乐器悦耳性、刀刃锋锐性等		
电学性能	刚　性				
磁学性能					
辐照性能					

研究材料性能时,还要注意性能的复合与转换。物理现象之间的转换相当普遍,人们利用这些现象,制备了很多功能元件与控制元件,如热电偶、光电管、电阻应变片、压电晶体等。近年来,还提出了相乘效应:若对材料 A 施加 X 作用,可得到 Y 效果,则这个材料具有 X/Y 性能,压电性能中 X 为压力,Y 为电位差;材料 B 具有 Y/Z 性能,则 A 与 B 复合之后具有 X/Z 新性能,$(X/Y) \cdot (Y/Z) = X/Z$,一些实例已列在表0-3中。

表 0-3　相乘效应

A 组元性能(X/Y)	B 组元性能(Y/Z)	AB 复合材料性能(X/Z)
压电性	磁阻性	压阻效应
压磁性	法拉第效应(电磁转变)	压致电极性变化
压电性	场致发光	压致发光
压电性	凯尔光电效应	压致发光
磁致伸缩	压阻性	磁阻效应
磁致伸缩	压电性	磁电效应
光导性	电致伸缩	光致伸缩

A组元性能(X/Y)	B组元性能(Y/Z)	AB复合材料性能(X/Z)
光导性	场致发光	光波转变(红外/可见光)
闪烁现象	光导性	辐照诱致导电
闪烁现象	荧光	辐射荧光
热胀变形	热敏性	热阻控制效应

同一材料不同性能,只是相同的内部结构,在不同的外界条件下所表现出的不同行为。在研究材料性能时,既要总结个别性能的特殊规律,也要从材料的内部结构去理解材料为什么会有这些性能。例如,在研究材料机械性能时,既要研究材料的各种强度、弹性、塑性、韧性等的特殊规律,即建立性能的各种表象规律,又要运用晶体缺陷理论去研究材料从形变到断裂的普遍规律,去探寻这些现象形成的机理。又如,材料的电、磁、光、热现象的物理性能,可以在电子理论的指导下得到物理本质的统一。因此,我们必须运用固体物理和固体化学,从本质上理解固体材料的各种性能所涉及的现象。绝大多数性能是与整体内部的原子特性和交互作用有关的,但是,有些性能则只与材料的表面层原子有关,如腐蚀和氧化、摩擦和磨损、晶体外延生长与离子注入、催化和表面反应等。

一般人们都用"工艺→结构→性能"这条路线去控制或改造性能,即工艺决定结构,结构决定性能。改变结构时,应考虑它的可变性以及这种改变对于性能改变的敏感性。有些结构是难于改变的,如原子结构;有些结构虽然可以通过工艺来改变,但性能对于结构却有不同的敏感性。某些性能主要取决于成分,成分固定,性能也就随之而固定,称之为非结构敏感性性能;另一些性能则由晶体的缺陷、畸变及第二相的数量、大小和分布等的改变而可能有很大的变化,称之为结构敏感性性能,例如电导率、屈服强度、矫顽力等。

4. 材料性能的研究目的

材料性能的研究,既是材料开发的出发点,也是其重要归属。陶瓷材料,它之所以能被广泛地应用,归根结底是因为其某一方面的性能可以满足人们的需要,它质地坚硬、表面光洁度高,可用作各种各样的容器;它具有一定的电气绝缘强度及机械强度,可作为重要的绝缘材料。近年来开发出来的一些新性能还可满足一些特殊环境的要求,用此制备重要的功能元件:利用磁性制备计算机记忆元件;利用光学性能制备光学元件,如透明陶瓷可用作钠光灯的灯罩,钠光灯的发光效率高且节能,但若用普通玻璃,则因为钠蒸气的腐蚀作用而出问题;利用机械强度与化学惰性制备仿生陶瓷(人造骨骼、牙齿等)、耐高温陶瓷等。

集成电路的绝缘基板材料,必须具有一定的强度,以便能够承载起安装在基板上的集成电路元件及分布在其上的电路线;要有均匀而平滑的表面,以便进行穿孔、开槽等精密加工,从而能够构成细微而精密的图形;应有优良的绝缘性能,尤其是在高频下;还要有充分的导热性,以迅速散发电路上因电流产生的热,电子元器件与基片的热膨胀系数之差应尽可能地小,从而保证基片与电路间良好的匹配性,电路与基片就不会剥离。总之,材料的强度、表面光洁度、绝缘性能、热导性、热膨胀系数等是衡量基板材料好坏的重要指标。环氧树脂等塑料是较好的基片材料,但它们的导热性能不好。氧化铝的导热性能约为环氧树脂的30倍,故氧化铝是重要的基片材料。比氧化铝的导热性更好的材料,更有希望作基片的材料。氧化铝单晶(亦称为蓝宝石),其导热系数比氧化铝烧结体大 4 倍,却难于获得合适的薄片形状。碳化硅导热性较好,约 10 倍于氧化铝,硬度高,可精密加工,热膨胀系数接近硅,却是半导体,且致密烧结非常困难。现采用添加百分之几的氧化铍,并用热压烧结方法,获得了导热性能与绝缘性兼有的致密材料。金刚石是导热性很好的材料,绝缘性也很好,是理想的绝缘基片材料,其生产技术也有了很大的突破,目前已应用于高压大功率电力电子器件中。以上仅从导热系数指标来讨论,实际应用中还要考虑其他指标。如对于大型计算机,还要考虑介电常数,因为若基片材料的介电常数过大,则电子元器件上的响应时间就会变长,从而影响计算机的运算速度。因此,用氧化铝作基片材料,还存在着许多值得改进之处。总之,对材料的使用,主要是使用其某一方面的性能,在选用材料时先考察主要性能满足与否,再考察其他性能。

材料性能的研究,有助于研究材料的内部结构。材料性能就是内部结构的体现,对结构敏感性能,更是如此。同样,材料的性能也反映了材料的内部结构。例如,根据布拉格方程 $n\lambda = 2d\sin\theta$,利用晶体对 X 射线的衍射图像,就可以推知晶体中晶面间距 d,进而就可以分析晶体的结构。

5. 材料工艺、结构与性能

任何一种新材料从发现到应用于实际,必须经过适宜的制备工艺才能成为工程材料。高温超导材料自 1986 年发现到 20 世纪末,已有十多年的历史,但仍不能普遍应用,主要是因为没有找到价廉而稳定的生产线材的工艺。C_{60} 也是如此,尽管在发现之初被认为用途十分广泛,但到 20 世纪末仍处于科研阶段。传统材料也需要不断改进生产工艺或流程,以提高产品质量、降低成本和减少污染,从而提高竞争能力。分子束外延技术的出现,可以控制薄膜的生长精确到几个原子的厚度,从而实现了"原子工程"或"能带工程",为原子、分子设计提供了有效手段;快冷技术(每秒冷却速度达 $10^4 \sim 10^8$ K)的采用,为金属材料的发展开辟了一条新途径。首先是金属玻璃的形成,提高了金属强度、耐磨耐蚀性能和磁学性能。其次通过快冷可得到超细晶粒,成为改进性能的有效方法。第三是通过快冷发现了准晶,由此改变了晶体学的传统观念。所以材料制备方法的研究与开发成为材料科学技术的重点。

从宏观的角度看,不同类型的材料甚至同一种材料经过结构设计,综合发挥材料的诸多功能,完全有可能发掘出其他方面的功能特性,从而为现有的材料寻找到新的用途。从宏观层次上实现材料的结构、性能、应用一体化的结构设计,对于寻找新材料,提高和发挥现有材料性能有着十分重要的意义。例如,由结构和化学组成不同的两种成分的晶体混合所制成的多晶混合物材料或复合材料,愈来愈引起人们的兴趣。对于复杂的多相结构,可以采用"连通性"的概念,进行各种相的组合,现已将这一方法应用于材料的弹性模量、热导率、电导率、介电常数等的分析与求解中,从而为制备高强度的材料、零膨胀系数的材料及温度补偿材料等提供了方法。高新技术依赖于优良的新材料,具有实际应用意义的光、电、热、磁等重要材料大多是无机材料。对无机材料的物理内涵和应用目标的阐述,深入研究材料问题的实质,结合其共性探索其特性,尤其是特征参数与宏观性能、指定功能与微观结构、机理与微观过程的探讨,可为结构材料和功能材料的设计、可能出现新特性的预测、制作、加工及应用提供理论依据。因此,无机材料物理性能在未来的材料研究与开发中必将发挥更大的作用。

材料的广泛应用是材料科学技术发展的主要动力,实验研究出来的具有优异性能的材料不等于具有实用价值,必须通过大量应用研究,才能发挥其应有的作用。材料的应用要考虑以下几个因素：一是材料的使用性能（performance）；二是使用寿命（durability）及可靠性（reliability）；三是环境适应性（environmental compliance），包括生产过程与使用时间；四是价格（cost）。当然，不同材料及使用的对象不同，考虑的重点就不一样，有些量大面广的材料，价格低廉是主要考虑因素，因而生产要低成本，检验不十分复杂，如建材与包装材料；相反，有些关键技术所用关键材料，如航空航天及医用生物材料，一旦发生意外，则损失严重，因而必须保证高质量、安全可靠，加强检验，否则后果不堪设想，所以有时检验费用比材料本身花费还高。以航空发动机所用高温合金为例，作为涡轮叶片及涡轮盘材料，一旦在飞行过程中出现断裂，很可能造成机毁人亡，因而在要求长寿命（几万小时）的同时，对可靠性的要求特别严格。为了保证材料的质量，需采用三次熔炼：真空感应炉熔炼，以保证严格控制成分（去气、去有害杂质）；再用电渣重熔，以去除非金属夹杂物；最后真空自耗电弧重熔，可以得到无宏观缺陷的合金锭。如此可保证材料质量的均一性和完整性，其后再经锻造，或重熔铸造加工成零件，最后经过高灵敏度的检验合格后，方能装机使用。对医用生物材料来说，质量保证更为严格，因为一旦因质量事故而产生不良后果，则后患无穷。

人类开发利用材料是从其性能入手的，根据对材料性能上的要求，来探索合适的工艺路线。同时，在整个开发过程中又不断地研究材料的结构与性能的关系，为开发新的材料奠定基础。因此，材料性能在近代材料科学中占有十分重要的地位。

1　材料的力学性能

本章内容提要

在应力-应变曲线的基础上,介绍材料的弹性形变、塑性形变、高温蠕变及其他力学性能的理论描述、产生的原因、影响因素。从断裂的现象和产生、断裂力学的原理出发,通过理论结合强度、应力场的分析,阐述断裂的判据,介绍应力场强度因子、平面应变断裂韧性、延性断裂、脆性断裂、沿晶断裂、静态疲劳的概念,并根据此判据来分析提高材料强度及改进材料韧性的途径。

人类最早学会利用的材料性质便是力学性质,如石器时代利用天然岩石的强度和硬度,

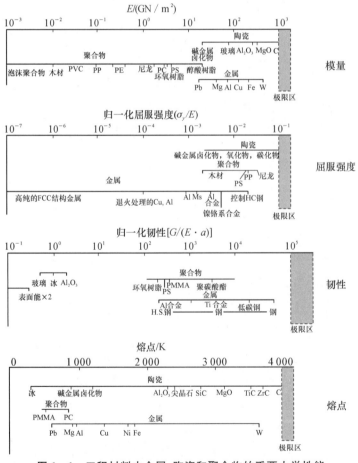

图 1-1　工程材料中金属、陶瓷和聚合物的重要力学性能

青铜器时代利用铜的高塑性和高强度及加工硬化性能,在铁器时代更是利用 Fe-C 合金的高强度、硬度和塑性。尽管如此,人类真正认识和开始系统地理解材料的力学性质起始于 19世纪中叶,人们利用金相显微镜对材料的细微结构进行了研究。我们凭生活经验知道金属具有延展性,陶瓷硬而脆,橡胶具有很大的弹性形变,等等。图 1-1 比较了工程材料中金属、陶瓷和高分子聚合物的重要力学性能,迥然不同的力学行为是由其基本结构决定的。金属与陶瓷材料的晶体结构(包括键合类型)、缺陷(主要是位错)是理解和描述其力学性质的核心概念;而在高分子聚合物材料中,却是分子链的构型、交联与缠结起了关键的作用。本章我们将研究这些概念如何使强度、塑性、断裂和高温行为得以定性、定量描述和理解。

1.1 应力及应变

应力及应变

1.1.1 应力

材料在外力作用下发生形状和尺寸的变化,称为形变(deformation)。材料承受外力作用、抵抗形变的能力及其破坏规律,称为材料的力学性能或机械性能(mechanical property)。

材料发生形变时,其内部分子间或离子间的相对位置和距离会发生变化,同时产生原子间及分子间的附加内力而抵抗外力,并试图恢复到形变前的状态,达到平衡时,附加内力与外力大小相等、方向相反。

应力(stress)是指材料单位面积上所受的附加内力,其值等于单位面积上所受的外力。

$$\sigma = \frac{F}{A} \tag{1-1}$$

式中,σ 为应力;F 为外力;A 为面积。在国际单位制中,应力的单位为牛顿/米^2 或帕(N/m^2 或 Pa)。

若材料受力前的面积为 A_0,则 $\sigma_0 = F/A_0$ 称为名义应力(nominal stress);若受力后的面积为 A,则 $\sigma_T = F/A$ 为真实应力(true stress)。实际中常用名义应力,对于形变量小的材料,两者数值上相差不大。

如果围绕材料的内部某点取一体积元(如图 1-2),其六个面均分别垂直于 x、y、z 轴,则作用在该体积元单位面积上的力 ΔF_x、ΔF_y、ΔF_z,可分解为法向应力 σ_{xx}、σ_{yy}、σ_{zz} 和剪切应力 τ_{xy}、τ_{xz}、τ_{yz} 等。

应力分量下标的含义:应力分量 σ 和 τ 下标的第 1个字母表示应力作用面的法线方向,第 2 个字母代表应力作用的方向。

应力分量的正负号规定:应力的正负号规定是拉

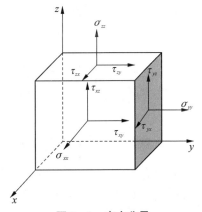

图 1-2 应力分量

应力(张应力)为正,压应力为负;剪切应力的正负号规定是体积元上任意面上的法向应力与坐标轴的正方向相同,则该面上的剪切应力指向坐标轴的正方向者为正;如果该面上的法向应力指向坐标轴的负方向,则剪切应力指向坐标轴的正方向者为负。它们构成应力张量(stress tensor)。

$$\sigma_{ij} = \begin{bmatrix} \sigma_{xx} & \tau_{xy} & \tau_{xz} \\ \tau_{yx} & \sigma_{yy} & \tau_{yz} \\ \tau_{zx} & \tau_{zy} & \sigma_{zz} \end{bmatrix} \tag{1-2}$$

法向应力导致材料的伸长或缩短,而剪切应力引起材料的切向畸变。根据平衡条件,体积元上相对的两个平行平面上的法向应力应该大小相等、正负号相同,同一平面上的两个剪切应力互相垂直。根据剪切应力互等原理可知:$\tau_{xy} = \tau_{yx}$,其余类推。故一点的应力状态由六个应力分量$(\sigma_{xx}, \sigma_{yy}, \sigma_{zz}, \tau_{xy}, \tau_{xz}, \tau_{yz})$来决定。

1.1.2　应变

应变(strain)是指用来表征材料受力时内部各质点之间的相对位移。对于各向同性材料,有三种基本的应变类型:拉伸应变ε、剪切应变γ和压缩应变Δ。

拉伸应变(drawing strain)是指材料受到垂直于截面积方向的大小相等、方向相反并作用在同一直线上的两个拉应力σ时材料发生的形变,如图1-3所示。一根长度为l_0的材料,在拉应力σ作用下被拉长到l_1,则其拉伸应变ε为

$$\varepsilon = \frac{l_1 - l_0}{l_0} = \frac{\Delta l}{l_0} \tag{1-3}$$

真实应变(true strain)定义为

$$\varepsilon_T = \int_{l_0}^{l_1} \frac{\mathrm{d}l}{l} = \ln \frac{l_1}{l_0} \tag{1-4}$$

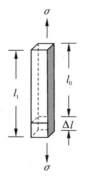
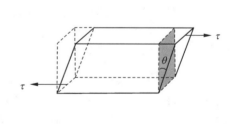

图1-3　拉伸应变示意图　　　　　图1-4　剪切应变示意图

剪切应变(shearing strain)是指材料受到平行于截面积方向的大小相等、方向相反的两个剪切应力τ时发生的形变,如图1-4所示。在剪切应力τ作用下,材料发生偏斜,偏斜角θ的正切值定义为剪切应变γ:$\gamma = \tan\theta$。

压缩应变(pressed strain)是指材料周围受到均匀应力 P 时,其体积从起始时的 V_0 变化为 V_1 的形变 Δ(图 1-5)。

$$\Delta = \frac{V_1 - V_0}{V_0} = \frac{\Delta V}{V_0} \tag{1-5}$$

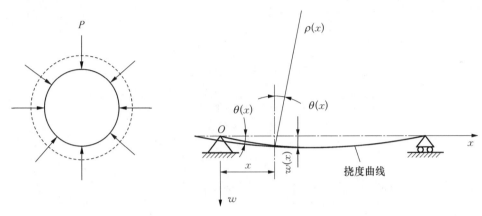

图 1-5　压缩应变示意图　　　　图 1-6　弯曲应变示意图

弯曲应变(bending strain)为梁内某段轴向纤维由于梁弯曲作用而发生的形变(图 1-6)。

$$\varepsilon = \frac{\omega(x)}{\rho}$$

度量梁变形后横截面位移的两个基本量:
(1) 横截面形心(轴心上的点)在垂直于 x 轴方向上的线位移,称为梁的挠度。
(2) 横截面对其原来位置的角位移 θ,称为转角。
度量梁的变形计算不同于轴向拉伸或扭转,只能通过函数表示,不同点处的变形值不同。基本方程为弯矩方程式。

$$\varepsilon = \frac{\omega(x)}{\rho} \Bigg|$$

扭转应变(torsion strain)为两端各受方向相反的力矩作用而扭转发生的形变(图 1-7)。当圆柱试样承受扭矩 T 进行扭转时,试样表面的应力状态如图 1-7(a)所示,在与试样轴线呈 45° 的两个斜截面上作用最大正应力 σ_1 与最小正应力 σ_3,在与试样轴线平行和垂直的截面上作用最大切应力,两种应力的比值接近 1。

在弹性形变阶段,试样横截面上的切应力和切应变沿半径方向的分布是线性的[图 1-7(b)]。

在表层产生塑性形变后,切应变的分布仍保持线性关系,但切应力因塑性形变而降低,呈非线性分布。

应变的微分形式:在材料内部围绕该点取出一体积元,如图 1-8 所示,如果该材料发生形变,A 点沿 x、y、z 方向的位移量分别为 u、v、w,沿 x 方向的正应变为 $\frac{u}{x}$,用偏微分形式表示为 $\frac{\partial u}{\partial x}$,则在 A 点处沿 x 方向的正应变为

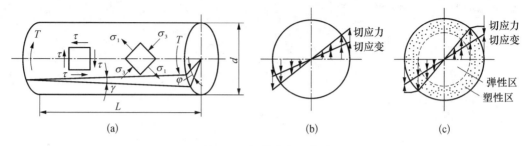

图 1-7 扭转应变示意图

(a)试样表面应力状态;(b)弹性形变阶段横截面上切应力与切应变分布;
(c)弹塑性形变阶段横截面上切应力与切应变分布

$$\varepsilon_{xx} = \frac{\partial u}{\partial x} \qquad (1-6)$$

同理,沿 y、z 方向的正应变分别为

$$\varepsilon_{yy} = \frac{\partial v}{\partial y} \qquad (1-7)$$

$$\varepsilon_{zz} = \frac{\partial w}{\partial z} \qquad (1-8)$$

OA 与 OA' 间的畸变夹角 $\alpha = \frac{\partial v}{\partial x}$,$OB$ 与 OB' 间的畸变夹角 $\beta = \frac{\partial u}{\partial y}$。

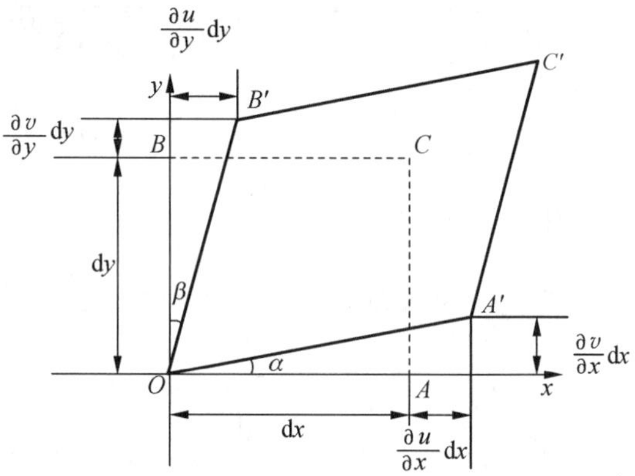

图 1-8 z 面上的剪切应力和剪切应变

在 xy 平面,线段 OA 及 OB 之间的夹角减少了 $\frac{\partial v}{\partial x} + \frac{\partial u}{\partial y}$,则 xy 平面的剪切应变为 $\gamma_{xy} = \alpha + \beta$,即

$$\gamma_{xy} = \frac{\partial v}{\partial x} + \frac{\partial u}{\partial y} \qquad (1-9)$$

同理,对于 yz、zx 平面的剪切应变

$$\gamma_{yz} = \frac{\partial v}{\partial z} + \frac{\partial w}{\partial y} \qquad (1-10)$$

$$\gamma_{zx} = \frac{\partial w}{\partial x} + \frac{\partial u}{\partial z} \qquad (1-11)$$

应变张量可表示为

$$\varepsilon_{ij} = \begin{bmatrix} \varepsilon_{xx} & \gamma_{xy} & \gamma_{xz} \\ \gamma_{yx} & \varepsilon_{yy} & \gamma_{yz} \\ \gamma_{zx} & \gamma_{zy} & \varepsilon_{zz} \end{bmatrix} \qquad (1-12)$$

图 1-9 表示不同材料的应力-应变曲线。许多无机非金属材料(如 Al_2O_3)的形变如曲线

(a),在弹性形变后没有塑性形变或塑性形变很小,就发生突然断裂,总弹性应变能非常小,这是所有脆性材料的特征;对于延性材料,如大多数金属材料(如低碳钢)和一些陶瓷单晶体材料,开始为弹性形变,接着有一段弹塑性形变,然后才断裂,总变形能很大,如曲线(b);橡胶等高分子材料(如橡皮)具有极大的弹性形变,如曲线(c),是没有残余形变的材料,称为弹性材料。

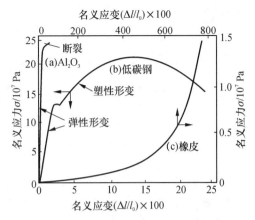

图 1-9　不同材料的应力-应变曲线

1.2　弹性形变

1.2.1　胡克定律

对于理想的弹性材料,在应力作用下会发生弹性形变(elastic deformation),其应力与应变关系服从胡克(Hooke)定律,即应力 σ 与应变 ε 成正比。

$$\sigma = E\varepsilon \tag{1-13}$$

式中,比例系数 E 称为弹性模量(elastic modulus),又称弹性刚度或杨氏模量(Young's modulus)。可见弹性模量是材料发生单位应变时的应力,它表征材料抵抗形变能力(刚度,elastic stiffness)的大小。E 越大,越不易变形,表示材料刚度越大。弹性模量的单位(N/m^2)与应力的单位相同。

对应于三种应变类型的弹性模量分别称为杨氏模量 E、剪切模量 G 和体积模量 B。

$$E = \frac{\sigma}{\varepsilon} \tag{1-14}$$

$$G = \frac{\tau}{\gamma} \tag{1-15}$$

$$B = \frac{p}{\Delta} \tag{1-16}$$

$$\mu = \left| \frac{\varepsilon_{yy}}{\varepsilon_{xx}} \right| = \left| \frac{\varepsilon_{zz}}{\varepsilon_{xx}} \right| \tag{1-17}$$

式中,μ 称为横向形变系数(或泊松比,Poisson's ratio)。

则有

$$\varepsilon_{yy} = \mu\varepsilon_{xx} = -\mu\frac{\sigma_{xx}}{E} \tag{1-18}$$

$$\varepsilon_{zz} = \mu\varepsilon_{xx} = -\mu\frac{\sigma_{xx}}{E} \qquad (1-19)$$

对于各向同性材料,它们之间存在如下关系

$$G = \frac{E}{2(1+\mu)} \qquad (1-20)$$

$$B = \frac{E}{3(1-2\mu)} \qquad (1-21)$$

因此,弹性模量 E 反映材料抵抗正应变的能力;剪切模量 G 反映材料抵抗切应变的能力;泊松比 μ 反映材料横向正应变与受力方向线应变的比值;体积模量 B 表示材料在三向压缩(流体静压力)下,压强 p 与体积变化率 $\Delta V/V$ 之间的线性比例关系。

1.2.2 弹性形变的机理

胡克定律表明,对于足够小的形变,应力与应变呈线性关系,系数为弹性模量 E;作用力和位移呈线性关系,系数为弹性系数 K_S。下面从微观上研究原子间相互作用力、弹性系数及弹性模量间的关系。为了方便起见,仅讨论双原子间的相互作用力和相互作用势能。如图 $1-10$ 所示,在 $r = r_0$ 时,原子 1 和原子 2 处于平衡状态,其合力 $F = 0$。当原子受到拉伸时,原子 2 向右位移,起初作用力和位移呈线性变化,后逐渐偏高,达到 r' 时,合力最大,此后减小。合力的最大值相当于材料断裂时的作用力,即材料的理论断裂强度。因断裂时的相对位移为 $r' - r_0 = \delta$。当合力与相对位移呈线性变化时,弹性系数可用下式近似表示

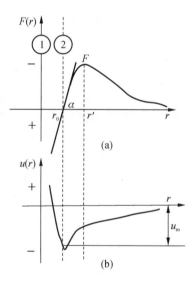

$$K_S \approx \frac{F}{\delta} = \tan\alpha \qquad (1-22)$$

从图 $1-10$ 中可以看出,K_S 是在作用力曲线 $r = r_0$ 时的斜率,因此 K_S 的大小反映了原子间的作用力曲线在 $r = r_0$ 处的斜率大小。从双原子间的势能曲线上可知势能大小是原子间距离 r 的函数 $u(r)$。当受力作用使原子间的距离增大到 $r_0 + \delta$ 时,势能为 $u(r_0 + \delta)$,将其按泰勒函数展开,得

图 1-10 双原子的作用力 $F(r)$ 及其作用位能 $U(r)$ 曲线

(a) 双原子的作用力 $F(r)$ 与距离的关系;
(b) 作用位能 $U(r)$ 与距离的关系

$$u(r) = u(r_0 + \delta) = u(r_0) + \left(\frac{\mathrm{d}u}{\mathrm{d}r}\right)_{r_0}\delta + \frac{1}{2}\left(\frac{\mathrm{d}u}{\mathrm{d}r}\right)_{r_0}\delta^2 + 高次项 \qquad (1-23)$$

此处 $u(r_0)$ 是指 $r = r_0$ 的势能。由于在 $r = r_0$ 时,势能曲线有一极小值,因此有 $\left(\frac{\mathrm{d}u}{\mathrm{d}r}\right)_{r_0} = 0$,此外由于弹性形变,相对位移 δ 远小于 r_0,高次项可以忽略,于是有

$$u(r) = u(r_0 + \delta) = u(r_0) + \frac{1}{2}\left(\frac{\mathrm{d}u}{\mathrm{d}r}\right)_{r_0} \delta^2 \qquad (1-24)$$

$$F = \frac{\mathrm{d}u(r)}{\mathrm{d}r} = \left(\frac{\mathrm{d}^2 u}{\mathrm{d}r^2}\right)_{r_0} \delta \qquad (1-25)$$

式中，$\left(\dfrac{\mathrm{d}^2 u}{\mathrm{d}r^2}\right)_{r_0}$ 就是势能曲线在最小值 $u(r_0)$ 处的曲率，它是与 δ 无关的常数，将式（1-23）与胡克定律比较，有

$$K_S \approx \left(\frac{\mathrm{d}^2 u}{\mathrm{d}r^2}\right)_{r_0} \qquad (1-26)$$

因此，弹性系数 K_S 的大小实质上反映了原子间势能曲线极小值尖峭度的大小。对于一定的材料它是个常数，代表了对原子间弹性位移的抵抗力，即原子结合力。

从原子间振动模型来研究弹性常数，如图 1-11 所示，两个原子质量为 m_1、m_2，原子间平衡距离为 r_0，振动时两原子间距为 r，r_1、r_2 分别为原子离开其重心的距离，此时有以下关系 $m_1 r_1 = m_2 r_2$，两原子间距

$$r = r_1 + r_2 = r_1\left(1 + \frac{m_1}{m_2}\right) \qquad (1-27)$$

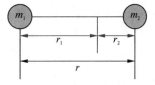

图 1-11　原子间振动模型

外力使它们相互产生振动时，服从牛顿定律和胡克定律

$$F = m_1 \frac{\mathrm{d}^2 r_1}{\mathrm{d}t^2} = m_2 \frac{\mathrm{d}^2 r_2}{\mathrm{d}t^2} = -K_S(r - r_0) \qquad (1-28)$$

将式（1-27）代入式（1-28）得

$$m \frac{\mathrm{d}^2(r - r_0)}{\mathrm{d}t^2} = -K_S(r - r_0) \qquad (1-29)$$

或

$$m \frac{\mathrm{d}^2 \delta}{\mathrm{d}t^2} = -K_S \delta \qquad (1-30)$$

式中，$m = \dfrac{m_1 m_2}{m_1 + m_2}$ 称为折合质量，解此方程组可以得出共振频率 $\nu = \dfrac{\sqrt{E/m}}{2\pi} = \sqrt{\dfrac{K_S}{m}}$，则

$$K_S = m(2\pi\nu)^2 = m\left(\frac{2\pi c}{\lambda}\right)^2 \qquad (1-31)$$

式中，c 是光速，λ 是吸收波长，ν 是振动频率。根据这一原理，可以利用晶体的红外吸收波长测出弹性常数。

1.2.3　弹性模量的影响因素

弹性模量是原子间结合强度的标志之一，如图 1-12 所示为两类原子间结合力与原子

间距的关系曲线,弹性模量实际与该曲线上受力点的曲线斜率成正比。在共价键和离子键型材料中的原子间结合力强,如图中曲线1,其 $\tan\alpha_1$ 较大,E 也就大;而分子键型材料中的原子间结合力弱,如图中曲线2,其 $\tan\alpha_2$ 较小,E 则小。原子间距的不同导致弹性模量也不同,压应力和张应力使原子间距分别变小和增大,E 也就分别变大和减小。

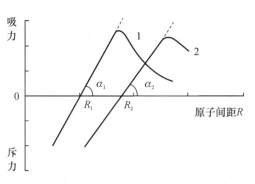

图 1-12　原子间结合力与原子间距关系示意图

1. 原子结构的影响

弹性模量是材料的一个相当稳定的力学性能,它对材料的组织不敏感正是因为金属的原子结构对其弹性模量值有着决定性的影响。既然弹性模量表示了原子结合力的大小,那么它和原子结构的紧密联系也就不难理解。由于在元素周期表中,原子结构呈周期性变化,我们可以看到在常温下弹性模量随着原子序数的增加也呈周期性变化(图 1-13),显然,在第三周期中(如 Na、Mg、Al、Si 等)弹性模量随原子序数一起增大,这与价电子数目的增加及原子半径的减小有关。周期表中同一族的元素(如 Be、Mg、Ca、Sr、Ba 等),随原子序数的增加和原子半径的增大弹性模量减小。可以认为,弹性模量 E 随原子间距 R 的减小,近似地存在以下关系:

$$E = \frac{k}{R^m} \tag{1-32}$$

式中,k,m 是常数。

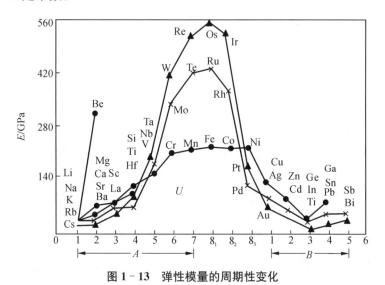

图 1-13　弹性模量的周期性变化

过渡族金属表现出特殊的规律性,它们的弹性模量都比较大(如 Sc、Ti、V、Cr、Mn、Fe、Co、Ni 等),这可以认为是由于 d 层电子引起较大原子结合力的缘故。它们与普通金属的不同之处在于随着原子序数的增加弹性模量出现一个最大值,且在同组过渡族金属中弹性模量与原子半径一起增大,这在理论上还没有解释。

2. 温度的影响

不难理解,随着温度的升高材料将发生热膨胀现象。此时原子间结合力减弱,因此金属与合金的弹性模量将降低,如图 1-14 所示。

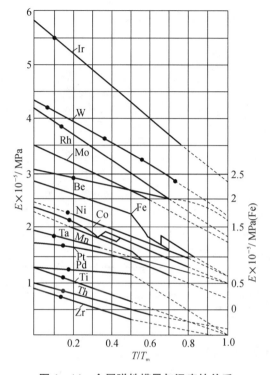

图 1-14 金属弹性模量与温度的关系

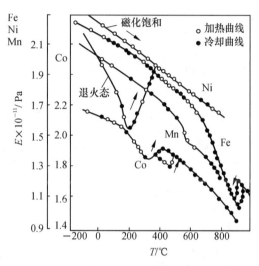

图 1-15 金属材料弹性模量随温度的变化

3. 相变的影响

材料内部的相变(如多晶型转变、有序化转变、铁磁性转变、超导态转变等)都会对弹性模量产生比较明显的影响,其中有些转变的影响在比较宽的温度范围里发生,而另一些转变则在比较窄的温度范围里引起模量的突变,这是由于原子在晶体学上的重构和磁的重构所造成的。图 1-15 表示了 Fe、Co、Ni 的多晶型转变与铁磁性转变对模量的影响。例如,当铁加热到 910℃时将发生 α-γ 转变,点阵密度增大造成模量的突然增大,冷却时在 900℃发生 α-γ 的逆转变使模量降低。钴也有类似的情况,当温度升高到 480℃时从六方晶系的 α-Co 转变为立方晶系 α-Co,弹性模量随之增大。温度降低时,同样可在 400℃左右观察到模量的突变。

1.2.4 无机材料的弹性模量

通过前面的分析讨论可以看到,不同材料的弹性模量差别很大,主要是由于材料具有不同的结合键和键能。由表 1-1 可以比较不同材料的弹性模量值。表 1-2 为几种典型陶瓷材料的弹性模量。

表 1-1 一些工程材料的弹性模量、熔点和键型

材　　料	弹性模量 E/MPa	熔点 $T_M/℃$	键　型
铁及低碳钢	～207.00	1 538	金属键
铜	～121.00	1 084	金属键
铝	～69.00	660	金属键
钨	～410.00	3 387	金属键
金刚石	～1 140.00	＞3 800	共价键
Al_2O_3	～400	2 050	共价键和离子键
石英玻璃	～70.00	T_g～1 150	共价键和离子键
电木	～5.00		共价键
硬橡胶	～4.00		共价键
非晶态聚苯乙烯	～3.00	T_g～100	范德瓦耳斯力
低密度聚乙烯	～0.2	T_g～137	范德瓦耳斯力

注：T_g 玻璃化温度。

表 1-2 几种典型陶瓷材料的弹性模量

材　　料	$E/(N/m^2)$	材　　料	$E/(N/m^2)$
刚玉晶体	38×10^{10}	烧结 $MgAl_2O_4$(气孔率 5%)	23.8×10^{10}
烧结氧化铝(气孔率 5%)	36.6×10^{10}	致密 SiC(气孔率 5%)	46.7×10^{10}
高铝瓷(90%～95%Al_2O_3)	36.6×10^{10}	烧结 TiC(气孔率 5%)	31×10^{10}
烧结氧化铍(气孔率 5%)	31×10^{10}	烧结稳定化 ZrO_2(气孔率 5%)	15×10^{10}
热压 BN(气孔率 5%)	8.3×10^{10}	SiO_2 玻璃	7.2×10^{10}
热压 B_4C(气孔率 5%)	29×10^{10}	莫来石瓷	6.9×10^{10}
石墨(气孔率 20%)	0.9×10^{10}	滑石瓷	6.9×10^{10}
烧结 MgO(气孔率 5%)	21×10^{10}	镁砖	17×10^{10}
烧结 $MoSiO_2$(气孔率 5%)	40.7×10^{10}		

1.2.5　复相的弹性模量

因为材料中各个晶粒是杂乱取向，单成分多晶体是各向同性的，其弹性常数如同各向同性体。如果考虑较复杂的多相材料，难度很大。一种分析问题的出发点是材料由弹性模量分别为 E_A 和 E_B 的各向同性 A、B 两相材料组成。为了简单起见，两相系统中，通过假定材料由许多层组成，这些层平行或垂直于作用单轴应力，且两相的泊松比相同，并且受同样的应变或应力，形成串联或并联模型，如图 1-16 所示，从而找出最宽的可能界限。

并联模型如图 1-16(a)所示，材料总体积为 V，两相的长度都为复相材料的长度 L，两相的横面积分别为 S_A、S_B。两相在外力 F 作用下伸长量 ΔL 相等，则每相中的应变相同，即 $\varepsilon = \varepsilon_A = \varepsilon_B$，且有 $F = F_A = F_B$，由 $F = \sigma S = E\varepsilon S$ 得

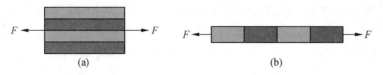

图 1‒16 材料的受力模型

(a) 并联模型；(b) 串联模型

$$E\varepsilon S = E_A\varepsilon_A S_A + E_B\varepsilon_B S_B \tag{1-33}$$

上式两边分别乘以 L/V

$$\frac{E\varepsilon SL}{V} = \frac{E_A\varepsilon_A S_A L}{V} + \frac{E_B\varepsilon_B S_B L}{V}$$

得

$$E = \frac{E_A V_A}{V} + \frac{E_B V_B}{V} \tag{1-34}$$

式中，$v_A = V_A/V$ 与 $v_B = V_B/V$ 分别表示两相的体积分数，且 $v_A + v_B = 1$。

$$E_u = v_A E_A + (1-v_A)E_B \tag{1-35}$$

因为应变相同，所以大部分应力由高模量的材料承担。

例如，含有纤维的复合材料，在平行于纤维的方向上受到张力的作用，引起纤维和基质同样的伸长，如果基质和纤维的泊松比相同，则复合材料的弹性模量可由式(1‒35)给出。因为应变相同，所以主要的应力由弹性模量大的纤维来承担。更常见的情况是两者的泊松比不同，平行于纤维轴方向的伸长量相同时，黏结在一起的基质和纤维的固有横向收缩不同，与一部分单独受应变相比，造成泊松比较高的成分的横向收缩降低，或者泊松比较低的成分的横向收缩增加。这就在复合材料中引起应力或附加的弹性应变能，于是

$$E < v_A E_A + (1-v_A)E_B$$

由式(1‒35)确定的弹性模量为复合材料弹性模量的上限值。用式(1‒35)估算金属陶瓷、玻璃纤维、增强塑料以及在玻璃基体中含有晶体的半透明材料的弹性模量是比较满意的。

串联模型如图 1‒16(b)所示，设各相的横面积相等，有 $F = F_A = F_B$ 和 $\Delta L = \Delta L_A + \Delta L_B$，由 $F = \sigma S = E\varepsilon S$ 和 $\varepsilon = \Delta L/L$ 得

$$\frac{LF}{ES} = \frac{L_A F_A}{E_A S} + \frac{L_B F_B}{E_B S} \tag{1-36}$$

上式两边分别乘以 S/V，得

$$\frac{1}{E_L} = \frac{v_A}{E_A} + \frac{1-v_A}{E_B} \tag{1-37}$$

通过该式计算的弹性模量为复合材料弹性模量的下限值。

材料中最常见的第二相是气孔，由式(1‒37)计算值太大。因为气孔的弹性模量近似为零，所以气孔对弹性模量的影响不能由式(1‒37)来计算。其原因是气孔影响基质的应变。

由于密闭气孔的存在,会在其周围引起应力集中,因此气孔周围的实际应力较外部施加负荷大,所引起的应变比内部应力和施加负荷相等时所计算的数值大。对连续基体内部的密闭气孔,可用下面公式

$$E = E_0(1 - 1.9P + 0.39P^2) \tag{1-38}$$

式中,E_0 为材料无气孔时的弹性模量;P 为气孔率,此式适用于 $P \leqslant 50\%$。如果气孔是连续相,则影响更大。图 1-17 为陶瓷材料的弹性模量与气孔率的关系。

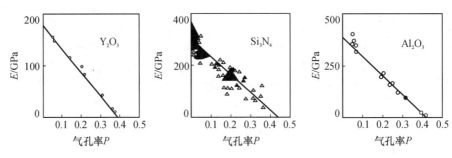

图 1-17　陶瓷材料的弹性模量与气孔率的关系

1.3　材料的塑性形变

材料在外应力去除后仍保持部分应变的特性称为塑性(plasticity),塑性形变是在超过材料的屈服应力作用下,产生形变,外力移去后不能恢复的形变。材料经受此种形变而不被破坏的能力叫延展性(ductility)。此种性能对材料的加工和使用都有很大的影响,是一种重要的力学性能。图 1-18 为 KBr 和 MgO 晶体弯曲试验的应力-应变曲线。其特点是当外力超过材料弹性极限,达到某一点时,在外力几乎不增加的情况下,形变骤然加快,此点为屈服点,达到屈服点的应力为屈服应力,严格说,弹性极限并没有固定的值,因为开始偏离线性关系的点是由测量仪器的精度决定的,为了考虑这个测量不准确问题,通常在某个规定的应变处画一条平行于曲线的弹性部分的直线来决定屈服强度。在工程上,规定当发生塑性形变后,撤除应力,残余应变为试件原长度的 0.05% 时对应的应力值为屈服应力,表示在材料达到该应力时,已经进入塑性形变的范围。某些无机材料,如氟化锂、高温下的氧化铝材料的应力-应变曲线类似于金属,也具有上屈服点和下屈服点。本节主要分析单晶塑性形变发生的条件、机理及影响因素。

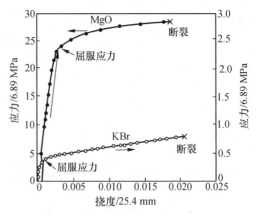

图 1-18　KBr 和 MgO 晶体弯曲试验的应力-应变曲线

1.3.1 晶体滑移

结晶学上形变过程包括晶体单元彼此相互滑动(滑移)或受到均匀剪切(孪晶),如图1-19所示。由于滑移现象在晶体中最常见,滑移机理比较简单且具有很广泛的重要性,因此主要讨论晶体的滑移。

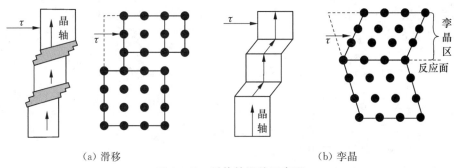

(a) 滑移   (b) 孪晶

图1-19 晶体的滑移示意图

1. 晶体滑移的条件

晶体受力时,晶体的一部分相对另一部分平移滑动,这一过程叫作滑移。图1-20为滑移现象的微观示意图。在晶体中有许多族平行晶面,每一族平行晶面都有一定的面间距。对于晶面指数小的面,原子的面密度大,因此面间距越大,原子间的作用力越小,易产生相对滑动。滑过滑动平面使结构复原所需的位移量最小,即柏氏矢量小,也易于产生相对滑动。另外从静电作用因素考虑,同性离子存在巨大的斥力,如果在滑动过程中相遇,滑动将无法实现。因为晶体的滑动总是发生在主要晶面和主要晶向上,滑移面和滑移方向组成晶体的滑移系统。滑移方向与原子密堆积的方向一致,滑移面是原子密堆积面。NaCl型结构的离子晶体,其滑移系统通常是{110}面和[110]面方向。图1-21为MgO晶体滑移示意图。

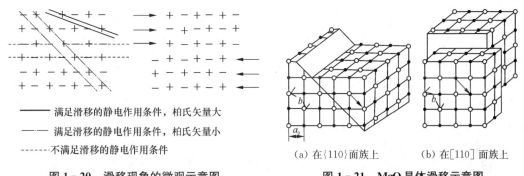

—— 满足滑移的静电作用条件,柏氏矢量大
— - 满足滑移的静电作用条件,柏氏矢量小
----- 不满足滑移的静电作用条件

图1-20 滑移现象的微观示意图

(a) 在{110}面族上   (b) 在[110]面族上

图1-21 MgO晶体滑移示意图

2. 临界分解剪切应力

对晶体施加一拉伸力或压缩力,都会在滑移面上产生剪应力。由于滑移面的取向不同,其上的剪应力也不同,以单晶受拉为例,分析滑移面上的剪应力要多大才能引起滑移,即临界分解剪切应力。如图1-22表示截面为S的圆柱单晶,受拉力作用,在滑移面上沿滑移方

向发生滑移,由图可知滑移面面积为 $S/\cos\lambda$,F 在滑移面上分剪应力为 $F\cos\phi$,此应力在滑移方向上分解应力为

$$\tau = \frac{F\cos\phi}{S/\cos\lambda} = \tau_0\cos\phi\cos\lambda \qquad (1-39)$$

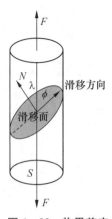

图 1-22 临界剪应力的确定

上式表明,不同滑移面及滑移方向的剪应力不同,同一滑移面,不同滑移方向其剪应力也不同。当 $\tau \geqslant \tau_{临}$(临界剪应力)时发生滑移。由于滑移面的法线 N 总是与滑移方向垂直,当 ϕ 角、λ 角与 F 处于同一平面时,ϕ 为最小值,即 $\phi+\lambda=90°$,有

$$\cos\phi\cos\lambda = \frac{1}{2}\cos(90°-2\lambda) \qquad (1-40)$$

所以,$\cos\phi\cos\lambda$ 的最大值为 0.5。可见,在外力 F 作用下,在与 N、F 处于同一平面内的滑移方向上,剪应力最大。

3. 金属与非金属晶体滑移难易的比较

如果晶体只有一个滑移系统,产生滑移的机会就很少;如果有多个滑移系统,对某一个系统来说,可能 $\cos\phi\cos\lambda$ 较小,但对其他系统则可能较大,达到临界剪应力的机会就多。对于金属来说,一般由一种原子组成,结构简单,金属键无方向性,滑移系统多,如体心立方金属(铁、铜)滑移系统有 48 种之多,而无机材料由于其组成复杂、结构复杂、共价键和离子键的方向性,滑移系统很少,只有少数无机材料晶体在室温下具有延性,这些晶体都属于 NaCl 型结构的离子晶体结构,如 KCl、KBr、LiF 等。Al_2O_3 属于刚玉型结构,比较复杂,因而在室温下不能产生滑动。对于多晶体材料,其晶粒在空间随机分布,不同方向的晶粒,其滑移面上的剪应力差别很大,即使个别晶粒已达到临界剪应力而发生滑移,也会受到周围晶粒的制约,使滑移受到阻碍而终止,所以多晶材料更不易产生滑移。

1.3.2　塑性形变的位错运动理论

为使宏观形变得以发生,就需要使位错开始运动。如果不存在位错,就必须产生一些位错;如果存在的位错被杂质钉住,就必须释放一些出来。一旦这些起始位错运动起来,它们就会加速并引起增殖和宏观屈服现象。塑性形变的特征不仅与形成位错所需的能量或使位错开始运动所需的能量有关,还和任一特定速度保持位错运动所需的力有关。两者中的任何一个都能成为塑性形变的约束,已发现对纤维状无位错的晶须需要很大的应力来产生塑性形变,但是一旦开始滑移,就可在较低的应力水平下继续下去。

1. 位错运动的激活能

理想晶体内部的原子处于周期性势场中,在原子排列有缺陷的地方一般势能较高,使周期势场发生畸变。位错是一种缺陷,也会引起周期势场畸变,如图 1-23 所示,在位错处出现了空位势能,相邻原子 C_2 迁移到空位上需要克服的势垒 h' 比 h 小,克服势垒 h' 所需的能量可由热能或外力做功来提供,在外力作用下,滑移面上就有剪切应力 τ,此时势能曲线变得不对称,原子 C_2 迁移到空位上需要克服的势垒为 $H(\tau)$,且 $H(\tau)<h'$ 即外力的作用使 h' 降低,原子 C_2 迁移到空位更加容易,也就是刃型位错线向右移动更加容易,τ 的作用提供了

克服势垒所需的能量。$H(\tau)$ 为位错运动的激活能，与剪切应力 τ 有关，τ 大，$H(\tau)$ 小；τ 小，$H(\tau)$ 大。当 $\tau=0$ 时，$H(\tau)$ 最大，且 $H(\tau)=h'$。

2. 位错运动的速度

一个原子具有激活能的概率或原子脱离平衡位置的概率与玻耳兹曼因子成正比，因此位错运动的速度与玻耳兹曼因子成正比，有

$$v=v_0 \exp\left[-\frac{H(\tau)}{kT}\right] \quad (1-41)$$

式中，v_0 是与原子热振动固有频率有关的常数；k 为玻耳兹曼常数。

当 $\tau=0$，在 $T=300$ K，则 $kT=4.14\times 10^{-21}$ J $=4.14\times 10^{-21}\times 6.24\times 10^{18}$ eV $\approx$ 0.026 eV，金属材料 h' 为 0.1~0.2 eV，而具有方向性的离子键、共价键的无机材料 h' 为 1 eV 数量级，h' 远大于 kT，因此无机材料位

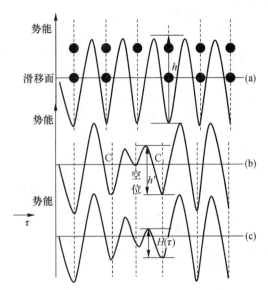

图 1-23 一列原子的势能曲线

(a) 完整晶体的势能曲线；(b) 有位错时晶体的势能曲线；
(c) 加剪应力 τ 后的势能曲线

错难以运动。如果有外应力的作用，因为 $h>h'>H(\tau)$，所以位错只能在滑移面上运动，只有滑移面上的分剪应力才能使 $H(\tau)$ 降低。无机材料中的滑移系统只有有限的几个，达到临界剪应力的机会就少，位错运动也难于实现。对于多晶体，在晶粒中的位错运动遇到晶界就会塞积下来，形不成宏观滑移，更难产生塑性形变。如果温度升高，位错运动速度加快，对于一些在常温下不发生塑性形变的材料，在高温下具有一定塑性。例如，Al_2O_3 在高温下具有一定的塑性形变，如图 1-24 所示。氧化铝的塑性形变特征特别有意义，因为氧化铝是一种广泛使用的材料，而且这种非立方晶系，强烈的各向异性晶体可能在形状上代表一种极端的情况。这种形变特征直接和晶体结构有关。单晶在 900℃ 以上由于在 (0001)[11$\bar{2}$0] 系统上的基面滑移下，可在一些非基面系统上产生滑移；这些非基面滑移也能在较低温度，在很大的应力下发生。但即使在 1 700℃，产生非基面滑移的应力也是产生基面滑移的 10 倍。氧化铝在 900℃ 以上的形变特征可概括为：(a) 强烈的温度依赖关系；(b) 大的应变速率依赖关系；(c) 在恒定应变速率测试中有确定的屈服点。图 1-24 中的上、下屈服应力都是温度敏感而且随温度增加而表现出近似按指数下降的规律。实际上，由于无机材料位错运动难以实现，当滑移面上的分剪应力尚未使位错以足够速度运动时，此应力可能已超过微裂纹扩展所需的临界应力，最终导致材料的脆断。

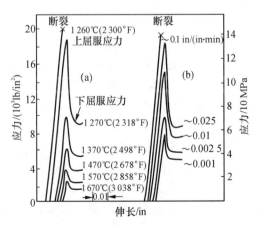

图 1-24 单晶氧化铝的形变行为

(a) 温度的影响；(b) 应变速率的影响
1 lb=0.453 6 kg；1 in=0.025 4 m

3. 形变速率

由于塑性形变是位错运动的结果,因此宏观上的形变速率和位错运动有关。如图 1 - 25 所示的简化模型表示了这种关系。设 $L \times L$ 平面上有 n 个位错,位错密度为 $D = n/L^2$,在时间 t 内,一边的边界位错通过晶体到达另一边界,这时有 n 个位错移出晶体,位错运动平均速度为 $v = L/t$。在时间 t 内,长度为 L 的试件形变量为 ΔL,应变为 $\Delta L/L = \varepsilon$,则应变速率

$$\varepsilon = \frac{\mathrm{d}\varepsilon}{\mathrm{d}t} \qquad (1 - 42)$$

考虑位错在运动过程的增殖,移出晶体的位错数为 cn 个,c 为位错增殖系数。由于每个位错在晶体内通过都会引起一个原子间距滑移,也就是一个柏氏矢量 b,则单位时间内的滑移量

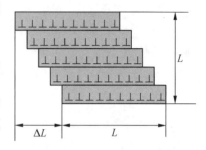

图 1 - 25　塑性形变的简化模型

$$\frac{cnb}{t} = \frac{\Delta L}{t} \qquad (1 - 43)$$

应变速率

$$\dot{\varepsilon} = \frac{\mathrm{d}\varepsilon}{\mathrm{d}t} = \frac{\Delta L}{Lt} = \frac{cnb}{Lt} = \frac{cnbL}{L^2 t} = vDbc \qquad (1 - 44)$$

式(1 - 44)说明塑性形变取决于位错运动速度、位错密度、柏氏矢量、位错的增殖系数,且与其成正比。柏氏矢量影响位错密度,即柏氏矢量越小,位错形成越容易,位错密度越大。位错密度是用与单位面积相交的位错线的密度来表示的。仔细制备的晶体,每平方厘米可能有 10^2 个位错,而几乎没有位错的大块晶体和晶须已制备出来;在塑性形变后位错密度大为增加,对某些强烈形变的金属可达到每平方厘米 $10^{10} \sim 10^{11}$ 个。要引起宏观塑性形变必须:(a) 有足够多的位错;(b) 位错有一定的运动速度;(c) 柏氏矢量大。但另一方面柏氏矢量与位错形成能有关系:

$$E = aGb^2 \qquad (1 - 45)$$

式中,a 为几何因子,取值范围为 0.5~1.0;G 为弹性模量。b 相当于晶格点阵常数。金属的点阵常数一般为 0.3 nm 左右,无机材料的常数较大,如 $MgAl_2O_4$ 三元化合物为 0.8 nm,Al_2O_3 的为 0.5 nm,形成位错的能量较大,因此无机材料中不易形成位错,位错运动也很困难,也就难以产生塑性形变。

4. 位错的增殖机理

人们熟知的比较好的机理为弗兰克-瑞德源引起的弗兰克-瑞德源机理,这种位错源如图 1 - 26 所示。图(a)表示含有一个割阶($C - D$)的刃型位错,图(b)仅仅表示图(a)所示的位错线。实际上,上述的位错并非限于刃型位错,也可以是任何混合型位错。对于图中所示的位错,为了在滑移时成为一个新的位错源,它在晶体中的运动必然有限。加上剪应力后,或者是因为在半晶面线段 AB 和 CD 上不出现剪切分量,或者是因为 B 点和 C 点被杂质原子钉扎,所以半晶面线段 AB 和 CD 保持不动。剩下的线段 BC 开始在滑移面上运动,见图(c)。因为位错在 B 点和 C 点被钉扎,所以使平移的 BC 线段弯曲,并以图(d)和图(e)所示的方式扩

展。在这个阶段,在1点和2点形成了符号相反的螺形位错,它们彼此结合可降低它们的能量,见图(f)。因此,位错形成闭合环线,同时,再产生原有的位错线段 BC。由于此种位错运动,滑移面上部的晶体向前运动一个原子间距。当晶体继续受到应力的作用时,上述过程多次重复,直到晶体平移部分的棱边到达 B 点和 C 点,此后位错就消失。按照这一机理,少数被钉扎的位错可以使晶体产生足够大的滑动。把位错两侧都钉扎是不必要的,只在一点钉扎就足够了,这时位错将以扇形方式扩展。

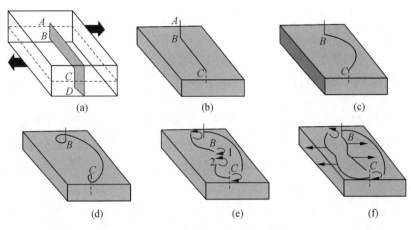

图 1-26 弗兰克-瑞德源机理

对于离子晶体,比较常见的增殖机理是通过螺形位错的复合交叉滑移。当位错相互缠结在一起时,产生复合交叉滑移。纠缠在一起的位错不能运动,并形成位错的不运动线段,这就像弗兰克-瑞德源机理中的刃型位错的钉扎线段一样以同样方式作用。

由于位错与塑性形变的关系特别重要,为了改善无机材料的形变特性,采用对表面进行抛光,加入不同尺寸的离子或不同电价的杂质能引起固溶强化。如对氧化铝退火和进行表面火焰抛光,消除表面缺陷;固溶 Fe、Ni、Cr、Ti 和 Mg 可增加压缩屈服强度。由于除 Cr 外,在氧化铝中所有阳离子的溶解度,可能出现固溶强化和淀析硬化。多晶塑性形变不仅取决于构成材料的晶体本身,而且在很大程度上受晶界物质的控制。多晶型形变包括以下内容:晶体中的位错运动引起塑性形变;晶粒与晶粒间晶界的相对滑动;空位的扩散;黏性流动。

1.3.3 应力状态软性系数

塑性形变和断裂是金属材料在静载荷下失效的主要形式。它们是金属所承受的应力达到其相应的强度极限而产生的。当金属所受的最大切应力达到屈服强度时,产生屈服;当最大切应力达到切断强度时,产生剪切型断裂;当最大正应力达到正断强度时,产生正断型断裂。但同一种金属材料,在一定承载条件下产生何种失效形式,除与其自身的强度大小有关外,还与承载条件下的应力状态有关。不同的应力状态,其最大正应力与最大切应力的相对大小是不一样的。因此,对金属的形变和断裂性质将产生不同的影响。

应力状态软性系数一般为最大切应力与最大当量正应力的比值。材料力学中任何复杂应力状态都可分解为三个主应力 σ_1,σ_2 和 $\sigma_3(\sigma_1 > \sigma_2 > \sigma_3)$ 来表示。根据这三个主应力,可以按"最大切应力理论"计算最大切应力,即 $\tau_{max}=(\sigma_1-\sigma_3)/2$;按"相当最大正应力理论"计算最大正应力,即 $\sigma''_{max}=\sigma_1-\mu(\sigma_2+\sigma_3)$,$\mu$ 为泊松比。

$$\alpha=\frac{\tau_{max}}{\sigma''_{max}}=\frac{\sigma_1-\sigma_3}{2\sigma_1-2\mu(\sigma_2+\sigma_3)} \tag{1-46}$$

1.4 滞弹性和内耗

1.4.1 黏弹性和滞弹性

自然界中实际存在的材料,其形变一般介于理想弹性固体与理想黏性液体之间,既具有固体的弹性又具有液体的黏性称黏弹性(viscoelasticity)。最典型的是高分子材料。黏弹性材料的力学性质与时间有关,具有力学松弛的特征,常见的力学松弛现象有蠕变、应力松弛、滞后和力损耗等。

在研究弹性应变时,假定应变、应力与时间无关,只是服从胡克定律,即应力会立即引起弹性应变,一旦应力消除,应变也会随之立刻消除。实际上,材料在发生弹性应变时,原子的位移是在一定的时间内发生的。相应于最大应力的弹性应变滞后于引起这个应变的最大负荷,因此测得的弹性模量随时间而变化。弹性模量依赖于时间的现象称为滞弹性(anelasticity)。这是一种非弹性行为,但与晶体的非弹性现象不同,弛豫现象不留下永久变形。

理想黏弹性来自理想黏性液体,其黏性服从牛顿定律,即应力 σ 正比于应变速率 $\dfrac{d\varepsilon}{dt}$,即

$$\sigma=\eta\frac{d\varepsilon}{dt} \tag{1-47}$$

式中,比例系数 η 为黏度。

实验研究证明,高分子材料的力学行为表现为应力,同时依赖于应变和应变速率,故这种特性属于黏弹性。现在认为聚合物的黏弹性仅仅是严重发展的滞弹性。

1.4.2 应变松弛和应力松弛

应变松弛(strain relaxation)是固体材料在恒定荷载下,形变随时间延续而缓慢增加的不平衡过程,或材料受力后内部原子有不平衡的过程,也叫蠕变或徐变。当外力出去后,徐变形变不能立即消失。例如,沥青、水泥、混凝土、玻璃和各种金属等在持续外力作用下,除初始弹性形变外,都会出现不同程度的随时间延续而发展的缓慢形变。对大多数无机材料,只有在较高温度下持续受力,徐变才能显著测得。发生徐变的原因有多种,如声波速度的限制,即弹性后效、黏性流动等。

应力松弛(stress relaxation)是在持续外力的作用下,发生形变的物体,在总的形变值保持不变的情况下,由于徐变形变渐增,弹性形变相应减小,由此使物体的内部应力随时间延

续而逐渐减小的过程。现从热力学观点分析应力弛豫,物体受外力作用而产生一定的形变,如果形变保持不变,则储存在物体中的弹性势能将逐渐转变为热能。这种从势能转变为热能的过程,即能量消耗的过程,这一过程就为应力松弛现象。所以也可以这样解释应力松弛:一个体系因外界原因引起的不平衡状态逐渐转变到平衡状态的过程。

应力松弛与应变松弛都是材料的应力与应变关系随时间而变化的现象,都是指在外界条件影响下,材料内部的原子从不平衡状态通过内部结构重新组合而达到平衡状态的过程,因此两者在意义上有密切的关系。松弛过程的机理有原子的振动、弹性形变波、热消散、间隙原子的扩散、晶界的移动等。例如,杂质原子可以使晶体内固有原子漂移引起的应变难于实现,只有杂质原子再扩散才能使应变成为可能。

1.4.3 松弛时间

为了说明松弛时间(relaxation time)的概念,让我们考虑一种材料在 $t=0$ 时,被突然加上负荷,材料立即产生应变,而应变 ε_0 较可能的最大值小,ε_0 称为无弛豫应变。如果材料继续在同样不变的外力 σ_0 的作用下,那么应变逐渐随时间而增加到 $\varepsilon_{\text{总}}$,即到达相应于充分弛豫状态的数值。在 $t=t_1$ 时,突然卸荷后,立即收缩,随时间的推移,材料恢复到原有的尺寸,如图 1-27(b)所示。

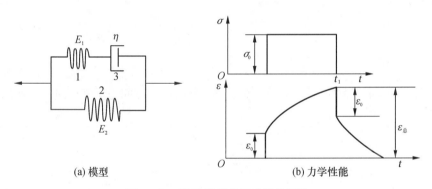

图 1-27 弛豫性状的标准线性固体

标准线性固体是曾纳提出的一种模型,由弹簧及黏性系统组成的力学模型如图 1-27(a)所示。根据此模型有以下关系:

$$\dot{\varepsilon}=\dot{\varepsilon}_1+\dot{\varepsilon}_3=\dot{\varepsilon}_2 \qquad \sigma_3=\eta\,\dot{\varepsilon}_3 \qquad \dot{\sigma}=\dot{\sigma}_1+\dot{\sigma}_2$$

$$\sigma=\sigma_1+\sigma_2 \qquad \sigma_1=E_1\varepsilon_1 \qquad \sigma_1=\sigma_3$$

$$\sigma_2=E_2\varepsilon_2 \qquad \dot{\sigma}_2=E_2\dot{\varepsilon}_2=E_2\dot{\varepsilon} \qquad \dot{\sigma}_1=E_1\dot{\varepsilon}_1$$

定义 τ_ε 为恒定应变下的应力弛豫时间;τ_σ 为恒定应力下的应变蠕变时间。

可以推导

$$\tau_\sigma\,\dot{\varepsilon}+\varepsilon=\frac{\tau_\varepsilon}{E_2}\dot{\sigma}+\frac{\sigma}{E_2} \qquad\qquad (1-48)$$

在恒定应力的作用下,有

$$\tau_\sigma \dot{\varepsilon} + \varepsilon = \frac{\sigma_0}{E_2} = 常数 \tag{1-49}$$

式中,$\frac{\sigma_0}{E_2}$ 为总应变量 $\varepsilon_总$。

设 $\varepsilon_总$ 为总应变量的滞后应变部分,$\varepsilon = \varepsilon_0 + \varepsilon_a$。 当材料的应变速率趋近于 0 时,$\varepsilon_a$ 达到最终值 $\varepsilon_a^\infty = \varepsilon_总 - \varepsilon_0$,因此式(1-49)可用微分方程表示如下

$$\frac{\mathrm{d}\varepsilon_a}{\mathrm{d}t} = \frac{1}{\tau_\sigma}(\varepsilon_a^\infty - \varepsilon_a) \tag{1-50}$$

时间与应变分量的关系可由下式积分方程而求得

$$\int_0^{\varepsilon_a} \frac{\mathrm{d}\varepsilon_a}{\varepsilon_a^\infty - \varepsilon_a} = \frac{1}{\tau_\sigma} \int_0^t \mathrm{d}t \tag{1-51}$$

解方程并加上瞬时弹性应变,得到材料总应变与时间的函数关系

$$\varepsilon = \varepsilon_0 + (\varepsilon_总 - \varepsilon_0)\left[1 - \exp\left(-\frac{t}{\tau_\sigma}\right)\right] = \varepsilon_总 - (\varepsilon_总 - \varepsilon_0)\exp\left(-\frac{t}{\tau_\sigma}\right) \tag{1-52}$$

式中,τ_σ 越大,应变滞后越大,因此 τ_σ 可以反映不同材料应变滞后的程度,即 τ_σ 越大,滞弹性也越大。

当 $t = \tau_\sigma$ 时,有

$$\varepsilon_{\tau_\sigma} = \varepsilon_总 - \frac{\varepsilon_总 - \varepsilon_0}{e} \tag{1-53}$$

此式说明在恒定应力作用下,其形变量达到 $\varepsilon_{\tau_\sigma}$ 时,所需时间为蠕变时间。滞弹性应变为

$$\varepsilon_a = (\varepsilon_总 - \varepsilon_0)\left[1 - \exp\left(-\frac{t}{\tau_\sigma}\right)\right] \tag{1-54}$$

同样可以分析应力弛豫时间。在恒定的应变条件下,有

$$\tau_\varepsilon \dot{\sigma} + \sigma = E_2 \varepsilon_0 = 常数 \tag{1-55}$$

由于模型弹簧 1 的应力可以表示为 $\sigma_1 = E_2 \varepsilon_0 - \sigma$,弹簧 2 的应力不随时间变化,因此总应力 σ 的变化速率与弹簧 1 的相同,随时间的延长,其应力趋近于零。对于弹簧 1 有微分方程 $\tau_\varepsilon \dot{\sigma}_1 + \sigma_1 = 0$,解微分方程得

$$\sigma_1 = \sigma_0 \exp\left(-\frac{t}{\tau_\varepsilon}\right) \tag{1-56}$$

该式说明在恒定应变条件下,弹簧 1 的应力得到松弛,该应力随时间按指数关系逐渐消失。

当 $t = \tau_\varepsilon$ 时,有

$$\tau_\varepsilon = \frac{\tau_0}{e} \tag{1-57}$$

弛豫时间是应力从原始值松弛到 τ_0/e 所需的时间。

应力松弛时间表达了一种在恒定变形下,势能消失时间的长短,是材料内部结构性质的

重要指标之一,对于材料变形性质有决定性的影响。从其定义上说明松弛时间对材料弹性的影响,如果材料的 η 越大,E 越小,则 τ_ε 和 τ_σ 都大,说明滞弹性也大。如果 $\eta = 0$,则 $\tau_\varepsilon = 0$,$\tau_\sigma = 0$,弹性模量为常数,不随时间变化,表现出真正的弹性。两种弛豫时间都表示材料在外力作用下,从不平衡状态达到平衡状态所需要的时间。

1.4.4 无弛豫模量与弛豫模量

由于滞弹性是与时间有关的弹性,所以弹性模量可以表示为时间的函数 $E(t)$。对于蠕变,应力和应变有

$$E_c(t) = \frac{\sigma_0}{\varepsilon(t)} \tag{1-58}$$

对于弛豫,应力和应变有

$$E_r(t) = \frac{\sigma(t)}{\varepsilon_0} \tag{1-59}$$

即弹性模量随时间而变化,并不是一个常数。由式(1-52)可以得到

$$\varepsilon = \frac{\sigma_0}{E_\text{总}} - \left(\frac{\sigma_0}{E_\text{总}} - \frac{\sigma_0}{E_0} \right) \exp\left(-\frac{t}{\tau_\sigma} \right) \tag{1-60}$$

式中,E_0 为无弛豫模量,$E_\text{总}$ 为弛豫模量。根据方程可知,当出现滞弹性现象时,测得的弹性模量与应力作用时间和弛豫时间之比值有关。当应力作用时间很短,以致依赖时间的弹性应变未出现,可得无弛豫模量。因此无弛豫模量表示测量时间小于松弛时间,随时间的形变还没有机会发生时的弹性模量。当测量的持续时间比材料的弛豫时间长得多时,可得到弛豫模量。弛豫模量表示测量的时间大于松弛的时间,随时间的形变已发生的弹性模量。

1.4.5 模量亏损

实际弹性材料总是存在不同程度的滞弹性,形变依时间而变。在 $\sigma = \sigma_0$ 恒应力下,其弹性模量 $E(t) = \dfrac{\sigma_0}{\varepsilon_0 + \varepsilon_1(t)}$,从而导致弹性模量随应力作用时间延长而降低。根据加、卸载方式不同,可以有以下三种情况。

(1) 单向快速加、卸载时,应变弛豫来不及产生,此时弹性模量为 $E = M_u = \dfrac{\sigma_0}{\varepsilon_0}$。

(2) 单向缓慢加、卸载时,应变来得及充分进行,此时 $E = M_R = \dfrac{\sigma_0}{\varepsilon_0 + \varepsilon_1(t)}$,此处称 M_R 为完全弛豫性模量,从能量交换充分来分析,又把 M_R 称为恒温弹性模量。显然 $M_u > M_R$,对于一般弹性合金,二者相差不超过 0.5%,如没有特殊要求,可以认为二者弹性模量相同。

(3) 实际测定材料弹性模量时,加载速度常介于(1)和(2)之间,因此,材料既不可能完全绝热,又不是完全恒温,这样实测材料的弹性模量 E 的大小介于 M_u 和 M_0 之间,即 $M_u > E > M_R$,此时的弹性模量 E 称为动力弹性模量。为了表征材料因滞弹性而引起的弹性模

量下降,引入模量亏损(modulus defect)或 ΔE 效应参量,定义为

$$\frac{M_u - E}{E} = \frac{\Delta E}{E} \qquad (1-61)$$

1.4.6　材料的内耗

一自由振动的固体,即使与外界完全隔离(如处于真空环境),它的机械能也会转化成热能,从而使振动逐渐停止;如果是强迫振动,则外界必须不断供给固体能量,才能维持振动。这种由于固体内部原因而使机械能消耗的现象称为内耗(internal friction)或阻尼(damping)。内耗变化的最大值称为内耗峰(internal friction peak)。

对于理想的弹性体(完全弹性体),由于应力与应变完全是同相位,因此在应力循环变化时不会消耗能量;显然,只有在发生非弹性应变时才能产生内耗。内耗的量值以 Q^{-1} 表示,Q 代表系统的品质因数。测定样品内耗时,通常对样品施加很小的应力(小于 $10^{-5}G,G$ 为样品的切变模量),使之振动。测定样品振动一周损耗的能量为 ΔW,假定给样品在一周内的振动能量为 W,则样品的内耗 Q^{-1} 定义为

$$Q^{-1} = \frac{\Delta W}{2\pi W} \qquad (1-62)$$

由于内耗产生的机制不同,内耗的表现形式有很大差异。可以分为:① 线性滞弹性内耗,表现为只与加载频率有关;② 既与频率有关,又与振幅有关的内耗称为非线性滞弹性内耗,它来源于固体内部缺陷及其相互作用;③ 完全与频率无关而只与振幅有关的内耗称为静滞后型内耗;④ 还有一类内耗形式上类似于线性滞弹性内耗,与频率有关,但与之最大区别是内耗峰对温度变化较不敏感,这种内耗称为阻尼共振型内耗,常与位错行为有关。

1.5　材料的高温蠕变

材料的高温蠕变

蠕变(creep)是在恒定的应力 σ 作用下材料的应变 ε 随时间增加而逐渐增大的现象。低温下表现脆性的材料,在高温时往往只有不同程度的蠕变行为。从热力学观点出发,蠕变是一种热激活过程。在高温条件下,借助于外应力和热激活的作用,形变的一些障碍物得以克服,材料内部质点发生了不可逆的微观过程。在常温下使用的材料不用考虑蠕变,而在高温下使用的材料必须考虑蠕变。无机材料是很有前途的高温结构材料,因此对无机材料的高温蠕变的研究越来越受到重视。

1.5.1　蠕变曲线

典型的蠕变曲线见图 1-28,该曲线可分为四个阶段。

1. 起始段

在外力作用下发生瞬间弹性形变,即应力和应变同步。若外力超过试验温度下的弹性极限,则起始段也包括一部分塑性形变。

2. 第一阶段蠕变——过渡阶段

此阶段也叫蠕变减速阶段。其特点是应变速率随时间递减,持续时间较短,应变速率有如下关系

$$U = \frac{\mathrm{d}\varepsilon}{\mathrm{d}t} = At^{-n} \tag{1-63}$$

A 为常数。低温时,$n=1$,得 $\varepsilon = A\ln t$;高温时,$n=2/3$,得 $\varepsilon = Bt^{-2/3}$,此阶段类似于可逆滞弹性形变。

3. 第二阶段蠕变——稳定蠕变

此阶段的形变速率最小,且恒定。形变与时间的关系为线性关系,即

$$\varepsilon = Kt \tag{1-64}$$

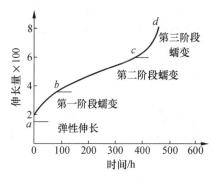

图 1 - 28 蠕变曲线

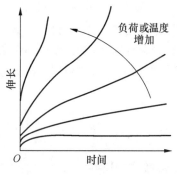

图 1 - 29 温度和应力对蠕变
曲线的影响

4. 第三阶段蠕变——加速蠕变

该阶段是断裂即将来临之前的最后一个阶段。其特点是曲线较陡,说明蠕变速率随时间增加而快速增加。

温度和应力都影响恒定温度蠕变曲线的形状,如图 1 - 29 所示。在蠕变曲线的第一阶段蠕变,温度不同,有不同的 n 值。当温度升高时,n 值变小,形变速率加快,恒定蠕变阶段缩短。增加应力时,曲线形状的变化类似于温度。形变速率与应力有如下关系

$$U = (常数)\sigma^n \tag{1-65}$$

式中,n 变动在 $2\sim20$ 之间,$n=4$ 最为常见。

1.5.2 蠕变机理

描述无机材料形变的机理有位错的攀移、扩散蠕变,在某些条件下晶界滑动也可能是重要的。由于位错的攀移是在晶体中发生,因此也称为晶格机理。

1. 晶格机理

晶格机理是由于晶体内部的自扩散而使位错进行攀移。在一定温度下,热运动的晶体中存在一定数量空位和间隙原子;位错线处一列原子由于热运动移去成为间隙原子或吸收空位而移去;位错线移上一个滑移面;或其他处的间隙原子移入而增添一列原子,使位错线向下移一个滑移面。位错在垂直滑移面方向的运动称为位错的攀移运动,如图 1-30 所示。

滑移和攀移的区别是滑移与外力有关,而攀移与晶体中的空位和间隙原子的浓度及扩散系数等有关。实际生产中利用位错的攀移运动来消除位错。位错攀移时,应变速率为

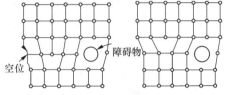

图 1-30　位错攀移

$$\dot{\varepsilon} = A\sigma^n \exp\left(-\frac{Q}{RT}\right) = A\sigma^n \exp\left(\frac{\Delta S}{R}\right) \exp\left(-\frac{\Delta H}{RT}\right) \tag{1-66}$$

式中,Q 为自扩散激活能;ΔS 为熵;ΔH 为自扩散激活焓。该方程为杜恩-魏脱迈方程。位错攀移是第二阶段蠕变发生的机理,当温度、应力恒定时,应变速率为一常数。

对于多晶材料,晶界起着阻止位错滑动的作用。有些晶粒对应力轴取向很差,阻止其他晶粒剪切,结果使集合体没有延性。一般多晶体材料需要五个独立的滑移系统才能具有延性。为满足该条件,辅助(高温)滑移系统必须起作用。

由位错滑动而变形的材料的屈服强度 σ 和晶粒尺寸 d 之间的关系

$$\sigma = \sigma_i + B/d^{1/2} \tag{1-67}$$

式中,B 为常数;σ_i 为摩擦应力,是晶格抵抗形变的一个量度。这种强化也可能起因于亚晶粒和小角度晶界。

2. 扩散蠕变理论——空位扩散流动

空位扩散流动也叫纳巴罗-赫润蠕变。在扩散蠕变过程中,多晶材料内部的自扩散使固体在作用应力下屈服,形变起因于每个晶粒的扩散流动。这种流动是受法向压应力的晶界上的原子朝向受法向张应力的晶界上运动。晶界在法向张应力的作用下,其空位浓度为

$$c = c_0 \exp\left(\frac{\sigma\Omega}{KT}\right) \tag{1-68}$$

受法向压应力的晶界上的空位浓度为

$$c = c_0 \exp\left(-\frac{\sigma\Omega}{KT}\right) \tag{1-69}$$

式中,Ω 为空位体积;c_0 为平衡浓度。

因此应力造成空位浓度差,质点由高浓度向低浓度扩散,导致晶粒沿受拉方向伸长,引起形变,如图 1-31 所示。在稳定态条件下,计算纳巴罗-赫润蠕变速率(蠕变率)。

(1) 体扩散(通过晶粒内部)蠕变率

$$\dot{\varepsilon} = \frac{13.3\sigma\Omega D_V}{KTd^2} \tag{1-70}$$

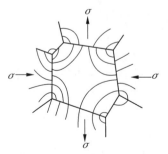

图 1-31　高温受力下晶粒中原子的扩散示意图

（2）晶界扩散（沿晶界扩散）蠕变率

$$\dot{\varepsilon} = \frac{47\sigma\delta\Omega D_b}{KTd^3} \qquad (1-71)$$

式中，δ 为晶界的宽度；D_v 为体扩散系数；D_b 为晶界扩散系数；d 为晶粒的直径。

3. 晶界蠕变理论

晶界对蠕变速率有两种影响：第一，在高温下，晶界能彼此相对滑动，这使剪应力得到松弛，但却增加晶粒内部滑动受到限制的那些地方，特别是三个晶粒相遇的三个重点的应力；第二，晶界本身是位错源或阱，所以在离晶界约为一个障碍物间距内的位错消失，而不会对应变硬化有贡献。在晶粒尺寸减小到大约与障碍物间距相当的那些地方，稳定态蠕变速率就会显著增加。对于大角度晶界是晶格匹配差的区域，可以认为是晶粒之间的非晶态结构区域。

在高温下，晶界表现为黏滞性扩散蠕变，其与晶界蠕变是互动的。如果蠕变由扩散过程产生，为了保持晶粒聚在一起，就要求晶界滑动，如图 1-32 所示；另一方面，如果蠕变起因于晶界滑动，要求扩散过程来调整。

对于材料蠕变机理的判断，需根据具体材料进行具体分析。例如，对于氧化镁多晶的研究表明，与晶界相角的位错难以穿入相邻晶粒，因此在细晶粒材料中控制速率的机理不都是守恒的

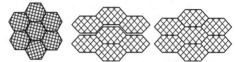

图 1-32　扩散蠕变与晶界滑动

位错运动。由热压或烧结制备的材料在晶界处可能有气孔或第二相，当晶界滑动引起裂纹并在明显呈现塑性之前就破坏。由于掺加溶质会提高扩散速率并阻止滑动，所以含有 Fe^{3+} 的 MgO 的蠕变在低应力下完全是扩散蠕变。对于气氛的影响，由于氧分压降低，镁离子的空位浓度下降，因此降低了镁的扩散和蠕变速率，在较高的应力下，更符合位错的攀移机理。对于氧化铝，只有当非基面滑移系受激活时，才具有可塑性。因此温度低于 2 000℃，应力与弹性模量之比小于 10^{-3} 时，必是位错运动以外的其他机理影响并控制着蠕变行为。对于晶粒尺寸为 5～70 μm 的材料，在 1 400～2 000℃范围内铝离子穿过晶格的扩散是控制速率的扩散。较低温度（<1 400℃）和较细的晶粒尺寸（1～10 μm）下，铝离子沿晶界扩散限制着速率，但是对于大晶粒（60 μm）可能由位错机理引起的重大作用而形变。

1.5.3　影响蠕变的因素

1. 温度

由前面分析可知，温度升高，蠕变增大。这是由于温度升高，位错运动和晶界滑动加快，扩散系数增大，这些都对蠕变有贡献。图 1-33 为 SiAlON 及 Si_3N_4 的稳态蠕变速率与温度的关系。

2. 应力

从式（1-70）和式（1-71）可知，蠕变随应力增大而增大。若对材料施加压应力，则增加了蠕变阻力。

除了温度和应力外，影响材料蠕变行为的最重要的因素就是显微结构（晶粒尺寸和气孔率）、组成、化学配比、晶格完整性和周围环境。

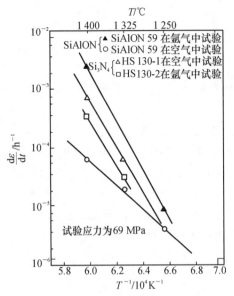

图 1-33 稳态蠕变速率和热力学温度
倒数的关系

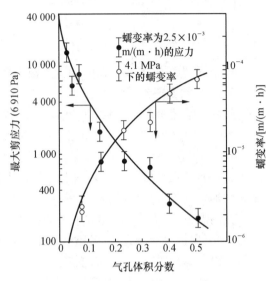

图 1-34 气孔率对多晶氧化铝蠕变的影响

3. 晶体的组成

结合力越大,越不容易发生蠕变。因此随着共价键的结合程度的增加,扩散和位错的运动降低。像碳化物、硼化物以共价键结构结合的材料具有良好的抗蠕变性。

4. 显微结构

蠕变是结构敏感的性能。材料中的气孔、晶粒尺寸、玻璃相等都有影响。

(1) 气孔率。由于气孔减少了抵抗蠕变的有效截面积,因此气孔率增加,蠕变率增加,如图 1-34 所示。此外,如果晶界黏性流动起主要作用,气孔的空余体积可以容纳晶粒所发生的形变。

(2) 晶粒尺寸。晶粒越小,蠕变率增大,这是因为晶粒小,晶界的比例随晶粒的减小而大大增加,晶界扩散及晶界流动也就加强。所以晶粒越小,蠕变率越大。表 1-3 是一些无机材料的蠕变,从表中的数据可以看出,尖晶石晶粒尺寸为 $2\sim3~\mu m$ 时,蠕变率为 $26.3\times10^{-5}~h^{-1}$;当晶粒尺寸为 $1\sim3~\mu m$ 时,蠕变率为 $0.1\times10^{-5}~h^{-1}$,蠕变率减小很多。单晶没有晶界,因此,抗蠕变的性能比多晶材料好。

表 1-3 无机材料的蠕变

材　　料	蠕　变 $(1~300℃,1.24\times10^7~Pa)/h^{-1}$	材　　料	蠕　变 $(1~300℃,7\times10^7~Pa)/h^{-1}$
多晶 Al_2O_3	0.13×10^{-5}		
多晶 BeO	30×10^{-5}		
多晶 MgO(注浆)	33×10^{-5}		
多晶 MgO(等静压)	33×10^{-5}	软玻璃	8
$MgAl_2O_4(2\sim3~\mu m)$	26.3×10^{-5}	铬砖	$0.000~5$
$(1\sim3~\mu m)$	0.1×10^{-5}		

续　表

材　料	蠕　变 $(1\ 300℃，1.24×10^7\ Pa)/h^{-1}$	材　料	蠕　变 $(1\ 300℃，7×10^7\ Pa)/h^{-1}$
多晶 ThO_2	$100×10^{-5}$	镁砖	0.000 02
多晶 ZrO_2	$3×10^{-5}$		
石英玻璃	$2\ 000×10^{-5}$		0.001
隔热耐火砖	$10\ 000×10^{-5}$		0.005

（3）玻璃相。温度升高，玻璃的黏度降低，形变速率增大，蠕变率增大。因此黏性流动对材料致密化有影响，材料在高温烧结时，晶界黏性流动，气孔容纳晶粒滑动时发生的形变，即实现材料致密化。非晶态玻璃的蠕变率比结晶态要大得多。另外，玻璃相对蠕变的影响还取决于玻璃相对晶相的润湿程度，见图 1-35。如果玻璃相不润湿晶相，则晶粒发生高度自结合作用，抵抗蠕变的性能就好；如果玻璃相完全润湿晶相，玻璃相穿入晶界，将晶粒包围，自结合的程度小，形成抗蠕变最弱的结果。其他润湿程度介于两者之间。

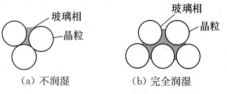

图 1-35　玻璃相对晶相的润湿情况

大多数耐火材料中存在的玻璃相在决定变形性状中起着极其重要的作用。对于高温耐火材料，要求完全消除玻璃相是不可能的，因而只能降低玻璃相的润湿性。可能的办法是在只有很少润湿发生的温度中进行烧成或改变玻璃相的组成使其不润湿，这是不容易做到的。强化耐火材料的另一种方法是通过控制温度和改变组成来改变玻璃的黏度。

除此之外，非化学配比由于可以在晶体中形成离子空位，因而对蠕变速率也有影响。

1.6　材料的断裂强度

材料的断裂强度

根据外力作用的形式，机械强度可分为抗拉强度、抗冲击强度、抗压强度、抗弯强度、抗剪强度等。例如，抗拉强度是指在拉伸试验机上，在规定的试验温度、湿度和拉伸速率下，在哑铃形材料标准试样上施加拉伸负荷，直至试样断裂时所承受的最大应力 σ_f。

材料的强度是材料极为重要的力学性能，有十分重要的实际意义，是设计和使用材料的一项重要指标。根据使用中受力的情况，要求材料具有抵抗拉、压、弯、扭、循环荷载等不同的强度指标。因此材料的强度问题一直受到人们的重视，并从不同的角度对材料的强度进行了大量的研究。以应用力学为基础，从宏观现象研究材料应力-应变状况，进行力学分析，总结出经验规律，作为设计、使用材料的依据，这是力学工作者的任务。

从材料的微观结构来研究材料的力学性状，也就是研究材料宏观力学性能的微观机理，从而找出改善材料性能的途径，为工程设计提供理论依据，这是材料科学的研究范围。上述两方面的研究是密切相关的。材料科学比起应用力学来说要"年轻"得多，但随着科学技术的进步，对科学要求愈来愈高，使用条件也愈来愈苛刻，迫切需要具有特殊性能的新材料及改善现有材料的性能,因此近二三十年来材料科学的发展很快,取得很大进步,提出各种理论,已经可以看出解决材料强度理论的苗头。主要是从微观上抓住位错缺陷,阐明塑性形变的微观机理,发展了位错理论,从宏观上抓住微裂纹缺陷(这是材料脆性断裂的主要根源),发展出一门新的学科——断裂力学。这两种缺陷在材料强度理论中扮演着主要角色,但材料的强度理论尚在发展中,许多问题尚不清楚,看法也不完全一致,有待今后进一步研究。

1.6.1 理论断裂强度

由于一般材料的抗压强度远大于抗拉强度。对于陶瓷来说,抗压强度约为抗拉强度的10倍,所以强度的研究大都集中在抗拉强度上,也就是研究其最薄弱的环节。要求的理论强度,当然应从原子间的结合力入手,只有克服了原子间的结合力,材料才能断裂。如果知道原子间结合力的细节,即知道了应力-应变曲线的精确形式,就可算出理论断裂强度。这在原则上是可行的,就是说固体的强度都可以从化学组成、晶体结构与强度之间的关系来计算。但不同的材料有不同的组成、不同的结构及不同的键合方式,因此这种理论计算是十分复杂的,而且对各种材料都不一样。为了能简单、粗略地估计各种情况都适用的理论强度,Orowan提出了一种办法,他以正弦曲线这种简单形式来近似原子间约束力随距离变化的曲线图(图1-36),得出

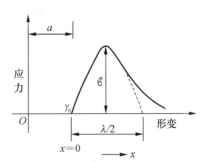

图1-36 原子间约束力随距离变化的曲线图

$$\sigma = \sigma_{th} \sin \frac{2\pi x}{\lambda}$$

(1-72)

式中,σ_{th}为理论断裂强度;λ为正弦曲线的波长。

将材料拉断时就产生两个新表面,使单位面积的原子平面分开所做的功等于产生两个单位面积的新表面所需的表面能时,材料才能断裂,设分开单位面积原子平面所做的功为U,则

$$U = \int_0^{\frac{\lambda}{2}} \sigma_{th} \sin \frac{2\pi x}{\lambda} dx = \frac{\lambda}{2} \cdot \frac{\sigma_{th}}{\pi} \left[-\cos \frac{2\pi x}{\lambda} \right]_0^{\frac{\lambda}{2}} = \frac{\lambda \sigma_{th}}{\pi}$$

(1-73)

设材料形成新表面的表面能为γ(这里是断裂表面能,不是自由表面能),则$U = 2\gamma$,即

$$\frac{\lambda \sigma_{th}}{\pi} = 2\gamma$$

$$\sigma_{th} = \frac{2\pi\gamma}{\lambda}$$

(1-74)

接近平衡距离的区域,曲线可以用直线代替,服从胡克定律

$$\sigma = E\varepsilon = \frac{x}{a}E$$

(1-75)

且当x很小时

$$\sin \frac{2\pi x}{\lambda} \approx \frac{2\pi x}{\lambda}$$

(1-76)

将式(1-74)、式(1-75)、式(1-76)代入式(1-73),得

$$\sigma_{th} = \sqrt{\frac{E\gamma}{a}} \qquad (1-77)$$

式中,a 为晶格常数。可见理论断裂强度与弹性模量、表面能、晶格间距等材料常数有关。式(1-77)虽是粗略的估计,但对所有固体均能应用而不论原子间具体结合力详情如何。通常 γ 约为 $\frac{aE}{100}$,这样式(1-77)可写成

$$\sigma_{th} = \frac{E}{10} \qquad (1-78)$$

更精确的计算说明式(1-77)的估计稍偏高,一般材料常数的典型数值为:$E = 300\,\text{GPa}$, $\gamma = 1\,\text{J/m}^2$, $a = 3 \times 10^{-10}\,\text{m}$,则根据式(1-77)算出:$\sigma_{th} = 30\,\text{GPa}$。

要得到高强度的固体,就要求 E、γ 大,而 a 小。实际材料中只有一些极细的纤维和晶须接近理论强度值,例如石英玻璃纤维强度可达 24.1 GPa,约为 $E/4$;碳化硅晶须强度为 6.47 GPa,约为 $E/23$;氧化铝晶须强度为 15.2 GPa,约为 $E/33$。但尺寸较大材料的实际强度比理论值低得多,为 $E/100$ 到 $E/1\,000$ 范围,而且实际材料强度总在一定范围内波动,即使是同样材料在同样条件下制成的试件,强度值也有波动,试件尺寸大,强度就偏低。

1.6.2 Inglis 理论

英格里斯(Inglis)曾研究了具有孔洞板的应力集中问题,他研究的一个重要结果是:孔洞端部的应力几乎只取决于孔洞的长度和端部的曲率半径而不管孔洞的形状如何,如图 1-37 所示。

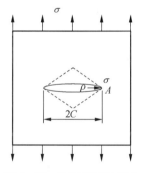

图 1-37 有孔薄板的应力

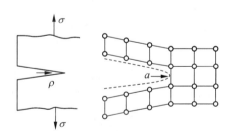

图 1-38 微裂纹端部的曲率对应于原子间距

在一大而薄的平板上,有一穿透洞,不管孔洞是椭圆还是菱形,只要孔洞的长度(2C)和端部曲率半径 ρ 相同,则 A 点的应力差别不大。他根据弹性理论求得 A 点的应力 σ_A 为

$$\sigma_A = \sigma\left(1 + 2\sqrt{\frac{C}{\rho}}\right) \qquad (1-79)$$

式中,σ 为外加应力。如果 $C \gg \rho$,即为扁平的锐裂纹,则 C/ρ 很大,这时可略去式中括号内的 1,得

$$\sigma_A = 2\sigma\sqrt{\frac{C}{\rho}} \tag{1-80}$$

奥罗万注意到当 ρ 很小,可近似认为与原子间距 a 同数量级,如图 1-38 所示。则有

$$\sigma_A = 2\sigma\sqrt{\frac{C}{a}}$$

当 σ_A 等于式(1-77)σ_{th}时,裂纹就被拉开而迅速扩展,裂纹扩展,C 增大,σ_A 又进一步增加,如此循环,材料就很快断裂。裂纹扩展的临界条件是

$$2\sigma\sqrt{\frac{C}{a}} = \sqrt{\frac{E\gamma}{a}}$$

$$\sigma_c = \sqrt{\frac{E\gamma}{4C}} \tag{1-81}$$

英格里斯只考虑了端部一点的应力,实际上裂纹端部的应力状态是很复杂的。Inglis 理论的贡献在于看到了缺陷、解释了实际强度远低于理论强度的事实。但它也有缺点:沿用了传统的强度理论,引用了现成的弹性力学应力集中理论,并将缺陷视为椭圆孔,未能讨论裂纹型的缺陷,故用此断裂准则计算的结果是不令人满意的。

1.6.3 Griffith 微裂纹理论

格里菲斯(Griffith)认为实际材料中总存在许多细小的裂纹和缺陷,在外力作用下,这些裂纹和缺陷附近就产生应力集中现象,当应力达到一定程度时,裂纹就开始扩散而导致断裂。所以断裂并不是晶体两部分同时沿整个截面被拉断,而是裂纹扩展的结果。

从能量平衡观点出发,认为裂纹扩展的条件是物体内储存的弹性应变能的减小大于或等于开裂形成两个新表面所需增加的表面能,即认为物体内储存的弹性应变能降低(或释放)就是裂纹扩展的动力,否则,裂纹不会扩展。

经推导临界应力为

$$\sigma_c = \sqrt{\frac{2E\gamma}{\pi C}} \tag{1-82}$$

平面应变状态下的断裂强度为

$$\sigma_c = \sqrt{\frac{2E\gamma}{(1-\mu^2)\pi C}} \tag{1-83}$$

式中,μ 为泊松比。此式与前式类似,仅系数稍有差异,并与理论结合强度公式也相似。理论结合强度公式中 a 为原子间距,而 Griffith 公式中为裂纹的半长。可见,如果能控制裂纹长度和原子间距同数量级,就可使材料达到理论强度。因此,制备高强度材料的措施是:E 和 γ 要大,而裂纹尺寸 C 要小。由于同种材料中大尺寸材料比小尺寸材料包含的裂纹数目更多,使得大尺寸材料的断裂强度较低,这就是材料强度的尺寸效应。

Griffith 公式建立了工作应力、裂纹长度和材料性能常数之间的关系,解释了脆性材料

强度远低于其理论强度的现象。Griffith 的裂纹脆性断裂理论应用在陶瓷、玻璃等脆性材料中取得很大成功,当用在金属和非晶态高聚物时遇到新的问题,实验测得的断裂强度比计算得到的大得多。

1.6.4 Orowan 理论

奥罗万(Orowan)认为延性材料受力时产生的塑性形变消耗了大量的能量,使得断裂强度提高,引入扩展单位面积裂纹所需的塑性功 γ_p,可得延性材料的断裂强度 σ_c 为

$$\sigma_c = \sqrt{\frac{2E(\gamma + \gamma_p)}{\pi C}} \tag{1-84}$$

一般地,$\gamma_p \gg \gamma$,即在延性材料中塑性功 γ_p 控制着断裂过程,因此塑性是阻止断裂的一个重要因素。陶瓷、玻璃等脆性材料有微米级微观线度的裂纹时,就会发生低于理论结合强度的裂纹,而金属和非晶态高聚物则在有毫米级宏观尺寸的裂纹时,才会发生低应力的断裂。

1.7 材料的断裂韧性

1.7.1 裂纹扩展方式

材料的断裂韧性

1. 张开型(掰开型)(Ⅰ型)

材料上外力与裂纹面垂直。在应力 σ 作用下,裂纹顶端张开,且扩展方向垂直于外力方向,容易引起低应力脆断,是三种裂纹中最危险的,如图 1-39(a)所示。

2. 滑开型(Ⅱ型)

在平行裂纹面的剪应力作用下,裂纹滑开扩展,如连接两块构件的铆钉,如图 1-39(b)所示。

3. 撕开型(Ⅲ型)

在剪应力作用下裂纹面上下错开,裂纹沿原来的方向扩展。如:在机械上的传动轴工作时受扭力矩作用,若在轴上有一裂纹,则裂纹呈撕开型扩展,如图 1-39(c)所示。

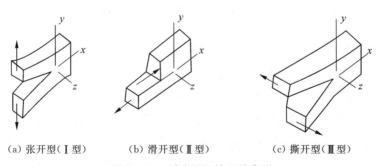

(a) 张开型(Ⅰ型)　　(b) 滑开型(Ⅱ型)　　(c) 撕开型(Ⅲ型)

图 1-39　裂纹扩展的三种类型

若构件内有裂纹,同时受到正应力和剪应力的作用,就可能同时有张开型和滑开型或张开型和撕开型的裂纹扩展,称为复合型裂纹扩展。

1.7.2 裂纹尖端应力场分析

用断裂力学的观点研究裂纹扩展的规律,首先应当对裂纹顶端的应力状态加以研究,从中找出与应力 σ 和裂纹长度 C 有关系的应力强度因子 K,然后进一步建立断裂力学的判别式,确定对裂纹的判断。

1957 年,欧文应用弹性力学的应力场理论,得出掰开型(Ⅰ型)(图 1-40)裂纹尖端点的三个应力分量为

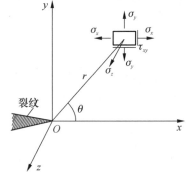

$$\begin{cases} \sigma_{xx} = \dfrac{K_{\mathrm{I}}}{\sqrt{2\pi r}} \cos\dfrac{\theta}{2}\left(1 - \sin\dfrac{\theta}{2}\sin\dfrac{3\theta}{2}\right) \\[2mm] \sigma_{yy} = \dfrac{K_{\mathrm{I}}}{\sqrt{2\pi r}} \cos\dfrac{\theta}{2}\left(1 + \sin\dfrac{\theta}{2}\sin\dfrac{3\theta}{2}\right) \quad (1-85) \\[2mm] \tau_{xy} = \dfrac{K_{\mathrm{I}}}{\sqrt{2\pi r}} \cos\dfrac{\theta}{2}\left(\sin\dfrac{\theta}{2}\sin\dfrac{3\theta}{2}\right) \end{cases}$$

图 1-40 裂纹尖端附近的应力分布

式中,K_{I} 为与外加应力 σ、裂纹长度 C、裂纹种类和受力状态有关的系数,称为应力场强度因子,其下标表示Ⅰ型扩展类型,单位为 $\mathrm{MPa \cdot m^{1/2}}$。式(1-85)也可写成

$$\sigma_{ij} = \frac{K_{\mathrm{I}}}{\sqrt{2\pi r}} f_{ij}(\theta) \qquad (1-86)$$

式中,r 为半径;θ 为角坐标。

当 $r \ll C$,$\theta \to 0$ 时,即裂纹尖端处一点,此时

$$\sigma_{xx} = \sigma_{yy} = \frac{K_{\mathrm{I}}}{\sqrt{2\pi r}} \qquad (1-87)$$

1.7.3 几何形状因子

对于张开型(Ⅰ型)裂纹来说,σ_y 对裂纹扩展影响最大,在裂纹尖端附近,有

$$K_{\mathrm{I}} = \sqrt{2\pi r}\,\sigma = Y\sigma\sqrt{C} \qquad (1-88)$$

式中,K_{I} 是反映裂纹尖端应力场强度的一个量;Y 为几何形状因子,和裂纹型式、试件几何形状有关。求 K_{I} 的关键在于求 Y。求出不同条件下的 Y 即为断裂力学的内容,也可通过实验求得。各种情况下的 Y 可从手册上查到。图 1-41 列出几种情况下的 Y 值。

对于图 1-41(c)中三点弯曲试样,当 $S/W = 4$ 时,Y 值为

$$Y = [1.93 - 3.07(C/W) + 14.5(C/W)^2 - 25.07(C/W)^3 + 25.8(C/W)^4] \qquad (1-89)$$

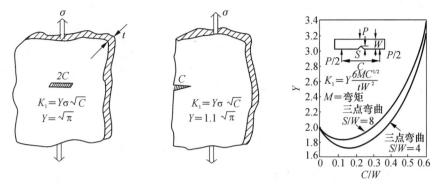

(a) 大而薄的板,中心穿透裂纹　(b) 大而薄的板,边缘穿透裂纹　(c) 三点弯曲试件

图 1-41　几种情况下的 Y 值

1.7.4　断裂韧性

按照经典强度理论,在设计构件中,断裂准则是 $\sigma \leqslant [\sigma]$,即使用应力应小于或等于许用应力,而许用应力 $[\sigma] = \dfrac{\sigma_f}{n}$ 或 $\dfrac{\sigma_{ys}}{n}$,σ_f 为断裂应力,σ_{ys} 为屈服强度,n 为安全系数。按照断裂力学的观点,引入一个考虑了裂纹尺寸并表征材料特征的常数 K_{IC},称为平面应力断裂韧性,它也是一个材料常数。这一判据是

$$K_I = Y\sigma\sqrt{C} \leqslant K_{IC} \tag{1-90}$$

满足上式,所设计的构件才安全,不致发生低应力下的脆性断裂。

例如,有一实际使用应力 $\sigma = 1.30 \times 10^9$ Pa 的构件,可选用两种钢材的参数为

甲钢:$\sigma_{ys} = 1.95 \times 10^9$ Pa,$K_{IC} = 4.5 \times 10^7$ Pa·m$^{1/2}$

乙钢:$\sigma_{ys} = 1.56 \times 10^9$ Pa,$K_{IC} = 7.5 \times 10^7$ Pa·m$^{1/2}$

传统的设计观点认为:使用应力 $\sigma \times$ 安全系数 $n \leqslant$ 屈服强度。

$$对于甲钢:n = \frac{\sigma_{ys}}{\sigma} = \frac{1.95 \times 10^9}{1.30 \times 10^9} = 1.5$$

$$对于乙钢:n = \frac{\sigma_{ys}}{\sigma} = \frac{1.56 \times 10^9}{1.30 \times 10^9} = 1.2$$

根据传统设计观点,认为选用甲钢比乙钢安全。但根据断裂力学,还应该考虑 K_I 是否超过 K_{IC}。设钢材的几何形状因子 $Y = 1.5$,最大裂纹尺寸 $C = 1$ mm,则有

$$甲钢:\sigma_c = \frac{K_{IC}}{Y\sqrt{C}} = \frac{4.5 \times 10^7}{1.5 \times \sqrt{1 \times 10^{-3}}} \text{ Pa} \approx 1.0 \times 10^9 \text{ Pa}$$

$$乙钢:\sigma_c = \frac{K_{IC}}{Y\sqrt{C}} = \frac{7.5 \times 10^7}{1.5 \times \sqrt{1 \times 10^{-3}}} \text{ Pa} \approx 1.67 \times 10^9 \text{ Pa}$$

可见,甲钢的$\sigma_c < 1.3\,\text{GPa}$,而乙钢的$\sigma_c > 1.3\,\text{GPa}$,所以选用甲钢不安全,会发生低应力下的脆性断裂,而选用乙钢却安全可靠。这与传统设计方法的结果截然相反。可见,按照断裂力学的观点设计,既安全可靠,又能充分发挥材料的机械强度,达到合理使用材料的目的;而按传统设计观点,片面追求高机械强度,其结果不但不安全,而且还埋没了乙钢这种非常合用的材料。

1.7.5　裂纹扩展的动力与阻力

奥罗万将裂纹扩展单位面积所降低的应变能定义为应变能释放或裂纹扩展力,对于有内裂纹(长2C)的薄板,根据计算得到临界状态时的裂纹扩展能力G_C为

$$G_C = \frac{K_{1C}^2}{E} \quad \text{(平面应力状态)} \tag{1-91}$$

$$G_C = \frac{(1-\mu^2)K_{1C}^2}{E} \quad \text{(平面应变状态)} \tag{1-92}$$

对于脆性材料,$G_C = 2\gamma$,得

$$K_{IC} = \sqrt{2E\gamma} \quad \text{(平面应力状态)} \tag{1-93}$$

$$K_{IC} = \sqrt{\frac{2E\gamma}{1-\mu^2}} \quad \text{(平面应变状态)} \tag{1-94}$$

可见,K_{IC}与材料本征参数E、γ、μ等物理量有关,因而K_{IC}是材料的本征参数,它反映了具有裂纹的材料对外界作用的抵抗能力,即阻止裂纹扩展的能力,是材料的固有性能。

1.8　裂纹的起源与扩展

1.8.1　裂纹的起源

1. 由于晶体微观结构中存在缺陷

当受到外力作用时,在这些缺陷处就引起应力集中,导致裂纹成核。

位错在材料中运动会受到各种阻碍:① 由于晶粒取向不同,位错运动会受到晶界的障碍,而在晶界产生位错塞积;② 材料中的杂质原子引起应力集中而形成位错运动的障碍,位错是原子排列有缺陷的地方,处于能量较高的状态,使原子易于移动,而杂质原子的存在改变了这种状态,导致位错运动激活能h'提高,使位错运动困难,而且由于杂质原子引起应力集中就抵消了外界剪切力τ的作用,使降低$H(\tau)$的作用减弱,位错运动就比较困难;③ 热缺陷、交叉(指位错组合、位错线与位错或位错线与其他缺陷相互交叉)都能使位错运动受到阻碍。当位错运动受到各种阻碍时,就会在阻碍前塞积起来,导致微裂纹形成。图1-42就

是位错形成微裂纹的几种情形,从位错形成的机理来看,在多晶陶瓷中,穿过晶粒的微裂纹的尺寸不会超过晶粒的大小。

 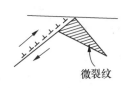

(a) 位错组合而形成的微裂纹　　(b) 位错在晶界前塞积形成的微裂纹　　(c) 位错交截形成的微裂纹

图 1 - 42　位错形成微裂纹示意图

2. 材料表面的机械损伤与化学腐蚀形成表面裂纹

这种表面裂纹最危险,裂纹的扩展常常由表面裂纹开始。有人研究过新制备的材料表面,用手触摸就能使强度降低约一个数量级。从几十厘米高处落下一粒沙子就能在玻璃表面形成微裂纹。对直径为 6.4 mm 的玻璃棒,在不同的表面情况下,测得的强度值见表 1 - 4。大气腐蚀造成表面裂纹的情况前面已述及,如果材料处于其他腐蚀性环境中,情况更加严重。此外,在加工、搬运及使用过程中也较易造成表面裂纹。

表 1 - 4　不同表面情况对玻璃强度的影响

表 面 情 况	强度/MPa
工厂刚制备	455
受沙子严重冲刷	140
用酸腐蚀除去表面缺陷	175

3. 由于热应力而形成裂纹

大多数陶瓷是多晶多相体,晶粒在材料内部取向不同,不同相的热膨胀系数也不同,这样就会因各种方向膨胀(或收缩)不同而在晶界或相界出现应力集中,导致裂纹生成,如图 1 - 43 所示。在制造或使用过程中,由于高温迅速冷却时,内部和表面的温度差引起热应力,导致裂纹生成。此外,温度变化时有晶型转变的材料也会因体积变化而引起裂纹。总之,裂纹的成因很多,要制造没有裂纹的材料是极其困难的,因此假定实际材料都是裂纹体是符合实际情况的。

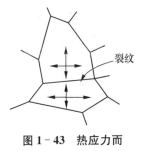

图 1 - 43　热应力而形成裂纹

1.8.2　裂纹的快速扩展

按照 Griffith 微裂纹理论,材料的断裂强度不是取决于裂纹的数量,而是取决于裂纹的大小,即由最危险的裂纹尺寸(临界裂纹尺寸)决定材料的断裂强度,一旦裂纹超过临界尺寸,断裂就迅速扩展而断裂。因为裂纹扩展力 $G = \dfrac{\pi C \sigma^2}{E}$,当 C 增加时,G 也变大,而 $\dfrac{\mathrm{d}W_s}{\mathrm{d}C} = 2\gamma$,是常数,因此,断裂一旦达到临界尺寸而起始扩展,$G$ 就越来越大于 2γ,直到破坏,所以对于脆性材料,裂纹的起始扩展就是破坏过程的临界阶段,因为脆性材料基本上没有吸收大量能量的塑性形变。

由于 G 越来越大于 2γ，释放出多余的能量，一方面使裂纹运动加速，变成动能，裂纹扩展的速度一般可达到材料中声速的 $40\% \sim 60\%$；另一方面多余的能量还能使裂纹增殖，产生分支以形成更多的新表面。图 1-44 是四块玻璃板在不同负荷下用高速照相机拍摄的裂纹增殖情况。多余的能量也可能不表现裂纹增殖，而使裂纹表面呈复杂形状，如条纹、波纹、梳刷状等，这种表面因极不平整，表面积比平的表面大得多，因此能消耗较多的能量。对于裂纹表面的深入研究，有助于了解裂纹的成因及其扩展特点，也能提供关于裂纹扩展速度的情况，裂纹过程中最大应力的方向变化及缺陷在断裂中的作用等知识。"断裂形学"就是专门研究裂纹表面特征的学科。

图 1-44　玻璃板在不同负荷下裂纹增殖示意图

1.8.3　影响裂纹扩展的因素

首先应使作用应力不超过临界应力，这样裂纹就不会扩展，其次在材料中设置吸收能量的机构也阻碍裂纹扩展。例如，在陶瓷材料基体中加入塑性的粒子或纤维制成金属陶瓷或复合材料就是利用这一原理的突出例子。此外，人为地在材料中造成大量极微细的裂纹(小于临界尺寸)也能吸收能量，阻止裂纹扩展。近年来出现的所谓"韧性陶瓷"就是在氧化铝中加入氧化锆，利用氧化锆的相变产生体积变化，在基体中形成大量微裂纹，从而大大提高材料的韧性。

材料的疲劳

1.9　材料的疲劳

裂纹除上述的快速失稳扩展外，还会在使用应力下，随着时间的推移而缓慢扩展，这种缓慢扩展的结果是裂纹尺寸逐渐加大，一旦达到临界尺寸就会失稳扩展而破坏，也可以说材料的断裂强度取决于时间。例如，同样材料，负荷时间长时，断裂强度为 σ_1；负荷时间短一些，断裂强度为 σ_2；负荷时间再缩短，断裂强度为 σ_3，一般规律为 $\sigma_3 > \sigma_2 > \sigma_1$。这在生产上有重大意义，一个构件开始负荷时不会破坏，而在一段时间后就突然断裂，没有先兆。因此提出了构件的寿命问题，就是在使用应力下，构件能用多少时间就要破坏，如果能事先知道，就可以限制使用应力延长寿命，或用到一定时间就进行检修，撤换构件。关于裂纹缓慢扩展的本质至今尚无统一完整的理论，这里介绍几种观点。

1.9.1 应力腐蚀理论

这种理论的实质：在一定环境温度和应力场强度因子作用下，在材料中关键裂纹尖端处，裂纹扩展动力与裂纹扩展阻力的比较，构成裂纹开裂和止裂的条件。

应力腐蚀理论的出发点是考虑材料长期暴露在腐蚀性环境介质中。例如，玻璃的主要成分是 SiO_2，陶瓷中也含各种硅酸盐和游离 SiO_2，如果环境中含水或水蒸气，特别是 pH 大于 8 的碱溶液，由于毛细现象，进入裂纹尖端与 SiO_2 发生化学反应，引起裂纹的进一步扩展。

裂纹尖端处的高度的应力集中导致较大的裂纹扩展动力。从物理化学角度分析，在裂纹尖端处的离子键受到破坏，吸附了表面活性物质（H_2O、HO^- 以及极性液体和气体），使材料的表面自由能降低。也就是说，裂纹的扩展阻力降低了。如果此值小于裂纹扩展动力，就会导致在低应力水平下的开裂。新开裂表面的断裂表面，因为还没有来得及被介质腐蚀，其表面能仍然大于裂纹扩展动力，裂纹立即止裂，接着进行下一个腐蚀-开裂循环，周而复始，形成宏观上的裂纹的缓慢生长。

S. Wiederhorn 对水蒸气分压对应力腐蚀的影响做过系统的试验。Bradt 认为一般陶瓷即使放置在真空环境中进行受力试验，也会观察到亚临界裂纹生长现象。他解释这种现象是由于陶瓷中存在气孔、微裂纹等先天性缺陷。在试验之前这些缺陷中预先就吸附了水蒸气、水溶液等介质，因此虽然在真空环境下受力，仍然存在应力腐蚀现象。

由于裂纹的长度缓慢增加，使得应力强度因子也跟着慢慢增大，一旦达到 K_{IC} 值，立即发生快速扩展而断裂。从图 1-45 中可以看出，尽管 $K_{初始}$ 有大有小，但每个试件均在 $K = K_{IC}$ 时断裂。

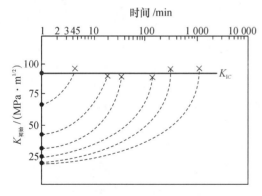

图 1-45　K 值随亚临界裂纹增长的变化

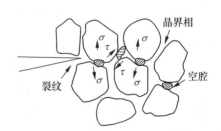

图 1-46　裂纹尖端附近空腔的形成

1.9.2　高温下裂纹尖端的应力空腔作用

多晶多相陶瓷在高温下长期受力作用时，晶界玻璃相的结构黏度下降，由于该处的应力集中，晶界处于甚高的局部拉应力状态，玻璃相则会发生蠕变或黏性流动，形成发生在气孔、夹杂、晶界层，甚至结构缺陷中。使以上这些缺陷逐渐长大，形成空腔，如图 1-46 所示。这些空腔进一步沿晶界方向长大、连通形成次裂纹，与主裂纹汇合就形成裂纹的缓慢扩展。高温下亚临界裂纹扩展的特点,与常温或不太高温度下亚临界裂纹扩展是不一样的,分属于两种不同的机理。

1.9.3 亚临界裂纹生长速率与应力场强度因子的关系

从图1-45可以看出,起始不同的K_I,随着时间的推移,会由于裂纹的不断增长而缓慢增大,其轨迹如图中虚线所示。虚线的斜率近似于反映裂纹生长的速率$\frac{dC}{dt}=v$。起始K_I不同,v不同。v随K_I的增大而变大。经大量试验,v与K_I的关系可表示为

$$v=\frac{dC}{dt}=AK_I^n \tag{1-95}$$

式中,C为裂纹的瞬时长度。或者

$$\ln v=A+BK_I \tag{1-96}$$

A、B、n是由材料本质及环境条件决定的常数。$\ln v$与K_I的关系如图1-47所示。该曲线可分为三个区域:第Ⅰ区$\ln v$与K_I呈直线关系;第Ⅱ区$\ln v$基本和K_I无关;第Ⅲ区$\ln v$与K_I呈直线关系,但曲线更陡。综合上述关于疲劳本质的理论,可对$\ln v-K_I$关系加以解释。式(1-96)用玻耳兹曼因子表示为

$$v=v_0\exp\left[-\frac{Q^*-nK_I}{RT}\right] \tag{1-97}$$

式中,v_0为频率因子;Q^*为断裂激活能,与作用应力无关,与环境和温度有关;n为常数,与应力集中状态下受到活化的区域的大小有关;R为气体常数;T为热力学温度。

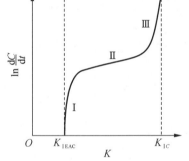

图1-47 亚临界裂纹扩展的三个阶段

从式(1-96)可知,$\ln v$与$\frac{nK_I-Q^*}{RT}$成比例,第Ⅰ区,随着K_I增加,Q^*将因环境的影响而下降(应力腐蚀),于是$\ln v$增加且与K_I成直线关系;第Ⅱ区,原子与空位的扩散速率达到了腐蚀介质的扩散速率,使得新开裂的裂纹端部没有腐蚀介质,于是Q^*提高,结果抵消了K_I增加对$\ln v$的影响,$nK_I-Q^*\approx$常数,表现为$\ln v$不随K_I的变化;第Ⅲ区,Q^*增加到一定值时就不再增加(此值相当于真空中裂纹扩展的Q^*值)。这样,nK_I-Q^*将愈来愈大,$\ln v$又迅速增加。

大多数氧化物陶瓷由于含有碱性硅酸盐玻璃相,通常也有疲劳现象。疲劳过程还受加载速率的影响,加载速率愈慢,裂纹缓慢扩展的时间愈长,在较低的应力下就能达到临界尺寸。这种关系已由实验证实。

1.9.4 根据亚临界裂纹扩展预测材料寿命

无机材料制品在实际使用温度下,经长期应力σ_A的作用,制品上典型受力区的最长裂纹将会由亚临界裂纹缓慢扩展,最后断裂。研究此扩展的始终时间,可以预测制品的寿命。

因瞬时裂纹的生长速率 $v = \dfrac{\mathrm{d}C}{\mathrm{d}t}$，所以 $\mathrm{d}t = \dfrac{\mathrm{d}C}{v} = \dfrac{\mathrm{d}C}{A K_{\mathrm{I}}^{n}}$，积分得

$$t = \int_{C_i}^{C_C} \frac{\mathrm{d}C}{A K_{\mathrm{I}}^{n}} \tag{1-98}$$

式中，C_i 为起始裂纹长度；C_C 为临界裂纹长度。将 $K_{\mathrm{I}} = Y\sigma_a C^{1/2}$ 代入上式，得

$$t = \int_{C_i}^{C_C} \frac{\mathrm{d}C}{A Y^n \sigma_a^n C^{n/2}} = \frac{2\left[K_{\mathrm{I}c}^{(2-n)} - K_{\mathrm{I}i}^{(2-n)}\right]}{(2-n) A Y^2 \sigma_a^2} \tag{1-99}$$

由于 n 值比较大，例如，钠钙硅酸盐玻璃的 $n = 16 \sim 17$，而且 $K_{\mathrm{I}i}^{(2-n)} \gg K_{\mathrm{I}C}^{(2-n)}$，则上式变成

$$t = \frac{2 K_{\mathrm{I}i}^{(2-n)}}{(n-2) A Y^2 \sigma_a^2} \tag{1-100}$$

上式可计算由起始裂纹状态经受力后缓慢扩展直到临界裂纹长度所经历的时间，此即为制品受力的寿命。

1.9.5　蠕变断裂

多晶材料在高温时，在恒定应力作用下由于形变不断增加而导致断裂称为蠕变断裂。高温下形变的主要部分是晶界滑动，因此蠕变断裂的主要形式是沿晶断裂。蠕变断裂的黏性流动理论认为，高温下晶界要发生黏性流动，在晶界交界处产生应力集中，如果应力集中使得相邻晶粒发生塑性形变而滑移，则将使应力弛豫，如果不能使邻近晶粒塑性形变，则应力集中将使晶界交界处产生裂纹（图 1-48），这种裂纹逐步扩展导致断裂。

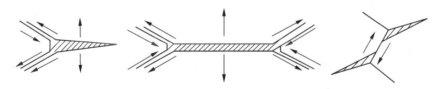

图 1-48　沿晶界断裂的几种形式

蠕变断裂的另一种观点是空位聚积理论，这种理论认为在应力及热波动的作用下，受拉的晶界上空位浓度大大增加（回忆扩散蠕变理论），这些空位大量聚积，可形成可观的裂纹，这种裂纹逐步扩展就导致断裂。从上述两种理论可知，蠕变断裂明显地取决于温度和外加应力。温度愈低，应力愈小，则蠕变断裂所需的时间愈长。蠕变断裂过程中裂纹的扩展属于亚临界扩展。

1.10　显微结构对材料脆性断裂的影响

由于断裂现象极为复杂，许多细节尚不完全清楚，因此不可能对显微组织的影响作完整

而满意的说明,下面简单介绍几种影响因素。

1.10.1 晶粒尺寸

对多晶材料,大量实验证明晶粒愈小,强度愈高,因此微晶陶瓷就成为陶瓷发展的一个重要方向。近年来已出现许多晶粒度小于 $1\,\mu m$,气孔率近于 0 的高强度、高致密陶瓷,如表 1-5 所示,随着晶粒尺寸及气孔率减小,强度大为提高。

实验证明:断裂强度 σ_f 与晶粒直径 d 的平方根成反比,这一关系可表示为

$$\sigma_f = \sigma_0 + k_1 d^{-\frac{1}{2}} \tag{1-101}$$

式中,σ_0、k_1 为材料常数。这种断裂强度和晶粒大小的关系又称为霍耳-配奇(Hall-Petch)关系式。如果起始裂纹受晶粒限制,其尺寸与晶粒度相当,则脆性断裂与晶粒度的关系可表示为

$$\sigma_f = k_2 d^{-\frac{1}{2}} \tag{1-102}$$

表 1-5　几种陶瓷材料的断裂强度

材　　料	晶粒尺寸/μm	气孔率/%	强度/MPa
高铝砖($99.2\%Al_2O_3$)	—	24	13.5
烧结 Al_2O_3($99.8\%Al_2O_3$)	48	约0	266
热压 Al_2O_3($99.9\%Al_2O_3$)	3	<0.15	500
热压 Al_2O_3($99.9\%Al_2O_3$)	<1	约0	900
单晶 Al_2O_3($99.9\%Al_2O_3$)	—	0	2 000
热压 MgO	<1	约0	340
烧结 MgO	20	1.1	70
单晶 MgO	—	0	1 300

在许多金属中(主要是体心立方金属,包括钢、铁、铜、钼、铂、铝、钒等以及一些铜合金)屈服强度和晶粒大小的关系满足上述关系式(图 1-49),对这一关系解释如下,由于晶界比晶粒内部弱,所以多晶材料破坏多是沿晶界断裂,细晶材料晶界比例大,沿晶界破坏时,裂纹的扩展要走迂回曲折的道路,晶粒愈细,此路程愈长。此外,多晶材料中初始裂纹尺寸与晶粒尺寸相当,晶粒愈细,初始裂纹尺寸愈小,这样就提高了临界应力。

20 世纪 80 年代以来,晶粒尺度在 $1\sim100$ nm 的纳米微晶材料问世,又为晶粒细化研究注入了新的活力。格拉特(H. Gleiter)发展了在超高真空中金属蒸发、冷凝后,再进行原位压结的技术,从而获得清洁界

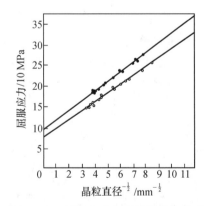

图 1-49　屈服应力与晶粒尺寸的关系

(黑点和三角形分别表示钼含量略有差异的两种低合金的数据)

面的纳米微材料。随后又有其他制备技术,如非晶晶化、机械合金化、电极沉积等被竞相开发。在常规的多晶体(晶粒尺寸大于 100 nm)中,处于晶界核心区域的原子数,只占总原子数的一个微不足道的分数(小于 10^{-2}%);但在纳米微晶材料中,情况就大不相同,如果晶粒尺寸为数个纳米,晶界核心区域的原子所占的分数可高达 50%(图1-50),这样在非晶界核心区域原子密度的明显下降,以及原子近邻配置情况的截然不同,均将对性能产生显著影响。在纳米尺寸的晶粒范围内 Hall-Petch 关系是否成立引起了人们广泛的关注,有不少实验工作表明,该关系在低于100 nm 的晶体中仍然有效。但理论模拟的结果显示,存在一个临界尺寸 d_c(图1-51)。当晶粒的尺寸小于 d_c 时,出现了反 Hall-Petch 效应的现象,即强度随着晶粒尺寸的缩小反而降低,此时晶界附近的形变起了主导作用。模拟结果给出的金属临界尺寸在 $10\sim20$ nm,例如,Cu 的临界尺寸为 19.3 nm,Pb 的 $d_c\approx11.2$ nm。

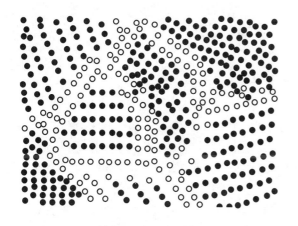

图 1-50 纳米微晶材料的二维结构的示意图
(黑丸代表晶粒内部的原子;白丸代表晶界核心区域的原子)

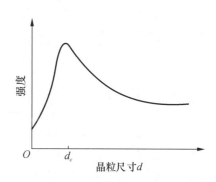

图 1-51 纳米范围内强度随晶粒尺寸变化的示意图

细化的晶粒在提高多晶体强度的同时,也使其塑性与韧性得以提高。晶粒越细,单位体积内晶粒越多,形变时同样的形变量便可分散到更多的晶粒中,产生较均匀的形变而不会造成局部应力过度集中,引起裂纹的过早产生与发展。在工业上,通过压力加工和热处理使金属获得细而均匀的晶粒,是提高金属材料力学性质的有效途径。

1.10.2 气孔的影响

大多数陶瓷材料的强度和弹性模量都随气孔率的增加而降低,这是因为气孔不仅减小了负荷面积,而且在气孔邻近区域产生应力集中,减弱材料的负荷能力。断裂强度与气孔率 P 的关系可由下式表示

$$\sigma_f=\sigma_0\exp(-nP) \tag{1-103}$$

式中,n 为常数,一般为 $4\sim7$;σ_0 为没有气孔时的强度。

从式(1-103)可知,当气孔率约为 10% 时,强度将下降为没有气孔时的强度的一半,这样大小的气孔率在一般陶瓷中是常见的。透明氧化铝陶瓷的断裂强度与气孔率的关系式与如图 1-52 所示的规律比较符合。也可以将晶粒尺寸和气孔率的影响结合起来考虑,即表示为

$$\sigma_f = (\sigma_0 + k_1 d^{-\alpha})\sigma_0^{-np} \quad (1-104)$$

除气孔率外,气孔的形状及分布也很重要。通常气孔多存在于晶界上,这是特别有害的,它往往成为裂纹源。气孔除有害的一面外,在特殊情况下也有有利的一面,就是当存在高的应力梯度时(如有热震引起的应力),气孔能起到阻止裂纹扩展的作用。其他如杂质的存在,也会由于应力集中而降低强度,当存在弹性模量较低的第二相时也会使强度降低。

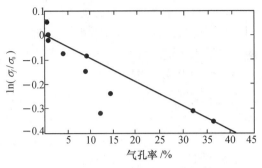

图 1-52　透明氧化铝陶瓷断裂强度与气孔率的关系

提高材料强度及改善脆性的途径

1.11　提高材料强度及改善脆性的途径

人们在利用材料的力学性质时,总是希望所使用的材料既有足够的强度,又有较好的韧性。但通常的材料往往两者只能居其一,要么是强度高,韧性差;要么是韧性好,但强度却达不到要求。寻找办法来弥补材料各自的缺点,这就是材料的强化和增韧所要解决的问题。金属材料具有较好的韧性,可以拉伸得很长,但是强度不高,所以对金属材料而言需要的是增加强度,强化成为关键的问题。而陶瓷材料本身的强度很高,其弹性模量比金属高很多,但缺乏韧性,会脆断,所以陶瓷材料要解决的是增韧的问题。如果能成功地实现材料的强化或增韧,就可以弥补上述两种材料各自所缺的性能。

1.11.1　金属材料的强化

从理论上来看,提高金属强度有两条途径:第一条是完全消除内部的位错和其他缺陷,使它的强度接近于理论强度。目前虽然能够制出无位错的高强度的金属晶须,但实际应用它还存在困难,因为这样获得的高强度是不稳定的,对于操作效应和表面情况非常敏感,而且位错一旦产生后,强度就大大下降。因而在生产实践中,强化金属走的是另一条途径,就是在金属中引入大量的缺陷,以阻碍位错的运动,如加工硬化、合金强化、细晶强化、马氏体强化、沉淀强化等。值得注意的是,有效地综合利用这些强化手段,也可以从另一方面接近理论强度,如在铁和钛中可以达到理论强度的 38%。在软的基质中分布了硬的颗粒可强化材料,在实践中已经广泛应用的沉淀硬化与弥散硬化就是具体的例证。

1. 加工硬化

金属材料大量形变以后强度就会提高,具有加工硬化的性能,即形变后流变应力得到提高,是金属可以作为结构材料的重要依据。例如,一根铜丝经过适当弯折后会变硬,这是因为发生的塑性形变产生了大量的位错,位错密度的提高使得金属强度提高。所以加工硬化是金属的一个很重要的性能。这样,经过加工硬化的金属制成的构件,在局部区域可以承受超过屈服强度的应力而不致引起整个构件的破坏。因而关于金属加工硬化的研究就成为金属力学性质的中心课题之一。自从位错理论提出以后,就开始了对加工硬化的位错机制的探索。

2. 细晶强化

细晶强化是指通过晶粒粒度的细化来提高金属的强度,它的关键在于晶界对位错滑移的阻滞效应。我们知道位错在多晶体中运动时,由于晶界两侧晶粒的取向不同,加之这里杂质原子较多,也增大了晶界附近的滑移阻力,因而一侧晶粒中的滑移带不能直接进入第二个晶粒,而且要满足晶界上形变的协调性,需要多个滑移系统同时动作。这同样导致位错不易穿过晶界,而是塞积在晶界处,引起了强度的增高。可见,晶界面是位错运动的障碍,因而晶粒越细小,晶界越多,位错被阻滞的地方就越多,多晶体的强度就越高,已经有大量实验和理论的研究工作证实了这一点。

3. 合金强化

实际使用的金属材料多半是合金。合金元素的作用主要是改善金属的力学性质,即提高强度或改善塑性。合金元素对于金属力学性质的影响是多种多样的。合金元素在基质中的分布状态也有好几种:均匀的单相固溶体、有成分偏聚的固溶体、有序化的固溶体及金属间化合物,还有通过脱溶沉淀或粉末冶金等方法所获得的复相合金。但总的来说,合金强化可以分为两种类型:固溶强化和沉淀强化。固溶强化是利用点缺陷对金属基体进行的强化。具体的方式是通过溶入某种溶质元素形成固溶体而使金属强度、硬度升高。例如,将Ni溶入Cu的基体中,得到的固溶体的强度就高于纯铜的强度。

固溶强化根据溶质原子占据的位置不同有填隙式和替代式的差异。填隙式固溶强化是指碳、氮等小溶质原子嵌入金属基体的晶格间隙中,使晶格产生不对称畸变造成的强化效应。填隙式原子在基体中还能与刃位错和螺位错产生弹性交互作用,并使两种位错钉扎,进一步强化了金属。填隙原子对金属强度的影响可用下面的通式表示

$$\Delta\sigma_{ss}=2\Delta\tau_{ss}=k_iC_i^n \qquad (1-105)$$

式中,$\Delta\sigma_{ss}$为屈服强度增量;$\Delta\tau_{ss}$为临界分切应力的增量;k_i是一个与填隙原子和基体性质相关的常数;C_i为填隙原子的原子百分数固溶量;n为指数。

替代式溶质原子在基体晶格中造成的畸变大都是球面对称的,因而强化效果要比填隙式原子小。但在高温下,替代式固溶强化变得较为重要。

另一种合金强化的类型是沉淀强化,即材料强度在时效温度下随时间而变化的现象,是铝合金和高温合金的主要强化手段,其基本条件是固溶度随温度下降而降低。它是提高材料强度的最有效的办法,是在20世纪初首先在铝合金中发现的。奥罗万首先提出沉淀强化来源于沉淀颗粒对位错运动的阻碍作用提高了材料对塑性形变的抗力。具体的过程是:在外加切应力的作用下,材料中运动着的位错线遇到沉淀相粒子时,位错线会产生弯曲,并最终绕过沉淀粒子,结果在该粒子周围留下一个位错环(图1-53、图1-54),这就造成了所需切应力的增加,提高了材料的强度;使位错继续运动取决于绕过颗粒障碍的最小曲率半径$d/2$,这个强化机制称为Orowan机制,该机制与沉淀粒子的分布有关,粒子越细,分布越弥散,强化效果越好。

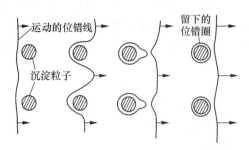

图 1-53 Orowan 机制示意图

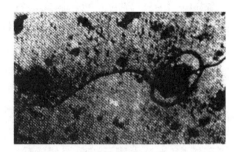

图 1-54 Cu-30Zn 合金中 Al_2O_3 粒子周围的位错圈

实际使用的高强度合金,大多数含有沉淀相,其中强度最高的是沉淀相质点尺寸不大、而高度弥散分布在基质之中的合金。这些沉淀相往往是金属化合物或氧化物,要比基质硬得多。在基质中渗入沉淀相的方法有好几种,最常用的是利用固溶体的脱溶沉淀,进行时效热处理。近年来又发展了加沉淀相粉末的烧结、内氧化等方法,统称为弥散强化。虽然渗入沉淀相的方法不同,但强化机制却有其共性。除 Orowan 绕越机制外,位错与沉淀颗粒的交互作用还有以下几种机制:化学强化机制、层错强化机制、模量强化机制、共格强化机制、有序强化机制等。实际的材料往往会综合多种强化机制起作用,钢中马氏体相变强化就是这样一种强化机制,它实际上是固溶强化、弥散强化、形变强化、细晶强化的综合效应。

4. 高温强化

高温下金属材料的强化开始是通过使用高熔点或扩散激活能大的金属和合金来实现的,镍基高温合金材料的使用就是一个成功的例子。这是因为在一定温度下,熔点越高的金属自扩散越慢,它的回复和攀移的速率就越小,强度也越高。在高温合金中,具有高度弥散性的、高强度的第二相粒子的存在也可以显著提高材料的强度。因为第二相粒子的存在强烈地阻碍了位错的滑移和攀移。一般来说,第二相粒子硬度越高,弥散度越大,稳定性越好,强化效果就越显著。

低温时细晶强化是一种有效的材料强化的手段。但在高温时,对于实际的细晶材料,扩散蠕变的速率大大增加,扩散蠕变成为材料形变的重要组成部分,这就导致了在高温下,细晶材料比粗晶材料软,与低温时的细晶强化效应正好相反。因此,为了增加材料在高温下的强度,人们尝试了很多办法来增大材料的晶粒尺寸。以镍基高温合金为例,利用等轴定向凝固的方法得到的镍基铸造合金,就具有较大的晶粒尺寸,因而其具有较高的强度。图 1-55 所示为镍基高温合金的使用温度的提高与开始服役的时间的关系。从图中可以看到普通镍基合金的使用温度最低,随着锻造合金的出现,使用温度有所提高。而定向凝固法的出现则进一步提高了镍基合金的使用温度,直至单晶合金的出现,其强度达到了最大值。若还需要更高的使用温度,则只有工程陶瓷才能胜任了。显而易见,图中的使用温度的提高对应着合金晶粒的增大,从普通合金的小晶粒,到定向凝固形成的较大晶粒的合金,最后得到单晶合金,强度也达到了最大。由于以上原因,单晶高温合金得到了越来越广泛的应用,因为它消除了晶界、扩散型的 Coblc 蠕变,与此同时也避免了晶界滑动引起的断裂。

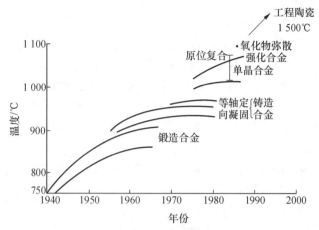

图 1‐55 镍基高温合金的使用温度与开始服役时间的关系
（条件：1 000 h，150 MPa）

1.11.2 陶瓷材料的强化

影响陶瓷材料强度的因素是多方面的，材料强度的本质是内部质点（原子、离子、分子）间的结合力，为了使材料实际强度提高到理论强度的数值，长期以来进行了大量研究。从对材料的形变及断裂的分析可知，在晶体结构既定的情况下，控制强度的主要因素有三个，即弹性模量 E、断裂功（断裂表面能）γ 和裂纹尺寸 C。其中，E 是非结构敏感的，γ 与微观结构有关，但对单相材料，微观结构对 γ 的影响不大，唯一可以控制的是材料中的微裂纹，可以把微裂纹理解为各种缺陷的总和。所以强化措施大多从消除缺陷和阻止其发展着手，值得提出的有下列几个方面。

1. 微晶、高密度与高纯度

为了消除缺陷，提高晶体的完整性，细、密、匀、纯是当前陶瓷发展的一个重要方面。近年来出现了许多微晶、高密度、高纯度陶瓷，如用热压工艺制造的 Si_3N_4 陶瓷密度接近理论值，几乎没有气孔，特别值得提出的是各种纤维材料及晶须。表 1‐6 列出了一些纤维和晶须的特性，从表中可以看出，将块体材料制成细纤维，强度大约提高一个数量级，而制成晶须则提高两个数量级，与理论强度的大小同数量级。晶须提高强度的主要原因之一就是大大提高了晶体的完整性，实验证明，晶须强度随晶须截面直径的增加而降低。

表 1‐6 几种陶瓷材料的块体、纤维及晶须的抗拉强度

材　　料	抗拉强度/MPa		
	块　体	纤　维	晶　须
Al_2O_3	280	2 100	21 000
BeO	140（稳定化）	—	13 333
ZrO_2	140（稳定化）	2 100	—
Si_3N_4	120~140（反应烧结）	—	14 000

2. 预加应力

人为地预加应力,在材料表面造成一层压应力层,就可提高材料的抗张强度。脆性断裂通常是在张应力作用下,自表面开始,如果在表面造成一层残余压应力层,则在材料使用过程中表面受到拉伸破坏之前首先要克服表面上的残余压应力。通过一定加热、冷却制度在表面人为地引入残余压应力的过程叫作热韧化。这种技术已被广泛用于制造安全玻璃(钢化玻璃),如汽车飞机门窗、眼镜用玻璃等。方法是将玻璃加热到转变温度以上但低于熔点,然后淬冷,这样,表面立即冷却变成刚性的,而内部仍处于软化状态,不存在应力。在以后继续冷却中,内部将比表面以更大速率收缩,此时是表面受压,内部受拉,结果在表面形成残留压应力。图1-56是热韧化玻璃板受横向弯曲时,残余应力、作用应力及合成应力分布的情形。这种热韧化技术近年来发展到用于其他结构陶瓷材料,淬冷不仅在表面造成压应力,而且还可使晶粒细化。利用表面层与内部的热膨胀系数不同,也可以达到预加应力的效果。

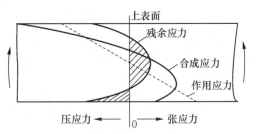

图1-56 热韧化玻璃板受横向弯曲荷载时,残余应力、作用应力及合成应力分布

3. 化学强化

如果要求表面残余压应力更高,则热韧化的办法就难以做到,此时就要采用化学强化(离子交换)的办法。这种技术是通过改变表面的化学组成,使表面的摩尔体积比内部的大。由于表面体积胀大受到内部材料的限制,就产生一种两向状态的压应力。可以认为这种表面压力和体积变化的关系近似服从胡克定律,即

$$\sigma = K \frac{\Delta V}{V} = \frac{E}{3(1-2\mu)} \frac{\Delta V}{V} \tag{1-106}$$

如果体积变化为2%,$E = 70\,\text{GPa}$,$\mu = 0.25$,则表面压应力高达$930\,\text{MPa}$。

通常是用一种大的离子置换小的,由于受扩散限制及受带电离子的影响,实践上,压力层的厚度被限制在数百微米范围内。在化学强化的玻璃板中,应力分布情况和热韧化玻璃不同,在热韧化玻璃中形状接近抛物线,且最大的表面压应力接近内部最大张应力的两倍,但在化学强化中,通常不是抛物线形,而是在内部存在一个接近平直的小的张应力区,到化学强化区突然变为压应力。表面压应力与内部张应力之比可达数百倍。如果内部张应力很小,则化学强化的玻璃可以切割和钻孔;但如果压应力层较薄而内部张应力较大,内部裂纹能自发扩展,破坏时可能裂成碎块。化学强化方法目前尚在发展中,相信会得到更广泛的应用。

此外,将表面抛光及化学处理用以消除表面缺陷也能提高强度。强化材料的一个重要发展是复合材料的出现。复合材料是近年来迅速发展的领域之一。

4. 陶瓷材料的增韧

所谓增韧就是提高陶瓷材料强度及改善陶瓷的脆性,是陶瓷材料要解决的重要问题。与金属材料相比,陶瓷材料有极高的强度,其弹性模量比金属大很多。但大多数陶瓷材料缺乏塑性形变能力和韧性,见表1-7,极限应变小于0.2%,在外力的作用下呈现脆性,并且抗冲击、抗热冲击能力也很差。脆件断裂往往导致了材料被破坏。一般的陶瓷材料在室温下

塑性为零,这是因为大多数陶瓷材料晶体结构复杂、滑移系统少,位错生成能高,而且位错的可动性差。

表 1-7　金属与陶瓷材料的室温屈服应力与断裂韧性

材　　料	性　　能	
	屈服应力/MPa	断裂韧性 $K_{IC}/(MPa \cdot m^{1/2})$
碳　钢	235	210
马氏体时效钢	1 670	93
高温合金	981	77
钛合金	1 040	47
陶瓷 HP - Si_3N_4	490	5.5～3.5

高强度的陶瓷缺乏足够的韧性,例如,容易碎块断裂的高强度,热处理玻璃一旦出现缺陷,其对破裂传播的障碍极小,会迅速地导致断裂。表 1-8 中所列的为玻璃和一些单晶体陶瓷的结构韧性的数值。

表 1-8　室温下陶瓷和复合材料的断裂韧性

材　料	$K_{IC}/(MPa \cdot m^{1/2})$	材　料	$K_{IC}/(MPa \cdot m^{1/2})$
硅酸盐玻璃	0.7～0.9	Al_2O_3	3.5～4
单晶 NaCl	0.3	Al_2O_3 - Al 复合材料	6～11
单晶 Si	0.6	热压、气压烧结 Si_3N_4	6～11
单晶 MgO	1	立方稳定结构 ZrO_2	2.8
单晶 SiC	1.5	四方氧化锆(Y - TZP,Ce - TZP)	6～12
热压烧结 SiC	4～6	Al_2O_3 - ZrO_2 复合材料	6.5～13
单晶 Al_2O_3		单晶 WC	2
(0001)	4.5	金属(Ni, Co)化合 WC	5～18
(1010)	3.1	铝合金	35～45
(1012)	2.4	铸铁	37～45
(1120)	2.4	钢	40～60

韧化的主要机理有应力诱导相变增韧、相变诱发微裂纹增韧、残余应力增韧等。几种增韧机理并不互相排斥,但在不同条件下有一种或几种机理起主要作用。

(1) 相变增韧:利用多晶多相陶瓷中某些相成分在不同温度的相变,从而增韧的效果,统称为相变增韧。例如,利用 ZrO_2 的马氏体相变来改善陶瓷材料的力学性能,是目前引人注目的研究领域。研究了多种 ZrO_2 的相变增韧,由四方相转变成单斜相,体积增大 3%～5%,如部分稳定 ZrO_2(PSZ)、四方 ZrO_2 多晶陶瓷(TZP)、ZrO_2 增韧 Al_2O_3 陶瓷(ZTA)、ZrO_2 增韧莫来石陶瓷(ZTM)、ZrO_2 增韧尖晶石陶瓷、ZrO_2 增韧钛酸铝陶瓷、ZrO_2 增韧 Si_3N_4 陶瓷、增韧 SiC 以及增韧 SiAlON 等。其中 PSZ 陶瓷较为成熟,TZP、ZTA、ZTM 研究得也较多,PSZ、TZP、ZTA 等的新裂韧性 K_{IC} 已达 11～15 MPa · $m^{1/2}$,有的高达 20 MPa · $m^{1/2}$,但温度升高时,相变增韧失效。

　　当部分稳定 ZrO_2 陶瓷烧结致密后,四方相 ZrO_2 颗粒弥散分布于其他陶瓷基体中(包括 ZrO_2 本身),冷却时亚稳四方相颗粒受到基体的抑制而处于压应力状态,这时基体沿颗粒连线方向也处于压应力状态。材料在外力作用下所产生的裂纹尖端附近由于应力集中的作用,存在张应力场,从而减轻了对四方相颗粒的束缚,在应力的诱发作用下会发生向单斜相的转变并发生体积膨胀,相变和体积膨胀的过程除消耗能量外,还将在主裂纹作用区产生压应力,二者均阻止裂纹的扩展,只有增加外力做功才能使裂纹继续扩展,于是材料强度和新裂韧性大幅度提高。

　　因此,这种微结构会产生三种不同的增韧机理。在氧化锆中具有亚稳态四方相的盘状沉淀的微粒,如图 1-57 所示。首先,随着裂纹发展导致的应力增加,会使四方结构的沉淀相通过马氏体相变转变为单斜结构,这一相变吸收了能量并导致体积膨胀产生张应力。这种微区的形变在裂纹附近尤为明显。其次,相变的粒子周围的应力场会吸收额外的能量,并形成许多微裂纹。这些微结构的变化有效地降低了裂纹尖端附近的有效应力强度。第三,由于沉淀颗粒对裂纹的阻滞作用和局域残余应力场的效应,会引起裂纹的偏转。裂纹偏转又引起裂纹的表面积和有效表面能增加,从而增加材料的韧性。上述的情况同样适用于粒子和短纤维强化的复合材料中。

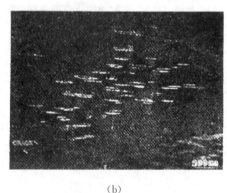

(a)　　　　　　　　　　　　　　　　　(b)

图 1-57　相变增韧氧化锆

(a) 明亮的扁平椭圆形区域是立方结构的氧化铝基底中的四方结构氧化锆;
(b) 形变区在临界裂纹的一个薄层内,明亮的部分是变形单斜氧化锆

　　(2)微裂纹增韧:部分稳定 ZrO_2 陶瓷在烧结冷却过程中,存在较粗四方相向单斜相的转变,引起体积膨胀,在基体中产生弥散分布的裂纹或者主裂纹扩展过程中在其尖端过程区内形成的应力诱发相变导致的微裂纹,这些尺寸很小的微裂纹在主裂纹尖端扩展过程中会导致主裂纹分叉或改变方向,增加了主裂纹扩展过程中的有效表面能,此外裂纹尖端应力集中区内微裂纹本身的扩展也起着分散主裂纹尖端能量的作用,从而抑制了主裂纹的快速扩展,提高了材料的韧性。

　　(3)表面残余压应力增韧:陶瓷材料可以通过引入残余压应力达到增强韧化的目的。控制含弥散四方 ZrO_2 颗粒的陶瓷在表层发生四方相向单斜相相变,引起表面体积膨胀而获得表面残余压应力。由于陶瓷断裂往往起始于表面裂纹,表面残余压应力有利于阻止表面裂纹的扩展,从而起到了增强增韧的作用。

　　(4)弥散增韧:在基体中渗入具有一定颗粒尺寸的微细粉料,达到增韧的效果,这称为弥散增韧。这种细粉料可能是金属粉末,加入陶瓷基体以后,以其塑体变形,来吸收弹性应变能的释放量,从而增加了断裂表面能,改善了韧性。细粉末也可能是非金属颗粒,在与基体生料颗粒均匀混合之后,在烧结或热压时,多半存在于晶界相中,以其高弹性模量和高温强度增加了整体的断裂表面能,特别是高温断裂韧性。

当基体的第二相为弥散颗粒时,增韧机制可能是裂纹受阻或裂纹偏转、相变增韧和弥散增韧。影响第二相颗粒增韧效果的主要因素是基体与第二相颗粒大弹性模量和热膨胀系数之差以及两相之间的化学相容性。其中,化学相容性是要求既不出现过量的相间化学反应,同时又能保证较高的界面结合强度,这是颗粒产生有效增韧效果的前提条件。

当陶瓷基体中加入的颗粒具有高弹性模量时就会产生弥散增韧。其机制为:复合材料受拉伸时,高弹性模量第二相颗粒阻止基体横向收缩。为达到横向收缩协调,必须增大外加纵向拉伸压力,即消耗更多外界能量,从而起到增韧作用。颗粒弥散增韧与温度无关,因此可以作为高温增韧机制。纤维增强增韧复合材料,将在下节陈述。

在过去的 20 年中,人们在陶瓷材料的增韧方面做了大量的工作,通过对材料微结构的控制,成功地提高了断裂韧性和多晶、多相陶瓷的强度。到目前为止,人们已经得到强度约 1 GPa,断裂韧性 $6 \sim 10$ MPa·$m^{1/2}$ 的氮化硅;微粒稳定氧化锆和四方多晶氧化锆的断裂韧性和强度已可分别达到 $6 \sim 10$ MPa·$m^{1/2}$ 和 $0.6 \sim 1$ GPa;具有金属韧性的易延展陶瓷(金属的体积百分含量不超过 30%)显示出更高的断裂韧性($10 \sim 15$ MPa·$m^{1/2}$)。而利用纤维增强的复合材料则因为其复合结构能在材料发生断裂前吸收大量的断裂功,有更加惊人的韧性,标准的屈服测量结果显示其断裂韧性可以达到 $20 \sim 25$ MPa·$m^{1/2}$。但值得注意的是,复合材料的断裂过程与 Griffith 理论所描述的尖锐裂纹的传播过程是不同的。所有这些断裂韧性的进步使陶瓷材料增加了许多新的在结构方面的应用。例如,氮化硅在汽车部件(涡轮压缩机转子等)及高温汽轮机上的应用、形变增韧多晶氧化锆及其复合材料在大范围的低温条件下的应用,以及纤维状或须状纤维增强的玻璃、玻璃状陶瓷和多晶陶瓷在发动机部件、切割工具、轴承等许多方面上的应用。

1.12　材料的摩擦及磨损

任何机器运转时,相互接触的零件之间都将因相对运动而产生摩擦,而磨损正是由于摩擦产生的结果。由于磨损,将造成表层材料的损耗,零件尺寸发生变化,直接影响零件的使用寿命。近二三十年来,国外把摩擦、润滑和磨损构成了一门独立的边缘学科——摩擦学。但从材料学科特别是从材料的工程应用来看,人们更重视研究材料的磨损。据不完全统计,世界能源的 1/3～1/2 消耗于摩擦,而机械零件 80% 的失效原因是磨损。

1.12.1　摩擦

两个相互接触的物体或物体与介质之间在外力作用下,发生相对运动,或者具有相对运动的趋势时,在接触表面上所产生的阻碍作用称为摩擦。这种阻碍相对运动的阻力称为摩擦力。

摩擦有利有害,但多数情况下是不利的。例如,机械运转时的摩擦,造成能量的无益损耗和机器寿命的缩短,并降低机器效率,此时通常要减小摩擦。摩擦有时也是不可缺少的,如人的行走、汽车的行驶都必须依靠脚或车轮与地面的摩擦。

1.12.2 摩擦的机理

1. 凸凹啮合说

1699 年由阿蒙顿和海亚等提出。当两个凹凸不平的表面接触时,凹凸部分彼此交错啮合,在发生相对运动时,互相交错啮合的凹凸部分阻碍物体的运动。摩擦力就是所有啮合点切向阻力的总和。接触表面越粗糙,摩擦力和摩擦系数越大。

2. 黏附说

最早由英国学者德萨左利厄斯于 1734 年提出,认为两个表面抛得很光的金属之间摩擦会增大,可以用两个物体的表面充分接触时它们的分子引力将增大来解释。

新的摩擦黏附论认为,两个相互接触的表面,无论做得多么光滑,从原子尺度看,还是粗糙的,有许多微小的凸起,把这样的两个表面放在一起,微凸起的顶部发生接触,微凸起之外的部分接触面间有 10^{-8} m 或更大的间隙。这样,接触的微凸起的顶部承受了接触面上的法向压力。如果这个压力很小,微凸起的顶部发生弹性形变;如果法向压力较大,超过某一数值(每个凸起上约千分之几牛顿),超过材料的弹性限度,微凸起的顶部便发生塑性形变,被压成平顶,这时互相接触的两个物体之间距离变小到分子(原子)引力发生作用的范围,于是,两个紧压着的接触面上产生了原子性黏合。这时,要使两个彼此接触的表面发生相对滑动,必须对其中的一个表面施加一个切向力,来克服分子(原子)间的引力,剪断实际接触区生成的接点,这就产生了摩擦。

人们通过不断试验和分析计算,发现上述两种理论提出的机理都能产生摩擦,其中黏附理论提出的机理比啮合理论更普遍。但在不同的材料上,两种机理的表现有所偏向:金属材料,产生的摩擦以黏附作用为主;而对木材,产生的摩擦以啮合作用为主。实际上,关于摩擦力的本质,目前尚未有定论,仍在深入讨论中。

1.12.3 磨损

机件表面相接触并做相对运动时,表面逐渐有微小颗粒分离出来形成磨屑(松散的尺寸与形状均不相同的碎屑),使表面材料逐渐流失(导致机件尺寸变化和质量损失)、造成表面损伤的现象即为磨损。

磨损主要是力学作用引起的,但并非单一力学过程。引起磨损的原因既有力学作用,也有物理和化学作用,因此摩擦材料、润滑条件、加载方式和大小、相对运动特性(方式和速度)以及工作温度等诸多因素均影响磨损量的大小,所以磨损也是一个系统过程。

磨损是一种十分复杂的微观动态过程,影响因素甚多,因此关于磨损分类的方法也较多。最常见的磨损分类是按磨损机理来分类,即黏着磨损、磨料磨损、冲蚀磨损、微动磨损、疲劳磨损、腐蚀磨损等。

黏着磨损又称咬合磨损。由于零件表面某些接触点在高的局部压力下发生黏合,在相互滑动时,黏着点又被剪切分开,接触面上有金属磨屑被拉拽出来,这种过程反复进行很多次,便会导致表面的损伤。

磨料磨损又称磨粒磨损,是当摩擦副一方表面存在坚硬的细微突起,或者在接触表面之间存在硬质粒子时所产生的一种磨损。指硬的磨粒或凸出物对零件表面的摩擦过程中,使材料表面发生磨耗的现象。

冲蚀磨损又称侵蚀磨损,是指流体或固体以松散的小颗粒按一定的速度和角度对材料表明进行冲击所造成的磨损。松散粒子尺寸一般小于 $100~\mu m$,冲击速度在 $550~m/s$ 以内。

两摩擦表面与周围介质发生化学或电化学反应,在表面上形成的腐蚀产物黏附不牢,在摩擦过程中被剥落下来,而新的表面又继续和介质发生反应,这种腐蚀和磨损的重复过程,称为腐蚀磨损。腐蚀磨损因常与摩擦面之间的机械磨损共存,故又称为腐蚀机械磨损。

在机械设备中,常常由于机械振动引起一些紧密配合的零件接触表面间产生很小振幅的相对振动,由此而产生的磨损称为微动磨损。

磨损造成的经济损失:磨粒磨损 50%、黏着磨损 15%、冲蚀磨损和微动磨损各 8%、腐蚀磨损 5%。

实际工况中,材料的磨损往往不是一种机理在起作用,而是几种机理同时存在,只不过是某一种机理起主要作用而已。而当条件变化时,磨损也会发生变化,会以一种机理为主转变为以另一种机理为主。这就要求我们对实际的磨损情况要具体地加以分析,找出主要的磨损方式或磨损机理。

1. 磨合阶段

出现在摩擦副的初始运动阶段,由于表面存在粗糙度,微凸体接触面积小,接触应力大,磨损速度快。在一定载荷作用下,摩擦表面逐渐磨平,实际接触面积逐渐增大,磨损速度逐渐减慢,如图 1-58 所示。

2. 稳定磨损阶段

出现在摩擦副的正常运行阶段。经过跑合,摩擦表面加工硬化,微观几何形状改变,实际接触面积增大,压强降低,从而建立了弹性接触的条件,这时磨损已经稳定下来,如图 1-58 所示,磨损量随时间增加缓慢增大。

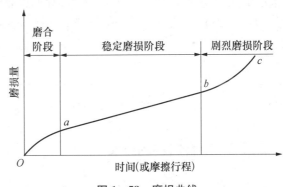

图 1-58　磨损曲线

3. 剧烈磨损阶段

由于摩擦条件发生较大的变化(如温度的急剧增高、金属组织的变化等),磨损速度急剧增加。这时机械效率下降,精度降低,出现异常的噪声及振动,最后导致零件完全失效。

1.12.4　磨损试验

(1) 实物试验:以实际零件在使用条件下进行磨损试验,所得到的数据真实性和可靠性较好。其不足在于试验周期长,费用较高,不易进行单因素考察。

(2) 实验室试验:在实验室条件和模拟使用条件下的磨损试验,周期短,费用低,影响试验的因素容易控制和选择,试验数据的重现性强,易于比较分析,又分为试样试验和台架试验。

① 试样试验:试样试验将所需研究的摩擦件制成试样,在专用的摩擦试验机上进行试验。

② 台架试验:台架试验是在相应的专门台架试验机上进行的,它在试样试验的基础上,优选出能基本满足摩擦磨损性能要求的材料,制成与实际结构尺寸相同或相似的摩擦件,再进一步在磨粒实际使用条件下进行台架试验。

1.12.5 耐磨性

耐磨性是材料抵抗磨损的性能,这是一个系统性质。通常用磨损量来表示材料的耐磨性,磨损量越小,耐磨性越高。

表示磨损量的方法很多,可用摩擦表面法向尺寸减少量来表示线磨损量,也可用体积和质量法来表示,分别称为体积磨损量和质量磨损量。测量单位摩擦距离、单位压力下的磨损量,则称为比磨损量。失重法的磨损量单位是 $mg/(cm^2 \times 1\,000\,m)$,表示在 $1\,000\,m$ 行程上单位面积(cm^2)的失重量(mg)。

提升耐磨性的途径:

(1) 对于以切削作用为主要机理的磨料磨损应增加材料硬度,这是提高耐磨性的最有效措施。如用含碳较高的钢淬火获得马氏体组织。如能使材料硬度与磨料硬度之比达到 $0.9 \sim 1.4$,可使磨损量减得很少。但如果磨料磨损机理是塑性形变,则应提高材料韧性。

(2) 根据机件服役条件,合理选择耐磨材料。在高应力冲击载荷,选用高锰钢冲击载荷不大的低应力场合,用中碳低合金钢经淬火回火处理。

(3) 采用渗碳、碳氮共渗等化学热处理提高表面硬度。

1.13 复合材料及其力学性能

1.13.1 复合材料的分类

复合材料(composite)是将两种或两种以上性能不同的材料组合为一个整体,从而表现出某些优于其中任何一种材料性能的材料。自然界存在着许多天然的复合材料,如木材是由纤维素和木质素复合而成,前者抗拉强度大,后者不仅起到黏结作用,而且具有阻碍裂纹扩展的功能。钢筋混凝土是水泥和石子、水泥和钢筋组成的复合材料。

复合材料通常将被增强的一种材料称为基,按其所属的材料类型称其为金属基复合材料,如 C 增强的 Al 基或 Mg 基复合材料;陶瓷基复合材料,如 C 纤维增强的 C 基复合材料;高分子复合材料,如玻璃纤维增强的塑料等等。复合材料也可按两种材料的维度,如颗粒为 0 维,纤维为 1 维,板状为 2 维,3 维编织体为 3 维,分为 0-3(基体为 3 维,增强相为颗粒)、1-1(纤维-纤维)、1-3(纤维体块)等复合材料。也可按其使用的性能的主要特点分为结构复合材料和功能复合材料,前者主要利用其力学性能(如强度、刚度等),后者主要利用其光电、磁、声等物理性能。

复合材料提供了一种重要的材料性能优化的途径,如图 1-59 所示是几个大类材料分别组合而成的复合材料种类的示意图。从简单的组合规则可见,复合材料至少有 10 大类。大量种类的材料为构造、设计制备高性能材料提供了丰富的选择。

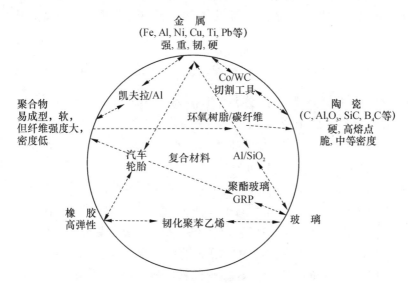

图 1-59 两种或两种以上材料所组成的复合材料

表 1-9 列出了几类常用材料与复合材料的某些力学性能的比较。其中比强度和比模量定义为强度和弹性模量与密度之比,复合材料的显著优点是这些量相当高。

表 1-9 常用材料与复合材料的某些力学性能的比较

材 料	密度 /(g/cm³)	拉伸强度 /MPa	弹性模量 /10^3 MPa	比强度 /10^6 cm	比模量 /10^9 cm
钢	7.8	102	207	0.13	0.27
铝	2.8	76	69	0.27	0.24
钛	4.5	95	115	0.21	0.25
E-玻璃	2.5	3 400	72	14.2	0.29
环氧树脂	1.1	69	7	0.64	0.06
Al_2O_3 晶须	4.0	21 000	430	50.88	1.4
普通玻璃钢	2.0	105	39	0.53	0.21
E-玻璃(73.3%)/环氧树脂	2.2	1 640	56	7.72	0.26
Al_2O_3(14%)/环氧树脂	1.6	779	41	4.88	0.26
碳纤维Ⅰ/环氧树脂	1.6	105	237	0.67	1.5
硼纤维/环氧树脂	2.1	136	207	0.66	1.0
硼纤维/铝	2.6	99	197	0.38	0.75

在一种基体材料中加入另一种粉体材料或纤维材料而制成复合材料是提高陶瓷材料强度和改善脆性的有效措施,在许多方面已得到广泛应用。粒子强化的机理在于粒子可以防

止基体内的位错运动,或通过粒子的塑性形变而吸收一部分能量,从而达到强化的目的。例如,以 70%Al_2O_3 - 30%Cr(质量分数)制成的金属陶瓷,在 297 K 下,抗弯强度为 380 MPa,以 70%TiC - 30%Ni(质量分数)制成的金属陶瓷,抗弯强度达 1 340 MPa。这类复合材料受到外力作用时,负荷主要由基体承担。纤维强化的作用在于负荷主要由纤维承担,而基体将负荷传递、分散给纤维。此外,纤维还可阻止基体内的裂纹扩展。为了评价强化效果,可定义强化率 F 如下:

强化率 F = 粒子或纤维强化材料的强度 / 未加粒子或纤维的材料的强度

对于粒子强化复合材料来说,F 为粒子体积含有率 V_P、粒子分布、粒子直径 d_P 和粒子间距离 λ_P 的函数。一般来说,粒子愈小,阻止位错运动的效果就愈大,因此 F 也大。当粒子直径在 0.01～0.1 μm 范围内时,F 为 4～15。比这更细的粒子就能形成固溶体,F 可达 10～30。例如,一些超级合金,如 d_P = 0.1～10 μm,则 F 只有 1～3,合金陶瓷一般在此范围内。大的粒子容易成为应力集中源,使复合材料的力学性能被破坏。对于纤维强化复合材料,强化率 F 和纤维体积含有率 V_f、纤维直径 d_f、纤维抗压强度、纤维长度 σ_f、纤维长细比 l/d_f、纤维与基体的接着强度 τ_m、基体拉张强度有关。根据纤维和基体的特点,F 的变化范围较大。这类材料中可用纤维材料来强化韧性基体(如橡胶、树脂、金属),也可用来强化脆性基体(如玻璃及陶瓷材料)。例如,用钨芯碳化硅纤维强化氮化硅,断裂功从 1 J/m^2 提高到 9×10^2 J/m^2;用碳纤维增强石英玻璃,抗弯强度为纯石英玻璃的 12 倍,抗冲击强度提高 4 倍,断裂功提高 2～3 个数量级。下面重点介绍一些纤维强化材料的基本概念。

纤维的强化作用取决于纤维与基体的性质、二者的结合强度、纤维在基体中的排列方式。为了达到强化目的,必须注意下列几个原则:① 使纤维尽可能多地承担外加负荷,为此,应选用强度及弹性模量比基体高的纤维,因为在受力情况下,当二者应变相同时,纤维与基体所承受的应力之比等于二者弹性模量之比,E 大则承担的力大;② 二者的结合强度不能太差,否则基体中所承受的应力无法传递到纤维上,极端的情况是两者结合强度为零,这时纤维毫无作用,又如基体中存在大量气孔群一样,强度反而降低,如果结合太强,虽可分担大部分应力,但在断裂过程中没有纤维自基体中拔出这种吸收能量的作用,复合材料将表现为脆性断裂,因此,结合强度以适当为宜;③ 应力作用的方向应与纤维平行,才能发挥纤维的作用,因此应注意纤维在基体中的排列,排列方向可以是单向、十字交叉或按一定角度交错及三维空间编织;④ 纤维与基体的热膨胀系数应匹配,二者的热膨胀系数以相近为宜,最好是纤维的热膨胀系数略大于基体的,这样复合材料在烧成、冷却后纤维处于受拉状态而基体处于受压状态,起到预加应力作用;⑤ 还要考虑二者在高温下的化学相容性,必须保证两者在高温下不致发生引起纤维性能降低的化学反应。

1.13.2 连续纤维单向强化复合材料的强度

连续纤维单向强化复合材料的纤维排列及受力情况如图 1 - 60 所示。设纤维与基体的应变相同,即 $\varepsilon_c = \varepsilon_f = \varepsilon_m$,则可写出

$$E_c = E_f V_f + E_m V_m \qquad (1-107)$$

$$\sigma_c = \sigma_f V_f + \sigma_m V_m \qquad (1-108)$$

$$V_f + V_m = 1 \qquad (1-109)$$

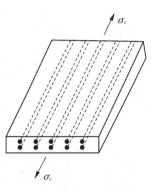

图 1-60 连续纤维单向强化复合材料的纤维排列及受力情况

式中，E_c、σ_c 分别为复合材料的弹性模量及强度；E_f、σ_f、V_f 分别为纤维的弹性模量、强度及体积分数；E_m、σ_m、V_m 分别为基体的弹性模量、强度及体积分数。

式(1-107)、式(1-108)是理想状态，也是对复合材料弹性模量和强度的最高估计，分别叫作上界模量及上界强度。

由于复合材料中，纤维和基体的应变是一样的，即

$$\varepsilon_m = \varepsilon_f = \frac{\sigma_m}{E_m} = \frac{\sigma_f}{E_f} \qquad (1-110)$$

设 ε_m 超过基体的临界应变时，复合材料就破坏，但此时纤维还未充分发挥作用。根据这一条件，将式(1-110)代入式(1-108)即可求得复合材料的下界强度，即复合材料强度的最低值

$$\sigma_c = \sigma_m \left[1 + V_f \left(\frac{E_f}{E_m} - 1 \right) \right] \qquad (1-111)$$

对于以玻璃、硼等脆性破坏的材料为纤维，以聚酯、环氧树脂、铝等延性材料为基体的复合材料，其应力-应变曲线见图 1-61。曲线的第Ⅰ区域为弹性区，此时

$$E_c = E_f V_f + E_m V_m \qquad 0 \leqslant \varepsilon \leqslant \varepsilon_{my} \qquad (1-112)$$

$$\sigma_c = \sigma_f V_f + \sigma_m V_m \qquad (1-113)$$

式中，ε_{my} 为基体屈服点应变。基体屈服后进入第Ⅱ区，此时基体弹性模量已不是常数，因此复合材料的弹性模量可写成

$$E_c(\varepsilon) = E_f V_f + \left[\frac{\mathrm{d}\sigma_m(\varepsilon)}{\mathrm{d}\varepsilon} \right] V_m \qquad (1-114)$$

在第Ⅱ区域末尾，设复合材料的破坏由纤维断裂引起，此时 $\varepsilon = \varepsilon_{fu}$，则

$$\sigma_{cu} = \sigma_{fu} V_f + \sigma_m^* V_m = \sigma_{fu} V_f + \sigma_m^* (1 - V_f) \qquad (1-115)$$

式中，σ_{cu}、σ_{fu} 分别为复合材料与纤维的断裂应力；σ_m^* 为与纤维断裂时的应变 σ_{fu} 相对应的基体应力。基体断裂时之应变为 ε_{mu}。

图 1-62 中 ABC 线是根据式(1-115)绘出的 $\sigma_{cu}-V_f$ 关系，为一直线，说明纤维加得愈多，强度愈大，理论上 $V_f = 1$ 则 $\sigma_{cu} = \sigma_{fu}$。实际上，圆形纤维排在一起，当中有空隙，$V_f$ 不可能等于1。由于 σ_m^* 通常比基体断裂应力 σ_{mu} 小，而 $\sigma_{cu} = \sigma_{mu}$ 的点 B 叫等破坏点，和此点对应的纤维体积含有率叫作临界体积含有率 $V_{f临界}$，故令式(1-115)的左边等于 σ_{mu}，即可求出 $V_{f临界}$

$$\sigma_{mu} = \sigma_{fu} V_{f临界} + \sigma_m^* V_m \qquad (1-116)$$

$$V_{f\text{临界}} = \frac{\sigma_{mu} - \sigma_m^*}{\sigma_{fu} - \sigma_m^*} \tag{1-117}$$

必使 $V_f > V_{f\text{临界}}$，才能起到强化的效果。

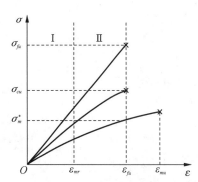

图 1-61　纤维、基体及复合材料的应
力-应变曲线

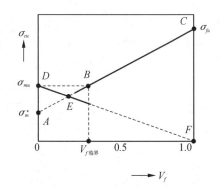

图 1-62　σ_{cu} 与 V_f 的关系

为了改善陶瓷的脆性，可以在陶瓷中加入延性纤维，此时基体是脆性材料，且 $\varepsilon_{mu} < \varepsilon_{fu}$，则当 $\varepsilon_c = \varepsilon_{mu}$ 时，基体就开裂，此时负荷由纤维负担，此时加给纤维的平均附加应力为

$$\Delta\sigma_f = \frac{\sigma_{mu}(1 - V_f)}{V_f} \tag{1-118}$$

如果 $\Delta\sigma_f < \sigma_{fu} - \sigma_f'$，则 σ_f' 为基体即将开裂时纤维的应力，则纤维将使复合材料保持在一起而不致断开。由式(1-118)可得

$$V_f = \frac{\sigma_{mu}}{\sigma_{mu} + \Delta\sigma_f} \tag{1-119}$$

临界情况 $\Delta\sigma_f = \sigma_{fu} - \sigma_f'$ 故

$$V_{f\text{临界}} = \frac{\sigma_{mu}}{\sigma_{mu} + \sigma_{fu} - \sigma_f'} \tag{1-120}$$

如果 $\sigma_{fu} \gg \sigma_f' \gg \sigma_{mu}$，则 $V_{f\text{临界}}$ 近似为

$$V_{f\text{临界}} \approx \frac{\sigma_{mu}}{\sigma_{fu}} \tag{1-121}$$

1.13.3　短纤维单向强化复合材料

如果使用短纤维来强化，则纤维长度必须大于一个临界长度 l_C 才能起到增强作用，此临界长度可以根据力的平衡条件求得。研究基体中只有一根短纤维的情况，当基体受均匀应力 σ_m 时，纤维表面就作用有由基体引起的剪应力 τ，纤维断面上作用有张应力 σ_f，如图 1-63 所示。图中(b)为纤维与基体接触面上的剪应力，二者大小相等，方向相反。纤维表面上的剪应力被截面上的张应力平衡。图中(c)、(d)为纤维表面剪应力及截面张应力

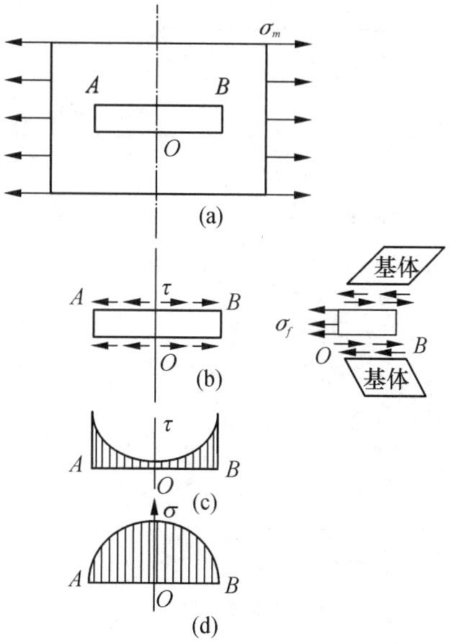

沿纤维长度的分布。剪应力在 A、B 两端最大,中间接近为零。而截面张应力正好相反,中间最大,A、B 两端为零。

随着作用应力 σ_m 的增加,剪应力沿纤维全长达到界面的结合强度或基体的屈服强度 τ_{my}。由 τ_{my} 引起的纤维截面张应力恰好等于纤维的拉伸屈服应力 σ_{fy} 时所必需的纤维长度即是临界长度 l_C,根据力的平衡条件

图 1-63 纤维与基体的共同作用

$$\tau_{my}\pi d \frac{l_C}{2} = \sigma_{fy}\frac{\pi d^2}{4} \tag{1-122}$$

由此得

$$l_C = \frac{\sigma_{fy}}{2\tau_{my}}d \tag{1-123}$$

式中,d 为纤维直径;$\dfrac{l_C}{d}$ 为临界长径比。$l > l_C$ 时,才有强化效果,设 $\tau_{my}=20\,\text{MPa}$,$\sigma_{fy}=2\,000\,\text{MPa}$,则 $\dfrac{l_C}{d}=50$,如 $d=5\,\mu\text{m}$,则 $l_C=0.25\,\text{mm}$。

当 $l \gg l_C$ 时,其效果接近连续纤维,当 $l=10l_C$ 时即可达连续纤维强化效果的 95%。短纤维复合材料的强度可写为

$$\sigma_c = \sigma_{fu}\left(1-\frac{l_C}{2l}\right)V_f + \sigma_m(1-V_f) \tag{1-124}$$

式中,σ_m 为应变与纤维屈服应变相同时的基体的应力。

由于纤维及晶须仍在发展中,可供选择的品种不多,所以复合材料的发展受到一定限制,但随着纤维及晶须的品种不断扩大和性能不断提高,复合材料有更广阔的前景。

1.13.4 碳纤维复合材料

碳纤维(carbon fiber,简称 CF),是一种含碳量在 95% 以上的高强度、高模量纤维的新型纤维材料。它是由片状石墨微晶等有机纤维沿纤维轴向方向堆砌而成,经碳化及石墨化处理而得到的微晶石墨材料。碳纤维"外柔内刚",它不仅具有碳材料的固有本征特性,又兼备纺织纤维的柔软可加工性,是新一代增强纤维。

碳纤维具有许多优良性能:① 碳纤维的轴向强度和模量高,密度低、比性能高;② 无蠕变,非氧化环境下耐超高温,耐疲劳性好;③ 比热及导电性介于非金属和金属之间,热膨胀系数小且具有各向异性;④ 耐腐蚀性好;⑤ X 射线透过性好;⑥ 良好的导电导热性能、电磁屏蔽性等。碳纤维与传统的玻璃纤维相比,杨氏模量是其 3 倍多;它与凯夫拉纤维相比,杨氏模量是其 2 倍左右,在有机溶剂、酸、碱中不溶不胀,耐蚀性突出,可以称为新材料之王。

表 1-10 为常用的碳纤维的品种与性能。

表 1-10　常用的碳纤维的品种与性能

项　　目	碳纤维			石墨纤维		
	通用型	T-300	T-1000	M40J	通用型	高模型
密度/(g/cm³)	1.70	1.76	1.82	1.77	1.80	1.81~2.18
拉伸强度/MPa	1 200	3 530	7 060	4 410	1 000	2 100~2 700
比强度/[GPa/(g/cm³)]	7.1	20.1	38.8	24.9	5.6	9.6~14.9
拉伸模量/GPa	48	230	294	377	100	392~827
比模量/[GPa/(g/cm³)]	2.8	13.1	16.3	21.3	5.6	21.7~37.9
断裂伸长率/%	2.5	1.5	2.4	1.2	1.0	0.5~0.27
体积电阻率/[10⁻³/(Ω·cm)]		1.87		1.02		0.89~0.22
热膨胀系数/(10⁻⁶/℃)		-0.5				-1.44
热导率/[W/(m·K)]		8		38		84~640
含碳质量分数/%	90~96			>99		

注：T-300 为标准型,T-1000 为高强型,M40J 为高强高模型。

1.13.5　碳纤维的结构与分类

碳纤维的微观结构类似人造石墨,是乱层石墨结构。碳纤维各层面间的间距为 3.39~3.42 Å,各平行层面间的各个碳原子,排列不如石墨那样规整,层与层之间借范德瓦耳斯力连接在一起。通常也把碳纤维的结构看成由两维有序的结晶和孔洞组成,其中孔洞的含量、大小和分布对碳纤维的性能影响较大。当孔隙率低于某个临界值时,孔隙率对碳纤维复合材料的层间剪切强度、弯曲强度和拉伸强度无明显的影响。有些研究指出,引起材料力学性能下降的临界孔隙率是 1%~4%。孔隙体积含量在 0~4% 范围内时,孔隙体积含量每增加1%,层间剪切强度大约降低 7%。

碳纤维按原料来源可分为聚丙烯腈(PAN)基碳纤维、沥青基碳纤维、黏胶基碳纤维、酚醛基碳纤维、气相生长碳纤维;按性能可分为通用型、高强型、中模高强型、高模型和超高模型碳纤维;按状态可分为长丝、短纤维和短切纤维。

按力学性能可分为通用型和高性能型。通用型碳纤维强度为 1 000 MPa、模量为 100 GPa左右。高性能型碳纤维又分为高强型(强度 2 000 MPa、模量 250 GPa)和高模型(模量 300 GPa以上)。强度大于 4 000 MPa 的又称为超高强型;模量大于 450 GPa 的称为超高模型。

随着航天和航空工业的发展,还出现了高强高伸型碳纤维,其延伸率大于 2%。用量最大的是 PAN 基碳纤维。市场上 90% 以上碳纤维以 PAN 基碳纤维为主。由于碳纤维神秘的面纱尚未完全揭开,人们还不能直接用碳或石墨来制取,只能采用一些含碳的有机纤维(如尼龙丝、腈纶丝、人造丝等)为原料,将有机纤维与塑料树脂结合在一起碳化制得碳纤维。

1.13.6　碳纤维复合材料工艺

碳纤维可分别用聚丙烯腈纤维、沥青纤维、黏胶丝或酚醛纤维经碳化制得。应用较普遍的碳纤维主要是聚丙烯腈碳纤维和沥青碳纤维。碳纤维的制造包括纤维纺丝、热稳定化(预氧化)、碳化、石墨化等四个过程。其间伴随的化学变化包括脱氢、环化、预氧化、氧化及脱氧等。从黏胶纤维制取高力学性能的碳纤维必须经高温拉伸石墨化，碳化收率低，技术难度大、设备复杂，产品主要为耐烧蚀材料及隔热材料所用；由沥青制取碳纤维，原料来源丰富，碳化收率高，但因原料调制复杂、产品性能较低，亦未得到大规模发展；由聚丙烯腈纤维原丝可制得高性能的碳纤维，其生产工艺较其他方法简单且力学性能优良，自20世纪60年代以来在碳纤维工业中发展良好。

聚丙烯腈基碳纤维的生产主要包括原丝生产和原丝碳化两个过程。原丝生产过程主要包括聚合、脱泡、计量、喷丝、牵引、水洗、上油、烘干收丝等工序，碳化过程主要包括放丝、预氧化、低温碳化、高温碳化、表面处理、上浆烘干、收丝卷绕等工序，所得制品如图1-64所示。

| (a) 碳纤维细节图 | (b) 碳纤维复合材料 | (c) 1 K碳纤维制作的管子 |

图1-64　碳纤维及其制品

1.13.7　碳纤维复合材料的应用

碳纤维在传统使用中除用作绝热保温材料外。多作为增强材料加入树脂、金属、陶瓷、混凝土等材料中，构成复合材料。碳纤维已成为先进复合材料最重要的增强材料。由于碳纤维复合材料具有轻而强、轻而刚、耐高温、耐腐蚀、耐疲劳、结构尺寸稳定性好以及设计性好、可大面积整体成型等特点，已在航空航天、国防军工和民用工业的各个领域得到广泛应用。碳纤维可加工成织物、毡、席、带、纸及其他材料。高性能碳纤维是制造先进复合材料最重要的增强材料。

1. 土木建筑

碳纤维应用在工业与民用建筑物、铁路公路桥梁、隧道、烟囱、塔结构等的加固补强，在铁路建筑中，大型的顶部系统和隔音墙在未来会有很好的应用，这些也将是碳纤维很有前景的应用方面，具有密度小，强度高，耐久性好，抗腐蚀能力强，可耐酸、碱等化学品腐蚀，柔韧性佳，应变能力强的特点。用碳纤维管制作的桁梁构架屋顶，比钢材轻50%左右，使大型结构物达到了实用化的水平，而且施工效率和抗震性能得到了大幅度提高。另外，碳纤维做补强混凝土结构时，不需要增加螺栓和铆钉固定，对原混凝土结构扰动较小，施工工艺简便。

2. 航空航天

碳纤维是火箭、卫星、导弹、战斗机和舰船等尖端武器装备必不可少的战略基础材料。将碳纤维复合材料应用在战略导弹的弹体和发动机壳体上，可大大减轻质量，提高导弹的射程和突击能力，从而使该战斗机具有超高音速巡航、超视距作战、高机动性和隐身等特性。美国波音推出新一代高速宽体客机的音速巡洋舰，约60%的结构部件都将采用强化碳纤维塑料复合材料制成，其中包括机翼。

碳纤维在舰艇上也有重要的应用价值,可减轻舰艇的结构质量,增加舰艇有效载荷,从而提高运送作战物资的能力,碳纤维不存在腐蚀生锈的问题。由于使用碳纤维材料可以大幅降低结构质量,因而可显著提高燃料效率。采用碳纤维与塑料制成的复合材料制造的飞机以及卫星、火箭等宇宙飞行器,噪声小,而且因质量小而动力消耗少,可节约大量燃料。据报道,航天飞行器的质量每减少 1 kg,就可使运载火箭减轻 500 kg。

碳纤维还是让大型民用飞机、汽车、高速列车等现代交通工具实现"轻量化"的完美材料。航空应用中对碳纤维的需求正在不断增多,新一代大型民用客机波音 787 和空客 A380 使用了约为 50% 的碳纤维复合材料。波音 787 的机身采用碳纤维,这使飞机飞得更快,油耗更低,同时能增加客舱湿度,让乘客感觉更舒适。新型空客 A380 上也使用了大量的碳纤维,使飞机机体的结构质量减轻了 20%,比同类飞机可节省 20% 的燃油,从而大幅降低了运行成本,减少了二氧化碳排放。

3. 汽车材料

碳纤维材料也成为汽车制造商青睐的材料,在汽车内外装饰中开始大量采用。碳纤维作为汽车材料,最大的优点是质量轻、强度大,质量仅相当于钢材的 20%~30%,硬度却是钢材的 10 倍以上。所以汽车制造采用碳纤维材料可以使汽车的轻量化,取得突破性进展,并带来节省能源的社会效益。业界认为,碳纤维在汽车制造领域的使用量会变大。

4. 纤维加固

碳纤维加固包括碳纤维布加固和碳纤维板加固两种。常用的加固方法有很多,如加大截面法、外包钢加固法、黏钢加固法、碳纤维加固法等。碳纤维加固修补结构技术是继加大混凝土截面、黏钢之后的又一种新型的结构加固技术。

5. 体育用品

在运动休闲领域中,像球杆、钓鱼竿、网球拍、羽毛球拍、自行车、滑雪杖、滑雪板、帆板桅杆、航海船体等运动用品都是碳纤维的主要用户之一。在电子音像领域,如在音响、浴霸、取暖器等家用电器,以及手机、笔记本电脑等电子产品中也可以看到碳纤维的身影。

1.14 材料的硬度

1.14.1 硬度的表示方法

硬度是材料的一种重要力学性能,但在实际应用中由于测量方法不同,测得的硬度所代表的材料性能也各异。例如,金属材料常用的硬度测量方法是在静荷载下将一种硬的物体压入材料,这样测得的硬度主要反映材料抵抗塑性形变的能力,而陶瓷、矿物材料使用的划痕硬度却反映材料抵抗破坏的能力。所以硬度没有统一的定义,各种硬度单位也不同,彼此间没有固定的换算关系。陶瓷及矿物材料常用的划痕硬度叫作莫氏硬度,它只表示硬度由小到大的顺序,不表示硬度的程度,后面的矿物可划破前面的矿物表面。一般莫氏硬度分为十级,后来因为有一些人工合成的硬度大的材料出现,又将莫氏硬度分为十五级以便比较。表 1-11 为莫氏硬度两种分级的顺序。

表 1-11 莫氏硬度顺序

顺序	材料	顺序	材料
1	滑石	1	滑石
2	石膏	2	石膏
3	方解石	3	方解石
4	萤石	4	萤石
5	磷灰石	5	磷灰石
6	正长石	6	正长石
7	石英	7	SiO_2 玻璃
8	黄玉	8	石英
9	刚玉	9	黄玉
10	金刚石	10	石榴石
		11	熔融氧化锆
		12	刚玉
		13	碳化硅
		14	碳化硼
		15	金刚石

1.14.2 硬度的测量

用静载压入的硬度试验法种类很多，常用布氏硬度（HB）、维氏硬度（HV）及洛氏硬度（HRC），这些方法的原理都是将一硬的物体在静载下压入被测物体表面，表面上被压入一凹面，以凹面单位面积上的荷载表示被测物体的硬度。图 1-65 为几种常用硬度的原理及计算方法。

布氏硬度法主要用来测定金属材料中较软及中等硬度的材料，很少用于陶瓷，维氏硬度法及努普硬度（HK）法都适于较硬的材料，也用于测量陶瓷的硬度，洛氏硬度法测量的范围较广，采用不同的压头和负荷可以得到 15 种标准洛氏硬度，此外还有 15 种表面洛氏硬度，其中 HRA、HRC 都能用来测量陶瓷的硬度。陶瓷材料也常用显微硬度法来测量，其原理和维氏硬度法一样，但是把硬度试验的对象缩小到显微尺度以内，它能测定在显微观察时所评定的某一组织组成物或某一组成相的硬

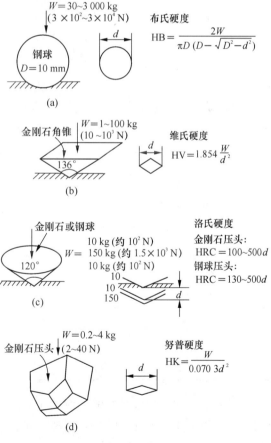

图 1-65 静载压入试验

度。显微硬度试验常用金刚石正四棱锥为压头,并在显微镜下测其硬度,试验所用公式和维氏硬度所用的相同,即

$$HV = 1.854 \frac{W}{d^2} \tag{1-125}$$

式中,负荷 W 以 g 为单位; d 以 μm 为单位。仪器有效负荷为 $2\sim200$ g。显微硬度试验法比较适于测定硬而脆的材料的硬度,所以也适用于测量陶瓷材料的硬度。一些材料的硬度值列于表 1-12 中。

表 1-12　一些材料的硬度

材　　料	条　　件	硬度/(kg/mm^2)
金属		
99.5%铝	退火	20
	冷轧	40
铝合金(Al-Zn-Mg-Cu)	退火	60
	沉淀硬化	170
软钢(0.2%C)	正火	120
	冷轧	200
轴承钢	正火	900
	回火	750
陶瓷		
WC	烧结	1 500～2 400
金属陶瓷(WC-6%Co)	20℃	1 500
	750℃	1 000
Al$_2$O$_3$		～1 500
B$_4$C		2 500～3 700
BN(立方)		7 500
金刚石		6 000～10 000
玻璃		
石英玻璃		700～750
钠钙玻璃		540～580
光学玻璃		550～600
高分子聚合物		
聚苯乙烯		17
有机玻璃		16

矿物、晶体和陶瓷材料的硬度取决于其组成和结构。离子半径越小,离子电价越高,配位数越大,极化能就越大,抵抗外力摩擦、刻划和压入的能力就越强,所以硬度就较大。陶瓷材料的显微组织、裂纹、杂质等对硬度有影响。当温度升高时,硬度将下降。

1.15　高分子材料的力学性能

高分子材料也称为聚合物材料,是以高分子化合物为基体,再配有其他添加剂(助剂)所构成的材料。高分子材料按来源分为天然高分子材料和合成高分子材料。天然高分子材料是存在于动物、植物及生物体内的高分子物质,可分为天然纤维、天然树脂、天然橡胶、动物胶等。合成高分子材料主要是指塑料、合成橡胶和合成纤维三大合成材料,此外还包括胶黏剂、涂料以及各种功能性高分子材料。合成高分子材料具有天然高分子材料所没有的或较为优越的性能——较小的密度,较高的力学性能,以及良好的耐磨性、耐腐蚀性、电绝缘性等。高分子材料按特性分为橡胶、纤维、塑料、高分子胶黏剂、高分子涂料和高分子基复合材料等。按照材料应用功能分类,高分子材料可分为通用高分子材料、特种高分子材料和功能高分子材料三大类。通用高分子材料指能够大规模工业化生产,已普遍应用于建筑、交通运输、农业、电气电子工业等国民经济主要领域和人们日常生活的高分子材料。这其中又分为塑料、橡胶、纤维、黏合剂、涂料等不同类型。特种高分子材料主要是一类具有优良机械强度和耐热性能的高分子材料,如聚碳酸酯、聚酰亚胺等材料,已广泛应用于工程材料上。功能高分子材料是指具有特定的功能作用,可作功能材料使用的高分子化合物,包括功能性分离膜、导电材料、医用高分子材料、液晶高分子材料等。

1.15.1　低强度和较高的比强度

高分子材料的拉伸强度一般为几十兆帕,增强后可以大于 100 MPa,比金属材料低得多,但是高分子材料的密度小,只有钢的 $1/6\sim1/4$,所以其比强度并不比某些金属低。此外,高分子材料的力学性能随自身的相对分子质量以及相对分子质量分布、结晶与取向、支化和交联等的变化而变化,因此,同一高分子材料可能因牌号的不同而导致力学性能产生较大差异。

1.15.2　高弹性和黏弹性

力学性能分强度与形变两大类,强度指材料抵抗破坏的能力,如屈服强度、拉伸或压缩强度、抗冲击强度、弯曲强度等;形变指在平衡外力或外力矩作用下,材料形状或体积发生的变化。对于高分子材料而言,形变可按性质分为弹性形变、黏性形变、黏弹性形变来研究,其中弹性形变中包括普通弹性形变和高弹性形变两部分。

高弹性和黏弹性是高分子材料最具特色的性质。迄今为止,所有材料中只有高分子材料具有高弹性。处于高弹态的橡胶类材料在较小外力下就能发生 $100\%\sim1\,000\%$ 的大变形,而且形变可逆,这种宝贵性质使橡胶材料成为国防和民用工业的重要战略物资。高弹性源自柔性大分子链因单键内旋转引起的构象熵的改变,又称熵弹性。黏弹性是指高分子材料同时既具有弹性固体特性,又具有黏性流体特性,黏弹性结合产生了许多有趣的力学松弛现象,如应力松弛、蠕变、滞后损耗等行为。这些现象反映了高分子运动的特点,既是研究材料结构、性能关系的关键问题,又对正确而有效地加工、使用聚合物材料有重要指导意义。

1.15.3　高耐磨性

由于高分子材料的黏弹特性,在摩擦引起的剪切过程中需要消耗更多的能量,所以,高分子材料具有较高的耐磨性。高分子材料的摩擦因数各不相同,内耗大的高分子材料摩擦因数也较大。表1-13列出了常见高分子材料的滑动摩擦因数。

表1-13　常见高分子材料的滑动摩擦因数

高分子材料	μ	高分子材料	μ
聚四氟乙烯	0.04~0.15	聚酰胺	0.15~0.40
低密度聚乙烯	0.30~0.80	聚氯乙烯	0.20~0.90
高密度聚乙烯	0.08~0.20	聚偏二氯乙烯	0.68~1.80
聚丙烯	0.67	聚苯乙烯	0.33~0.50
聚氯乙烯	0.10~0.30	丁苯橡胶	0.50~3.00
聚甲基丙烯酸甲酯	0.25~0.50	顺丁橡胶	0.40~1.50
聚对苯二甲酸乙二醇酯	0.20~0.30	天然橡胶	0.50~3.00

从表1-13可以看出,塑料的摩擦因数小,有些塑料具有自润滑性能,如聚四氟乙烯,可以被用作轴承垫材料;橡胶的摩擦因数较大,常被用作轮胎和传输带等。

1.15.4　相对分子质量依赖性

高分子材料的力学性能远低于金属材料,并且随相对分子质量以及相对分子质量分布的变化而变化。一般对同种高分子材料而言,相对分子质量大的强度较高,相对分子质量分布宽的韧性较好。

1.16　多孔陶瓷材料及其性能

多孔陶瓷由于具有均匀分布的微孔或孔洞,孔隙率较高、体积密度小,还具有发达的比表面及其独特的物理表面特性,对液体和气体介质有选择透过性,能量吸收或阻尼特性,加之陶瓷材料特有的耐高温、耐腐蚀、高的化学稳定性和尺寸稳定性,使多孔陶瓷这一绿色材料可以在气体液体过滤、净化分离、化工催化载体、吸声减震、高级保温材料、生物植入材料、特种墙体材料和传感器材料等多方面得到广泛的应用。孔隙率作为多孔陶瓷材料的一个主要技术指标,对材料性能有较大的影响。一般来讲,高孔隙率的多孔陶瓷材料具有更好的隔热性能和过滤性能,因而其应用更加广泛。

1.16.1 多孔陶瓷孔隙的形成

由于孔隙是影响多孔陶瓷性能及其应用的主要因素,因此在目前比较成熟的多孔陶瓷制备方法的基础上,更加注重通过特殊方法控制孔隙的大小、形态,以提高材料性能,并相应地建立孔形成、长大模型,对孔隙形成的机理进行理论分析。

1. 多孔陶瓷的孔隙形成机理

多孔陶瓷就微孔结构形式可分为:闭气孔结构和开口气孔结构。闭气孔结构是指陶瓷材料内部微孔分布在连续的陶瓷基体中,孔与孔之间相互分离,而开口气孔结构又包括陶瓷材料内部孔与孔之间相互连通和一边开口,另一边闭口形成不连通气孔两种。多孔陶瓷的孔隙结构通常是由颗粒堆积形成的空腔,坯体中含有大量可燃物或者可分解物形成的空隙,坯体形成过程中机械发泡形成的空隙,以及坯体形成过程中引入的有机前驱体燃烧形成的孔隙等。一般采用骨料颗粒堆积法和前驱体燃尽法均可以制得较高的开口气孔的多孔陶瓷制品,而采用可燃物或分解物在坯体内部形成的气孔大部分为闭口气孔或半开口气孔,采用机械发泡法形成的气孔基本上都是闭口气孔。对于用于过滤、布气等的多孔陶瓷材料来讲,一般都希望具有较高的开口气孔率,围绕这一目的,目前国内外在制备高孔隙多孔陶瓷材料方面进行了较多的研究,主要包括采用陶瓷纤维材料的纤维网状结构的多孔陶瓷材料以及采用有机聚合物前驱体材料的泡沫陶瓷材料。

2. 多孔陶瓷的孔隙形成方法

基于多孔陶瓷制备过程中孔隙难以控制的特点,众多学者根据不同的成孔原理,应用特殊的制备方法,制备了具有各种独特性能的多孔陶瓷材料。P. Sepulveda 在研究中列举了 9 种产生孔隙的方法: ① 在燃烧过程中燃尽掺入的挥发物和易燃物,孔隙的裂纹、大小、分布等均由易变相决定; ② 固相烧结,可获得孔密度分布均匀的结构; ③ 溶胶-凝胶法,通过相变或化学反应获得孔隙; ④ 高交叉联结无机溶胶的超临界干燥法制备气凝胶; ⑤ 铝板的阳极氧化,可获得长度为 $5\ \mu m$ 有序排列的孔通道,用于制备氧化铝传感器、过滤器和催化载体等; ⑥ GASAR 法,利用材料固化前后对气体溶解度的不同获得孔隙; ⑦ 含有空心微球材料烧结获得的闭孔结构; ⑧ 通过聚合物多孔结构的网络化,制备网络状开孔陶瓷; ⑨ 陶瓷浆体的发泡。表 1-14 给出了上述制备方法所得到的孔特性及其应用。

表 1-14　多孔陶瓷的孔特性及其应用

制备方法	孔　特　性	孔径/μm	应　　用
①~④	微孔,孔隙率为 0~90%	0.002~0.1	微型滤波器、催化剂和酶载体、传感器、色层分离媒介、废水吸附处理系统、半透明透镜
⑤~⑥	胞状或圆柱形通道孔隙率为 5%~80%	10~10 000	催化剂、过滤器、热交换器、轻质结构
⑦~⑧	类似十二面体的开孔孔隙结构,孔隙率为 70%~80%	100~5 000	金属过滤器、热阻材料、小质量炉、接触反应转炉炉体
⑨	开孔或闭孔结构,球状孔隙率为 40%~90%	10~2 000	金属过滤器、热阻材料、小质量炉、接触反应转炉炉体

1.16.2　多孔陶瓷材料制备技术

多孔陶瓷可分为两大类,即泡沫型和网眼型。泡沫型的多孔陶瓷的气孔是孤立的,其渗透率很低。而网眼型多孔陶瓷为开孔三维网状骨架结构,且气孔是相互贯通的,这种多孔陶瓷作为过滤材料具有的显著特点:流体通过时压降小,比表面积大,与流体接触效率高,重量轻。因而这种多孔陶瓷被广泛用于高温烟气的处理、催化剂载体、固体热交换器和电极材料等。其制备方法有发泡法、溶胶-凝胶法、添加造孔剂法、有机泡沫浸渍法和化学气相沉积或渗透法。下面主要介绍添加造孔剂法。

1. 网眼型多孔陶瓷的制备

添加造孔剂法:该工艺通过在陶瓷配料中添加造孔剂,利用造孔剂在坯体中占据一定的空间,然后经烧结,造孔剂离开基体而成气孔来制备多孔陶瓷。这种制品既具有较高的气孔率(一般为 50% 左右),又具有很高的强度。该工艺的关键在于造孔剂的种类和用量的选择。对造孔剂的要求是在加热过程中易于排除;排除后在基体中无有害残留物;不与基体反应。所以造孔剂可分为无机物和有机物两类。无机造孔剂有 $(NH_4)_2CO_3$、NH_4HCO_3、NH_4Cl 等高温可分解盐类以及其他可分解的化合物如 Si_3N_4 或无机碳(煤粉、碳粉)等。

有机造孔剂主要是一些天然纤维、高分子聚合物和有机酸等,如锯末、萘、淀粉、聚乙烯醇、尿素、甲基丙烯酸甲酯、聚氯乙烯、聚苯乙烯等。成孔剂颗粒的大小和形状决定了多孔陶瓷材料气孔的大小和形状,气孔率的高低取决于造孔剂的用量及烧结温度等。混料对气孔的分布均匀性起着关键作用。一般造孔剂的容重小于陶瓷原料的容重,它们的粒度大小也不同,因此难以使其混合。Sonuparlak 等采用两种不同的混料方法解决了上述问题:一是如果陶瓷粉末很细,而造孔剂颗粒较粗,或造孔剂易溶于黏结剂中,可将陶瓷粉末与黏结剂混合造粒后,再与造孔剂混合。二是将造孔剂和陶瓷粉末分别制成悬浊液,再将两种料浆按一定比例喷雾干燥混合,混料均匀后进行成型。成型方法主要有模压、等静压、轧制、注射和粉浆浇注等,其中应用比较成功、用得最多的是挤压成型,特别是用于工业废气和汽车尾气净化的蜂窝状陶瓷的成型效果最好。可以用生淀粉作造孔剂,用甲基纤维素或聚乙烯醇作增塑剂,采用挤压成型制备蜂窝状陶瓷。注浆成型能使陶瓷粉料与造孔剂较好地混合,制品气孔分布均匀,且设备简单,因而这种工艺也被常用。该工艺的关键是料浆的制备。模压成型的优点是简单方便,对制品质量要求不高,较小的片状、块状或管状的多孔陶瓷都可以用模压成型。等静压成型工艺较复杂,生产效率低,但气孔分布均匀,适于制备大尺寸制品。粉浆浇注适于制备复杂形状制品、多层过滤器的成型。

2. 纤维网状结构多孔陶瓷材料的制备

通常是指采用陶瓷纤维作为主要原料制备的一种高孔隙陶瓷材料,其结构孔隙率可达90% 以上,且绝大多数为开口气孔,而一般多孔陶瓷材料的孔隙率最高也只有 50% 左右。以陶瓷纤维为主要原料制成的高孔隙网状结构陶瓷材料具有优良的隔热性能、抗热震性能、过滤性能及质量轻等优点,目前被广泛用作高温隔热材料及高温过滤材料。纤维网状结构的多孔陶瓷材料制备工艺通常包括泥浆浸渍法、真空抽滤法、重力沉降法、化学气相渗积法(CVI)和连续陶瓷纤维缠绕成型法等。相比之下,真空抽滤成型工艺作为陶瓷纤维制品常用的成型技术,它用于陶瓷纤维复合材料的成型时具有以下特点:① 成型设备简单,成型速度快;② 可在较低的纤维浓度下成型,低浓度的料浆有利于纤维的充分分散;③ 通过控制成形料浆浓度、抽滤压力及抽滤时间即可控制膜层厚度;④ 通过提高成型真空度,可以实现成形半成品的快速干燥。所以,这种方法应用广泛。

一般来讲,多孔陶瓷材料的真空抽滤成型工艺分为内模吸滤、外模吸滤、单面吸滤、双面吸滤及多面吸滤五种,经常采用的是内模吸滤。采用的抽滤系统包括真空泵系统、管路系统、料浆搅拌系统、储液罐及抽滤模具(陶瓷支撑体)等。其工艺为首先将配制好且分散均匀的陶瓷纤维料浆(包括陶瓷纤维、陶瓷骨料、陶瓷结合剂、分散剂、有机添加剂)放入成型槽中,用经表面处理的多孔模型浸入料浆槽,接入真空系统,利用真空泵形成的负压使料浆吸附在多孔模型的外表面,形成一定厚度的坯体。坯体的厚度由料浆浓度、黏度、抽滤压力、抽气量及抽滤时间来控制,坯体的空隙率则通过控制坯体的工艺配方及抽滤压力等来控制。最后,将成型的坯体脱模、干燥、烧成。

目前采用真空抽滤成型工艺制备的纤维网络结构的多孔陶瓷材料有两种,其一为自支撑的纤维质多孔陶瓷材料,这种材料是以耐火陶瓷纤维、高温无机结合剂、有机黏结剂等组成。采用真空抽滤成型工艺成型,其材料的孔隙率主要通过控制耐火陶瓷纤维材料的加入量来控制,控制不同的成型工艺参数,材料的开口孔隙率可控制在 70%~95%。另外,为了克服自支撑的纤维网状多孔陶瓷材料强度低的缺点,目前研制的纤维质多孔陶瓷材料基本上是以多孔陶瓷作支撑体的一种陶瓷纤维复合膜式结构,其成型方法类似于自支撑的陶瓷纤维多孔材料,只是以多孔陶瓷支撑体代替传统的多孔模型,相比于前者,后者强度可有很大程度的提高。采用真空抽滤成型法生产的纤维网状结构多孔陶瓷材料的性能见表 1-15。

表 1-15　纤维网状结构多孔陶瓷材料的性能

结　　构	气孔率/%
颗粒烧结	40~60
纤维编织	35~55
纤维结构	80~90
陶瓷纤维膜	50~80

1.16.3　多孔陶瓷材料性能

孔隙是影响多孔陶瓷性能的关键因素,图 1-66 给出了孔隙率与一些物理性能之间的关系。下面将就多孔陶瓷两个重要的性能进行讨论。

1. 力学性能

多孔陶瓷因其多孔结构,必然造成材料本身力学性能的下降,并且随着孔隙率的提高,力学性能急剧下降。但是考虑到多孔陶瓷的应用,通过各种手段提高材料的力学性能已成为当今研究的重要方向。由于孔隙是引起材料力学性能变化的主要因素,所以在制备材料时控制孔隙的大小、形貌等尤为重要。总的来讲,获得具有很强方向性的孔结构、连通的三维网络结构、添加增强相等,都能够在某种程度上提高材料的力学性能。

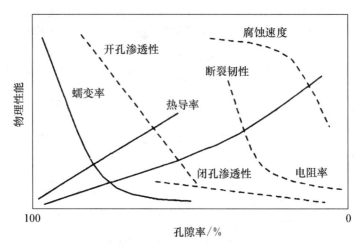

图 1 - 66　空隙率与物理性能的关系

2. 渗透性

多孔陶瓷作为过滤器、净化器、分离器等,已广泛应用于汽车、冶金、石化、环境保护等领域,其渗透性是表征材料渗透能力的主要参数。多孔材料的渗透性可用达西(Darcy)定律来表示。在一维方向上,当流体流速较小时,孔内的流动性可以描述为

$$\frac{\Delta P}{L} = \frac{Q\mu}{AK_1} \tag{1-126}$$

式中,ΔP 为多孔体两侧的压力差;L 为厚度;Q 为流体体积流率;μ 为流体黏度;A 为截面积;K_1 为达西透过系数。

虽然透过系数在理论上仅仅与流体介质的性质有关,但是许多试验表明实际情况并非如此。这是由于达西定律仅在压力差 ΔP 和通过多孔体的流速之间建立了线性关系,而且只考虑了黏度 μ 对流体压力的影响,没有考虑流速增大引起的惯性效应。Forehheimer 进一步改进了达西定律,认为当不可压缩流体以一定的流速流过均匀多孔体时,压力差与流速间的关系为

$$\frac{\Delta P}{L} = \frac{\mu}{K_1}V_s + \frac{P}{K_2}V_s^2 \tag{1-127}$$

对于可压缩流体,表达式为

$$\frac{P_i^2 - P_o^2}{2PL} = \frac{\mu}{K_1}V_s + \frac{P}{K_2}V_s^2 \tag{1-128}$$

式中,i、o 分别表示流体流入和流出;P 表示可测压力;K_2 为非达西透过系数,即惯性系数。

研究表明,孔隙的表面积和曲率会造成透过系数 K_1 和 K_2 的变化,从而影响多孔陶瓷的渗透性。相关的文献详细解释了多孔陶瓷渗透性的影响因素。材料的渗透性随孔隙的增大而提高,考虑到较好的渗透效果,孔隙均匀分布也很重要,而实际结果也表明了这一点。例如,Makoto Nanko 等用无包套热等静压法制备的多孔 TiO_2 陶瓷过滤器,其最大

特点就是具有更高的气体渗透性和均匀的孔径分布。他们研究了压力对开孔和闭孔孔隙率的影响,认为热等静压增强了晶粒间的表面扩散能力,进而在没有影响体积收缩的情况下,晶粒间表面积迅速减小,造成孔径分布在较小的范围内。V. R. Salvini 等进一步研究了多孔陶瓷的渗透性和强度之间的关系,用优化系数来表征同时具有较高渗透性和较高强度的材料。

多孔陶瓷材料作为一种特殊功能的陶瓷材料,近年来得到了大量的研究和推广应用,尤其是高孔隙多孔陶瓷材料的应用范围将会愈来愈广。探索和采用新的材料制备工艺,不断提高材料的性能是一个非常重要的课题。目前多孔陶瓷制备技术的研究开发已取得了可喜的进展,但是还有许多问题需要解决。

1.17 水泥混凝土的结构与力学性能

水泥基材料是属于多相多层次的复合材料,包括从组成水泥基材料的原子-分子结构,晶粒-胶团-气孔的浆体结构,胶体-细集料的砂浆结构,砂浆-粗骨料组成的混凝土结构,以及混凝土-增强钢筋结构等。不同层次的材料组成与结构,在不同深度与程度上影响着材料的宏观物理力学性能。当然,在研究材料的某一具体性能时,也必须考虑各个层次的综合影响,包括层次交叉和交互作用。

水泥浆具有胶凝作用,在混凝土中呈现连续分布,称为连续相或者基体。它把骨料相(分散相)牢固地胶结在一起形成混凝土,使其具有抵抗外力作用和环境侵蚀的功能。所以,水泥浆连续相性能的优劣,直接影响着混凝土整体的宏观行为。

1.17.1 混凝土孔结构的分类

1. 凝胶孔

混凝土经搅拌后,水泥遇水发生水化作用后生成水泥石。首先,水泥颗粒表面层的熟料矿物开始溶解,逐渐地形成凝聚结构和结晶结构,裹绕在未水化的水泥颗粒核心的周围。随着水泥的水化作用从表层往内部的深入,未水化核心逐渐缩减,而周围的凝胶体加厚,并和相邻水泥颗粒的凝胶体溶合、连接。

凝胶孔就是散布在水泥胶体中的细微空间。水化作用初期生成的凝胶孔多为封闭形,后期因水分蒸发,所以孔隙率逐渐增大。凝胶孔的尺度小,多为封闭孔,且占混凝土的总体积不大,故渗透性能差,属无害孔。

2. 毛细孔

水泥水化后水分蒸发,凝胶体逐渐变稠硬化,水泥石内部形成毛细孔。初始时混凝土的水灰比大,水泥石和粗、细骨料的界面生成直径稍大的毛细孔,水泥水化程度低,毛细孔越大。随着水泥水化作用的逐渐深入,水泥颗粒表层转变为凝胶体,其体积增大约 1.2 倍,毛细孔的孔隙率下降。毛细孔一般呈不规则形状,大于 50 nm 的毛细孔被认为是危害强度和抗渗性的,小于 50 nm 的毛细孔则对干缩和徐变有更大的作用。

3. 非毛细孔

除了上述水泥水化必然形成的两种孔隙外,在混凝土的施工配制和凝结硬化过程中,又形成不同形状、大小和分布的非毛细孔,主要包括:在混凝土搅拌、浇注和振捣过程中自然引入的气孔;为提高抗冻性而有意掺入引气机所产生的气孔;混凝土拌合物离析,或在粗骨料、钢筋周围下方水泥浆离析、泌水所产生的裂隙;水化作用多余的拌合水蒸发后遗留的孔隙;混凝土内外的温度或湿度差别引起的内应力所产生的微裂缝;施工中操作不当,在混凝土表层和内部遗留的较大孔洞和裂隙等。

这些孔与毛细孔相比,尺寸要大得多,而且对混凝土的强度和抗渗性均有不良的影响。

1.17.2 混凝土强度与孔结构的关系

孔结构体系对混凝土的许多性质有重要的影响,如强度、变形行为、质量、导热性、吸水性、渗透性以及耐久性等,其中对强度的影响是最显著的。因此,研究混凝土孔结构体系与混凝土强度的关系十分重要,进而更显得孔结构在控制混凝土强度中的重要性。

在混凝土孔结构与强度关系的研究中,广泛采用了模型法。模型法是在实验和观察的基础上,通过建立一种抽象或理想模型来研究问题并找出原型本身内在联系和本质规律的研究方法。采用模型法有利于简化复杂系统,排除次要影响,抓住主要因素,使复杂问题直观化,以此为基础进行推理和判断,提出新概念。用模型法研究混凝土细观或微观结构的目的是找出材料微观结构与宏观性能之间的定量关系,利用这种认识有针对性地来调整其微观结构,从而有效地改变混凝土的宏观性能。

1.17.3 混凝土水化产物及其影响

1. 水化过程水化产物

第一阶段:从水泥拌水到初凝为止,C_3S 与水迅速反应生成饱和 CH 溶液,并析出晶体,与此同时石膏也进入溶液与 C_3A 反应生成细小的钙矾石晶体。

第二阶段:初凝到 24 h,水泥水化加速,生成较多 CH、AFt,同时水泥颗粒上长出纤维状 $C-S-H$ 凝胶体。

第三阶段:24 h 以后,石膏耗尽,AFt 转化成 AFm,还形成 $C_4(A,F)H_{13}$。$C-S-H$、CH、AFm、$C_4(A,F)H_{13}$ 数量不断增加。

2. 水化产物对水泥石或混凝土性能的影响

(1) $C-S-H$ 凝胶:纤维状体系,是水泥石强度主要来源。$C-S-H$ 凝胶的凝胶孔结构影响对水的吸收,进而对水泥石干燥收缩产生影响。水化开始时,$C-S-H$ 凝胶形成的覆盖层会减缓水泥的水化作用,一定程度上影响凝结时间。

(2) CH 晶体:结晶完好、六方板状、层状晶体,水泥石中最易受侵蚀物质。对水泥石强度贡献很少。其层间较弱的联结,可能是水泥石受力时裂缝的发源地和侵蚀离子的快速通道。CH 的有利作用:是水泥石的主要成分,是维持水泥石碱度的重要组成部分,是其他水泥水化产物稳定存在的重要前提。CH 的不利作用:易于产生层状解理,大量存在于集料与水泥石的界面,影响混凝土的强度和耐侵蚀性能(抗钢筋锈蚀性能、抗碳化性能、抗溶蚀性能、体积变形性能等),被视为混凝土中的"薄弱环节"。

(3) 水化硫铝酸盐(AFt、AFm):AFt 晶体为六方棱柱状、针棒状晶体、棱面清晰,主要出现在水化早期。AFm 晶体为六方板状、片状晶体,成簇或呈花朵状生成,出现在水化后期。AFt 对水泥石早期强度贡献很大,过量会使后期强度降低,其生成时产生体积膨胀,易形成内应力,使结构破坏。AFt、AFm 的形成会影响新拌混凝土的流动性。

习题

1. 一圆杆的直径为 2.5 mm、长度为 25 cm,并受到 4 500 N 的轴向拉力,若直径拉细至 2.4 mm,且拉伸变形后圆杆的体积不变,求在此拉力下的真应力、真应变、名义应力和名义应变,并比较讨论这些计算结果。

2. 一试样长 40 cm、宽 10 cm、厚 1 cm,受到应力为 1 000 N 的拉力,其杨氏模量为 3.5×10^9 N/m² (图 1-67),能伸长多少厘米?

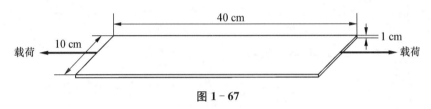

图 1-67

3. 弹性模量与原子间相互作用势能曲线之间有什么关系?

4. 影响弹性模量的因素有哪些?

5. 某种 Al_2O_3 瓷晶体相体积比为 95%(弹性模量为 $E = 380$ GPa),玻璃相为 5%($E = 84$ GPa),两相泊松比相同,计算上限和下限弹性模量。如果该瓷含有 5%气孔(体积比),估计其上限和下限的弹性模量。

6. 画两个曲线图,分别表示出应力弛豫与时间的关系和应变蠕变与时间的关系。并注出:$t = 0$、$t = \infty$ 以及 $t = \tau_\varepsilon$ 或 $t = \tau_\sigma$ 时的坐标。

7. 产生晶面滑移的条件是什么?并简述其原因。

8. 什么是滑移系统?并举例说明。

9. 比较金属与非金属晶体滑移的难易程度。

10. 一圆柱形 Al_2O_3 晶体受轴向拉力 F,若其临界抗剪强度 τ_f 为 135 MPa,求沿图 1-68 中所示方向的滑移系统产生滑移时需要的最小拉力值,并求滑移面的法向应力。

11. 晶体塑性形变的机理是什么?

12. 试从晶体的势能曲线分析在外力作用下塑性形变的位错运动理论。

13. 玻璃是无序网络结构,不可能有滑移系统,呈脆性,但在高温时又能变形,为什么?

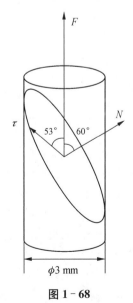

图 1-68

14. 为什么常温下大多数陶瓷材料不能产生塑性形变,而呈现脆性断裂?

15. 高温蠕变的机理有哪些?

16. 影响蠕变的因素有哪些? 为什么?

17. 影响黏度的因素有哪些?

18. 拉制玻璃和玻璃纤维是可能的,但用同样的方法来处理金属时,则拉制棒材过程中发生缩颈,形成纤维过程中要发生起球现象。(1) 说明为什么拉制玻璃棒不会产生缩颈现象;(2) 说明为什么能制成玻璃纤维,而不能制成金属纤维。

19. 假定硬度特性和塑性及键强度有关,你预期 SiC 的六边形立体比立方变体硬还是软? 为什么?

20. 在 $1\,750\,^{\circ}C$ 测试了氧化铝的稳定态蠕变速率。发现多晶材料以 $3\times10^{6}\,\mathrm{m/(m \cdot s)}$ 的速率蠕变,而单晶体的蠕变速率为 $8\times10^{-10}\,\mathrm{m/(m \cdot s)}$。为什么有此差别?

21. 求熔融石英的结合强度,设估计的表面能为 $1.75\,\mathrm{J/m^2}$;$Si-O$ 的平衡原子间距为 $1.6\times10^{-8}\,\mathrm{cm}$,弹性模量值为 $60\sim75\,\mathrm{GPa}$。

22. 熔融石英玻璃的性能参数为 $E=73\,\mathrm{GPa}$,$\gamma=1.56\,\mathrm{J/m^2}$,理论强度 $\sigma_{\mathrm{th}}=28\,\mathrm{GPa}$,如材料中存在最大长度为 $2\,\mu\mathrm{m}$ 的内裂,且此内裂垂直于作用力的方向,计算由此而导致的强度折减系数。

23. 证明测定材料断裂韧性的单边切口,三点弯曲梁法的计算公式:

$$K_{\mathrm{IC}}=\frac{6M_C^{1/2}}{BW^2}\left[1.93-3.07(C/W)+14.5(C/W)^2-25.07(C/W)^3+25.8(C/W)^5\right]$$

$$K_{\mathrm{IC}}=\frac{P_CS}{BW^{3/2}}\left[2.9(C/W)^{1/2}-4.6(C/W)^{3/2}+21.8(C/W)^{5/2}-37.6(C/W)^{7/2}\right.$$
$$\left.+38.7(C/W)^{9/2}\right]$$

24. 一陶瓷三点弯曲试件,在受拉面上跨度中间有一竖向切口如图 1-69 所示。如果 $E=380\,\mathrm{Pa}$,$\mu=0.24$,求 K_{IC} 值,设极限荷载达 $50\,\mathrm{kg}$。计算此材料的断裂表面性能。

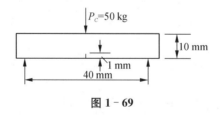

图 1-69

25. 一钢板受有长度方向的拉应力 $350\,\mathrm{MPa}$,如在材料中有一垂直拉应力方向的中心穿透缺陷,长 $8\,\mathrm{mm}(=2C)$。此钢材的屈服强度为 $1\,400\,\mathrm{MPa}$,计算塑性区尺寸 r_0 及其与裂缝半长 C 的比值。讨论用此试件来求 K_{IC} 值的可能性。

26. 一陶瓷薄板上有一垂直于拉应力的边裂,如边裂长度为:(1) $2\,\mathrm{mm}$;(2) $0.049\,\mathrm{mm}$;(3) $2\,\mu\mathrm{m}$。分别求上述三种情况下的临界应力。设此材料的断裂韧性为 $1.62\,\mathrm{MPa \cdot m^2}$。讨论此结果。

27. 如图 1-70 所示圆轴,已知 $M_{\mathrm{eA}}=M_{\mathrm{eB}}$,$l=400\,\mathrm{mm}$,$G=80\,\mathrm{GPa}$,$d=20\,\mathrm{mm}$,$D=40\,\mathrm{mm}$,$\overparen{AB}=4.78\times10^{-3}\,\mathrm{rad}$,轴的 $[\tau]=50\,\mathrm{MPa}$。(1) 画出扭矩图;(2) 校核轴的强度。

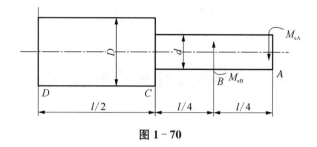

图 1-70

28. 求如图 1-71 所示梁 B、D 两处的挠度 ν_B、ν_D。

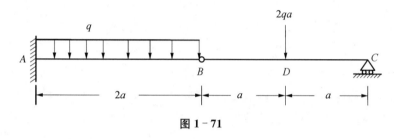

图 1-71

29. 简述不同类型磨损的作用机理。

30. 分别阐述聚合物在高弹态和黏流态时的黏弹性形变特点。

31. 任选一种材料,列出该材料增强增韧及其他力学性能的工艺。

2　材料的热学性能

本章内容提要

　　本章从热学性能的物理基础入手,介绍了材料的热学性能,包括热容、热膨胀、热传导、热稳定性等的物理概念,探讨这些热学性能的本质机制、影响因素及其在材料研究中的应用,从而为工程构件的设计、选材、研制开发新材料、探索新工艺奠定基础。

　　材料和制品往往应用于不同的温度以及骤变的温度环境中,在这些使用场合就对它们的热性能有着特定的要求,热性能参数如导热系数(λ)、热容(c_V或c_p)、导温系数(热扩散)(α)、热发射率(ε)、热膨胀系数(α)等则是选材、用材及设计材料时必须考虑的重要参数。

　　现代空间科学技术往往要求材料在变温条件,甚至在极端温度条件下工作。如航天器在空间飞行时,飞行器的头部是承受最高温度和最大热流的部位,其表面温度可超过 5 000 ℃,器件温度高达 2 000 ℃;人造卫星和飞行器外壳,需要减少和避免因外部辐射引起的加热,并将舱内产生的热量有效地散发出去。采用烧蚀防热、吸收(热沉)防热、辐射防热、温控涂层等可实现有效的防热和隔热,这很大程度上取决于防热、隔热系统材料的热性能。辐射防热材料的表面热发射率要高,吸收防热材料需具有较大的热容和导热系数,烧蚀防热材料则需要其热发射率高,热容尽可能高但导温系数、导热系数尽可能低,且飞行器的头部材料的热膨胀系数与基体材料的相匹配。

　　材料的热性能在能源科学技术中也是重要的性能参数之一。用于节能降耗的窑炉、输热管道等的保温、隔热材料,要求最小的导热系数值时相对应的最佳容重和最佳内部结构。太阳能利用时要求尽可能多地吸收太阳辐射,并且要最大程度地抑制集热器本身的热损耗,则需优化贮热、蓄热的结构设计,选择导热系数和热容合适的材料。核能工程材料要求非常苛刻,在反应堆内壁,温度高达 6 000 K,采用热应力缓和型高耐热功能梯度材料则解决了反应堆的壁材料必须具有高隔热、高耐热的性能的要求。

　　材料的热性能在电子及信息工程中也很重要。在超大规模集成电路中,要求集成块的基底材料既能绝缘,又具有高的导热系数,且热膨胀系数要与半导体硅相匹配。彩电等多种电路中广泛应用的大功率管,其底部的有机绝缘片,为了散热而要求具有良好的导热性。

2.1　热学性能的物理基础

热学性能的物理基础

　　材料的各种热学性能均与晶格热振动有关。所谓晶格热振动是指晶体点阵中的质点

(原子或离子)总是围绕着平衡位置做微小振动。晶格热振动是三维的,可以根据空间力系将其分解成三个方向的线性振动。

以 x_n、x_{n+1}、x_{n-1} 表示某个质点及其相邻质点在 x 方向的位移,如果只考虑第$(n-1)$、第$(n+1)$个质点对它的作用,而略去更远的质点的影响,则根据牛顿第二定律,该质点的运动方程为

$$m\frac{\mathrm{d}^2 x_n}{\mathrm{d}t^2}=\beta(x_{n+1}+x_{n-1}-2x_n) \tag{2-1}$$

式中,m 为质点的质量;β 为微观弹性模量,是和质点间作用力性质有关的常数。质点间作用力愈大,β 值愈大,相应的振动频率愈高。对于每一个质点,β 不同,即每个质点在热振动时都有一定的频率。材料内有 N 个质点,就有 N 个频率的振动组合在一起。式(2-1)称为简谐振动方程。

由于材料中质点间有着很强的相互作用力,因此,一个质点的振动会使邻近质点随着振动,而使相邻质点间的振动存在着一定的位相差,使得晶格振动以弹性波的形式在整个材料内传播,这种存在于晶格中的波叫作格波。格波是多频率振动的组合波。

实验测得弹性波在固体中的传播速度 $v=3\times10^3$ m/s,晶体的晶格常数 a_0 约为 10^{-10} m 数量级,而声频振动的最小周期为 $2a_0$,故它的最大振动频率为

$$\nu_{\max}=\frac{v}{2a_0}=1.5\times10^{13} \text{ Hz}$$

如果振动着的质点中包含频率甚低的格波,质点彼此间的位相差不大,则格波类似于弹性体中的应变波,称为声频支振动(acoustic branch vibration)。格波中频率甚高的振动波,质点间的位相差很大,邻近质点的运动几乎相反时,频率往往在红外光区,称为光频支振动(optical branch vibration)。

如果晶胞中包含了两种不同的原子,各有独立的振动频率,即使它们的频率与晶胞振动的频率相同,由于两种原子的质量不同,振幅也不同,所以两原子间会有相对运动。声频支可以看成是相邻原子具有相同的振动方向,如图 2-1(a)所示。光频支可以看成是相邻原子振动方向相反,形成一个范围很小、频率很高的振动,如图 2-1(b)所示。如果是离子型晶体,就是正、负离子间的相对振动,当异号离子间有反向位移时,便构成了一个偶极子,在振动过程中此偶极子的偶极矩是周期性变化的。由电动力学可知,它会发射电磁波,其强度由振幅大小决定。在室温下所发射的该电磁波很微弱,但如果从外界辐射入相应频率的红外光,则立即被晶体强烈吸收,激发总体振动。

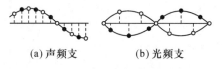

(a)声频支　　　(b)光频支

图 2-1　一维双原子点阵中的格波

光频支是不同原子相对振动引起的。若晶格中有 N 个分子,每个分子中有 n 个不同的原子,则该晶体中有 $N(n-1)$ 个光频波。

材料的热容

2.2 材料的热容

2.2.1 热容的基本概念

在不发生相变和化学反应时,材料温度升高 1 K 时所需要的热量(Q),称为材料的热容(heat/thermal capacity)。在温度 T K 时,材料的热容的数学表达式为

$$C = \left(\frac{\partial Q}{\partial T}\right)_T \tag{2-2}$$

不同温度下材料的热容不同。工程上所用的平均热容是指材料从 T_1 温度到 T_2 温度所吸收的热量的平均值,表达式为

$$C_a = \frac{Q}{T_2 - T_1} \tag{2-3}$$

平均热容比较粗略,且温度范围愈宽,精确性愈差。在应用平均热容时,需要特别注意温度适用范围。

热容与材料的质量有关,是物系的容量性质。忽略材料的质量,说材料的热容是没有意义的,使用时需特别注意其量纲。单位质量的热容叫比热容(specific heat capacity),单位为 J/(K·kg)。1 mol 材料的热容叫摩尔热容(molar heat capacity),单位为 J/(K·mol)。

热容是一个过程量,与热过程有关,分比定压热容 c_p(heat capacity at constant pressure)和比定容热容 c_V(heat capacity at constant volume)。其表达式分别为

$$c_p = \left(\frac{\partial Q}{\partial T}\right)_p = \left(\frac{\partial H}{\partial T}\right)_p \tag{2-4}$$

$$c_V = \left(\frac{\partial Q}{\partial T}\right)_V = \left(\frac{\partial U}{\partial T}\right)_V \tag{2-5}$$

式中,H 为焓;U 为内能。

一般有 $c_p > c_V$,因为恒压加热过程,除升高温度外,还对外做功。它们间的关系为

$$c_p - c_V = \alpha^2 V_m T / \beta \tag{2-6}$$

式中,α 为体积膨胀系数,$\alpha = \frac{dV}{VdT}$;β 为压缩系数,$\beta = \frac{-dV}{Vdp}$;V_m 是摩尔体积。

对于处于凝聚态的材料,二者差异可以忽略,即 $c_p \approx c_V$。但在高温时,二者相差较大,如图 2-2 所示。

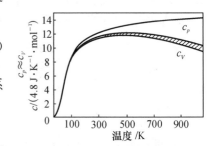

图 2-2 NaCl 的摩尔热容随温度变化曲线

2.2.2 晶态固体热容的有关定律

1. 经验定律与经典理论

有关晶态固体材料的热容,已发现了两个经验定律。

(1) 杜隆-珀替(Dulong-Peoit)定律——元素的热容定律。恒压下元素的原子的摩尔热容为 25 J/(K·mol)(3R)。事实上,除了一些轻元素的热容比上述值要小些外,大部分元素的原子热容都接近该值,尤其是在高温的情况下更是如此。一些轻元素的热容值如表 2-1 所示。

表 2-1 部分轻元素的摩尔热容值 $c_{p,m}/[J/(K \cdot mol)]$

元素	H	B	C	O	F	Si	P	S	Cl
$c_{p,m}$	9.6	11.3	7.5	16.7	20.9	15.9	22.5	22.5	20.4

(2) 柯普(Kopp)定律——化合物的热容定律。化合物的摩尔热容等于构成此化合物各元素原子热容之和。上述经验定律符合经典的热容理论,解释如下。

如前所述,晶态固体中质点的晶格热振动可用简谐振动方程来表示,故可以用谐振子代表固体中每个原子在一个自由度的振动。按照经典理论,能量按自由度均分,每一振动自由度的平均动能和平均位能都为 $(1/2)kT$,一个原子有三个振动自由度,平均动能和位能的总和等于 $3kT$。故此固体的总热能为 $3nkT$(n 为原子数目)或 $3NkT$ J/mol(N 为每摩尔的原子数目),则根据热容定义,摩尔热容为:$c_V = 3Nk = 3R \approx 25$ J/(K·mol)。

此热容不取决于振子的微观弹性模量 β 与质量 m,也与温度无关,这就是杜隆-珀替定律。对于双原子的固态化合物,1 摩尔中的原子数为 $2N$,则摩尔热容为 $c_V = 2 \times 25$ J/(K·mol),即固态化合物的摩尔热容为 $25n$ J/(K·mol)(n 为 1 摩尔固态化合物中各元素原子的摩尔数之和,如 Al_2O_3 的 $n = 5$)。

实验结果表明,只有在温度高于某一数值时,材料的热容才趋于定值,即 $25n$ J/(K·mol),也即是在高温时,杜隆-珀替定律与实验结果符合;而在低温时,热容并非为一恒量,而是随温度降低而减小,在接近 0 K 时,热容按 T^3 的规律趋于零(图 2-2)。

经典的热容理论无法解释低温下热容减小的现象,需用量子理论来解释。

2. 晶态固体热容的量子理论与德拜(Debye)T^3 定律

1) 量子理论的回顾

普朗克提出振子振动的量子化理论,认为尽管由于各质点的振动频率不尽相同(即使在同一温度下),使得各质点所具有的能量随时间变化,但无论如何,各质点的能量变化是不连续的,不能取任意值,它们都是以 $h\nu$ 为最小单位的,是量子化的。通常用 $\hbar\omega$ 来表示 $h\nu$;$\omega = 2\pi\nu$,为角频率。

$$h\nu = h \frac{\omega}{2\pi} = \hbar\omega \tag{2-7}$$

式中,h 与 $\hbar$ 均为普朗克常量。

即某一质点的能量为 $E = nh\nu = n\hbar\omega$ (n 为量子数)。

频率为 ω 的谐振子的能量也具有统计性。根据玻耳兹曼能量分布,在温度为 T 时,它所具有的能量为 $n\hbar\omega$ 值的概率与 $\mathrm{e}^{-\frac{n\hbar\omega}{kT}}$ 成正比,可推导出一个振子的平均能量为

$$\overline{E} = \frac{\sum\limits_{n=0}^{\infty} n\hbar\omega\,\mathrm{e}^{-\frac{n\hbar\omega}{kT}}}{\sum\limits_{n=0}^{\infty} \mathrm{e}^{-\frac{n\hbar\omega}{kT}}} = \frac{\hbar\omega}{\mathrm{e}^{\frac{\hbar\omega}{kT}} - 1} \tag{2-8}$$

若 1 mol 晶态固体有 N 个原子,每个原子有三个自由度,则晶态固体振动的平均能量为

$$\overline{E} = \sum_{1}^{3N} \overline{E_{\omega_i}} = \sum_{1}^{3N} \frac{\hbar\omega_i}{\left(\mathrm{e}^{\frac{\hbar\omega_i}{kT}} - 1\right)^2} \tag{2-9}$$

由热容定义得固体的摩尔热容为

$$c_V = \sum_{i=1}^{3N} k\left(\frac{\hbar\omega_i}{kT}\right)^2 \frac{\mathrm{e}^{\frac{\hbar\omega_i}{kT}}}{\left(\mathrm{e}^{\frac{\hbar\omega_i}{kT}} - 1\right)^2} \tag{2-10}$$

式(2-10)即为按量子理论求得的摩尔热容的表达式。但由此式计算摩尔热容,必须确定每个谐振子的频率,这显然是十分困难的,故需采取简化模型去近似。

2) 爱因斯坦模型近似

该模型提出的假设是,每个原子都是独立的振子,原子之间彼此无关,每个振子振动的角频率相同。故有

$$c_V = 3Nkf_e\left(\frac{\hbar\omega}{kT}\right) \tag{2-11}$$

式中,$f_e\left(\dfrac{\hbar\omega}{kT}\right)$ 称为爱因斯坦比热容函数。选取适当的 ω,可使理论上的 c_V 与实验值吻合。

令 $\theta_E = \dfrac{\hbar\omega}{k}$,$\theta_E$ 称为爱因斯坦温度。

① 当温度很高时,$T \gg \theta_E$,此时 $\mathrm{e}^{\frac{\hbar\omega}{kT}} = \mathrm{e}^{\frac{\theta_E}{T}} \approx 1 + \dfrac{\theta_E}{T}$,于是有

$$c_V = 3NT\left(\frac{\theta_E}{T}\right)^2 \frac{\mathrm{e}^{\frac{\theta_E}{T}}}{\left(\dfrac{\theta_E}{T}\right)^2} \approx 3Nk \tag{2-12}$$

这就是经典的杜隆-珀替定律。这表明,量子理论所导出的热容值如果按爱因斯坦简化模型计算,在高温时与经典公式一致。

② 当温度很低时,即 $T \ll \theta_E$,此时 $\mathrm{e}^{\frac{\theta_E}{T}} \gg 1$,于是有

$$c_V = 3Nk\left(\frac{\theta_E}{T}\right)^2 \mathrm{e}^{-\frac{\theta_E}{T}} \tag{2-13}$$

这时热容按指数规律随温度变化,而并不是如实验所得的按 T^3 规律变化。发生偏差的主要原因是爱因斯坦模型忽略了各原子振动之间频率的差别以及原子振动间的耦合作用,这种作用在低温时特别显著。

3)德拜模型近似

德拜模型考虑了晶体中原子的相互作用,认为晶体对热容的贡献主要是弹性波的振动,即波长较长的声频支在低温下的振动。由于声频支的波长远大于晶格常数,故可将晶体当成是连续介质,声频支也是连续的,频率具有 $0\sim\omega_{max}$,高于 ω_{max} 的频率在光频支范围,对热容贡献很小,可忽略。由此,导出热容的表达式为

$$c_V = 3Nkf_D\left(\frac{\theta_D}{T}\right) \tag{2-14}$$

式中,$\theta_D = \dfrac{\hbar\omega_{max}}{k} \approx 0.76\times10^{-11}\omega_{max}$,称为德拜温度,其大小取决于键的强度、材料的弹性模量 E、熔点 T_M 等;$f_D\left(\dfrac{\theta_D}{T}\right) = 3\left(\dfrac{T}{\theta_D}\right)^3\displaystyle\int_0^{\frac{\theta_D}{T}}\dfrac{e^x x^4}{(e^x-1)^2}dx$,称为德拜比热容函数,$x = \dfrac{\hbar\omega}{kT}$。

① 当温度较高时,即 $T \gg \theta_D$,则 $x \ll 1$,$f_D\left(\dfrac{\theta_D}{T}\right) \approx 1$,$c_v \approx 3Nk$。此即杜隆-珀替定律。

② 当温度很低时,即 $T \ll \theta_D$,取 $\dfrac{\theta_D}{T} \to \infty$,则 $\displaystyle\int_0^\infty\dfrac{e^x x^4}{(e^x-1)^2}dx = \dfrac{4\pi^4}{15}$,将其代入式(2-14)得

$$c_V = \frac{12\pi^4 Nk}{5}\left(\frac{T}{\theta_D}\right)^3 \tag{2-15}$$

式(2-15)表明,低温时,热容与温度的三次方成正比,也即是当 $T \to 0$ 时,c_v 以与 T^3 规律变化而趋于零($c_v \propto T^3 \to 0$),这就是著名的德拜 T^3 定律。

实际上,德拜理论在低温下也不完全符合事实。主要原因是德拜模型把晶体看成是连续介质,这对于原子振动频率较高部分不适用;而对于金属材料,在温度很低时,自由电子对热容的贡献亦不可忽略。

以上有关热容的定律及理论,对于原子晶体和一部分较简单的离子晶体,如 Al、Ag、C、KCl、Al_2O_3,在较宽的温度范围内都与实验结果相符合,但对于其他复杂的化合物并不完全适用。其原因是较复杂的分子结构往往会有各种高频振动耦合,而多晶、多相的固体材料以及杂质的存在,情况就更加复杂。

2.2.3 材料的热容及其影响因素

1. 金属和合金的热容

1)金属的热容

金属内部有大量的自由电子,在温度很低时自由电子对热容的贡献不可忽略。由量子

自由电子理论,得到自由电子摩尔定容热容为

$$C_{V,m}^{e}=\frac{\pi^2}{2}R \cdot Z \frac{k}{E_f^0}T \qquad (2-16)$$

式中,R 为气体常数;Z 为金属原子个数;k 为玻耳兹曼常数;E_f^0 为 0 K 时金属的费米能级。

实验已经证明,在温度低于 5 K 以下,热容以电子贡献为主,即热容与温度的关系为直线关系($c_{V,m} \propto T$)。

实际上,当温度很低时,即 $T \ll \theta_D$ 和 $T \ll T_F \left(T_F=\frac{E_f^0}{k},称为费米温度 \right)$ 时,金属热容需同时考虑晶格振动和自由电子两部分对热容的贡献,即金属热容与温度的关系表达式为

$$C_{V,m}=AT^3+BT \qquad (2-17)$$

式中,A、B 为材料的标识特征常数。

过渡金属中电子热容尤为突出,它除了 s 层电子热容,还有 d 层或 f 层电子热容。如温度在 5 K 以下时,镍的摩尔热容近似为 0.007 3T J/(K·mol),基本上由电子激发所决定。

正是由于金属中存在的大量的自由电子,使得金属的热容随温度变化的曲线不同于其他键合晶体材料,特别是在高温和低温的情况下。图 2-3 为铜的摩尔定容热容随温度变化的曲线,可以看出,曲线可分成四个区间。

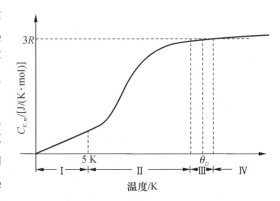

图 2-3　金属铜的摩尔定容热容随温度变化曲线

第 Ⅰ 区(Ⅰ区已被放大),温度范围为 0~5 K,$C_{V,m} \propto T$。

第 Ⅱ 区,温度区间很大,$C_{V,m} \propto T^3$。

第 Ⅲ 区,温度在德拜温度 θ_D 附近,比热容趋于一常数,即 3R J/(K·mol)。

第 Ⅳ 区,当温度远高于德拜温度 θ_D 时,热容曲线呈平缓上升趋势,其增加部分主要是金属中自由电子热容的贡献。

表 2-2、表 2-3 列出了部分金属材料的实测摩尔定压热容和比热容;表 2-4 为部分物质的德拜温度 θ_D。

表 2-2　部分金属材料的摩尔定压热容 $C_{p,m}$/[J/(K·mol)]

温度/K	W	Ta	Mo	Nb	Pt	温度/K	W	Ta	Mo	Nb
1 000					30.03	2 500	34.57	32.08	48.3	37.08
1 300		28.14	30.66	27.68	31.67	2 800	37.84	34.06		
1 600	29.32	28.98	32.59	29.23	34.06	3 100	43.26			
1 900	30.95	29.85	35.11	30.91	37.93	3 400	53.13			
2 200	32.59	30.87	39.69	33.43		3 600	63			

表 2-3 部分钢的比热容 $c \times 10^{-3}/[\mathrm{J}/(\mathrm{K} \cdot \mathrm{kg})]$

钢 种	温度/℃										
	100	200	300	400	500	600	700	800	900	1 000	1 100
20	0.51	0.52	0.54	0.57	0.63	0.74		0.70	0.61	0.62	0.63
35	0.48	0.51	0.56	0.61	0.66	0.71	1.26	0.83	0.66	0.62	0.65
40Cr	0.49	0.52	0.55	0.59	0.65	0.75		0.61	0.62	0.62	0.63
9Cr2SiMo	0.46	0.50	0.56	0.62	0.68	0.74		0.83	0.70	0.71	0.72
30CrNi3Mo2V	0.48	0.53	0.55	0.59	0.66	0.75	0.92	0.66	0.66	0.67	0.67
3Cr13	0.43	0.48	0.55	0.63	0.70	0.78	0.93	0.74	0.69	0.70	0.72

表 2-4 部分物质的德拜温度 θ_D/K

名称	θ_D	名称	θ_D	名称	θ_D	名称	θ_D
Hg	71.9	Ti	420	Ru	600	Cd	209
K	91	Zr	291	Os	500	Al	428
Rb	56	Hf	252	Co	445	Ga	320
Cs	38	V	380	Rh	480	In	108
Be	1 440	Nb	275	Ir	420	Tl	78.5
Mg	400	Ta	240	Ni	450	C	2 230

2) 合金热容

前面所讲金属热容的一般概念适用于金属或多相合金。合金及固溶体等的热容由各组成原子热容按比例相加而得,其数学表达式为

$$C_{p,\mathrm{m}} = \sum n_i C_{p,\mathrm{m},i} \tag{2-18}$$

式中,n_i 为合金中各组成的原子百分数;$C_{p,\mathrm{m},i}$ 为各组成的原子摩尔定压热容。

由式(2-18)计算的热容值与实验值相差不大于 4%,但该式不适用于低温条件或铁磁性合金。

2. 无机非金属材料的热容及其影响因素

对于简单的由离子键和共价键组成的陶瓷材料,室温下几乎无自由电子,因此,其热容与温度的关系更符合德拜模型。但不同的材料德拜温度 θ_D 不同,如石墨的 θ_D 为 1 973 K,BeO 的 θ_D 为 1 173 K,Al_2O_3 的 θ_D 为 923 K 等,这些材料的德拜温度为其熔点的 0.2~0.5 倍,即 $\theta_D \approx 0.2 \sim 0.5 T_M$。这些材料的热容在低温时随温度升高而增加,在接近德拜温度 θ_D 时趋近 $25n$ J/(K·mol),此后,温度增加热容几乎保持不变。实际上,绝大多数的氧化物、碳化物的热容,在温度增加到 1 273 K 左右时,趋近于 $25n$ J/(K·mol)。

因为是物系的容量性质,材料的热容(摩尔热容、比热容)是材料的非结构敏感性能,即与材料的显微结构的关系不大,具有加和性。如 $CaSiO_3$ 的摩尔热容基本等于 CaO 和 SiO_2(石英)的物质的量比为 1∶1 的混合物的摩尔热容,如图 2-4 所示。图 2-4 中,在 846 K(573℃)时,CaO 和 SiO_2 的混合物的热容偏离 $CaSiO_3$ 的热容较大,发生突变,这是因为当温

度升高到该温度时,β-石英转变成α-石英,这是一个吸热过程。材料在发生一级相变时(如晶体的熔化、升华;液体的凝固、汽化;气体的凝聚以及晶体中大多数晶型转变等),由于具有相变潜热,热容会发生不连续突变;而在发生二级相变时(如合金的有序化-无序化转变、铁磁性-顺磁性转变、超导态转变等),相变中热容随温度的变化在相变温度T_0时趋于无穷大。

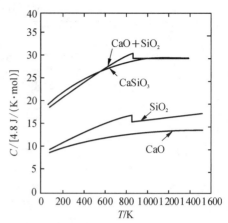

图 2-4　CaO 和 SiO$_2$ 的混合物(物质的量比为 1：1)、CaSiO$_3$、CaO、SiO$_2$ 的热容曲线

材料的密度随气孔率的增加而减小,因而单位体积热容随气孔率增加而下降,也就是说材料的单位体积热容为结构敏感因素,与气孔率密切相关。轻质多孔材料单位体积热容小,因此,提高轻质隔热砖的温度所需要的热量远低于致密的耐火砖。因此,周期加热的窑炉,应尽可能选用多孔硅藻土砖、泡沫刚玉砖等,以减少热量损耗,加快升温速度。

大多数氧化物玻璃在玻璃转变的低温段,摩尔热容接近 $25n$ 的 0.7～0.95;转变到液体状态时,摩尔热容一般增加 1.3～3 倍。

将实验测得的数据进行整理,得到材料的恒压摩尔热容与温度的关系的经验公式

$$C_{p,\mathrm{m}}=a+bT+cT^{-2}+\cdots \tag{2-19}$$

式中,$C_{p,\mathrm{m}}$ 的单位为 J/(K·mol)。表 2-5 列出了某些固体材料的 a、b、c 系数及它们的应用温度范围。

表 2-5　某些固体材料的热容-温度关系经验公式系数

名　　称	a	$b\times10^3$	$C\times10^{-5}$	温度范围/K
氮化铝(AlN)	22.87	32.60	—	293～900
刚玉(α-Al$_2$O$_3$)	114.66	12.79	-35.41	298～1 800
莫来石(3Al$_2$O$_3$·2SiO$_2$)	365.96	62.53	-111.52	298～1 100
碳化硼(B$_4$C)	96.10	22.57	-44.81	298～1 373
氧化铍(BeO)	35.32	16.72	-13.25	298～1 200
氧化铋(Bi$_2$O$_3$)	103.41	33.44	—	298～800
氮化硼(α-BN)	7.61	15.13	—	273～1 173
硅灰石(CaSiO$_3$)	111.36	15.05	-27.25	298～1 450
氧化铬(Cr$_2$O$_3$)	119.26	9.20	-15.63	298～1 800
锂长石(K$_2$O·Al$_2$O$_3$·6SiO$_2$)	266.81	53.92	-71.27	298～1 400
碳化硅(SiC)	37.33	12.92	-12.83	298～1 700
α-石英(SiO$_2$)	46.82	34.28	-11.29	298～848
β-石英(SiO$_2$)	60.23	8.11	—	298～2 000
石英玻璃(SiO$_2$)	55.93	15.38	-14.96	298～2 000

名 称	a	$b \times 10^3$	$C \times 10^{-5}$	温度范围/K
碳化钛(TiC)	49.45	3.34	−14.96	298~1 800
金红石(TiO$_2$)	75.11	1.17	−18.18	298~1 800
氧化镁(MgO)	42.55	7.27	−6.19	298~2 100

实验还证明,在较高温度下(573 K 以上),大多数氧化物和硅酸盐化合物摩尔热容等于构成该化合物各元素原子的热容的总和,即

$$C_{p,\,m} = \sum n_i C_i \qquad\qquad (2-20)$$

式中,n_i 为化合物中元素 i 的原子数;C_i 为元素 i 的摩尔热容。

对于多相合金和多相复合材料的比热容按下式计算

$$c = \sum g_i c_i \qquad\qquad (2-21)$$

式中,g_i 为材料中第 i 组分的质量百分数;c_i 为第 i 组分的比热容。

实验室用高温炉作隔热材料,如用质量小的钼片、碳毡等,可使质量降低,吸热少,便于炉体迅速升、降温,同时降低热量损耗。

3. 高分子材料的热容

表 2-6 列出了部分聚合物的密度、比热、热导率和膨胀系数。结晶聚合物和非晶态的比热在玻璃化温度以下大致相同,在玻璃转变温度处,由于原子发生新的振动,比热突然增加发生突变,晶态聚合物在熔化时比热将出现最大值。

表 2-6 聚合物的密度、比热、热导率和膨胀系数

聚 合 物	密度 /(g/cm^3)	比热 /[kJ/(kg·K)]	热导率 /[10^{-2}W/(m·K)]	膨胀系数 /(10^{-5}K^{-1})
聚乙烯(线型)	0.941~0.965	2.3	46~52	11~13
聚乙烯(分支)	0.910~0.925	2.3	33	10~20
聚丙烯	0.90	1.9	11.7	6.8~10.2
聚苯乙烯	1.04~1.09	1.3	10~14	6~8
聚氯乙烯	1.30~1.45	0.8~1.26	13~29	5~18.6
聚四氟乙烯	2.14~2.02	1.05	25	10
聚甲基丙烯酸甲酯	1.17~1.2	1.5	17~25	5~9
聚甲醛	1.42	1.5	23	8.1
尼龙 66	1.13~1.15	0.46	24	8.0
聚对苯二甲酸乙二酯	1.30~1.60	1.17	15	6.5
聚对苯二甲酸丁二酯	1.31	1.17~2.22	17.5~28.9	3.6
聚碳酸酯	1.2	1.3	19	6.6
聚苯撑氧	1.08	1.3	19.2	8.3
聚砜	1.34	1.0	26	5.6

续　表

聚 合 物	密度 /(g/cm³)	比热 /[kJ/(kg·K)]	热导率 /[10⁻²W/(m·K)]	膨胀系数 /(10⁻⁵K⁻¹)
聚醚砜	1.37	—	18.0	5.5
聚芳酯	1.21	—	—	6.1
液晶聚芳酯	1.35	—	—	—
聚醚醚酮	1.265~1.320	1.34	25	5.5
聚酰亚胺	1.4	—	16~18	5.0
聚酰胺酰亚胺	1.40	—	—	2.6
聚氨酯	1.05~1.25	1.67~1.88	7.131	10~20
脲醛树脂	1.47~1.25	1.67	29~42	2.2~4
ABS	1.01~1.04	1.26~1.67	19~33	9.5~13

比热测定是研究高分子的玻璃化转变、结晶化、熔融和各种介态转变的重要手段。差示扫描量热法(DSC)为高分子比热测定的主要方法。高分子材料的比热及其随温度变化的性质是工业中热平衡计算的基础。

2.3　材料的热膨胀

2.3.1　热膨胀的概念及其表示方法

材料的热膨胀

物体的体积或长度随温度的升高而增大的现象称为热膨胀(thermal expansion)。用线膨胀系数(linear coefficient of thermal expansion)、体膨胀系数(volume coefficient of expansion)来表示。

线(体)膨胀系数指温度升高 1 K 时,物体的长度(体积)的相对增加。表达式为

线膨胀系数 $\qquad\qquad \alpha_l = \dfrac{\mathrm{d}l}{l\,\mathrm{d}T}$ $\qquad\qquad$ (2-22a)

体膨胀系数 $\qquad\qquad \alpha_V = \dfrac{\mathrm{d}V}{V\mathrm{d}T}$ $\qquad\qquad$ (2-22b)

式中,l、V 分别表示材料在 T 温度时的长度和体积,线膨胀系数 α_l、体膨胀系数 α_V 的单位为 K⁻¹ 或 ℃⁻¹。

常用平均膨胀系数表示,即

平均线膨胀系数 $\qquad \overline{\alpha}_l = \dfrac{\Delta l}{l_0 \Delta T} = \dfrac{l_T - l_0}{l_0(T - T_0)}$ $\qquad$ (2-23a)

平均体膨胀系数 $\qquad \overline{\alpha}_V = \dfrac{\Delta V}{V_0 \Delta T} = \dfrac{V_T - V_0}{V_0(T - T_0)}$ $\qquad$ (2-23b)

式中，l_0、V_0、l_T、V_T 分别表示材料在 T_0、T 温度时的长度和体积。

这样，材料在 T 温度时的长度和体积为

$$l_T = l_0(1 + \overline{\alpha}_l \Delta T) \qquad (2-24a)$$

$$V_T = V_0(1 + \overline{\alpha}_V \Delta T) \qquad (2-24b)$$

在使用平均膨胀系数时，要特别注意使用温度范围。

无机非金属材料的线膨胀系数一般较小，约为 $(10^{-5} \sim 10^{-6})K^{-1}$。

各种金属和合金在 $0 \sim 100°C$ 的线膨胀系数也为 $(10^{-5} \sim 10^{-6})K^{-1}$，钢的线膨胀系数多在 $(10 \sim 20) \times 10^{-6}K^{-1}$。高分子材料的热膨胀系数较大，多在 $(2.2 \sim 20) \times 10^{-5}K^{-1}$。

一般隔热用耐火材料的线膨胀系数，常指 $20 \sim 1\,000°C$ 范围内的平均数。

实际上，固体材料的热膨胀系数值并不是一个常数，而是随温度变化而变化，通常随温度升高而加大，如图 2-5 所示。

热膨胀系数是固体材料重要的性能参数。在多晶、多相固体材料以及复合材料中，由于各相及各个方向的 α_L 值不同所引起的热应力问题已成为选材、用材的突出矛盾。材料的热膨胀系数与因温度变化产生的热应力成正比，其大小直接与热稳定性有关。

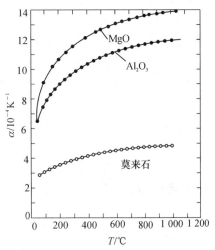

图 2-5　某些无机材料的热膨胀系数随温度变化曲线

2.3.2　固体材料的热膨胀机理

（1）固体材料的热膨胀本质，归结为点阵结构中质点间平均距离随温度升高而增大。

在晶格振动中，曾近似地认为质点的热振动是简谐振动。对于简谐振动，升高温度只能增大振幅，并不会改变平衡位置，因此质点间平均距离不会因温度升高而改变。热量变化不能改变晶体的大小和形状，也就不会有热膨胀。这显然是不符合实际的。实际上，在晶格振动中相邻质点间的作用力是非线性的，即作用力并不简单地与位移成正比。图 2-6 为晶体中质点间作用力和位能曲线。

从图 2-6 可以看到，质点在平衡位置两侧时，受力并不对称。在质点平衡位置 r_0 的两侧，合力曲线的斜率是不等的。

当 $r < r_0$ 时，斥力随位移增大得很快；$r > r_0$ 时，引力随位移增大得慢些。

在这样的受力情况下，质点振动时的平衡位置就不在 r_0 处，而要向右移。因此，相邻质点间的平均距离增加。温度越高，振

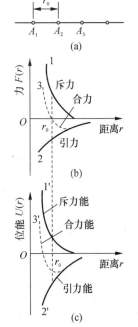

图 2-6　晶体中质点间作用力与位能曲线

幅越大。质点在 r_0 受力不对称情况越显著,平衡位置向右移动越多,相邻质点间平均距离就增加得越多,从而导致晶体膨胀。

从图 2-7 晶体中质点振动的点阵能曲线的非对称性同样可以得到较具体的解释。

作图 2-7 横轴的平行线 E_1,E_2,…,则它们与横轴间距离分别代表了温度为 T_1,T_2,…时质点振动的总能量。当温度为 T_1 时,振动位置为 r_a 与 r_b 间,相应的位能是按弧线 $\overline{aAB}$ 变化。在位置 A,即 $r=r_0$ 时,位能最小,动能最大;而在 $r=r_a$ 与 $r=r_b$ 时,动能为 0,位能等于总能量;而弧 $\overline{aA}$ 和 $\overline{Ab}$ 的非对称性,使得平均位置不在 r_0 处而在 r_1 处。同理,当温度升高到 T_2 时,平均位置移到了 r_2,结果平均位置随温度的升高沿 AB 曲线变化。所以温度愈高,平均位置移得愈远,晶体就愈膨胀。

(2) 晶体中各种热缺陷的形成造成局部点阵的畸变和膨胀。随着温度升高,热缺陷浓度呈指数规律增加,这方面影响较为重要。

2.3.3　热膨胀和其他性能的关系

1. 热膨胀与温度、热容的关系

由点阵能曲线(图 2-7)得到平衡位置随温度的变化曲线如图 2-8 所示。

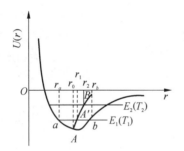

图 2-7　晶体中质点振动点阵能
曲线非对称性的示意图

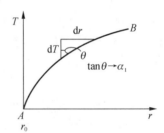

图 2-8　平衡位置随温度的变化

设曲线中各点处的斜率为 m,则曲线上各点的斜率 $m=\tan\theta=\dfrac{\mathrm{d}T}{\mathrm{d}r}$,又由线膨胀系数的定义式可得线膨胀系数 α_l 为

$$\alpha_l=\frac{\mathrm{d}l}{l\,\mathrm{d}T}=\frac{1}{r_0}\frac{1}{\dfrac{\mathrm{d}T}{\mathrm{d}r}}=\frac{1}{r_0}\frac{1}{m} \qquad (2-25)$$

从图 2-8 中可看出,温度 T 升高,曲线的斜率 m 减小,则由式(2-25)可知 α_l 增大,即线膨胀系数随温度升高而增大。

热膨胀是固体材料受热以后晶格振动加剧而引起的容积膨胀,而晶格振动的激化就是热运动能量的增大。升高单位温度时能量的增量也就是热容的定义。所以线膨胀系数显然与热容密切相关,并与热容有着相似的规律。即在低温时,膨胀系数也像热容一样按 T^3 规律变化,0 K 时,α、c 趋于零;高温时,因有显著的热缺陷等原因,使 α 仍有一个连续的增加。

图 2-9 为 Al_2O_3 的线膨胀系数、比热容随温度变化的关系曲线,从图中可看出,在宽广的温度范围内,这两条曲线近似平行,变化趋势相同。

2. 热膨胀与结合能、熔点的关系

如前所述,固体材料的热膨胀与点阵中质点的位能有关,而质点的位能是由质点间的结合力特性所决定的。质点间的作用力越强,质点所处的势阱越深,升高同样温度,质点振幅增加得越少,相应地热膨胀系数越小。

当晶体结构类型相同时,材料的熔点也高,其热膨胀系数较小。对于单质晶体,熔点与原子半

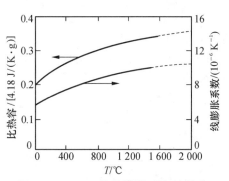

图 2-9 Al_2O_3 的线膨胀系数、比热容随温度变化的曲线

径之间有一定的关系,如表 2-7 中,某些单质晶体的原子半径越小,结合能越大,熔点越高,线膨胀系数越小。

表 2-7 某些单质晶体的原子半径与结合能、熔点及线膨胀系数的关系

单质晶体	$r_0/10^{-10}$ m	结合能/(kJ/mol)	熔点/℃	$\alpha_l/(10^{-6} \cdot K^{-1})$
金刚石	1.54	712.3	3 500	2.5
硅	2.35	364.5	1 415	3.5
锡	5.3	301.7	232	5.3

3. 热膨胀和结构的关系

(1) 结构致密程度。组成相同、结构不同的物质,膨胀系数不相同。通常情况下,结构紧密的晶体,膨胀系数较大;而类似于无定形的玻璃,往往有较小的膨胀系数。结构紧密的多晶二元化合物的膨胀系数。原因是玻璃的结构较疏松,内部空隙多,当温度升高时,原子振幅加大,原子间距离增加时,部分地被结构内部的空隙所容纳,而整个物体宏观的膨胀量就少些。

(2) 相变。材料发生相变时,其热膨胀系数也要变化。如纯金属同素异构转变时,点阵结构重排伴随着金属的热容发生突变,导致线膨胀系数发生不连续变化,如图 2-10 所示。有序化-无序化转变时无体积突变,膨胀系数在相变温区仅出现拐折,如图 2-11 所示。再如 ZrO_2 在温度高于 1 000℃由单斜晶型转变成四方晶型,体积收缩 4%,这种现象严重地影响其应用,为改变此现象,常加入 MgO、CaO、Y_2O_3 等外加剂,使其在高温下形成立方晶型的固溶体,在温度小于 2 000℃时,不发生晶型转变,如图 2-12 所示。高温下,晶格热振动有使晶体更加对称的趋势。四方晶系中 c/a 会下降,α_c/α_a 下降,逐渐接近 1。有时,因材料的各向异性,会使整体的 α_V 值为负值。

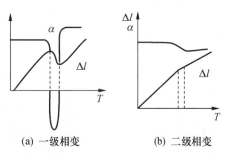

(a) 一级相变   (b) 二级相变

图 2-10 相变时 α、ΔL 与 T 的关系

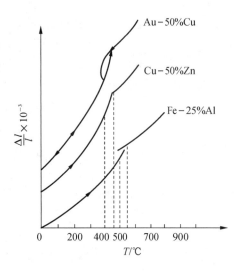

图 2-11　有序-无序转变的热膨胀曲线

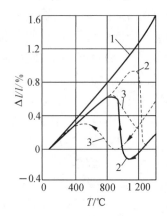

1—完全稳定化 ZrO_2；2—纯 ZrO_2；
3—掺杂 8%(物质的量分数)CaO 的部分稳定 ZrO_2

图 2-12　ZrO_2 的加热和冷却膨胀曲线

2.3.4　多晶体和复合材料的热膨胀

1. 钢的热膨胀特性

钢的密度与热处理所得到的显微组织有关。马氏体、铁素体＋Fe_3C(构成珠光体、索氏体、贝氏体)、奥氏体，其密度依次增大。这是因为比容是密度的倒数。当淬火获得马氏体时，钢的体积将增大。这样，按比容从大到小顺序排列应是马氏体(随含碳量而变化)、渗碳体、铁素体、珠光体、奥氏体。表 2-8 为碳钢各相的体积特性。

表 2-8　碳钢各相的体积特性

含碳量 /%	单位晶胞中平均原子数	点阵常数 /(10^{-9} m)	比容 /(cm³/g)	每 1%碳原子体积的增加量 /(m³·10^{30})	膨胀的平均系数/K⁻¹	
					$\alpha_l \times 10^{-6}$	$\alpha_V \times 10^{-6}$
铁 素 体						
	2.000	0.286 1	0.127 08		14.5	43.5
奥 氏 体						
0	4.000	0.355 86	0.122 27			
0.2	4.037	0.356 50	0.122 70			
0.4	4.089	0.357 14	0.123 13			
0.6	4.156	0.357 78	0.123 56	0.096	23.0	70.0
0.8	4.224	0.356 42	0.123 99			
1.0	4.291	0.359 06	0.124 42			
1.4	4.427	0.360 34	0.125 27			

含碳量/%	单位晶胞中平均原子数	点阵常数/(10⁻⁹ m)	比容/(cm³/g)	每1%碳原子体积的增加量/(m³·10³⁰)	膨胀的平均系数/K⁻¹	
					$\alpha_l \times 10^{-6}$	$\alpha_V \times 10^{-6}$
马 氏 体						
0	2.000	$a=c$ $=0.286\ 1$	0.127 08			
0.2	2.018	$a=0.285\ 8$ $c=0.288\ 5$	0.127 61			
0.4	2.036	$a=0.285\ 5$ $c=0.290\ 8$	0.128 12			
0.6	2.056	$a=0.285\ 2$ $c=0.293\ 2$	0.128 63	0.777	11.5	350
0.8	2.075	$a=0.284\ 9$ $c=0.295\ 5$	0.129 15			
1.0	2.094	$a=0.284\ 6$ $c=0.297\ 9$	0.129 65			
1.4	2.132	$a=0.284\ 0$ $c=0.302\ 6$	0.130 61			
渗 碳 体						
6.67	Fe-12 C-4	$a=0.451\ 4$ $b=0.567\ 7$ $c=0.673\ 0$			12.5	37.5

当淬火钢回火时,随钢中所进行的组织转变而发生体积变化。马氏体回火时,钢的体积将收缩,过冷奥氏体转变为马氏体将伴随钢的体积膨胀,而马氏体分解成屈氏体时,钢的体积显著收缩。图2-13表示淬火马氏体比容与含碳量的关系。在300℃,40 h回火,马氏体

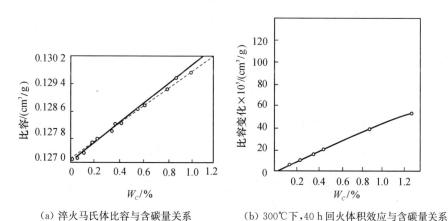

(a) 淬火马氏体比容与含碳量关系　　(b) 300℃下,40 h回火体积效应与含碳量关系

图2-13　淬火马氏体比容与含碳量的关系

(实线为直接测出的,虚线由X射线数据计算得到)

分解为铁素体和渗碳体,体积效应 ΔV 随含碳量增加线性增加。

从钢的热膨胀特性可见,当碳钢加热或冷却过程中发生一级相变时,钢的体积会发生突变。过冷奥氏体转变为铁素体、珠光体或马氏体时,钢的体积将膨胀;反之,钢的体积将收缩。钢的这种膨胀特性有效地应用于钢的相变研究中。图 2-14 为碳钢缓慢加热、缓慢冷却过程的膨胀曲线。现以一般的亚共析钢的加热膨胀曲线为例予以说明。亚共析钢常温下的平衡组织为铁素体和珠光体。当缓慢加热到 $727℃(A_{c1})$ 时发生共析转变,钢中珠光体转变为奥氏体,体积收缩(膨胀曲线开始向下弯,形成拐点 A_{c1}),温度继续升高,钢中铁素体转变为奥氏体,体积继续收缩,直到铁素体全部转变为奥氏体,钢又以奥氏体纯膨胀特性伸长,此拐点即为 A_{c3}。冷却过程恰好相反。

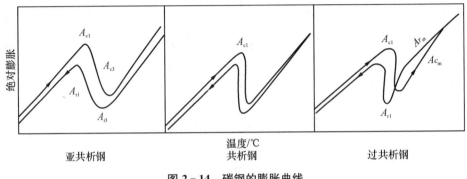

图 2-14　碳钢的膨胀曲线

最新研究碳钢膨胀曲线时发现,含碳量为 $0.025\%\sim0.35\%$ 的低碳钢在以 $7.5\sim200℃/min$ 的加热速率加热时,珠光体和铁素体向奥氏体的转变并不连续进行,中间出现非转变区间,即 A_{c1K} 转变终止点和 A_{c3H} 转变开始点分开,温度间隔可达 $80℃$,其典型膨胀曲线见图 2-15。含碳量大于 0.35% 时,其膨胀曲线和图 2-14 中的亚共析钢膨胀曲线一样。产生上述情况的原因可能与碳的扩散过程有关。

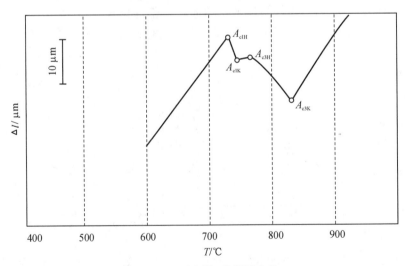

图 2-15　低碳钢的膨胀曲线

$[W(C)=0.19\%,$ 加热速率 $100℃/min]$

由于钢在相变时,体积效应比较明显,故目前多采用膨胀法测定钢的相变点。

2. 多相及复合材料的热膨胀系数

属于机械混合物的多相合金,热膨胀系数介于这些相热膨胀系数之间,近似符合直线规律,故可根据各相所占的体积分数 φ 按相加方法粗略地计算多相合金的热膨胀系数。

例如,合金具有两相组织,当其弹性模量比较接近时,其合金的热膨胀系数 α 为

$$\alpha = \alpha_1 \varphi_1 + \alpha_2 \varphi_2 \qquad (2-26)$$

式中,α_1、α_2 分别为两相的热膨胀系数;φ_1、φ_2 分别为各相所占的体积分数,且 $\varphi_1 + \varphi_2 = 100\%$。

若其两相弹性模量相差较大,则计算式为

$$\alpha = \frac{\alpha_1 \varphi_1 E_1 + \alpha_2 \varphi_2 E_2}{\varphi_1 E_1 + \varphi_2 E_2} \qquad (2-27)$$

式中,E_1、E_2 分别为各相的弹性模量。

陶瓷材料都是一些多晶体或由几种晶体加上玻璃相组成的复合体。

假如晶体是各向异性的,或复合材料中各相的热膨胀系数不相同,则它们在烧成后的冷却过程中产生的应力导致了热膨胀。

设有一复合材料,所有组成都是各向同性的,且均匀分布,但由于各组成的热膨胀系数不同,各组分分别存在着内应力,其大小为

$$\sigma_i = K_i (\overline{\alpha_V} - \alpha_i) \Delta T \qquad (2-28)$$

式中,σ_i 为第 i 部分的应力;$\overline{\alpha_V}$ 为复合体的平均体积膨胀系数;α_i 为第 i 部分组成的体积膨胀系数;ΔT 为从应力松弛状态算起的温度变化;K_i 为第 i 组分的体积模量(bulk modulus),且 $K_i = \dfrac{E_i}{3(1 - 2\mu_i)}$。

由于材料处于平衡状态,所以整体内应力之和为零,即 $\sum \sigma_i V_i = 0$,即

$$\sum K_i (\overline{\alpha_V} - \alpha_i) V_i \Delta T = 0 \qquad (2-29)$$

又

$$V_i = \frac{G_i}{\rho_i} = \frac{GW_i}{\rho_i} \qquad (2-30)$$

式中,G_i 为第 i 组分的质量;ρ_i 为第 i 组分的密度;W_i 为 i 组分的质量分数 G_i/G。

将式(2-30)代入式(2-29)得

$$\overline{\alpha_V} = \frac{\sum \dfrac{\alpha_i K_i W_i}{\rho_i}}{\sum \dfrac{K_i W_i}{\rho_i}} \qquad (2-31)$$

由于 $\alpha_V = 3\alpha_l$,故得到线膨胀系数公式

$$\overline{\alpha_l} = \frac{\sum \dfrac{\alpha_i K_i W_i}{\rho_i}}{3 \sum \dfrac{K_i W_i}{\rho_i}} \qquad (2-32)$$

上式是将内应力看成是纯拉应力和压应力,对交界上的剪应力略而不计。若要计入剪应力的影响,情况则复杂得多。对于仅为两相的材料,有如下近似公式

$$\overline{\alpha_V} = \alpha_1 + V_2(\alpha_2 - \alpha_1)$$
$$\times \frac{K_1(3K_2 + 4G_1)^2 + (K_2 - K_1)(16G_1^2 + 12G_1K_2)}{(3K_2 + 4G_1)[4V_2G_1(K_2 - K_1) + 3K_1K_2 + 4G_1K_1]} \quad (2-33)$$

式中,$G_i(i=1, 2)$ 为第 i 相的剪切模量。

图 2-16 为分别按式(2-32)和式(2-33)绘出的曲线,分别称为特纳曲线和克尔纳曲线。在很多情况下,式(2-32)和式(2-33)计算结果与实验结果是比较符合的。

分析多相陶瓷材料或复合材料的热膨胀系数时应注意两点:

其一是组成相中可能发生的多晶型转变,因多晶型转变的体积不均匀变化,引起热膨胀系数的异常变化。图 2-17 是含方石英的坯体 A 和含石英的坯体 B 的热膨胀曲线。可以看出,A 在 200℃附近由于方石英的晶型转变(β-方石英$\xleftrightarrow{268℃}\alpha$-方石英)使得膨胀系数出现不均匀变化;而 B 由于在 573℃存在石英的晶型转变(β-石英$\xleftrightarrow{573℃}\alpha$-石英)使得膨胀系数在 500~600℃范围内变化很大。

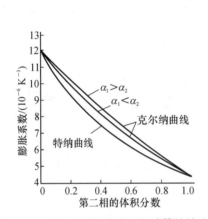

图 2-16 两相材料热膨胀系数计算值的比较

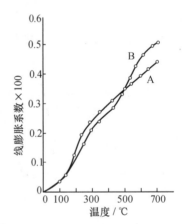

图 2-17 两种含不同石英晶型的瓷坯的热膨胀曲线

其二是复合体内的微观裂纹引起热膨胀系数的滞后现象,特别是对大晶粒样品更应注意。如某些含 TiO_2 的复合体或多晶 TiO_2,因在烧成后的冷却过程中,由于不同相或晶粒的不同方向上膨胀系数差别很大,而产生较大的内应力,使坯体内产生微裂纹,这样,再加热时,这些裂纹趋于愈合。所以在不太高的温度时,可观察到反常低的膨胀系数。只有到达高温时(1 273 K 以上),由于微裂纹基本闭合,膨胀系数与单晶的数值又一致了。晶体内的微裂纹最常见的是发生在晶界上,晶界上应力的发展与晶粒大小有关,因而晶界微裂纹和热膨胀系数滞后主要发生在大晶粒样品中。

2.3.5 陶瓷制品表面釉层的热膨胀系数

陶瓷材料与其他材料复合使用时,必须考虑组分的膨胀系数。例如,在电子管生产中,

与金属材料封接,为了封接严密除了要考虑与焊料的结合性能外,还要考虑陶瓷和金属的膨胀系数尽可能接近。但是对于一般的陶瓷制品,考虑表面釉层的膨胀系数并不一定按上述原则。实践证明,当选择釉的膨胀系数适当地小于坯体的膨胀系数,制品的力学强度得以提高。原因是釉层的膨胀系数比坯体的膨胀系数小,烧成后的制品在冷却过程中表面釉层的收缩比坯体小,使釉层中存在压应力,均匀分布的预压应力明显地提高脆性材料的力学强度。同时,这一压应力也抑制微裂纹的发生,并阻碍其发展,因而使强度提高。反之,当釉层的膨胀系数大于坯体的膨胀系数时,釉层中形成张应力,对强度不利,同时张应力过大时会导致釉层龟裂。同样,若釉层的膨胀系数比坯体的膨胀系数小太多时,会使釉层剥落,造成缺陷。

对于无限大的上釉陶瓷平板样品,从应力松弛状态温度 T_0(在釉的软化温度范围内)逐渐降温,釉层和坯体的应力计算式为

$$\sigma_{釉}=E(T_0-T)(\alpha_{釉}-\alpha_{坯})(1-3j+6j^2) \tag{2-34a}$$

$$\sigma_{坯}=E(T_0-T)(\alpha_{坯}-\alpha_{釉})(1-3j+6j^2)j \tag{2-34b}$$

式中,j 为釉层对坯体的厚度比。上式对于一般陶瓷材料都可得到较好的结果。

对于圆柱体薄釉样品,釉层和坯体的应力按下式计算

$$\sigma_{釉}=\frac{E}{1-\mu}(T_0-T)(\alpha_{釉}-\alpha_{坯})\frac{A_{坯}}{A} \tag{2-35a}$$

$$\sigma_{坯}=\frac{E}{1-\mu}(T_0-T)(\alpha_{坯}-\alpha_{釉})\frac{A_{釉}}{A} \tag{2-35b}$$

式中,A、$A_{釉}$、$A_{坯}$ 分别为圆柱体总横截面积、釉层的横截面积、坯体的横截面积。

陶瓷制品的坯体吸湿会导致体积膨胀而降低釉层中的压应力。某些不够致密的制品,时间长了还会使釉层的压应力转化为张应力,甚至造成釉层龟裂。这在某些精陶产品中最易见到。

2.3.6　高分子材料的热膨胀

材料的热膨胀依赖于原子间的作用力随温度的变化情况。共价键中原子间的作用力大,而次级键中原子间的作用力小。在晶体(比如石英)中,所有原子形成三维有序的晶格,热膨胀系数很低。在液体中只是分子间的作用力,热膨胀系数很高。在聚合物中,形成链的原子在一个方向是以共价键结合起来的,而在其他两个方向只是次级键,因此聚合物的热膨胀系数介于液体与石英或金属之间,表2-6列出了部分聚合物的热膨胀系数。另外,聚合物在玻璃化转变时膨胀系数发生很大的变化。

热膨胀是高分子材料用作建筑材料等工业材料时必需的数据,是与其在成型加工中的模具设计、黏结等有关的性能。由于高分子材料的热膨胀性和金属及陶瓷很不相同,这些材料间结合时会产生热应力;另外,膨胀系数的大小直接影响材料的尺寸稳定性,因此在材料的选择和加工中必须加以注意。

2.4 材料的热传导

当固体材料两端存在温度差时,热量自动地从热端传向冷端的现象称为热传导(thermal conduction)。不同的材料在导热性能上有很大的差别。有些材料是极为优良的绝热材料,有些又会是热的良导体。

2.4.1 固体材料热传导的宏观规律

1. 傅里叶导热定律

对于各向同性的物质,当在 x 轴方向存在温度梯度 $\mathrm{d}T/\mathrm{d}x$,且各点温度不随时间变化(稳定传热)时,则在 Δt 时间内沿 x 轴方向传过横截面积 A 的热量 Q,由傅里叶定律求得

$$Q = -\lambda \frac{\mathrm{d}T}{\mathrm{d}x} A \Delta t \tag{2-36}$$

式中,负号表示热流逆着温度梯度方向;λ 为热导率或导热系数(thermal conductivity),单位为 $W/(m \cdot K)$ 或 $J/(m \cdot K \cdot s)$,其物理意义为:单位温度梯度下,单位时间内通过单位横截面的热量。λ 反映了材料的导热能力。

不同材料的导热能力有很大的差异,如金属的 λ 为 $2.3 \sim 417.6\ W/(m \cdot K)$,大多数无机非金属材料的热导率都比金属小,其热导率变化范围较大,如表 2-9 所示;通常将 $\lambda < 0.22\ W/(m \cdot K)$ 的材料称为隔热材料。

表 2-9 某些无机非金属材料的热导率

材　　料	热导率 $\lambda/[W/(m \cdot K)]$	
	100℃	1 000℃
BeO	219.8	20.5
Al_2O_3	30.1	6.3
MgO	37.7	7.1
镁铝尖晶石($MgAlO_4$ 或 $MgO \cdot Al_2O_3$)	15.1	5.9
莫来石($3Al_2O_3 \cdot 2SiO_2$)	5.9	3.8
ThO_2	10.5	2.9
UO_2	10.1	3.3
立方稳定化 ZrO_2	2.0	2.3
TiC	25.1	5.9
TiC 金属陶瓷	33.5	8.4
石墨	180	62.8
熔融二氧化硅玻璃	2.0	2.5
钠-钙-硅酸盐玻璃	0.4	—
瓷	1.7	1.9
黏土耐火材料	1.1	1.5

需要注意的是,傅里叶定律适用条件为稳定传热过程即物体内温度分布不随时间改变。

2. 热扩散率(导温系数)(thermal diffusivity)

假如不是稳定传热过程,即物体内各处温度分布随时间而变化。例如,一个与外界无热交换,本身存在温度梯度的物体,随着时间的推移,就存在着热端温度不断降低和冷端温度不断升高,最终达到一致的平衡温度,即是一个 $dT/dx \rightarrow 0$ 的过程。该物体内单位面积上温度随时间变化率为

$$\frac{\partial T}{\partial t} = \frac{\lambda}{\rho c_p} \cdot \frac{\partial^2 T}{\partial x^2} \tag{2-37}$$

式中,ρ 为密度;c_p 为比定压热容。

定义 $$a \equiv \frac{\lambda}{\rho c_p} \tag{2-38}$$

式中,a 称为导温系数或热扩散率,m^2/s,表征材料在温度变化时,材料内部温度趋于均匀的能力。在相同加热或冷却条件下,a 愈大,物体各处温差愈小,愈有利于热稳定性。

2.4.2 固体材料热传导的微观机理

不同材料的导热机构不同。气体传递热能方式是依靠质点间的直接碰撞来传递热量。固体中的导热主要是由晶格振动的格波和自由电子的运动来实现的。金属有大量自由电子且质量轻,能迅速实现热量传递,因而主要靠自由电子传热,晶格振动是次要的,$\lambda_{金属}$ 较大,为热的良导体;非金属晶体,如一般离子晶体晶格中,自由电子是很少的,因此,晶格振动是它们的主要导热机构。

1. 金属的热传导

对于纯金属,导热主要靠自由电子,而合金导热就要同时考虑声子导热的贡献(声子导热机制在无机非金属材料的热传导中讨论)。由自由电子论知,金属中大量的自由电子可视为自由电子气,那么,借用理想气体的热导率公式来描述自由电子热导率,是一种合理的近似。理想气体热导率的表达式为

$$\lambda = \frac{1}{3} c_V \bar{v} l \tag{2-39}$$

式中,c_V 为单位体积气体热容;$\bar{v}$ 为分子平均运动速度;l 为分子运动平均自由程。

将自由电子气的相关数据代入式(2-39),即可求得自由电子的导热系数 λ_e。

设单位体积内自由电子数为 n,那么单位体积电子热容为 $c_V = \frac{\pi^2}{2} k \cdot n \frac{kT}{E_F^0}$;由于 E_F^0 随温度变化不大,则用 E_F 代替 E_F^0;自由电子运动速度为 v_F,代入式(2-39)得

$$\lambda_e = \frac{1}{3} \left(\frac{\pi^2}{2} nk^2 \cdot \frac{T}{E_F} \right) v_F l_F \tag{2-40}$$

考虑到 $E_F = \frac{1}{2} m v_F^2$,$\frac{l_F}{v_F} = \tau_F$(自由电子弛豫时间),则有

$$\lambda_e = \frac{\pi^2 n k^2 T}{3m} \tau_F \qquad (2-41)$$

2. 无机非金属材料的热传导

当非金属晶体材料中存在温度梯度时,处于温度较高处的质点热振动较强、振幅较大,由于其和处于温度较低处振动弱的质点具有相互作用,带动振动弱的相邻质点,使相邻质点振动加剧,热运动能量增加。这样,热量就能转移和传递,使整个晶体中热量从高温处传向低温处,产生热传导现象。若系统对环境是绝热的,振动较强的质点受到邻近较弱质点的牵制,振动减弱下来,使整个晶体最终趋于平衡状态。可见对于非金属晶体,热量是由晶格振动的格波来传递的。而格波可分为声频支和光频支两类。因光频支格波的能量在温度不太高时很微弱,因而这时的导热过程,主要是声频支格波有贡献。在讨论声频波的影响时,引入"声子"的概念。

1) 声子和声子热导

据量子理论,一个谐振子的能量是不连续的,能量的变化不能取任意值,而只能是最小能量单元(量子)的整数倍,一个量子的能量为 $h\nu$。因晶格热振动近似为简谐振动,晶格振动的能量同样也应该是量子化的。声频支格波被看成是一种弹性波,类似于在固体中传播的声波,因此把声频波的量子称为声子(phonon)。它所具有的能量仍应是 $h\nu$,通常用 $h\omega$ 来表示 $h\nu$,$\omega = 2\pi\nu$,为格波的角频率。

这样,格波在晶体中传播时遇到的散射可看作是声子和质点的碰撞;理想晶体中的热阻可归结为声子与声子的碰撞。因此,可用气体中热传导概念来处理声子热传导问题。气体热传导是气体分子碰撞的结果;声子热传导是声子碰撞的结果。则热导率具有相似的数学表达式

$$\lambda = \frac{1}{3} c_V \bar{v} l \qquad (2-42)$$

式中,c_V 为声子的体积热容,是声子振动频率 ν 的函数 $c_V = f(\nu)$;$\bar{v}$ 为声子的平均速度,与晶体密度、弹性力学性质有关,与角频率 ω 无关;l 为声子的平均自由程,亦是声子振动频率 ν 的函数 $l = f(\nu)$。

故非金属晶体的声子热导率的普遍式为

$$\lambda = \frac{1}{3} \int c_V(\nu) \bar{v} l(\nu) d\nu \qquad (2-43)$$

声子的平均自由程 l 受到如下几个因素的影响,从而影响声子的热导率。

(1) 晶体中热量传递速度很迟缓,因为晶格热振动并非线性的,格波间有着一定的耦合作用,声子间会产生碰撞,使声子的平均自由程减小。格波间相互作用愈强,也即声子间碰撞概率愈大,相应的平均自由程愈小,热导率也就愈低。因此,声子间碰撞引起的散射是晶体中热阻的主要来源。

(2) 晶体中的各种缺陷、杂质以及晶界都会引起格波的散射,等效于声子平均自由程的减小,从而降低 λ。

(3) 平均自由程还与声子的振动频率 ν 有关。振动频率 ν 不同,波长不同。波长长的格波易绕过缺陷,使自由程加大,散射小,因此热导率 λ 大。

(4) 平均自由程 l 还与温度 T 有关。温度升高,振动能量加大,振动频率 ν 加快,声子

间的碰撞增多,故平均自由程 l 减小。但其减小有一定的限度,在高温下,最小的平均自由程等于几个晶格间距;反之,在低温时,最长的平均自由程长达晶粒的尺度。

2)光子传导

在高温时,光频支格波对热传导的影响很明显。因而在高温阶段,除了声子的热传导外,还有光子(photon)的热传导。

固体材料中质点的振动、转动等运动状态的改变,会辐射出频率较高的电磁波。这类电磁波中具有较强热效应的是波长在 $0.4\sim40~\mu\mathrm{m}$ 的可见光部分与部分近红外光的区域,这部分辐射线就称为热射线。热射线的传递过程称为热辐射。由于热射线在光频范围内,其传播过程类似于光在介质中传播现象,故可把它们的导热过程看作是光子在介质中传热的导热过程。

在温度不太高时,固体中电磁辐射能很微弱,但在高温时就明显了。因其辐射能 E_T 与温度的四次方成正比,即

$$E_T = 4\sigma n^3 T^4 / c \tag{2-44}$$

式中,σ 为斯蒂芬-玻耳兹曼常数,$\sigma = 5.67 \times 10^{-8}~\mathrm{W}/(\mathrm{m}^2 \cdot \mathrm{K}^4)$;$n$ 为折射率;c 为光速,$c = 3 \times 10^8~\mathrm{m/s}$。

由于辐射传热中,比定容热容相当于提高辐射温度所需的能量,故

$$c_V = \left(\frac{\partial E}{\partial T}\right) = \frac{16\sigma n^3 T^3}{c} \tag{2-45}$$

将辐射线在介质中的速度 $\overline{v_r} = \dfrac{c}{n}$,代入式(2-45)及热导率的一般表达式(2-42)中,得到辐射线(光子)的热导率 λ_r 为

$$\lambda_r = \frac{16}{3}\sigma n^2 T^3 l_r \tag{2-46}$$

式中,l_r 是辐射线光子平均自由程。

对于介质中辐射传热过程作定性解释为:任何温度下的物体既能辐射出一定频率的射线,同样也能吸收类似的射线。在热稳定状态,介质中任一体积元平均辐射的能量与平均吸收的能量相等。当介质中存在温度梯度时,相邻体积间温度高的体积元辐射的能量大,吸收的能量小;温度较低的体积元正好相反,因此,产生了能量的转移,整个介质中热量从高温处向低温处传递。热导率 λ_r 是描述介质中这种辐射能的传递能力。

光子的热导率 λ_r 大小极关键地取决于光子的平均自由程 l_r。对于辐射线是透明的介质,热阻很小,l_r 很大;对于辐射线是不透明的介质,热阻较大,l_r 很小;对于辐射线是完全不透明的介质,$l_r = 0$,辐射传热忽略。

一般来说,单晶、玻璃对于辐射线是比较透明的,在 $773\sim1~273~\mathrm{K}$ 辐射传热已很明显。而大多数烧结陶瓷材料是半透明或透明度很差的,其 l_r 要比单晶玻璃的小得多,因此,一些耐火氧化物材料在 $1~773~\mathrm{K}$ 高温下辐射传热才明显。

光子的平均自由程 l_r 还与材料对光子的吸收和散射有关。吸收系数小的透明材料,当温度为几百摄氏度时,光辐射是主要的;吸收系数大的不透明材料,即使在高温下光子的传导也不重要。在陶瓷材料中,主要是光子散射问题,使得 l_r 比玻璃和单晶都小,只是在

1 773 K以上,光子传导才是主要的,因为高温下的陶瓷呈半透明的亮红色。

2.4.3 影响热导率的因素

材料的热传导(2)

1. 影响金属热导率的因素

纯金属的热导率主要与以下几个因素有关。

1)温度的影响

图2-18为实测的铜的热导率随温度的变化曲线,图2-19为几种金属在稍高温度下热导率随温度变化的曲线。从图2-18和图2-19可以看出,在低温时,热导率随温度升高而不断增大,并达到最大值;随后,热导率在一小段温度范围内基本保持不变;升高到某一温度后,热导率随温度升高急剧下降;温度升高到某一定值后,热导率随温度升高而缓慢下降(基本趋于定值),并在熔点处达到最低值。

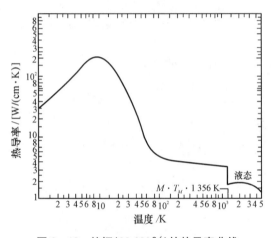

图2-18 纯铜(99.999%)的热导率曲线

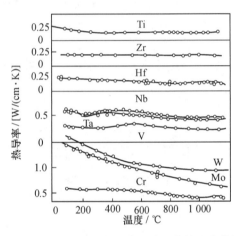

图2-19 几种金属在稍高温度下的热导率曲线

2)晶粒大小的影响

一般情况是晶粒粗大,热导率高;晶粒愈小,热导率愈低。

3)晶系的影响

立方晶系的热导率与晶向无关;非立方晶系晶体热导率表现出各向异性。

4)杂质将强烈影响热导率

两种金属构成连续无序固溶体时,热导率随溶质组元浓度增加而降低,热导率最小值靠近组分浓度50%处。图2-20为Ag-Au合金在0℃和100℃温度下的热导率。但当组元为铁及过渡族金属时,热导率最小值偏离组分浓度50%处较大。当两种金属构成有序固溶体时,热导率提高,最大值对应于有序固溶体化学组分。钢中的合金元素、杂质及组织状态都影响其热导率。钢中各组

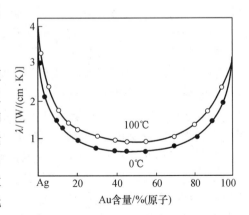

图2-20 Ag-Au合金热导率

织的热导率从低到高排列顺序为：奥氏体、淬火马氏体、回火马氏体、珠光体(索氏体、屈氏体)。表2-10为某些钢的热导率 λ 和导温系数 a。

表 2-10 某些钢的热导率和导温系数 $\left\{\dfrac{\lambda/[W/(m \cdot K)]}{a \times 10^6/(m^2/s)}\right\}$

钢 种	温度 $T/℃$										
	100	200	300	400	500	600	700	800	900	1 000	1 100
20	49.0	47.2	43.8	40.4	37.3	33.8	30.2	28.0	27.0	29.0	30.0
	12.3	11.9	10.5	9.2	7.8	6.0		5.2	5.8	6.2	6.4
35	48.5	48.0	45.2	42.5	39.4	35.9	31.9	28.2	25.5	24.9	27.2
	13.0	12.2	10.6	9.2	7.9	6.7	3.4	4.6	5.2	5.4	5.6
40Cr	43.7	43.7	42.8	37.8	34.7	31.8	29.1	26.0	27.0	29.0	31.0
	11.6	10.7	9.6	8.3	6.9	5.5		5.7	5.8	6.2	6.5
9Cr2Si2Mo	23.9	26.8	28.0	28.6	28.5	27.9	26.8	26.4	26.6	27.5	27.9
	6.8	6.9	6.5	6.1	5.6	5.0	3.9	4.2	5.6	5.2	5.2
30CrNi3Mo2V	29.6	29.4	29.3	28.9	28.4	27.8	27.3	24.2	24.5	24.8	25.2
	7.9	7.1	6.9	6.4	5.6	4.9	3.9	4.7	4.9	4.9	5.0

2. 影响无机非金属材料热导率的因素

影响金属材料热导率的因素对无机非金属材料同样适用，但由于陶瓷材料相结构复杂，其热传导机构和过程较金属复杂得多，影响其热导率的因素也就不像影响金属那样单一。下面就一些影响因素进行定性分析。

1) 温度的影响

温度不太高的范围内，主要是声子传导，$\lambda = \dfrac{1}{3} c_V \bar{v} l$。其中，平均速度 $\bar{v}$ 通常可看作常数，仅在温度较高时，由于介质的结构松弛而蠕变，使材料的弹性模量迅速下降，平均速度减小，如一些多晶氧化物在温度高于 $973 \sim 1\,273$ K 时就出现这一效应。热容 c_V 在低温时与 T^3 成正比，当 $T \geqslant \theta_D$ 时，c_V 趋于恒定值。自由程 l 随温度升高而下降，但实验证明其随温度变化有极限值。即低温时，平均自由程 l 的上限为晶粒线度；高温时，平均自由程 l 的下限为几个晶格间距。图 2-21 为几种氧化物晶体的 $\dfrac{1}{l}$ 随温度 T 而变化的关系曲线。

图 2-22 为 Al_2O_3 单晶的热导率随温度变化的关系曲线，可以看出其变化趋势与金属纯铜基本相同，分为四个区间即低温时迅速上升区、极大值区、迅速下降区、缓慢下降区。对于 Al_2O_3 单晶在高温时热导率缓慢下降后不是趋于定值，而是到了 1 600 K 以后热导率又有上升趋势。对图 2-22 Al_2O_3 单晶的热导率随温度变化的情况解释如下。

在温度很低时，声子的平均自由程基本上无多大变化，处于上限值，为晶粒尺寸。这时主要是热容 c_V 对热导率 λ 的贡献，c_V 与 T^3 成正比，因而 λ 也近似地随 T^3 而变化。随温度升高，热导率迅速增大，然而温度继续升高，平均自由程 l 要减小，热容 c_V 也不再是随 T^3 关系增加，而是随温度 T 升高而缓慢增大，并在德拜温度 θ_D 左右趋于一定值，这时平均自由

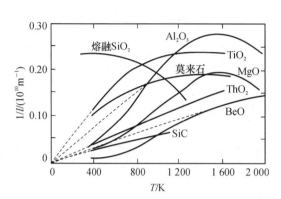

图 2 - 21 几种晶态氧化物及玻璃的平均自由程 $1/l$
　　　　随温度变化的关系曲线

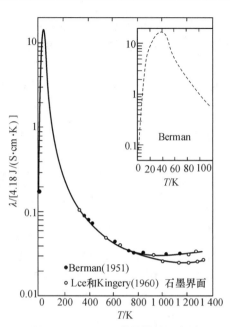

图 2 - 22 Al_2O_3 单晶的热导率随
　　　　温度变化曲线

程 l 成了影响热容的主要因素,因而,热导率 λ 随温度 T 升高而迅速减小。这样在某个低温处(约为 40 K),热导率 λ 出现极大值。在更高的温度,由于热容 c_V 已基本无变化,而平均自由程 l 也逐渐趋于下限值,所以随温度 T 变化热导率 λ 变得缓和了。在温度高达 1 600 K后,由于光子热导的贡献使热导率又有回升。

气体热导率 λ 随温度 T 升高而增大,这是由于温度升高,气体的平均速率 $\bar{v}$ 大大加大,而 l 略有减小,即气体的热导率主要是平均速率 $\bar{v}$ 起影响作用。

耐火氧化物多晶材料,在实用的温度范围内,随温度升高,热导率 λ 下降。不密实的耐火材料,随温度升高,λ 略有增大(因气孔导热占一定分量)。非晶体材料的 λ - T 曲线,则呈另外一种性质,单独放在下一段讲述。

2) 化学组成的影响

不同组成的晶体,热导率往往有很大的差异。这是因为构成晶体的质点的大小、性质不同,它们的晶格振动状态不同,传导热量的能力也就不同。金属材料高温热导率下降,但从图 2 - 19 可知,温度相同时,W、Mo 热导率较高,而 Ti、Zr、Hf 较低。同样对于无机非金属材料来说,构成材料质点的相对原子质量愈小、密度愈小,杨氏模量愈大,德拜温度愈高,热导率愈大。因而,轻元素的固体和结合能大的固体热导率较大。如金刚石的热导率为 1.7×10^{-2} W/(m·K),比较重的硅、锗的热导率大[硅、锗的热导率分别为 1.0×10^{-2} W/(m·K)和 0.5×10^{-2} W/(m·K)],但没有金属的热导率高,这是由于导热机构不同。

固溶体的情况与金属固体的类似,即固溶体的形成降低热导率,且取代元素的质量和大小与基质元素相差愈大,取代后结合力改变愈大,对热导率的影响愈大。这种影响在低温时随温度升高而加剧。当 $T \geqslant \theta_D/2$ 时,与温度无关。这是因为温度较低时,声子传导的平均波长远大于线缺陷的线度,所以并不引起散射。随着温度升高,平均波长减小,在接近点缺陷线度后散射达到最大值,此后温度升高,散射效应也不变化,从而与温度无关。图 2 - 23

为 MgO-NiO 固溶体和 Cr_2O_3-Al_2O_3 固溶体在不同温度下,热阻率($1/\lambda$)随组分浓度的变化情况。可以看出,在取代元素浓度较低时,热阻率随取代元素的体积百分数增加而线性增加,表明浓度低时,杂质对热导率的影响较显著;图中不同温度下的直线是平行的,表明在较高温度下,杂质效应与温度无关。图 2-24 为 MgO-NiO 固溶体的热导率与组成的关系曲线,可看出在靠近纯组成点处,杂质含量稍有增加,热导率迅速下降;当杂质含量稍高时,热导率随杂质含量增加而下降的趋势逐渐减弱。另外,还可看出,200℃时的杂质效应比1 000℃时的强,若温度低于室温,杂质效应会更强烈。

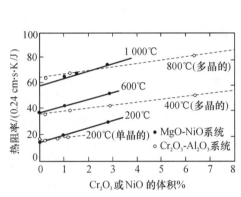

图 2-23　固溶体 MgO-NiO 及 Cr_2O_3-Al_2O_3
　　　　的热阻率($1/\lambda$)

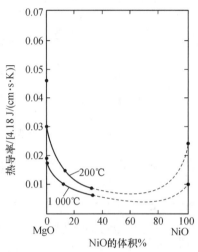

图 2-24　固溶体 MgO-NiO 的热导率

3) 显微结构的影响

(1) 结晶构造的影响。声子传导与晶格振动的非线性有关。晶体结构愈复杂,晶格振动的非线性程度愈大,格波受到的散射愈大,声子的平均自由程就愈小,热导率就较低。例如,镁铝尖石($MgAlO_4$ 或 $MgO \cdot Al_2O_3$)的热导率比 MgO 或 Al_2O_3 的热导率低;莫来石($3Al_2O_3 \cdot 2SiO_2$)的结构更复杂,其热导率比尖晶石的还要低,如表 2-9 所示。

(2) 各向异性晶体的热导率。非等轴晶系的晶体热导率呈各向异性。石英、金红石、石墨等都是在膨胀系数低的方向热导率最大。温度升高时,不同方向的热导率差异减小。这是因为温度升高,晶体的结构总是趋于更好地对称。

(3) 多晶体与单晶体的热导率。图 2-25 为几种物质单晶和多晶体的热导率随温度而变化的曲线,可以看出,同一种物质,多晶体的热导率总是比单晶体的小。这是因为多晶体中晶粒尺寸小、晶界多、缺陷多,晶界处杂质也多,声子更易受到散射,因而它的平均自由程小得多,所以热导率小。还可以看出,低温时二者平均热导率一致,随着温度升高,差异迅速变大。这主要是因为在较高温度下晶界、缺陷等对声子传导有更大的阻碍作用,同时,也是单晶比多晶在温度升高后在光子传导方面有更明显的效应。

(4) 非晶体的热导率。以玻璃作为实例来分析非晶体材料的导热机理和规律。

玻璃具有近程有序、远程无序的结构。在讨论它的导热机理时,近似地把它看作由直径为几个晶格间距的极细晶粒组成的"晶体",这样就可用声子导热机构来描述玻璃的导热行为和规律。

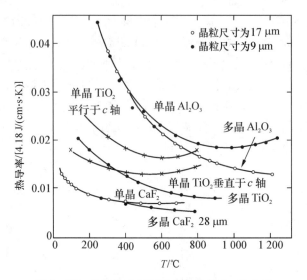

图 2-25　几种物质单晶和多晶体的 λ-T 曲线

晶体中声子的平均自由程由低温下的晶粒直径大小变化到高温下的几个晶格间距的大小。因此,对于晶粒极细的玻璃来说,它的声子平均自由程在不同温度下将基本上是常数,其值近似等于几个晶格间距。这样,玻璃的热导率在较高温度下主要由热容 c_V 与温度 T 的关系决定,高温下则需考虑光子导热的贡献。图 2-26 是一般非晶体热导率随温度变化曲线。从图中可以看出,非晶体热导率随温度的变化规律基本上可分为三个阶段:

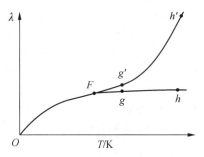

图 2-26　非晶体热导率曲线

① 图中 OF 段,相当于 $400\sim600$ K 中低温温度范围。这一阶段,光子导热的贡献可忽略,热导由声子导热贡献,温度升高,热容增大,声子的热导率相应上升。

② 图中 Fg' 段,相当于 $600\sim900$ K 这一中低温到较高温度区间。这一阶段,随着温度的不断升高,热容不再增大,逐渐为一常数,声子热导率亦不再随温度升高而增大,但此时光子导热开始增大,因而玻璃的 λ-T 曲线开始上扬。若无机材料不透明,则仍是一条与横坐标接近平行的直线 Fg 段。

③ 图中 $g'h'$ 段,温度高于 900 K。这一阶段,温度升高,声子的热导率变化仍不大,但由于光子的平均自由程明显增大,由式 $\lambda_r=\dfrac{16}{3}\sigma n^2 T^3 l_r$,知光子的热导率随 T^3 增大,即光子热导率随温度升高而急剧增加,因此曲线急剧上扬。若无机材料不透明,由于它的光子导热很小,则不会出现 $g'h'$ 这一段,曲线是 gh 段。

将晶体和非晶体热导率曲线进行比较,如图 2-27 所示,可看出两者的变化规律存在明显的差别,表现在:

① 在不考虑光子导热的贡献的任何温度下,非晶体的热导率都小于晶体的热导率($\lambda_{非晶体}<\lambda_{晶体}$)。其原因是在该温度范围内,非晶体声子的平均自由程比晶体的平均自由程小得多($l_{非晶体}\ll l_{晶体}$)。

② 高温时,非晶体的热导率与晶体的热导率比较接近。这是因为,当温度升到 c 点或 g 点时,晶体的平均自由程 l 已经减小到下限值,像非晶体声子平均自由程那样,等于几个晶格间距的大小。而晶体的声子的热容也接近为常数 $3nR$。光子导热还没有明显的贡献,故两者较接近。

③ 两者的 $\lambda - T$ 曲线的重大区别在于非晶体的 $\lambda - T$ 曲线无 λ 的峰值点 m。

在无机材料中,有许多材料往往是晶体和非晶体同时存在。对于这种材料,$\lambda - T$ 变化规律,仍可用前面讨论的晶体和非晶体 $\lambda - T$ 变化规律进行预测和解释。

实验测得许多不同组分玻璃的热导率曲线都与图 2-27 所示理论曲线相同。图 2-28 为几种常用玻璃的热导率曲线。

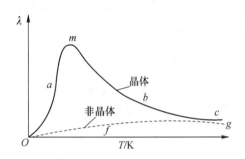

图 2-27　晶体和非晶体的热导率曲线

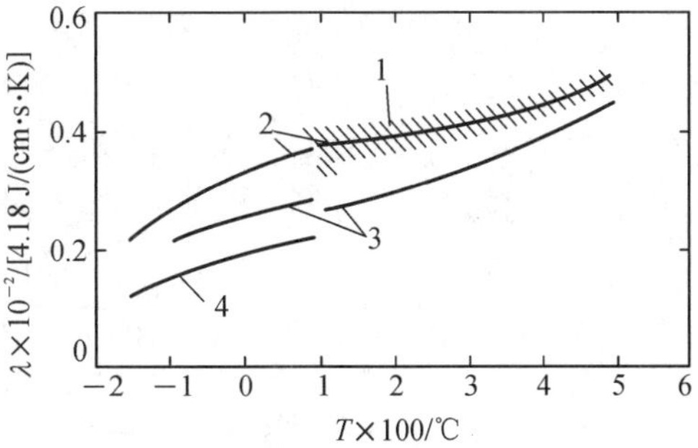

1—钠玻璃;2—熔融 SiO_2;3—耐热玻璃;4—铅玻璃

图 2-28　几种不同组分玻璃的热导率曲线

从图 2-28 中可以看出,虽然几种玻璃的成分差别很大,但热导率的差别却比较小。表明玻璃中组分对热导率的影响要比晶体中组分对热导率的影响小。这主要是由玻璃等非晶体材料的无序结构所决定的,在这种结构中,声子的平均自由程被限制在几个晶格间距的数量级。

还可看出,几种玻璃中,铅玻璃的热导率最小。实际上,玻璃组分中含有较多的重金属离子,将使玻璃的热导率降低。

在无机材料中,往往是晶体和非晶体同时存在。一般情况下,晶体和非晶体共存材料的热导率曲线,往往介于晶体和非晶体之间。可以出现以下三种情况:

① 材料中所含有的晶相比非晶相多。在一般温度以上,材料的热导率将随温度升高而稍有下降;而在高温下,热导率基本上不随温度变化。

② 材料中所含的非晶相比晶相多。这种材料的热导率通常随温度升高而增大。

③ 材料中所含有的晶相与非晶相含量为某一适当比例。这种材料的热导率可以在一个相当大的温度范围内保持常数。

(5) 复相陶瓷的热导率。常见的陶瓷材料典型微观结构是分散相均匀地分散在连续相中,例如,晶相分散在连续的玻璃相中。此类陶瓷材料的热导率常由连续相决定。在无机材料中,一般玻璃相是连续相,因此,普通的瓷和黏土制品的热导率更接近其成分中玻璃的热导率。精确的热导率计算公式为

$$\lambda = \lambda_c \times \frac{1 + 2V_d \times \left(1 - \dfrac{\lambda_c}{\lambda_d}\right) \Big/ \left(1 + \dfrac{2\lambda_c}{\lambda_d}\right)}{1 - V_d \times \left(1 - \dfrac{\lambda_c}{\lambda_d}\right) \Big/ \left(1 + \dfrac{2\lambda_c}{\lambda_d}\right)} \tag{2-47}$$

式中,λ_c、λ_d 分别为连续相和分散相的热导率;V_d 为分散相的体积分数。

图 2‑29 是 MgO‑Mg$_2$SiO$_4$ 两相系统的热导率随组分体积分数变化的曲线,其中粗实线为实测结果,细实线为按式(2‑47)计算的结果。可以看出,在 MgO 或 Mg$_2$SiO$_4$ 含量较高的两端处,实测结果与计算结果十分吻合,这时热导率曲线接近并平行于横轴,其大小等于 MgO 或 Mg$_2$SiO$_4$ 的热导率;而远离 MgO 或 Mg$_2$SiO$_4$ 端点处,计算值与实测值相差很大。这是由于当 MgO 含量高于 80% 或 Mg$_2$SiO$_4$ 含量高于 60% 时,MgO 或 Mg$_2$SiO$_4$ 为连续相,这时复相陶瓷的热导率主要取决于连续相的热导率;而在中间组成时,连续和分散相的区别不明显。这种结构上的过渡状态,使热导率变化曲线呈 S 形。

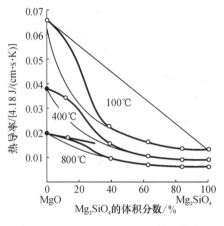

图 2‑29　MgO‑Mg$_2$SiO$_4$ 的热导率

(6) 气孔的影响。当温度不很高,气孔率不大,气孔尺寸很小又均匀地分散在陶瓷介质中时,这样的气孔可看作一分散相,但与固体相比,它的热导率很小,可近似看作零。

由于 $\lambda_d \approx 0$,则 $\dfrac{\lambda_c}{\lambda_d}$ 值很大,Eucken 根据式(2‑47),得到

$$\lambda = \lambda_s(1 - P) \tag{2-48}$$

式中,λ_s 为固体的热导率;P 为气孔率。

Loeb 在式(2‑48)的基础上,考虑了气孔的辐射传热,导出了更为精确的计算公式

$$\lambda = \lambda_c(1 - A_P) + \frac{A_P}{\dfrac{1}{\lambda_c}(1 - P_L) + \dfrac{P_L}{4G\varepsilon\sigma dT^3}} \tag{2-49}$$

式中,A_P 是气孔的面积分数;P_L 是气孔的长度分数;ε 是辐射面的热发射率;d 是气孔的最大尺寸;G 是几何因子,对于顺向长条气孔,$G=1$;横向圆柱形气孔,$G=\pi/4$;球形气孔,$G=2/3$。

式(2‑49)是在热发射率 ε 较大或温度高于 500℃ 时使用,当热发射率 ε 较小或温度低于 500℃ 时,可直接使用式(2‑48)。

在不改变结构状态的情况下,气孔率的增大,总是使 λ 降低,如图 2‑30。这就是多孔、泡沫硅酸盐、纤维制品、粉末和空心球状轻质陶瓷制品的保温原理。从构造上看,最好是均匀分散的封闭孔,如是大尺寸的孔洞,且有一定贯穿性,则易发生对流传热,就不能用式(2‑48)单纯计算。

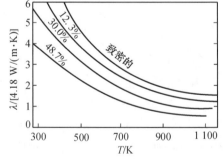

图 2‑30　气孔率对 Al$_2$O$_3$ 热导率的影响

2.4.4　某些无机材料实测的热导率

影响无机材料的热导率的因素多而复杂,实际材料的热导率一般还是要靠实验测定。

图 2-31 为实测的各种无机材料的热导率。其中石墨和 BeO 具有最高的热导率,低温时接近金属铂的热导率;致密稳定的 ZrO_2 是良好的高温耐火材料,它的热导率相当低;气孔率大的保温砖,具有更低的热导率;粉状材料的热导率极低,具有最好的保温性能。

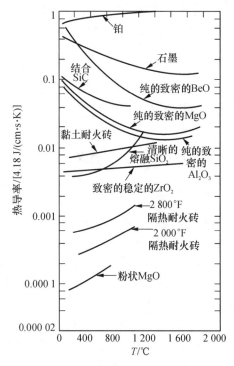

图 2-31 各种无机材料的热导率

通常,低温时具有较高热导率的材料,随着温度升高,热导率降低;而具有低热导率的材料正好相反。下面是实验得出的几种材料热导率随温度变化的经验公式。

(1) 石墨、结合 SiC、BeO、纯的致密的 MgO、Al_2O_3 等,其热导率 λ 与 T 成反消长关系,经验公式为

$$\lambda = \frac{A}{T - 125} + 8.5 \times 10^{-36} T^{10} \quad (2-50)$$

式中,T 为温度,K;A 为常数,对于 Al_2O_3、BeO、MgO 分别为 16.2、55.4、18.8;Al_2O_3 和 MgO 的适用温度范围是从室温到 2 073 K;而 BeO 的适用温度范围为 1 273～2 073 K。

(2) 玻璃体的热导率随温度升高而缓慢增大,当温度高于 773 K 时,辐射传热使热导率迅速上升,其经验公式为

$$\lambda = cT + d \quad (2-51)$$

式中,T 为温度,K;c、d 为常数。

(3) 一些建筑材料、黏土质耐火砖以及保温材料等,其热导率随温度线性增大,其经验公式为

$$\lambda = \lambda_0 (1 + bT) \quad (2-52)$$

式中,λ_0 是 0℃ 时材料的热导率;b 是常数;T 是摄氏温度,℃。

2.4.5 高分子材料的热导率

聚合物中无自由电子,热量传导很难实现,是一类热绝缘体。温度在约为 -120℃ 以上时,热量实际上是通过分子与分子间的振动碰撞传导的,因此,在玻璃化温度以上,随温度升高,分子的排列变得越来越疏松,传导热量的能力则有所下降。但在玻璃化温度上下,因为分子堆砌的差别并不大,导热性能相差也不大,因而,热导率在玻璃化温度处仅显示微弱的最大值。但在晶态聚合物中,堆砌密度在熔化时发生很大的变化,因此热导率在熔化时迅速下降;而且聚合物的结晶度越高,熔化时热导率下降越快,且热导率在聚合物熔化前就已经开始下降。

导热性是材料作为建筑、化工等的保温与隔热材料的工程应用中的重要性能参数，表2-6列出了部分聚合物的热导率。

2.5 材料的热稳定性

2.5.1 热稳定性的表示方法

热稳定性(thermal stability)是指材料承受温度的急剧变化而不致破坏的能力，故又称为抗热震性(thermal shock resistance)。热稳定性是无机非金属材料的一个重要的工程物理性能。

一般无机材料热稳定性较差。其热冲击损坏有两种类型：一种是材料发生瞬时断裂，抵抗这类破坏的性能称为抗热冲击断裂性；另一种是材料在热冲击循环作用下，材料表面开裂、剥落，并不断发展，最终碎裂或变质，抵抗这类破坏的性能称为抗热冲击损伤性。对于脆性或低延性材料抗热冲击断裂性尤其重要。对于一些高延性材料，热疲劳是主要的问题，此时，虽然温度的变化不如热冲击时剧烈，但是其热应力水平也可能接近于材料的屈服强度，且这种温度变化反复地发生，最终导致疲劳破坏。

因应用场合的不同，对材料的热稳定性的要求各异。目前，还不能建立实际材料或器件在各种场合下热稳定性的数学模型，实际上对材料或制品的热稳定性评定，一般还是采用比较直观的测定方法。

(1) 日用瓷热稳定性表示：以一定规格的试样，加热到一定温度，然后立即置于室温的流动水中急冷，并逐次提高温度和重复急冷，直至观测到试样发生龟裂，则以产生龟裂的前一次加热温度来表征其热稳定性。

(2) 普通耐火材料热稳定性表示：将试样一端加热到850℃并保温40 min，然后置于10～20℃的流动水中3 min或在空气中5～10 min。重复操作，直至试样失重20%为止，以这样操作的次数来表征材料的热稳定性。

(3) 某些高温陶瓷材料是以加热到一定温度后，在水中急冷，然后测其抗折强度的损失率来评定它的热稳定性。

(4) 用于红外窗口的热压ZnS，要求样品具有经受从165℃保温1 h后立即取出投入19℃水中，保持10 min，在150倍显微镜下观察不能有裂纹，同时其红外透过率不应有变化。

如果制品具有复杂的形状，如高压电瓷的悬式绝缘子等，则在可能的情况下，可直接用制品来进行测定，这样可避免形状和尺寸带来的影响。测试条件应参照使用条件并更严格一些，以保证使用过程中的可靠性。总之，对于无机材料尤其是制品的热稳定性，尚需提出一些评定因子。因此，从理论上得到一些评定热稳定性的因子，显然是有意义的。

2.5.2 热应力

由于温度变化而引起的应力称为热应力(thermal stress)。热应力可能导致材料热冲击破坏或热疲劳破坏。对于光学材料将影响光学性能。因此,了解热应力的产生及性质,对于尽可能地防止和消除热应力的负面作用具有重要意义。

1. 热应力的产生

以下三个方面是产生热应力的主要原因。

(1) 构件因热胀或冷缩受到限制时产生应力。假如有一长为 L 的各向同性的均质杆件,当它的温度升高(或冷却)后,若杆件可自由膨胀(或收缩),则杆件内不会因膨胀(或收缩)而产生内应力。若杆件的两端是完全刚性约束的,则膨胀(或收缩)不能实现,杆内就会产生很大的热应力(压应力或张应力)。杆件所受的压应力(或张应力),相当于把样品自由膨胀(或收缩)后的长度仍压缩(或拉长)为原长时所需的压应力(或张应力)。因此,杆件所承受的压应力(或张应力),正比于材料的弹性模量和相应的弹性应变。杆件的温度由 T_0 到 T' 时,杆件中的热应力(压应力或张应力)为

$$\sigma = E \cdot \left(-\frac{\Delta L}{L}\right) = -E\alpha_l (T' - T_0) \tag{2-53}$$

式中,E 为材料的弹性模量;α_l 为线膨胀系数。

显然,冷却过程的热应力为张应力,当热应力大于材料的抗拉强度时材料将断裂。

(2) 材料中因存在温度梯度而产生热应力。固体材料受热或冷却时,内部的温度分布与样品的大小和形状以及材料的热导率和温度变化速率有关。当物体中存在温度梯度时,就会产生热应力。因为物体在迅速加热或冷却时,外表的温度变化比内部快。外表的尺寸变化比内部大,因而邻近体积单元的自由膨胀或自由压缩便受到限制,于是产生热应力。例如,一块玻璃平板从 373 K 的沸水中掉入 273 K 的冰水浴中,假设表面层在瞬间降到 273 K,则表面层趋于 $\alpha \Delta T = 100\alpha$ 的收缩。然而,此时,内层还保留在 373 K,并无收缩,这样,在表面层就产生了一个张应力,而内层有一相应的压应力。

(3) 多相复合材料因各相膨胀系数不同而产生的热应力。具有不同膨胀系数的多相复合材料,可以由于结构中各相膨胀收缩的相互牵制而产生热应力。例如,上釉陶瓷制品由于坯体和釉层的热膨胀系数不同而在坯体和釉层间产生的热应力。

2. 热应力的计算

实际材料受三向热应力,三个方向都会有胀缩,而且互相影响。下面以陶瓷薄板为例,说明热应力的计算,如图 2-32 所示。

此薄板 y 方向厚度较小,在材料突然冷却的瞬间,垂直于 y 轴的各平面上的温度是一致的,但在 x 轴和 z 轴方向上,瓷体的表面和内部的温度有差异。外表面温度低,中间温度高,它约束前后两个表面的收缩($\varepsilon_x = \varepsilon_z = 0$),因而产生内应力 $+\sigma_x$ 及 $+\sigma_z$。y 方向由于可以自由膨胀,$\sigma_y = 0$。根据广义胡克定律有

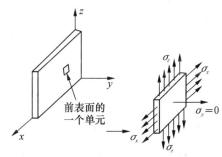

图 2-32　平面陶瓷薄板的热应力

$$\varepsilon_x = \frac{\sigma_x}{E} - \mu\left(\frac{\sigma_y}{E} + \frac{\sigma_z}{E}\right) - \alpha_l \Delta T = 0 \text{(不允许 x 方向胀缩)} \tag{2-54}$$

$$\varepsilon_z = \frac{\sigma_z}{E} - \mu\left(\frac{\sigma_x}{E} + \frac{\sigma_y}{E}\right) - \alpha_l \Delta T = 0 (不允许 z 方向胀缩) \tag{2-55}$$

$$\varepsilon_y = \frac{\sigma_y}{E} - \mu\left(\frac{\sigma_x}{E} + \frac{\sigma_z}{E}\right) - \alpha_l \Delta T \tag{2-56}$$

解之得

$$\sigma_x = \sigma_z = \frac{\alpha_l E}{1-\mu} \Delta T \tag{2-57}$$

式中，μ 为泊松比。

在 $t=0$ 的瞬间，$\sigma_x = \sigma_z = \sigma_{max}$，如果恰好达到材料的极限抗拉强度 σ_f，则前后两表面将开裂破坏，代入上式得材料所能承受的最大温度差为

$$\Delta T_{max} = \frac{\sigma_f(1-\mu)}{\alpha_f E} \tag{2-58}$$

对于其他非平面薄板状材料制品，引入形状因子 S，则有

$$\Delta T_{max} = S \times \frac{\sigma_f(1-\mu)}{\alpha E} \tag{2-59}$$

据此可限制骤冷时的最大温差。注意式(2-58)与式(2-59)中仅包含材料的几个本征性能参数，并不包括形状尺寸数据，因而可以推广用于一般形态的陶瓷材料及制品。

2.5.3 抗热冲击断裂性能

1. 第一热应力断裂抵抗因子 R

根据上述的分析，只要材料中最大热应力值 σ_{max}(一般在表面或中心部位)不超过材料的强度极限 σ_f，材料就不会损坏。显然，ΔT_{max} 值愈大，说明材料能承受的温度变化愈大，即热稳定性愈好，所以定义表征材料热稳定性的第一热应力断裂抵抗因子或第一热应力因子为

$$R = \frac{\sigma_f(1-\mu)}{\alpha_l E} \tag{2-60}$$

表 2-11 列出了某些材料的 R 的经验值。

表 2-11　某些材料的 R 的经验值

材　料	σ_f/MPa	μ	$\alpha_l \times 10^{-6}$/℃$^{-1}$	E/GPa	R/℃
Al_2O_3	325	0.22	7.4	379	96
SiC	414	0.17	3.8	400	226
RSSN[①]	310	0.24	2.5	172	547
HPSN[②]	690	0.27	3.2	310	500
LAS[③]	138	0.27	1.0	70	1 460

注：① 烧结 Si_3N_4；② 热压烧结 Si_3N_4；③ 锂辉石($LiOAl_2O_3 \cdot 4SiO_2$)。

2. 第二热应力断裂抵抗因子 R'

实际上材料是否出现热应力断裂,除了与最大热应力 σ_{max} 密切相关外,还与材料中应力的分布情况、应力产生的速率、应力持续时间、材料的特性(如塑性、均匀性、弛豫性)以及原先存在的裂纹、缺陷等有关。因此第一热应力因子 R 虽然在一定程度上反映了材料抗热冲击性能的优劣,但并不能简单地认为就是材料允许承受的最大温度差,R 只是与 ΔT_{max} 有一定的关系。

热应力引起的材料断裂破坏,还涉及材料的散热问题,散热使热应力得以缓解。与此有关的因素包括:

(1) 材料的热导率 λ。λ 愈大,传热愈快,热应力持续一定时间后很快缓解,所以对热稳定有利。

(2) 传热的途径。这与材料或制品的厚薄程度有关,薄的制品传热通道短,很快使温度均匀。

(3) 材料表面散热速率。如果材料表面向外散热快(如吹风),材料内、外温差变大,热应力也大。如窑内进风会使降温的制品炸裂。

以表面传热系数 h 来表征材料的表面散热能力。h 定义为:如果材料表面温度比周围环境温度高 1 K,在单位表面积上,单位时间带走的热量,其量纲为 $J/(m^2 \cdot s \cdot K)$。

若令 r_m 为材料样品的半厚,则令 $\beta = \dfrac{hr_m}{\lambda}$ 为毕奥(Biot)模数。显然 β 大对热稳定不利。表 2-12 是实测的 h 值。

表 2-12 不同条件下的表面热传递系数 h

条 件	$h/[J/(cm^2 \cdot s \cdot K)]$
空气流过圆柱体	
流率 287 kg/(s·m²)	0.109
流率 120 kg/(s·m²)	0.050
流率 12 kg/(s·m²)	0.011 3
流率 0.12 kg/(s·m²)	0.001 1
从 1 000℃ 向 0℃ 辐射	0.014 7
从 500℃ 向 0℃ 辐射	0.003 98
水淬	0.4~4.1
喷气涡轮机叶片	0.021~0.08

在材料的实际应用中,不会像理想骤冷那样,瞬时产生最大应力 σ_{max},而是由于散热等因素,使 σ_{max} 滞后发生,且数值也折减。设折减后实测应力为 σ,令 $\sigma^* = \dfrac{\sigma}{\sigma_{max}}$ 为无因次表面应力,其随时间的变化规律如图 2-33 所示。从图中可以看出:最大应力 σ_{max} 的折减程度与 β 值有关,β 愈小,折减愈多,即可能达到的实际最大应力要小得多,且随 β 值的减小,实际最大应力的滞后也愈严重。

对于通常在对流及辐射传热条件下观察到的比较低的表面传热系数,S. S. Manson 发现 $[\sigma^*]_{max} = 0.31\beta$,即

$$[\sigma^*]_{max} = 0.31 \frac{r_m h}{\lambda} \qquad (2-61)$$

由图 2 - 33 还可看出,骤冷时的最大温差只适用于 $\beta \geqslant 20$ 的情况。例如,水淬玻璃的 $\lambda = 0.017 \, J/(cm \cdot s \cdot K)$,$h = 1.67 \, J/(cm^2 \cdot s \cdot K)$,则根据 $\beta \geqslant 20$,算得必须 $r_m \geqslant 0.2 \, cm$,才能用式(2-58)。也就是说,玻璃厚度小于 4 mm 时,最大热应力会下降。这也是薄玻璃杯不易因冲开水而炸裂的原因。

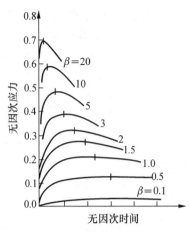

图 2 - 33 不同 β 的无限平板的无因次表面应力随时间的变化

由 $[\sigma^*]_{max} = \dfrac{\sigma_f}{\dfrac{\alpha_l E}{1-\mu} \Delta T_{max}} = 0.31 \dfrac{r_m h}{\lambda}$,得

$$\Delta T_{max} = \frac{\lambda \sigma_f (1-\mu)}{\alpha_l E} \times \frac{1}{0.31 r_m h} \qquad (2-62)$$

定义

$$R' = \frac{\lambda \sigma_f (1-\mu)}{\alpha_l E} \qquad (2-63)$$

为第二热应力断裂抵抗因子,单位为 $J/(m \cdot s)$。则

$$\Delta T_{max} = R'S \times \frac{1}{0.31 r_m h} \qquad (2-64)$$

式中,S 为形状因子,对于无限平板 $S=1$;其他形状的 S,参见 W. D. Kingery.陶瓷导论[M].北京:中国建筑工业出版社,1987。

图 2 - 34 表示了一些材料在 673 K 时 $\Delta T_{max} - r_m h$ 的计算曲线。从图中可以看出,一般材料,在 $r_m h$ 值较小时,ΔT_{max} 与 $r_m h$ 成反比;当 $r_m h$ 值较大时,ΔT_{max} 趋于恒值。但另外几种材料的曲线规律不同,如 BeO,当 $r_m h$ 值较小时,具有很大的 ΔT_{max},即热稳定性很好,仅次

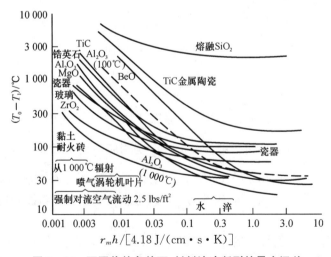

图 2 - 34 不同传热条件下,材料淬冷断裂的最大温差

于石英玻璃和 TiC 金属陶瓷,而在 $r_m h$ 值很大时(如大于 1),抗热震性很差,仅优于 MgO。因此,不能简单地排列出各种材料抗热冲击性能的顺序。

可见,仅就材料而言,具有高热导率 λ、高的断裂强度 σ_f 且线膨胀系数 α_l 和弹性模量 E 低的材料,则具有高热冲击断裂性能。如普通钠钙玻璃的 α_l 约为 9×10^{-6} K^{-1},对热冲击特敏感;而减少了 CaO 和 Na_2O 的含量并加入足够的 B_2O_3 的硼磷酸玻璃,因 α_l 降到 $3 \times 10^{-6} K^{-1}$,就能适合厨房烘箱内的加热和冷却条件。另外在陶瓷样品中加入大的孔和韧性好的第二相,也可能提高材料的抗热冲击能力。

3. 第三热应力断裂抵抗因子 R''

在一些实际场合中往往关心材料所允许的最大冷却或加热速率 dT/dt。

对于厚度为 $2r_m$ 的无限平板,在降温过程中,内、外温度分布呈抛物线形,如图 2-35 所示。

由 $T_c - T = kx^2$,得

$$-\frac{dT}{dx} = 2kx \, , \quad -\frac{d^2T}{dx^2} = 2k$$

在平板的表面 $T_c - T_s = kr_m^2 = T_0$,得 $k = T_0/r_m^2$,则有

$$-\frac{d^2T}{dx^2} = 2\frac{T_0}{r_m^2} \qquad (2-65)$$

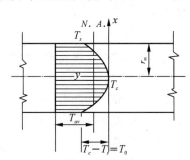

图 2-35 无限平板剖面上的温度分布图

将式(2-65)代入式(2-37)$\dfrac{\partial T}{\partial t} = \dfrac{\lambda}{\rho c_p} \times \dfrac{\partial^2 T}{\partial x^2}$ 得

$$\frac{\partial T}{\partial t} = -\frac{2\lambda T_0}{\rho c_p r_m^2} \qquad (2-66)$$

$$T_0 = T_c - T_s = \frac{\dfrac{dT}{dt} r_m^2 \times 0.5}{\dfrac{\lambda}{\rho c_p}} = \frac{\dfrac{dT}{dt} r_m^2 \times 0.5}{a} \qquad (2-67)$$

式中,T_0 是指由于降温速率不同,导致无限平板上中心与表面的温差。其他形状的材料,只是系数不是 0.5 而已。

表面温度 T_s 低于中心温度 T_c 引起表面张应力,其大小正比于表面温度与平均温度 T_{av} 之差。由图 2-35 可看出

$$T_{av} - T_s = \frac{2}{3}(T_c - T_s) = \frac{2}{3}T_0 \qquad (2-68)$$

在临界温差时

$$T_{av} - T_s = \frac{\sigma_f(1-\mu)}{\alpha_l E} \qquad (2-69)$$

将式(2-68)和式(2-69)代入式(2-66),得允许的最大冷却速率为

$$-\left(\frac{dT}{dt}\right)_{max} = \frac{\lambda}{\rho c_p} \frac{\sigma_f(1-\mu)}{\alpha_l E} \cdot \frac{3}{r_m^2} \qquad (2-70)$$

前面已述及,导温系数 $a = \dfrac{\lambda}{\rho c_p}$,表征材料在温度变化时,内部各部分温度趋于均匀的能力。a 愈大愈有利于热稳定性,故定义

$$R'' = \frac{\sigma_f(1-\mu)}{\alpha_l E} \cdot \frac{\lambda}{\rho c_p} = \frac{\sigma_f(1-\mu)}{\alpha_l E} \cdot a = \frac{R'}{\rho c_p} = R_a \qquad (2-71)$$

为第三热应力因子,则有

$$\left(\frac{\mathrm{d}T}{\mathrm{d}t}\right)_{\max} = R'' \cdot \frac{3}{r_m^2} \qquad (2-72)$$

这是材料所能经受的最大降温速率。陶瓷在烧成冷却时,不得超过此值,否则会出现制品炸裂。

2.5.4 抗热冲击损伤性能

上面讨论的抗热冲击断裂是从弹性力学的观点出发,以强度-应力为判据,认为材料中热应力达到抗张强度极限后,材料就产生开裂,一旦有裂纹成核就会导致材料的完全破坏。这样导出的结果对于一般的玻璃、陶瓷和电子陶瓷等都能适用,但是对于一些含有微孔的材料和非均质的金属陶瓷等却不适用。这些材料在热冲击下产生裂纹时,即使裂纹是从表面开始,在裂纹的瞬时扩张过程中,也可能被微孔、晶界或金属相所阻止,而不致引起材料的完全断裂。明显的例子是在一些筑炉用的耐火砖中,往往含有 $10\%\sim20\%$ 气孔率时反而具有最好的抗热冲击损伤性,而气孔的存在是会降低材料的强度和热导率的,因此 R、R' 值都要减小,这一现象按强度-应力理论就不能解释。实际上,凡是以热冲击损伤为主的热冲击破坏都是如此。因此,对抗热震性问题就发展了第二种处理方式,即从断裂力学观点出发,以应变能-断裂能为判据的理论。

通常在实际材料中都存在一定大小、数量的微裂纹,在热冲击情况下,这些裂纹产生、扩展以及蔓延的程度与材料积存的弹性应变能和裂纹扩展的断裂表面能有关。当材料中可能积存的弹性应变能较小,则原先裂纹的扩展可能性就小;裂纹蔓延时断裂表面能需要大,则裂纹蔓延的程度小,材料热稳定性就好。因此,抗热应力损伤性正比于断裂表面能,反比于应变能释放率。这样就提出了两个抗热应力损伤因子 R''' 和 R'''',分别为

$$R''' = \frac{E}{\sigma^2(1-\mu)} \qquad (2-73)$$

$$R'''' = 2\gamma_{eff} \times \frac{E}{\sigma^2(1-\mu)} \qquad (2-74)$$

式中,σ 为材料的断裂强度;E 为材料的弹性模量;μ 为材料的泊松比;$2\gamma_{eff}$ 为断裂表面能,单位 $J \cdot m^{-2}$(形成两个断裂表面)。

R''' 实际上是材料的弹性应变能释放率的倒数,用于比较具有相同断裂表面能的材料;而 R'''' 用于比较具有不同断裂表面能的材料。R''' 和 R'''' 值高,材料抗热应力损伤性好。

根据 R''' 和 R'''',具有低的 σ 和高的 E 的材料的热稳定性好,这与 R 和 R' 的情况正好相

反,原因就在于两者的判据不同。从抗热冲击损伤性出发,强度高的材料,原有裂纹在热应力作用下容易扩展蔓延,热稳定性不好,在一些晶粒较大的样品中经常会遇到这样的情况。

海塞曼(D. P. H. Hasselman)试图统一上述两种理论。他将第二断裂抵抗因子中的 σ 用弹性应变能释放率 G 来表示,得到

$$R' = \frac{1}{\sqrt{\pi c}} \sqrt{\frac{G}{E}} \times \frac{\lambda}{\alpha_l}(1-\mu) \qquad (2-75)$$

式中,$\sqrt{\dfrac{G}{E}} \times \dfrac{\lambda}{\alpha_l}$ 表示裂纹抵抗破坏的能力。Hasselman 提出了热应力裂纹安定性因子 R_{st},定义为

$$R_{st} = \left(\frac{\lambda^2 G}{\alpha_l^2 E_0}\right)^{\frac{1}{2}} \qquad (2-76)$$

式中,E_0 是材料无裂纹时的弹性模量。R_{st} 大,裂纹不易扩展,热稳定性好。

2.5.5 提高抗热震性的措施

根据上述抗热冲击断裂因子所涉及的各个性能参数对热稳定性的影响,有如下提高材料抗热冲击断裂性能的措施:

(1) 提高材料强度、减小弹性模量,使 σ/E 提高。

(2) 提高材料的热导率,使 R' 提高。热导率大的材料传递热量快,使材料内外温差较快地得到缓解、平衡,因而降低了短时期热应力的聚集。

(3) 减小材料的热膨胀系数。热膨胀系数小的材料,在同样的温差下,产生的热应力小。

(4) 减小表面热传递系数。为了降低材料的表面散热速率,周围环境的散热条件特别重要。

(5) 减小产品厚度。

以上所列主要是针对密实性陶瓷材料、玻璃等脆性材料,目的是提高抗热冲击断裂性能。但对多孔、粗粒、干压和部分烧结的制品,要从抗热冲击损伤性来考虑。如耐火砖的热稳定性不够,表现为层层剥落。这是表面裂纹、微裂纹扩展所致。根据 R''' 和 R'''',应减小 G,这就要求材料具有高的 E 及低的 σ_f,使材料在胀缩时,所储存的用以开裂的弹性应变能小;另一方面,则要选择断裂表面能 γ_{eff} 大的材料,裂纹一旦开裂就会吸收较多的能量使裂纹很快止裂。

这样,降低裂纹扩展的材料特性(高 E 和 γ_{eff},低 σ_f),刚好与避免断裂发生的要求(R、R' 高)相反。因此,对于具有较多表面孔隙的耐火砖类材料,主要还是避免既有裂纹的长程扩展所引起的深度损伤。

近期的研究工作证实了显微组织对抗热震损伤的重要性。发现微裂纹,例如,晶粒间相互收缩引起的裂纹,对抵抗灾难性破坏有显著的作用。由表面撞击引起的比较尖锐的初始裂纹,在不太严重的热应力作用下就会导致破坏。$Al_2O_3 - TiO_2$ 陶瓷内晶粒间的收缩孔隙可使初始裂纹变钝,从而阻止裂纹扩展。利用各向异性热膨胀,有意引入裂纹,是避免灾难

性热震破坏的有效途径。

2.6　高分子材料的耐热性和热稳定性

有机高分子材料软化温度与分解温度都较低,容易燃烧,长时间使用会出现降解老化现象,热稳定性较差,一般在 200~400℃开始热分解,因此允许的使用温度不高。通用热塑性塑料的连续使用温度一般在 100℃以下,除了一些特殊的工程塑料的使用温度超过 200℃外,大多数工程塑料的使用温度都在 100~150℃,交联热固性塑料的使用温度一般在 150~260℃。若聚合物一直处于受热状态下,首先会软化或熔融变形并失去原有的力学的性能;进一步升温或在较高温度下长期受热,将会发生如环化、降解、分解、交联或氧化等化学变化。开发能长期耐热(300~400℃)的聚合物是高性能高分子材料的研究目标之一。

2.6.1　耐热性和热稳定性的基本要求及评价

从使用角度考虑,首先,耐热聚合物应具有高的熔点或软化点,在高温下不发生熔化或软化,保持材料的强度和刚性,且在外力作用下蠕变速度缓慢,具有良好的尺寸稳定性。其次,耐热聚合物要具有高的热解稳定性,即在高温下不发生分解反应。同时,聚合物需具有高的耐化学腐蚀性,因为材料常常在酸、碱、水汽、氧或臭氧等加速高分子材料分解的腐蚀性气氛环境中使用。

从加工角度考虑,聚合物能够达到实际应用还要求有合适的加工性。满足上述三个要求的耐热聚合物则往往难溶、难熔,以至不溶、不熔,给聚合物的加工带来困难甚至不可能进行加工。这是一个突出的矛盾,为了改善加工性,有时往往牺牲一些耐热性。

耐热聚合物需具备两个基本的热性能,即耐热性和热稳定性。

1. 耐热性

耐热性是指受热时,聚合物保持其原有玻璃态或高弹态力学性质的能力。其度量参数有经验参数即维卡耐热温度、马丁耐热温度、转变温度 T_g(塑料和纤维超过 T_g,则变软)、转变温度 T_f(橡胶受热超过 T_f,则黏流)。

耐热性强调的是聚合物的性能,特别是力学性能如强度在高温下保持的情况。需要注意的是,物性准则是依时性的。某一聚合物在某一使用温度下,短时间内具有很好的稳定性,而经长时间后可能出现严重的降解。相反,有些材料在短期内可能表现并不佳,但长期暴露后,性能进一步损失得较少。如在高温下短期暴露时,聚苯并咪唑的性能保持得比聚酰亚胺好;而在高温长期暴露时,聚苯并咪唑的性能恶化则比聚酰亚胺严重。

2. 热稳定性

热稳定性是指聚合物抵抗热分解的能力。热稳定性正比于组成分子链的化学键键能。

热稳定的表示方法有两种:一是半分解温度,即材料在真空中加热 30 min,质量损失一半所需的温度(如 PMMA 为 238℃,PS 为 364℃)。二是热失重曲线,一般考虑初始失重温度的高低、一定残余百分率对应的温度以及完全分解对应的温度或最终残余百分率及其对应的温度高低,由此比较出聚合物(包括共混物、与无机物复合或杂化的材料)的热稳定性次序。

常采用热重分析和差热分析相结合的综合热分析方法(如差示扫描量热法,DSC),同时测出试样的失重曲线和差热曲线。失重曲线反映聚合物在升温过程中的质量变化,差热曲线的峰、谷则反映样品在升温过程中是否发生了玻璃化转变、结晶化、熔化、交联或分解等各种物理或化学变化,可以补充那些在升温过程中不发生显著质量变化的样品。

2.6.2 提高高分子材料耐热性和热稳定性的途径

1. 通过提高聚合物的 T_g、T_f(或 T_m)提高高分子材料的耐热性

(1) 提高聚合物分子链的刚性,提高结晶度。结晶聚合物的物理性能和化学稳定性都较高,这是因为晶体较之非晶体,具有明显高的密度、熔点、模量和耐溶剂性。耐热聚合物常要求有高的结晶度和熔点,特别是一些热塑性塑料如聚烯烃、聚酰胺等。

(2) 交联、与纤维或无机物复合杂化。交联使聚合物分子形成三维网络。随着交联密度的增加,聚合物的玻璃化温度、熔点、模量均提高,溶剂及其他试剂的溶胀或渗透力却降低。因此,增加交联,可提高聚合物的耐热性,如酚醛、脲醛等热固性塑料耐热性都较高。

2. 改善结构,提高热稳定性

(1) 避免弱键的存在。键的稳定性:C—C>C—O>C—S>O—O;伯碳>仲碳>叔碳;取代基次序为F>H>C>Cl。

(2) 元素有机高分子>碳链高分子>杂链高分子。

(3) 含有芳杂环、梯形、螺形等环状结构。在聚合物分子主链上引入芳香环或芳杂环后,分子链的内旋转变得困难,大大提高了分子链的刚性,阻碍了链段运动,提高了玻璃化温度、熔点和热稳定性。此法取得了较大的进展,得到了一系列高性能的材料,如聚苯硫醚、聚醚砜、聚芳砜、聚醚酮和聚酰亚胺等。

(4) 加入热稳定剂(PVC 添加硬脂酸盐)。

习题

1. 试计算铜在室温下的自由电子摩尔热容,并说明其为什么可以忽略不计。

2. 计算莫来石瓷在室温(25℃)及高温(1 000℃)时的摩尔热容值,并与按杜隆-珀替定律计算的结果比较。

3. 简述固体材料热膨胀的物理本质。

4. 解释部分多晶体或复合材料的热膨胀系数滞后现象。

5. 试分析材料导热机理。金属、陶瓷和透明材料导热机制有何区别?

6. 画图说明掺杂固溶体瓷与两相陶瓷的热导率随成分体积分数变化而变化的规律。

7. 简述导热系数与导温系数的物理含义。

8. 康宁 1723 玻璃(硅酸铝玻璃)具有下列性能参数:$\lambda=0.021J/(cm \cdot s \cdot K)$;$\alpha_l=4.6\times$

10^{-6} K^{-1}；$\sigma_f = 0.069$ GPa/mm^2；$E = 66$ GPa/mm^2，$\mu = 0.25$。 求第一及第二热应力断裂抵抗因子。

9. 一热机部件由烧结氮化硅制成，其热导率 $\lambda = 0.184$ J/(cm · s · K)，最大厚度为 120 mm。如果表面热传送系数 $h = 0.05$ J/(cm^2 · s · K)，假设形状因子 $S = 1$，估算可应用的热冲击最大温差。

3 材料的光学性能

本章内容提要

光作为一种取之不尽的生命之源,它孕育了世界万物。作为一个特殊材料领域的光学材料是光学仪器的基础,本章节从金属、半导体、绝缘体的电子能带结构出发,介绍光传播电磁理论、反射、光的吸收和色散、晶体的双折射、介质的光散射等各种光现象的物理本质。描述影响材料光学性能的各种因素。简要介绍光纤材料、激光晶体材料及光存储材料等光学材料。

材料的光学性能决定其用途,光学材料的各种用途被人们广为利用与有关。不同材料对可见光的吸收和反射等性能使人们感到周围的世界呈现五光十色,玻璃、塑料、晶体、金属和陶瓷都可以成为光学材料。由于它们在一些高、新技术上的应用,已越来越受到人们的青睐。

光学玻璃的生产已有 200 多年的历史,其传统的应用包括望远镜、显微镜、照相机、摄影机、摄谱仪等使用的光学透镜,而今除了传统的应用外又出现了高纯、高透明的光通信纤维玻璃。这种玻璃制成的纤维对工作频率的吸收低达普通玻璃的万分之几,使远距离光通信成为可能。钕玻璃是应用最广泛的大功率激光发射介质。20 世纪 70 年代以来,国内外基于钕玻璃开发出输出脉冲功率为 $10^{12} \sim 10^{14}\,\mathrm{W}$ 的高功率激光装置。钕掺杂钇铝石榴石晶体在中小型脉冲激光器和连续激光器方面都得到广泛应用。一般情况下,陶瓷、橡胶和塑料对可见光是不透过的,然而红外线却可以透过半导体锗和硅以及橡胶和透明塑料。因为锗和硅的折射率大,故可以被用来制造红外透镜。聚甲基丙烯酸甲酯、苯乙烯、聚乙烯、聚四氟乙烯等光学塑料的许多优点之一,就是对紫外和红外光的透射性能均比光学玻璃好,因此光学塑料作隐形眼镜材料已被普遍采用。许多陶瓷和密胺塑料制品在可见光下完全不透明,但却可以在微波炉中作食品容器,因为它们对微波透明。由于金和铝对红外线的反射能力最强,所以常被用来作为红外辐射腔内的镀层。

本章主要学习光传播电磁理论、光的反射与折射、光的吸收和色散、晶体的双折射、介质的光散射、发光材料等相关内容。

3.1 光传播的基本性质

3.1.1 光的波粒二象性

光传播的基本性质

人类对光的研究起源很早,但对光的本质的认识却经历了一个漫长的过程。1672 年,牛顿在他的论文《关于光和色的新理论》中谈到了"光的复合和分解就像不同颜色的微粒混合在一起又被分开一样"，提出了光的微粒学说。惠更斯重复了牛顿的光学试验，认为其中有很多现象都是微粒说所无法解释的，因此他提出了比较完整的波动学说理论。根据这一理论，惠更斯证明了光的反射定律和折射定律，也比较好地解释了光的衍射、双折射现象和著名的"牛顿环"实验。1905年，爱因斯坦在德国《物理年报》上发表了题为《关于光的产生和转化的一个推测性观点》的论文，他认为对于时间的平均值，光表现为波动；对于时间的瞬间值，光表现为粒子性。这是历史上第一次揭示微观客体波动性和粒子性的统一，即波粒二象性。1921年，爱因斯坦因为"光的波粒二象性"这一成就而获得了诺贝尔物理学奖。

爱因斯坦（Einsten）的光电效应方程把光的粒子性（corpuscular property）和波动性（undulatory property）联系起来，即光的波粒二象性（wave-particle duality）

$$h\nu = W_0 + \frac{1}{2}mv^2 \tag{3-1}$$

式中，h 为普朗克常量（Planck constant），$h \approx 6.63 \times 10^{-34}$ J·s；W_0 为金属的逸出功。

光是一种电磁波，是电磁场周期性振动的传播形式，具有非常宽的频谱，如图 3-1 所示。其中可以用光学方法进行研究的只占一小部分，从远红外到 X 射线区。可见光是眼睛能感知的很窄的一部分辐射电磁波，其波长在 380～770 nm，其颜色决定于光的波长，白光是各种带色光的混合光。光的频率、波长和辐射能都是由光子源决定的。例如，γ 射线是

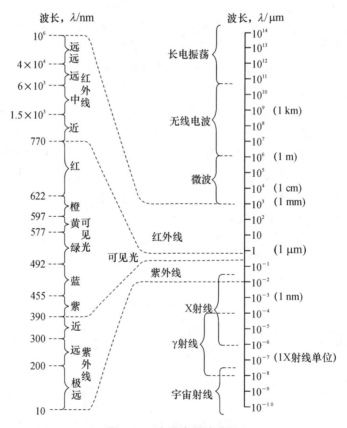

图 3-1 光的电磁波谱图

改变原子核结构产生的,具有很高的能量。X 射线、紫外辐射、可见光谱都是与原子的电子结构改变相关的。红外线、微波和无线电波是由原子振动或晶格结构改变引起的低能、长波辐射。

根据麦克斯韦方程组,可以推算出光在介质中传播的速度 v:

$$v = \frac{c}{\sqrt{\varepsilon_r \mu_r}} \qquad (3-2)$$

式中,c 为真空中光的速度;ε_r 为介质的相对介电常量;μ_r 为介质的磁导率。

c 与真空介电常量 ε_0(electric permittivity of vacuum)和真空磁导率 μ_0(magnetic permeability of vacuum)的关系为

$$c = \frac{1}{\sqrt{\varepsilon_0 \mu_0}} \qquad (3-3)$$

光在真空中传播的速度 c 与介质中的传播速度 v 之比即介质的折射率,反应材料的光折射性质。人们经过多年的努力,使用多种方法测量了光在真空中传播的速度,目前最准确的数值为 $2.997\ 924\ 562 \times 10^8$ m/s。

尽管人们对光的本性有了全面认识,但这并不排除经典理论在一定范围内的正确性。在涉及光传播特性的场合,只要电磁波不是十分微弱,经典的电磁波理论还是完全正确的。当涉及光与物质相互作用并发生能量、动量交换的问题时,才必须把光当作具有确定能量和动量的粒子流来看待。

3.1.2　光与固体的相互作用

当光从一种介质进入另一种介质时(例如从空气进入固体中),一部分透过介质;一部分被吸收;一部分在两种介质的界面上被反射;还有一部分被散射。设入射到材料表面的光辐射能流率为 φ_0,透过、吸收、反射和散射的光辐射能流率分别为 φ_τ、φ_A、φ_R、φ_σ,则

$$\varphi_0 = \varphi_\tau + \varphi_A + \varphi_R + \varphi_\sigma \qquad (3-4)$$

光辐射能流率的单位为 W/m²,表示单位时间内通过单位面积(与光传播方向垂直的面积)的能量。

若用 φ_0 除(3-4)式的等式两边,则得

$$T + \alpha + R + \sigma = 1 \qquad (3-5)$$

式中,T 称为透射系数;α 称为吸收系数;R 称为反射系数;σ 称为散射系数。

上述光子与固体介质的相互作用可用图 3-2 予以形象描述。

从微观上分析,光子与固体材料相互作用,实际上是光子与固体材料中的原子、离子、电子等的相互作用,出现以下两种重要结果。

(1) 电子极化(electronic polarization):电磁辐射的电场分量,在可见光频率范围内,电场分量与传播过程中的每一个原子都发生作用,引起电子极化,即造成电子云和原子核电荷重心发生相对位移。其结果是,当光线通过介质时,一部分能量被吸收,同时光波速度被减

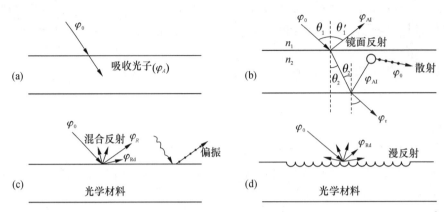

图 3-2　光子与固体介质的作用

小,导致折射产生。

(2) 电子能态转变(electron transition):光子被吸收和发射,都可能涉及固体材料中电子能态的转变,如图 3-3 所示。该原子吸收了光子能量后,可能将 E_2 能级上的电子激发到能量更高的 E_4 空能级上,电子发生的能量变化 ΔE 与电磁波的频率有关:

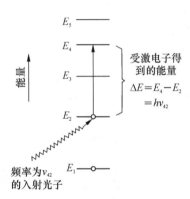

$$\Delta E = h\nu_{42} \qquad (3-6)$$

式中,h 为普朗克常量;ν_{42} 为入射光子的频率。注意,原子中电子能级是分立的,能级间存在特定的 ΔE。因此,只有能量为 ΔE 的光子才能被该原子通过电子能态转变而吸收。其次,受激电子不可能无限长时间地保持在激发状态,经过一个短时期后,它又会衰变回基态,同时发射出电磁波。衰变的途径不同,发射出的电磁波频率就不同。

图 3-3　孤立原子吸收光子后电子态转变示意图

3.2　光的反射和折射

3.2.1　反射定律和折射定律

图 3-4 表示光在两种透明介质的平整界面上反射和折射时传播方向的变化。当光线入射到界面时,一部分光从界面上反射,形成反射线。入射线与入射点处界面的法线所构成的平面称为入射面。法线和入射线及反射线所构成的角度 θ_1 和 θ_1' 分别称为入射角和反射角。入射光线除了部分被反射外,其余部分将进入第二种介质,形成折射线。折射线与界面法线的夹角 θ_2 称为折射角。

1. 反射定律

(1) 反射线和入射线位于同一平面(入射面)内,并分别处在法线的两侧。

（2）反射角等于入射角，即

$$\theta'_1 = \theta_1 \qquad (3-7)$$

2. 折射定律

（1）折射线位于入射面内，并和入射线分别处在法线的两侧。

（2）对单色光而言，入射角 θ_1 的正弦和折射角 θ_2 的正弦之比是一个常数，即

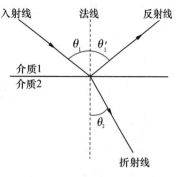

$$\frac{\sin\theta_1}{\sin\theta_2} = \frac{n_2}{n_1} = \frac{v_1}{v_2} = n_{21} \qquad (3-8)$$

图 3-4 光的反射和折射

式中，比例常数 n_{21} 称为第二介质相对于第一介质的相对折射率。它与光波的波长及界面两侧介质的性质有关，而与入射角无关。

3.2.2 材料的反射系数及其影响因素

一束光从介质 1 穿过界面进入介质 2 出现一次反射；当光在介质 2 中经过第二个界面时，仍要发生反射和折射。从反射定律和能量守恒定律可以推导出，当入射光线垂直或接近垂直于介质界面时。其反射系数（reflection coefficient）为

$$R = \left(\frac{n_{21}-1}{n_{21}+1}\right)^2, n_{21} = \frac{n_2}{n_1} \qquad (3-9)$$

如果介质 1 是空气，则上式为

$$R = \left(\frac{n_2-1}{n_2+1}\right)^2 \qquad (3-10)$$

因此，如果两种介质折射率相差很大，则反射损失相当大，透过系数只有 $(1-R)$。若两种介质折射率相同，则 $R=0$，垂直入射时，光透过几乎没有损失。由于陶瓷、玻璃等材料的折射率较空气的大，所以反射损失较严重。为了减小反射损失，经常采取以下措施：（1）透过介质表面镀增透膜；（2）将多次透过的玻璃用折射率与之相近的胶将它们粘起来，以减少空气界面造成的损失。

式（3-9）、式（3-10）是在光进入的介质中吸收很小的条件下得到的。若进入介质中存在不可忽略的吸收时，反射系数的表达式则必须进行修正。引入的修正系数通称为消光系数 k，并定义为

$$k = \frac{\alpha}{4\pi n}\lambda \qquad (3-11)$$

式中，α 为吸收系数；λ 为入射波长；n 为介质折射率。这样便可以导出介质存在吸收情况下的 R 表达式

$$R = \frac{(n-1)^2 + k^2}{(n+1)^2 + k^2} \qquad (3-12)$$

对于金属如银、铝等的反射关系更为复杂。

3.2.3 光的全反射

光的全反射又称为全内反射,指光由光密介质(光在此介质中的折射率大)射到光疏介质(光在此介质中折射率小)的界面时,全部被反射回原介质内的现象。

从光密介质进入光疏介质时入射角增大到某临界角时(见图 3-5),会产生全反射。计算临界角公式为

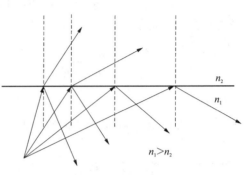

$$\sin \theta_c = \frac{n_2}{n_1} \qquad (3-13)$$

其原理为:当光由光密介质射向光疏介质时,折射角将大于入射角。当入射角增大到某一数值时,折射角将达到 $90°$,这时在光疏介质中将不出现折射光线,只要入射角大于或

图 3-5 光的全反射

等于上述数值时,均不再存在折射现象,这就是全反射。所以产生全反射的条件是:① 光必须由光密介质射向光疏介质;② 入射角必须大于或等于临界角。

3.2.4 影响材料折射率的因素

1. 构成材料元素的离子半径

根据公式(3-3),可以导出材料的折射率为

$$n = \sqrt{\varepsilon_r \mu_r} \qquad (3-14)$$

式中,ε_r、μ_r 分别为材料的相对介电常数和相对磁导率。因陶瓷等无机材料 $\mu_r \approx 1$,因此材料的折射率随介电常数增大而增大,而介电常数与介质的极化有关。当电磁辐射作用到介质上时,其原子受到电磁辐射的电场作用,使原子的正、负电荷重心发生相对位移,正是由于电磁辐射与原子的相互作用,使光子速度减弱。由此可以推论,大离子可以构成高折射率的材料,如 PbS,其 $n=3.912$;而小离子可以构成低折射率的材料,如 $SiCl_4$,其 $n=1.412$。

2. 材料的晶体结构、晶型

折射率不仅与构成材料的离子半径有关,还与它们在晶胞中的排列有关。根据光线通过材料的表现,把介质分为均质介质和非均质介质。非晶态(无定型体)和立方晶体结构,当光线通过时光速不因入射方向而改变。故材料只有一个折射率,此为均质介质。除立方晶体外的其他晶型都属于非均质介质,其特点是光进入介质时产生双折射现象。

3. 材料存在的内应力

有内应力的透明材料,垂直于存在主应力方向的 n 值大,平行于主应力方向的 n 值小。

4. 同质异构体

在同质异构材料中,高温时的晶型折射率较低,低温时的晶型折射率较高。例如,常温

下的石英玻璃 $n=1.46$，常温下的石英晶体 $n=1.55$；高温时，磷石英 $n=1.47$，方石英 $n=1.49$。可见常温下的石英晶体 n 最大。

表 3-1、表 3-2 列出了一些无机材料和聚合物的折射率。若要提高玻璃的折射率，其有效的办法是掺入铅和钡的氧化物。例如，铅玻璃（氧化铅含量为 90%）的折射率 $n=2.1$，远高于通常玻璃的折射率。

表 3-1 各种玻璃和晶体的折射率

玻 璃	平均折射率	晶 体	平均折射率	双折射	晶 体	平均折射率	双折射
钾长石玻璃	1.51	四氯化硅	1.412		莫来石	1.64	0.001
钠长石玻璃	1.49	氟化锂	1.392		金红石	2.71	0.287
霞石正长岩玻璃	1.50	氟化钠	1.326		碳化硅	2.68	0.043
氧化硅玻璃	1.458	氟化钙	1.434		氧化铅	2.61	
高硼硅酸玻璃	1.458	刚 玉	1.76	0.008	硫化铅	3.912	
（90%SiO₂）		方镁石	1.74		方解石	1.65	0.17
钠钙硅玻璃	1.51~1.52	石 英	1.55	0.009	硅	3.49	
硼硅酸玻璃	1.47	尖晶石	1.72		碲化镉	2.74	
重燧石光学玻璃	1.6~1.7	锆英石	1.95	0.055	硫化镉	2.50	
硫化钾玻璃	2.66	正长石	1.525	0.007	钛酸锶	2.49	
		钠长石	1.529	0.008	铌酸锂	2.31	
		钙长石	1.585	0.008	氧化钇	1.92	
		硅灰石	1.65	0.021	硒化锌	2.62	
					钛酸钡	2.40	

表 3-2 一些透明材料的折射率

材 料	平均折射率	材 料	平均折射率
氧化硅玻璃	1.458	石英（SiO₂）	1.55
钠钙硅玻璃	1.51~1.52	尖晶石（MgAl₂O₄）	1.72
硼硅酸玻璃	1.47	聚乙烯	1.35
重火石玻璃	1.65	聚四氟乙烯	1.60
刚玉	1.76	聚甲基丙烯酸甲酯	1.49
方镁石（MgO）	1.74	聚丙烯	1.49

3.2.5 晶体的双折射

当光束通过平整光滑的表面入射到各向同性的介质中去时，它将按照折射定律沿某一方向折射，这是常见的折射现象。如图 3-6 所示，当光束通过各向异性介质表面时，折射光会分成两束沿着不同的方向传播，双折射的两束光中有一束光的偏折方向符合折射定律，所以称为寻常光（或 o 光）。另一束光的折射方向不符合折射定律，被称为非常光（或 e 光）。

这种由一束入射光折射后分成两束光的现象称为双折射(birefringence)。

许多晶体具有双折射性质,但也有些晶体(例如岩盐)不发生双折射。一般地说,非常光的折射线不在入射面内,并且折射角以及入射面与折射面之间的夹角不但和原来光束入射角有关,还和晶体方向有关。当光沿晶体的光轴方向入射时,不产生双折射,只有 n_0(寻常折射率)存在。当与光轴方向垂直入射时,n_e(非常折射率)最大,表现为材料特性(图 3-8)。例如,石英的 $n_0 = 1.543$,$n_e = 1.552$。一般来说,沿晶体密堆积程度较大的方向,其 n_e 较大。

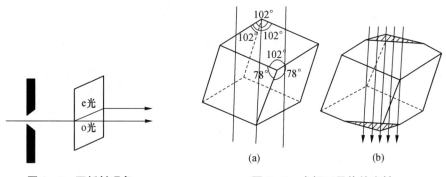

图 3-6 双折射现象   图 3-7 方解石晶体的光轴

通过改变入射光束的方向,可以找到在晶体中存在一些特殊的方向,沿着这些方向传播的光并不发生双折射,这些特殊的方向称为晶体的光轴。应该注意,光轴所标志的是一定的方向,而不限于某条具体的直线。有些晶体,如方解石、石英等,只有一个光轴,称为单轴晶体;如云母、硫黄等晶体,具有两个光轴的晶体称为双轴晶体。方解石晶体是各向异性较明显的单轴晶体,属于六角晶系,其光轴可以从外形认定。天然的方解石晶体呈平行六面体形状,如图 3-7 所示。其六个表面(解理面)均为平行四边形,四边形的一对锐角为 78°,一对钝角为 102°,在方解石的八个顶点中有两个顶点由三个钝角所形成。适当选择解理面,使晶体的各个边长相等,就得到一个特殊的平行六面体,它的三个面角均为钝角,两个顶点间的连线方向就是方解石晶体的光轴。将这两个顶点磨成两个光学平面,使两个光学平面垂直于光轴,则当一束平行光垂直入射到磨出的光学平面上并进入晶体后,光将沿着光轴方向传播,不发生双折射现象。利用检偏器观察,发现寻常光和非常光都是线偏振光,不过它们的电矢量振动方向不同。寻常光的振动方向垂直于主截面(光轴和传播方向构成的平面),而非常光的振动方向平行于主截面(不一定都平行于光轴)。

在介质中的光波是入射波与介质中振子(原子、分子、离子等微观粒子的抽象概念)受迫振动所发射的次波的合成波。合成波的频率与入射光波相同,但其位相却因受到振子固有振动频率的制约而滞后。因此,波合成的结果使介质中的光速比真空中慢。位相滞后的程度与振子固有频率和入射光波频率的差值有关,因此介质中的光速又与入射光的频率(或波长)有关。晶体结构的各向异性决定了晶体中振子固有振动的各向异性,所以,一般认为晶体中的振子,在三个独立的空间方向上有不同的固有振动频率 ω_1、ω_2 和 ω_3。在单轴晶体中,光的传播速度与光波电矢量方向相对于光轴方向的角度有关,因此晶体的折射率也与这个角度有关。

光波电矢量振动的空间分布对于光的传播方向失去对称性的现象叫作光的偏振,只有

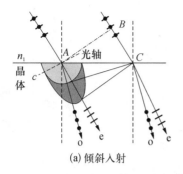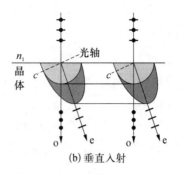

(a) 倾斜入射　　　　　　　　(b) 垂直入射

图3-8　光轴平行于入射面时单轴晶内光的传播方向

横波才能产生偏振现象,故光的偏振是光的波
动性的又一例证。利用晶体材料的双折射性
质,可以制成特殊的光学元件——偏振元件,在
光学仪器中有着非常广泛的应用。例如,利用
晶体的双折射将自然光分成偏振方向相互垂直
的两束线偏振光的沃拉斯顿棱镜(图3-9);利
用双折射和全反射原理,将光束分成两束线偏
振光后,去掉其中一束而保留另一束的起偏器
和检偏器——尼科耳棱镜和格兰棱镜等。

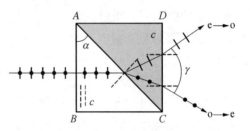

图3-9　沃拉斯顿棱镜工作原理示意图

　　产生双折射现象的晶体分为单轴晶体和双轴晶体,从晶体结构上分析称为单轴晶的材
料属于三、四及六方晶系,可在其中的一个平面内找到2个或多个结晶学上等价的方向;另
一类称为双轴晶体的材料属于三斜、单斜或斜方晶系,没有2个结晶学上等价的方向可供选
择。双折射晶体材料用途广泛,主要应用于光通信中的纤维光学隔离器、环行器、光束的位
移、格兰棱镜和偏振光学等领域。

3.3　材料对光的吸收和色散

　　一束平行光照射到各向同性均质的材料时,除了可能发生反射和折射而改变其传播方
向之外,进入材料之后还会发生两种变化。一是当光束通过介质时,一部分光的能量被材料
所吸收,其强度将被减弱,即为光吸收;二是材料的折射率随入射光的波长而变化,这种现象
称为光的色散。

3.3.1　吸收系数与吸收率

　　假设强度为I_0的平行光束通过厚度为l的均匀介质,如图3-10所示,光通过一段距离
l_0之后,强度减弱为I,再通过一个极薄的薄层dl后,强度变成$I+dI$。因为光强是减弱的,
此处dI应是负值。经大量实验证明:入射光强减少量dI/I应与吸收层的厚度dl成正比,

假定光通过单位距离时能量损失的比例为 α，则

$$\frac{\mathrm{d}I}{I} = -\alpha\,\mathrm{d}l \qquad (3-15)$$

式中，负号表示光强随着 l 的增加而减弱；α 即为吸收系数(absorption coefficient)，其单位为 cm^{-1}，它取决于材料的性质和光的波长。对一定波长的光波而言，吸收系数是和介质的性质有关的常数。对式(3-15)积分，得

$$I = I_0 e^{-\alpha l} \qquad (3-16)$$

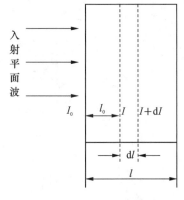

图 3-10　光的吸收

式(3-16)称为朗伯(Lambert)定律。它表明，在介质中光强随传播距离呈指数式衰减。当光的传播距离达到 $1/\alpha$ 时，强度衰减到入射时的 $1/e$。α 越大、材料越厚，光就被吸收得越多，因而透过后的光强度就越小。

光作为一种能量流，在穿过介质时，引起介质的价电子跃迁，或使原子振动而消耗能量。此外，介质中的价电子吸收光子能量而激发。当尚未退激时，在运动中与其他分子碰撞，电子的能量转变成分子的动能即热能，从而构成光能的衰减。即使在对光不发生散射的透明介质，如玻璃、水溶液中，光也会有能量的损失，这就是产生光吸收的原因。

3.3.2　光的吸收与波长的关系

研究物质的吸收特性发现，任何物质都只对特定的波长范围表现为透明，而对另一些波长范围则不透明。金属对光能吸收很强烈，是因为金属的价电子处于未满带，吸收光子后即呈激发态，用不着跃迁到导带即能发生碰撞而发热。从图 3-11 中可见，在电磁波谱的可见光区，金属和半导体的吸收系数都是很大的。但是电介质材料，包括玻璃、陶瓷等无机材料的大部分在这个波谱区内都有良好的透过性，也就是说吸收系数很小。这是因为电介质材料的价电子所处的能带是填满的，它不能吸收光子而自由运动，而光子的能量又不足以使价电子跃迁到导带，所以在一定的波长范围内，吸收系数很小。

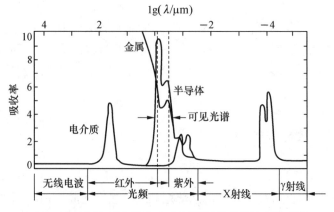

图 3-11　金属、半导体和电介质的吸收率随波长的变化

1. 紫外吸收区

在紫外区,一般情况下会出现紫外吸收端,这是因为波长越短,光子能量越大。当光子能量达到禁带宽度时,电子就会吸收光子能量从满带跃迁到导带,此时吸收系数将骤然增大。此紫外吸收端相应的波长可根据材料的禁带宽度 E_g 求得

$$E_g = h\nu = h \times \frac{c}{\lambda} \tag{3-17}$$

式中,h 为普朗克常数;c 为光速。

从上式可见,禁带宽度大的材料,紫外吸收端的波长比较小。希望材料在电磁波谱的可见光区的透过范围大,这就希望紫外吸收端的波长要小,因此要求 E_g 大。如果 E_g 小,甚至可能在可见光区也会被吸收而不透明。

常见材料的禁带宽度变化较大,如硅的 $E_g = 1.2$ eV,锗的 $E_g = 0.75$ eV,其他半导体材料的 E_g 约为 1.0 eV。电介质材料的 E_g 一般在 10 eV 左右,NaCl 的 $E_g = 9.6$ eV,因此发生吸收峰的波长为

$$\lambda = \frac{hc}{E_g} = \frac{6.63 \times 10^{-34} \times 3 \times 10^8}{9.6 \times 1.602 \times 10^{-19}} \, \mu m \approx 0.129 \, \mu m$$

此波长位于极远紫外区。

2. 红外吸收区

电介质在红外区也存在一个吸收峰,该吸收峰是因为离子的弹性振动与光子辐射发生谐振消耗能量所致。要使谐振点的波长尽可能远离可见光区,即吸收峰处的频率尽可能小,则需选择较小的材料热振频率 ν。此频率 ν 与材料其他常数的关系为

$$\nu^2 = 2\beta \left(\frac{1}{M_c} + \frac{1}{M_a} \right) \tag{3-18}$$

上式中 β 是与力有关的常数,由离子间结合力决定。M_c 和 M_a 分别为阳离子和阴离子质量。为了有较宽的透明频率范围,最好有高的电子能隙值和弱的原子间结合力以及大的离子质量。对于高原子量的一价碱金属卤化物,这些条件都是最优的。表 3-3 列出一些厚度为 2 mm 的材料的透光超过 10% 的波长范围。

吸收还可分为选择吸收和均匀吸收。例如,石英在整个可见光波段都很透明,且吸收系数几乎不变,这种现象称为"一般吸收"。但是,在 3.5~5.0 μm 的红外线区,石英表现为强烈吸收,且吸收率随波长剧烈变化,这种同一物质对某一种波长的吸收系数可以非常大,而对另一种波长的吸收系数可以非常小的现象称为"选择吸收"。

表 3-3　各种无机材料透光波长范围

材　料	能透过的波长范围 λ/μm	材　料	能透过的波长范围 λ/μm
熔融二氧化硅	0.16~4	氟化锂	0.12~8.5
熔融石英	0.18~4.2	氧化钇	0.26~9.2
铝酸钙玻璃	0.4~5.5	单晶氧化镁	0.25~9.5

材　料	能透过的波长 范围 λ/μm	材　料	能透过的波长 范围 λ/μm
偏铌酸锂	0.35～5.5	多晶氧化镁	0.3～9.5
方解石	0.2～5.5	单晶氟化镁	0.45～9
二氧化钛	0.43～6.2	多晶氟化镁	0.15～9.6
钛酸锶	0.39～6.8	多晶氟化钙	0.13～11.8
三氧化二铝	0.2～7	单晶氟化钙	0.13～12
蓝宝石	0.15～7.5	氟化钡-氟化钙	0.75～12
三硫化砷玻璃	0.6～13	硫化镉	0.55～16
硫化锌	0.6～14.5	硒化锌	0.48～22
氟化钠	0.14～15	锗	1.8～23
氟化钡	0.13～15	碘化钠	0.25～25
硅	1.2～15	氯化钠	0.2～25
氟化铅	0.29～15	氯化钾	0.21～25

　　任何物质都有这两种形式的吸收,只是出现的波长范围不同而已。透明材料的选择吸收使其呈不同的颜色。如果介质在可见光范围对各种波长的吸收程度相同,则称为均匀吸收。在此情况下,随着吸收程度的增加,颜色从灰变到黑。将能发射连续光谱的白光源(如卤钨灯)所发出的光经过分光仪器(如单色仪、分光光度计等)分解出单色光束,并使之相继通过待测材料,可以测量吸收系数与波长的关系,得到吸收光谱。

　　由图 3-12(a)及(b)可见,金刚石和石英这两种电介质材料的吸收区都出现在紫外和红外波长范围。它们在整个可见光区甚至扩展到近红外和近紫外都是透明的,是优良的可见光区透光材料。

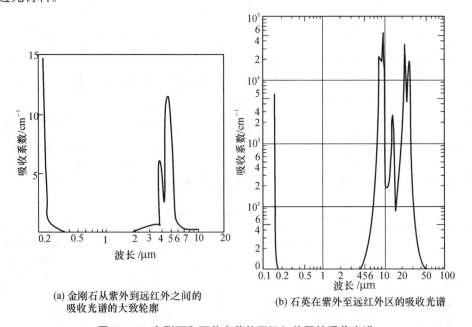

(a) 金刚石从紫外到远红外之间的
吸收光谱的大致轮廓

(b) 石英在紫外至远红外区的吸收光谱

图 3-12　金刚石和石英在紫外至远红外区的吸收光谱

3.3.3 光的色散

材料的折射率随入射光的频率的减小(或波长的增加)而减小的性质,称为折射率的色散(dispersion)。几种常见光学材料的色散如图 3-13(a)及(b)所示。

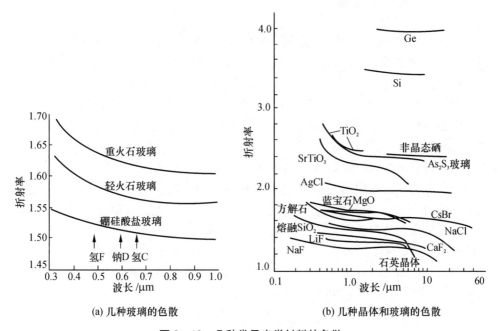

(a) 几种玻璃的色散 (b) 几种晶体和玻璃的色散

图 3-13　几种常见光学材料的色散

在给定入射光波长的情况下,材料的色散率为

$$色散率 = \frac{\mathrm{d}n}{\mathrm{d}\lambda} \tag{3-19}$$

通常采用固定波长下的折射率来表达,色散系数(Abbe number)常用倒数相对色散,即

$$\gamma = \frac{n_{\mathrm{D}} - 1}{n_{\mathrm{F}} - n_{\mathrm{C}}} \tag{3-20}$$

式中,n_{D}、n_{F} 和 n_{C} 分别为以钠的 D 谱线、氢的 F 谱线和 C 谱线(589.3 nm、486.1 nm 和 656.3 nm)为光源,测得的折射率。

由图 3-13 给出的几种常用光学材料的色散曲线,可以分析得出如下规律:① 对于同一材料,波长越短则折射率越大;② 波长越短,色散率越大;③ 不同材料,对同一波长,折射率大的色散率也大;④ 不同材料的色散曲线间没有简单的数量关系。

3.4 光的散射

3.4.1 散射的一般规律

光在通过气体、液体、固体等介质时,遇到烟尘、微粒、悬浮液滴或者结构成分不均匀的微小区域,都会有一部分能量偏离原来的传播方向而向四面八方弥散开来,这种现象称为光的散射。

材料对光的散射是光与物质相互作用的基本过程之一。当光波的电磁场作用于物质中具有电结构的原子、分子等微观粒子时将激起粒子的受迫振动。这些受迫振动的粒子就会成为发光中心,向各个方向发射球面次波。空气中的分子就可以作为次波源,把阳光散射到我们眼里,使我们看得见蔚蓝色的天空。各种烟尘、云雾微粒,无论是固态还是液态,都由许多原子或分子组成,它们在光照下都会发出次波。由于固态和液态粒子结构的致密性,微粒中每个分子发出的次波位相相关联,合作发射形成一个大次波。由于各个微粒之间空间位置排列毫无规则,这些大次波不会因位相关系而互相干涉,因此微粒散射的光波从各个方向都能看到。这是我们白天看得见明亮天空的又一个原因。

光的散射导致原来传播方向上光强的减弱。我们讨论光在均匀纯净介质中的吸收时,给出了朗伯定律。如果同时考虑各种散射因素。光强随传播距离的减弱仍符合指数衰减规律,只是比单一吸收时衰减得更快罢了,则其关系为

$$I = I_0 e^{-\alpha l} = I_0 e^{-(\alpha_a + \alpha_s)l} \qquad (3-21)$$

式中,I_0 为光的原始强度;I 为光束通过厚度为 l 的试件后,由于散射,在光前进方向上的剩余强度;α_a、α_s 分别称为吸收系数和散射系数(scattering coefficient),是衰减系数的两个组成部分。散射系数与散射(质点)的大小、数量以及散射质点与基体的相对折射率等因素有关,如图 3-14 所示。当光的波长约等于散射质点的直径时,出现散射的峰值。

图 3-14 中所用光线为 Na_D 谱线 ($\lambda = 0.589\ \mu m$),材料是玻璃,其中所含 1%(体积分数)的 TiO_2 为散射质点。两者的相对折射率 $n_{21} = 1.8$。散射最强时,质点的直径为

$$d_{max} = \frac{4.1\lambda}{2\pi(n-1)} = 0.48\ \mu m \qquad (3-22)$$

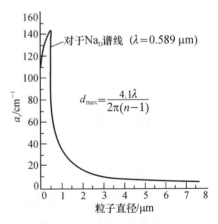

图 3-14 质点尺寸对散射系数的影响

纯净的液体和结构均匀的固体都含有大量的微观粒子,它们在光照下无疑也会发射次波。但由于液体和固体中的分子排列很密集,彼此之间的结合力很强,各个原子、分子的受迫振动互相关联,合作形成共同的等相面,因而合成的次波主要沿着原来光波的方向传播,其他方向非常微弱。通常我们把发生在光波前进方向上的散射归入透射。应当指出的是,

发生在光波前进方向上的散射对介质中的光速有决定性的影响。

3.4.2 弹性散射

散射前后,光的波长(或光子能量)不发生变化的散射称为弹性散射。从经典力学的观点,这个过程被看成光子和散射中心的弹性碰撞。散射结果只是把光子碰到不同的方向上去,并没有改变光子的能量。弹性散射的规律除了波长(或频率)不变之外,散射光的强度与波长的关系可因散射中心尺度的大小而具有不同的规律。假如以 I_S 表示散射光强度,λ 表示入射光的波长,一般有关系

$$I_S \propto \frac{1}{\lambda^\sigma} \tag{3-23}$$

式中,参量 σ 与散射中心尺度大小 a_0 有关。按 a_0 与 λ 的大小比较,弹性散射又可分三种情况。

1. 廷德尔(Tyndall)散射

当 $a_0 \gg \lambda$ 时,$\sigma \to 0$,即当散射中心的尺度远大于光波的波长时,散射光强与入射光波长无关。例如,粉笔灰颗粒的尺寸对所有可见光波长均满足这一条件,所以,粉笔灰对白光中所有单色成分都有相同的散射能力,看起来是白色的。天上的白云,是由水蒸气凝成比较大的水滴所组成的,线度也在此范围,所以散射光也呈白色。

2. 米氏(Mie)散射

当 $a_0 \approx \lambda$ 时,即散射中心尺度与入射光波长可以比拟时,σ 在 $0 \sim 4$,具体数值与散射中心尺寸有关。这个尺度范围的粒子散射光性质比较复杂,如存在散射光强度随 a_0/λ 值的变化而波动和在空间分布不均匀等问题。

3. 瑞利(Rayleidl)散射

当 $a_0 \ll \lambda$ 时,$\sigma = 4$。换言之,当散射中心的线度远小于入射光的波长时,散射强度与波长的 4 次方成反比($I_S = 1/\lambda^4$)。这一关系称为瑞利散射定律(图 3-15)。

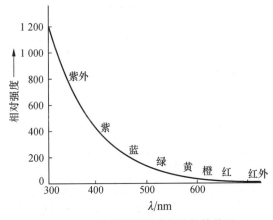

图 3-15 瑞利散射强度与波长的关系

3.4.3 非弹性散射

当光束通过介质时,从侧向接收到的散射光主要是波长(或频率)不发生变化的瑞利散射光,属于弹性散射。除此之外,使用高灵敏度和高分辨率的光谱仪器,可以发现散射光中还有其他光谱成分。它们在频率坐标上对称地分布在弹性散射光的低频和高频侧,强度一般比弹性散射微弱得多。这些频率发生改变的光散射是入射光子与介质发生非弹性碰撞的结果,称为"非弹性散射"。研究非弹性散射通常是对纯净介质进行的。弹性散射和非弹性散射的光谱如图 3-16 所示。图中与入射光频率相同的谱线为瑞利散射线,其近旁两侧的两条谱线为布里渊散射线,与瑞利线的频差一般在 $10^{-1} \sim 10^0$ cm 量级。距离瑞利线较远些

的谱线是拉曼(Raman)散射线,它们与瑞利
线的频差可因散射介质能级结构的不同而
在 $10^0 \sim 10^4$ cm 变化。出现在瑞利线低频
侧的散射线统称为斯托克斯(Stokes)线,而
在瑞利线高频侧的散射线统称为反斯托克
斯(anti-Stokes)线。拉曼散射和布里渊散
射都可以分别产生斯托克斯线和反斯托克
斯线。

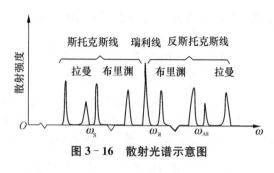

图 3 - 16　散射光谱示意图

从能量的观点来看,拉曼散射可以用简单的能级跃迁图(见图 3 - 17)来说明,当处于低能
级 E_1 或高能级 E_2 上的介质分子受到频率为 ν_0 的入射光子作用时,介质分子吸收光子跃迁到一
个虚能级,而后向下跃迁回到它原来的能级,发出一个与入射光子频率相同的光子,这就是瑞
利散射,如图 3 - 17(a)。当分子原来处于较低能级 E_1,从虚能级向下跃迁回到高能级 E_2 上,
并发射出频率发生红移 $\Delta\nu$ 的光子时,则发生了拉曼散射的斯托克斯过程,如图 3 - 17(b)。
两个光子的能级差

$$H\Delta\nu = E_2 - E_1$$

拉曼散射的反斯托克斯过程,则是介质分子原来处于较高能级 E_2,从虚能级向下跃迁
回到高能级 E_1 上,并发射出频率发生蓝移 $\Delta\nu$ 的光子时,则发生了拉曼散射的斯托克斯过
程,如图 3 - 17(c)。

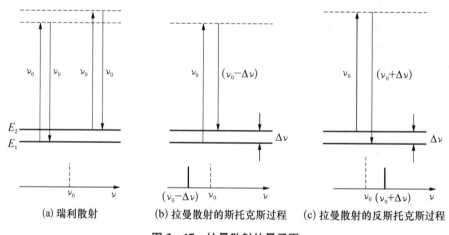

图 3 - 17　拉曼散射的量子图

3.5　材料的不透明性与半透明性

3.5.1　材料的不透明性

金属对可见光是不透明的,其原因在于金属的电子能带结构的特殊性。在金属的电子

能带结构中,如图 3－18 所示。费米能级以上存在许多空能级。当金属受到光线照射时,电子容易吸收入射光子的能量而被激发到费米能级以上的空能级上。研究证明,只要金属箔的厚度达到 0.1 μm,便可以吸收全部入射的光子。因此,只有厚度小于 0.1 μm 的金属箔才能透过可见光。由于费米能级以上有许多空能级,因而各种不同频率的可见光,即具有各种不同能量(ΔE)的光子都能被吸收。事实上,金属对所有的低频电磁波(从无线电波到紫外光)都是不透明的。只有对高频电磁波 X 射线和 γ 射线才是透明的。

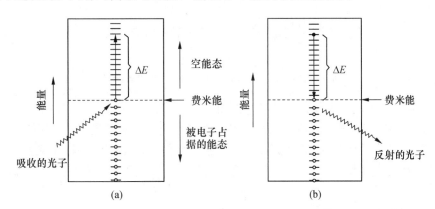

图 3－18　金属吸收光子后电子能态的变化

大部分被金属材料吸收的光又会从表面上以同样波长的光波发射出来,如图 3－18(b),表现为反射光,大多数金属的反射系数在 0.9～0.95 之间。还有一小部分能量以热的形式损失掉了。利用金属的这种性质往往在其他材料衬底上镀上金属薄层作为反射镜(reflector)使用。

有许多材料本来是透明的电介质,也可以被制成半透明或不透明的。其基本原理是设法使光线在材料内部发生多次反射(包括漫反射)和折射,致使透射光线变得十分弥散,当散射作用非常强烈,以致几乎没有光线透过时,材料看起来就不透明了。

引起内部散射的原因是多方面的。一般地说,由折射率各向异性的微晶组成的多晶样品是半透明或不透明的。在这类材料中微晶无序取向,因而光线在相邻微晶界面上必然发生反射和折射。光线经过无数的反射和折射变得十分弥散。同理,当光线通过分散得很细的两相体系时也因两相的折射率不同而发生散射。两相的折射率相差愈大,散射作用愈强。

图 3－19 所示是常用金属膜的反射率与波长的关系曲线。肉眼看到的金属颜色不是由吸收光的波长决定的,而是由反射光的波长决定的。在白光照射下表现为银色的金属(如银、铝),表面反射出来的光也是由各种波长的可见光组成的混合光。其他颜色的金属(如铜为橘红色,金为黄色)表面反射出来的可见光中,以某种可见光的波长为主,构成其金属的颜色。

在纯高聚物(不加添加剂和填料)中,非晶态均相高聚物应该是透明的,而结晶高聚物一般是半透明的或不透明的。因为结晶高聚物是晶区和非晶区混合的两相体系,晶区和非晶区折射率不同,而且结晶高聚物多是晶粒取向无序的多晶体系。因此光线通过结晶高聚物时易发生散射。结晶高聚物的结晶度愈高,散射愈强。因此除非是厚度很薄,或者薄膜中结晶的尺寸与可见光波同一数量级或更小,结晶高聚物才是半透明或不透明的。如聚乙烯、全同立构聚丙烯、尼龙、聚四氟乙烯、聚甲醛等。另外,高聚物中的嵌段共聚物、接枝共聚物和

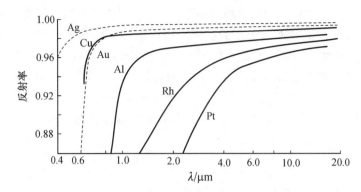

图 3-19 金属膜反射镜的反射率与光波的关系

共混高聚物多属两相体系,因此除非特意使两相折射率很接近,一般多是半透明或不透明的。

陶瓷材料如果是单晶体,一般是透明的,但大多数陶瓷材料是多晶体的多相体系,由晶相、玻璃相和气相(气孔)组成。因此,陶瓷材料多是半透明或不透明的。应当特别强调的是乳白玻璃、釉、搪瓷、瓷器等,它们的外观和用途很大程度上取决于它们对光的反射和透射性。

3.5.2　材料的乳浊性

本应是透明的,但由于各种原因或人为造成的不透明往往称为乳浊。在无机非金属材料中有一些产品的形貌、质量与这种高度乳浊(不透明)是联系在一起的,这包括乳白漫射玻璃(简称乳白玻璃)、釉、搪瓷珐琅等。原因是陶瓷坯体有气孔、色泽不均匀、颜色较深、缺乏光泽,因此用釉加以改善。还有艺术瓷,一件好的作品,表面经常装饰许多诱人的图案,也要用各类釉。搪瓷珐琅也应具有不透明性,否则底层的铁皮就要显露出来,影响产品形貌。乳白玻璃、毛玻璃等都是用于制造漫散射作用的光学零件玻璃,以形成人们需要的柔和光线。若使釉及搪瓷以及玻璃具有高度乳浊度,必须向这些材料中加入乳浊剂。显然,这些乳浊剂成分的折射率必须与基体有较大差别。例如,硅酸盐玻璃的折射率在 1.49～1.65,加入的乳浊剂应当具有显著不同的折射率,如 TiO_2 等(表 3-4)。

表 3-4　硅酸盐玻璃介质的乳浊剂 ($n_{玻璃} = 1.5$)

乳　浊　剂	折　射　率	与基体玻璃折射率之比
惰性添加剂		
SnO_2	1.99～2.09	1.33
$ZrSiO_4$	1.94	1.30
ZrO_2	2.13～2.20	1.47
ZnS	2.4	1.6
TiO_2	2.50～2.90	1.8
熔制反应的惰性产物		
AsO_5	1.0	0.67
$Ca_4Sb_4O_{13}F_2$	2.2	1.47

乳　浊　剂	折　射　率	与基体玻璃折射率之比
玻璃晶体析出晶粒		
NaF	1.32	0.87
CaF_2	1.43	0.93
$CaTiSiO_2$	1.90	1.27
ZrO_2	2.2	1.47
$CaTiO_3$	2.35	1.57
TiO_2（锐钛矿）	2.52	1.68
TiO_2（金红石）	2.76	1.84

尽管氟化物比硅酸盐玻璃折射率低，但低得不多，磷灰石与硅酸盐玻璃相近，加入它们的目的是促进其他晶体在玻璃中的析出，因此也有乳浊作用。尽管 TiO_2 的折射率特别高，但在釉及玻璃中都没有用作乳浊剂，原因是在高温下，特别是在还原气氛下，会使釉着色。如果烧釉温度在 $700\sim800℃$ 的中温范围内则不会出现变色，因此在搪瓷工业中 TiO_2 是一种良好的覆盖能力强的乳浊剂。Sb_2O_5 主要用于搪瓷，而不用于釉和玻璃的原因是其溶解度较高，没有乳浊作用。CeO 也是良好的乳浊剂。SnO_2 是在釉和珐琅中广泛使用的一种优质乳浊剂。不过应当注意，如有还原气氛，则 SnO_2 成为 SnO 而溶于釉中，乳浊作用消失。ZnS 在高温时溶入玻璃，但在冷却时却从玻璃中析出微小的 ZnS 结晶而具有乳浊作用，所以常在一些乳白玻璃中使用。锆化物作为乳浊剂使用的主要优点是乳浊作用稳定，不受气氛影响。使用天然的铁英石（$ZrSiO_4$）而不用其加工产品 ZrO_2，目的是降低成本。

3.5.3　材料的半透明性

乳白玻璃和半透明釉，都要求在光学性能上具有半透明性。前面分析釉的光学特性的原理对于它们同样是适用的。问题在于如何掌握光各部分的分数，具体讲，入射光中漫透射的分数对于材料的半透明性起决定性作用。对于乳白玻璃最好是具有明显的散射而吸收最小，从而得到最大的漫透射。最好的方法是在这种玻璃中掺入与基体材料折射率相近的 NaF 和 CaF_2，这两种乳化剂主要起矿化作用，促使其他晶体从熔体中析出。例如，含氟的乳白玻璃中析出的主要晶相是方石英，有时也会有失透石（$Na_2O \cdot 3CaO \cdot 6SiO_2$）和硅灰石，这些细小的颗粒析晶起乳化作用。有时为了使散射相的尺寸得以控制，在使用氟化物的同时，在组成中加入 Al_2O_3 的含量的提高熔体的黏度，在析晶过程中生成大量的晶核，从而获得良好的乳浊效果。

单相氧化物陶瓷的半透明性是它的质量标志。由于这类陶瓷中存在的气孔往往具有固定的尺寸，因而半透明性几乎只取决于气孔的含量。例如，氧化铝瓷的折射率比较高，而气相的折射率接近于1，则相对折射率 $n_{21} \approx 1.80$。气孔尺寸通常和原始原料颗粒尺寸相当，一般是 $0.5\sim2.0\ \mu m$，接近于入射光的波长，所以散射最大。在这种情况下，产品 Al_2O_3 陶瓷的透射率与气孔体积分数的关系如图 3-20 所示。当气孔体积分数为 3% 左右时，Al_2O_3 陶

瓷的透射率只有 0.01%；当气孔体积分数降到 0.3% 时，透射率仍然只有完全致密 Al_2O_3 样件的 10%。可见含有的小气孔率成为这种产品质量的敏感的标志。

　　一些重要的艺术瓷如骨灰瓷和硬瓷，半透明性是主要的鉴定指标。通常构成瓷体的相为折射率接近1.5 的玻璃、莫来石和石英。在致密的玻化瓷的显微组织中，细针状莫来石结晶出现在玻璃基体中。在这种玻璃基体中含水量有未溶解的或部分溶解的较大尺寸的石英晶体。尽管莫来石的晶粒尺寸是在微米级范围，但石英的晶粒尺寸却大得多，由于晶粒尺寸和折射率的差别，莫来石在陶瓷基体内对于散射和降低半透明性起决定性作用。因此，提高半透明性的主要方法是增加玻璃含量，减少莫来石的量，提高长石对黏土的比例是实现这一目标的措施之一。

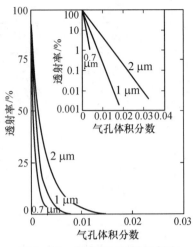

图 3-20　多晶 Al_2O_3 的透射率与所含气孔的关系

　　为获得致密的半透明陶瓷，必须采取以下措施：① 完全排除黏土颗粒间的孔隙形成的细孔，才能得到半透明的瓷体，为此要保证足够高的烧成温度；② 提高制品中长石或熔块含量，促进形成大量玻璃相；③ 调整瓷体中各相的折射率，使之相互匹配。例如，改变瓷体中玻璃相的折射率使之接近莫来石的折射率。骨灰瓷就是利用含有的折射率平均为 1.56 的液相，使之几乎等于所出现的晶粒的折射率，并结合降低气孔含量，使骨灰瓷具有很好的半透明性。

3.5.4　材料的颜色

　　从本质上讲某种物质对光的选择性吸收，是吸收了连续光谱中的特定波长的光子，以激发吸收物质本身原子的电子跃迁。在固体状态下由于原子的相互作用，能级分裂，发射光谱的谱线变宽。同理，吸收光谱的谱线也要变宽，成为吸收带或有较宽的吸收区域，剩下的就是较窄的，即色调较纯的反射或透射光。

　　图 3-21 所示是光线照射到一块绿色玻璃上时，其反射率、透射率、吸收率与波长的关系。由图可见，对于波长为 $0.4\ \mu m$ 的光波，其反射率和吸收率为0.05，而透射率为0.90。电

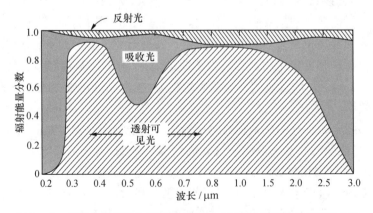

图 3-21　光线入射到绿色玻璃时，反射率、吸收率、透射率与波长的关系

子受激跃迁造成吸收,但当从激发态回到低能态时,又会重新发射出光子,其波长并不一定与吸收光的波长相同。因此,透射光的波长分布是非吸收光波和重新发射的光波的混合波。透明材料的颜色是由混合波的颜色决定的。现以蓝宝石和红宝石为例说明一下,蓝宝石是三氧化二铝单晶,呈无色,红宝石是在这种单晶氧化物中加入少量的 Cr_2O_3。这样,在单晶氧化铝禁带中引进 Cr^{3+} 的杂质能级,造成了不同于蓝宝石的选择性吸收,故显红色。

图 3-22 给出了蓝宝石和红宝石透射光的波长分布。由图可见,对于蓝宝石,在整个可见光范围内,光的波长分布很均匀,因此是无色的。而红宝石对波长约为 $0.4~\mu m$ 的蓝紫色光和波长约为 $0.6~\mu m$ 的黄绿光有强烈的选择性吸收,而非吸收光和重新发射的光波决定了其呈红色。

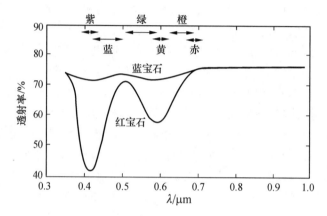

图 3-22 蓝宝石和红宝石透射光的波长分布

3.5.5 材料的着色

无机非金属材料制品在许多情况下需要着色,如彩色玻璃、彩色珐琅、彩色水泥以及色釉、底色料、色坯等。色彩的多样性受温度影响较大。一般在高温下,许多着色颜料不稳定,因此限制了颜料的应用,使其制品色彩单调。烧成温度高低对颜色的色调影响不大,即对波长影响不大,但是与颜色的浓淡、深浅(主波长占的比例)则有直接关系。通常制品只有在正烧条件下才能得到预期的颜色效果,生烧往往颜色浅淡,而过烧则颜色昏暗(亮度不够)。成套餐具、成套彩色卫浴洁具、锦砖等制品出现色差往往是由于烧成时的温度不均匀,结果是色差影响配套艺术效果。

陶瓷坯釉、色料等的颜色除主要决定于高温下形成的着色化合物的颜色外,加入的某些无色化合物如 ZnO、Al_2O_3 等对色调的改变也有作用。烧成温度的高低,特别是气氛的影响更大。应当注意,一些色料只有在规定的气氛下才能产生指定的色调,否则将变成另外的颜色。我国著名的传统红釉——铜红釉,其烧成就是在强还原气氛下,金属铜胶体粒子析出而着成红色。这种釉如果控制不好,还原不够或又重新氧化,偶然也会出现红蓝相间,杂以中间色调的"窑变"制品,绚丽斑斓,异彩多姿,其装饰效果反而超过原来的单纯红色。

在着色实践中,除了要了解其与光谱的关系外,还要了解亮度(决定于透射或反射光的强度)、色调(决定于反射光或透射光的主波长)和饱和度(也称浓度或纯度,表示主波长在白光中所占比例)三个参数。用于陶瓷的颜料可以分为两大类:分子(离子)着色剂和胶态着色剂。其显色的原因与普通的颜料、染料一样,是着色剂的选择性吸收而引起的选择性反射或选择性透射,从而显现特定的颜色。不过请注意,着色剂也会因为环境条件的变化而发生改变,从而显示出不同的色彩格调。

分子着色剂中起作用的是离子,或者是复合离子。当简单离子的外层电子层结构属于惰性气体型或铜型,认为比较稳定,只有能量较高的光子才能激发电子跃迁,这样,选择性吸收发生在紫外区,对可见光没有影响,因此往往是无色的。只有过渡族元素,其外层电子层有不满 d 层结构,镧元素(稀土族元素)的第 3 外壳层含未成对的 f 电子,它们较不稳定,需要较少的能量即可激发,故能选择性吸收可见光。例如,过渡族元素 Co^{2+},吸收红、橙、黄和部分绿光,呈带紫的蓝色;Cu^{2+} 吸收红、橙、黄及紫光,让蓝、绿光通过;Cr^{2+} 显黄色;Cr^{3+} 吸收橙、黄色,呈鲜艳的紫色。锕系和镧系相同,属放射性元素,如铀 U^{6+} 吸收紫、蓝光,呈带绿、黄光的黄绿色。复合离子着色剂中有显色的简单离子则也会显色,如全为不显色离子,但其相互作用强烈,产生较大的极化,也会由于电子轨道变形或能级分裂而吸收可见光子。例如,V^{5+}、Cr^{5+}、Mn^{7+}、O^{2-} 均无色,但 VO_3^- 显黄色,CrO_4^{2-} 也显黄色,MnO_4^- 显紫色。

牙科用的全瓷材料因其理化和生物学性能稳定,修复效果逼真,使得全瓷修复体愈来愈受到临床医生和患者的青睐。氧化锆陶瓷由于具有较高的强度、硬度,较好的抗断裂韧性及耐磨性,其化学性质稳定及生物相容性好等优良特性,从陶瓷材料中脱颖而出,成为最有发展前景的新型牙科结构材料。开发更加丰富的内着色系列产品,以降低对技工人员的要求,提高修复体的颜色均一性,对于改善临床治疗效果有积极的影响。例如,在氧化锆粉体中加入少量的金属氧化物如 Fe_2O_3、Bi_2O_3 和 CeO_2 进行内着色可制作出不同颜色的牙科用氧化锆陶瓷;将氧化锆粉体中混入 CeO_2、Er_2O_3 和 Pr_6O_{11} 等稀土氧化物着色剂进行内着色的研究结果也表明,Er_2O_3 赋予氧化锆红色,CeO_2 和 Pr_6O_{11} 使之呈黄色。

化合物的颜色多取决于离子的颜色,离子有色则化合物必然有色。为解决高温颜料的颜色稳定性,通常采用两种方法:① 使显色离子进入尖晶石结构的矿物中去。最常见的尖晶石结构形式是 $AO \cdot B_2O_3$,此处 A 是二价离子,B 是三价离子,只要尺寸合适,则二价离子和三价离子都可固溶其中。堆积紧密,结构稳定,所制成的色料稳定度高。② 把显色离子固溶到钙铁矿结构的载体中,也可制成陶瓷高温色料。

胶态着色剂最常见的有胶体金、银、铜,它们分别显红、黄、红色。此外,还有硫硒化镉等。金属粒子与非金属粒子的胶体表现完全不同。金属胶体粒子的吸收光谱或者称色调决定于粒子的大小;而非金属胶体粒子则主要决定于它的化学组成,粒子尺寸影响很小。

3.6 电光效应、光折变效应、非线性光学效应

3.6.1 电光效应及电光晶体

光学材料与应用

1. 电光效应(electro-optical effect)
电光效应就是晶体折射率随外加电场而发生变化的现象,尽管在电场作用下电光效应

晶体的折射率一般变化不大,但已经足以引起光在晶体中传播的特性发生改变从而可以通过外场的变化达到光电信号互相转换或光电信号相互控制、相互调制的目的。

假设极化强度 P 与所加电场有线性关系,但这是一级近似。事实上电场与材料的介电常量,对于光频场,也就是材料折射率 n,有如下关系

$$n = n^0 + aE_0 + bE_0^2 + \cdots \qquad (3-24)$$

式中,n^0 是没有加电场 E_0 时介质的折射率;a、b 是常数。

这种由于外加电场所引起的材料折射率的变化效应,称为电光效应。由式(3-24)可见,等式右边第二项 aE_0 与 n 为线性关系,称为线性电光效应或称泡克尔斯(Pockels)效应;第三项为二次电光效应,也称克尔(Kerr)电光效应。

一次电光效应:没有对称中心的晶体,如水晶、钛酸钡等,外加电场与 n 的关系具有一次电光效应。本是具有圆球的(光各向同性)折射率体,在电场作用下,产生了双折射,折射率体成为旋转椭球体,即成为单轴晶体。同样,单轴晶体加上电场后,变旋转椭球体的光折射率体成为三轴椭球光折射率体。对于电光陶瓷,由于电场诱发的双折射的折射率差为

$$\Delta n = \frac{1}{2} n^3 r_c E \qquad (3-25)$$

式中,r_c 为电光陶瓷的电光系数;n 为折射率;E 为所加电场强度。

二次电光效应:对于有中心对称或结构任意混乱的介质,它们不具有一次电光效应,只具有二次电光效应。这是1870年克尔在玻璃上实验发现的。对于光各向同性的材料,在加上外加电场后,由于二次电光效应诱发的双折射的折射率差为

$$\Delta n = n_e - n_o = k\lambda E^2 \qquad (3-26)$$

式中,k 为电光克尔常数;λ 为入射光真空波长;E 为外加电场强度。

2. 电光晶体(electro-optical crystal)及其应用

电光效应的应用常常通过具有电光效应的晶体材料来实现,具有电光效应的晶体称为电光晶体。从结晶化学角度来看,常用的是线性电光晶体可分为以下几类。

(1) KDP 型晶体:这类晶体的线性电光效应比较显著而且容易从水溶液中生长出尺寸巨大的高光学质量晶体,包括 KDA、KDP、ADP 等。在激光受控热核聚变等需要特大型晶体的场所作用显著,其缺点是这类水溶性晶体易潮解,须特殊保护。

(2) ABO_3 型晶体:这类晶体中有许多是具有氧八面体结构的铁电材料,具有较大的折射率和介电常数,包括 $BaTiO_3$、$SrTiO_3$ 等。该类晶体有显著的二次电光效应,在铁电相显著的线性电光效应,但是钙钛矿型晶体的缺点是组成复杂,居里温度低。

(3) AB 性化合物晶体:这类晶体透过波段也较宽,大都是半导体,一般有较大的折射率,即使其电光系数较小,在红外波段应用中起着重要作用。

电光材料要求质量高,在使用波长范围内对光的吸收和散射要小,而折射率随温度的变化不能太大,电光系数、折射率要大,电阻率要大而介电损耗角要小。工程上,线性电光材料常用的参量是半波电压 V_π,它表示当所加电压使诱发的寻常光和非寻常光的相位差达180°

时的电压值。

透明的单晶铁电材料,如磷酸二氢钾(KDP)、磷酸二氢铵、$BaTiO_3$ 和 $Gd(MoO_4)_3$ 晶体长期以来被认为是很好的电光材料,但是由于单晶生长慢,成本很高,KDP 对潮湿敏感,限制它更广泛的应用。20 世纪 60 年代出现的透明铁电陶瓷,成功地制成了电光器件。其中的掺镧锆钛酸铅 $Pb_{1-x}La_x(Zr_yTi_{1-y})_{1-x/4}O_3$(PLZT)是一种透明铁电陶瓷。PLZT 的 La^{3+} 离子代替了 Pb^{2+} 离子在 ABO_3 钙铁矿晶格中的 A 位置,如图 3-23。由 A^{2+} 位置或 B^{4+} 位置产生空位来维持电中性。表 3-5 为一些电光晶体及其主要参量。

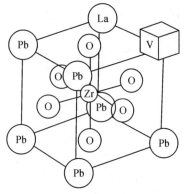

图 3-23　La^{3+} 置换 Pb^{2+} 空位的 ABO_3 晶胞

表 3-5　一些电光晶体及其主要参量

晶 体 种 类		居里温度/K	折射率 n_0	相对介电常数	半波电压/V
KDP 型晶体	KH_2PO_4	123	1.51	21	7 650
	$NH_4H_2PO_4$	148	1.53	15	9 600
	$NH_4H_2AsO_4$	216		14	13 000
立方钙钛矿型晶体	$BaTiO_3$	393	2.40		310
	$Pb_3MgNb_2O_3$	265	2.56	$\sim10^4$	$\sim1\,250$
	$SrTiO_3$	33	2.38		
铁电性钙钛矿型晶体	$KTa_xNb_{1-x}O_3$	~283	2.318		~90
	$LiTaO_3$	933	2.176	$\varepsilon_a=98$	2 840
	$LiNbO_3$	1 483	2.286	$\varepsilon_c=51.5$	2 940
闪锌矿型晶体	ZnS		2.36	8.3	10 400
	GaAs		3.60	11.2	$\sim5\,600$
	CuCl		2.00	7.5	6 200
钨青铜型晶体	$Sr_{0.75}Ba_{0.25}Nb_2O_5$	333	2.31	6 500	37
	$K_3Li_2Nb_5O_{15}$	693	2.28	100	330
	$Ba_2NaNb_5O_{15}$	833	2.37	51	1 720

成分为 12La-40Zr-60Ti 的电光陶瓷主要用来产生线性双折射效应,成分为 9La-35Zr-65Ti 的电光陶瓷主要用来产生电光二次效应。由电场极化使光各向同性的立方相成为光的单轴菱方相或四方相,这种应用十分广泛,铁电陶瓷极化后的光透射率如图 3-24 所示。

电光晶体广泛地应用于纵向 KDP 光调制器、电光陶瓷光快门等领域,还可应用于制造眼睛防护器,避免焊接或原子弹爆炸等强光辐射,制造颜色过滤器、显示器及信息存储等。

在传统的光调制和激光器件领域,目前的电光晶体能满足激光技术发展的基本需要,但是随着激光及光通信技术的快速发展,对电光晶体提出了许多新的需求,必须从理论和实际晶体生长两个方面来开展对电光晶体的研究,争取有所突破。

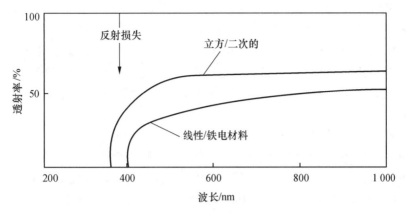

图 3‑24　PLZT 光透过特性

在无机非线性光学晶体基团理论基础上,建立电光晶体性质与微观结构之间关系的理论模型,从晶体结构的微观角度指明新型优良电光晶体可能存在的类型和形态,把计算晶体电光效应的理论方法和模型与晶体内化学键,特别是基团结构联系起来,为探索新型电光晶体提供理论基础。

结合不同点群晶体对电光器件设计的要求,从宏观点群出发,筛选符合要求的晶体材料。近年来,关于功能晶体复合和交互效应的研究也有很大进展。被认为由于旋光性影响而不能应用的属于 32 点群的硅酸镓镧晶体,在经过特别设计克服旋光性影响后可成为一种新的、有良好应用前景的电光晶体,也为新的电光晶体的探索和研究提出了一条新的途径。

3.6.2　光折变效应

1. 现象和特点

20 世纪 60 年代中期,美国贝尔实验室的科学家在用铌酸锂晶体进行高功率激光的倍频轮换实验时,观察到晶体在强激光照射下出现可逆的“光损伤”现象。由于伴随这种效应是材料的折射率改变,并且“光损伤”是可擦除的,故人们把这种效应称为光折变效应(photorefractive effect),以区别通常所遇到的晶体受强激光辐照所形成的永久性损伤。光折变效应是光致折射率变化效应(photo-induced refractive index change effect)的简称,但它并不是泛指所有由光感产生折射率变化的效应。它的确切意义在于材料在光辐射下通过光电效应形成空间电荷场,再由电光效应引起折射随光强空间分布而发生变化的效应。它现在已形成了非线性光学的一个重要分支——光折变非线性光学。

在光折变效应中折射率的变化和通常在强光场作用下所引起的非线性折射率变化的机制是完全不同的。光折变效应是发生在电光材料中的一种复杂的光电过程,是由于光致分离的空间电荷产生的相应空间电荷场,由于晶体的光电效应而造成折射率在空间的调制变化,形成一种动态光栅(实时全息光栅)。

与高功率激光作用的非线性光学效应相比,光折变效应有两个显著特点:

(1) 一定意义上讲,光折变效应与光强无关。因为光折变效应是起因于光强的空间调制,而不是光强作用于价键电子云发生形变造成的。入射光的强度,只影响光折变过程进行的速度。正是这种低功率下出现的非线性光学现象为采用低功率激光制作各种实用非线性光学器件奠定了坚实的基础。

(2)该效应不仅在时间响应上显示出惯性,而且在空间分布上是非局域响应。也就是说,折射率改变最大处并不对应于光辐射的最强处。正是因为有这个显著特点,使利用光折变效应进行光耦合,其增益系数可以达到 $10\sim100$ cm^{-1} 量级,远远高于红宝石、钕玻璃激光物质的增益系数。

光折变效应是由三个基本过程形成的:光折变材料吸收光子而产生自由载流子(空间电荷),这种电荷由于相干光束干涉强度分布不均匀,它们在介质中的漂移、扩散和重新俘获形成了空间电荷的重新分布,并产生空间电荷场。为说明这种过程提出了不同的模型,较早提出的有:电荷转移模型、带输运模型和跳跃模型,其中带输运模型是受到人们接受的理论模型。带输运模型同时考虑了光激发载流子在晶体中的三种可能迁移过程,即分散、漂移和光生伏特效应形成的光电流,比较全面分析了光折变效应的微观过程,对于稳态光折变现象做出了合理的结论,并可以描述光折变效应的瞬态和随时间演化过程以及非静态记录的各种情况,以此说明了许多动态现象。

2. 光折变晶体(photorefractive crystal)

光折变晶体大体上分为两类。一类为非铁电氧化物,它们是 BSO($Bi_{12}SiO_{20}$)、BGO($Bi_{12}GeO_{20}$)、GaAs 等。其主要性能及其应用见表 3-6。它们的特点是具有快的响应速度,但能够形成折射率光栅的调制度比较小。另外一类是 $BaTiO_3$、KNSBN[$(K_yNa_{1-y})_a(Sr_xNb_2O_6)$]、$LiNbO_3$ 等铁电晶体,特点是可以形成大的折射率光栅调制度,但其光折变的灵敏度比较小。它们的主要性能及其应用见表 3-7。

表 3-6 几种非铁电材料的光折变性能及其应用

材 料	$Bi_{12}(Si, Ge, Ti)O_{20}$	GaAs;Cr;InP;Fe
响应时间	10 ms	10 ms
光强(波长)	$10\sim100$ mW/cm^2(514 nm)	$10\sim100$ mW/cm^2(1.06 nm)
增益系数	$8\sim12$ cm^{-1}	$1\sim6$ cm^{-1}
四波混频反射率	$1\sim30$	$0.1\sim1$
应用	光放大、位相共轭、无散斑成像;图像边缘增强、实时干涉计量、空间光调制	近红外、红外波段的相位共轭、光放大与高速信息处理

表 3-7 几种铁电晶体的光折变性能及其应用

材 料	$BaTiO_3$、$KNbO_3$、KTN(铌酸钾)、SBN(铌酸锶钡)、KNSBN(钾钠铌酸锶钡)
响应时间	$0.1\sim1$ s 110 μs 其余 $1\sim10$ s
光强(波长)	$10\sim100$ mW/cm^2(514 nm)
增益系数	$10\sim30$ cm^{-1}
四波混频反射率	$1\sim50$
主要应用领域	全息存储、光学位相共轭;光放大干涉仪、光刻、激光模式锁定、动态滤波器、图像加减、光学逻辑运算

光折变效应在光放大、光学记忆、图像关系、空间光调制器、光动态滤波器、光学时间微分器、光偏转器等各种原型器件中都有应用。而且由于光折变材料具有灵敏、耐用等特点，有人正在将其应用于计算机。

3.6.3 非线性光学效应

1. 基本概念

激光问世之前，基本上是研究弱光束在介质中的传播，确定介质光学性质的折射率或极化率是与光强无关的常量，介质的极化强度正比于光波的电场强度 E，光波叠加时遵守线性叠加原理。20 世纪 60 年代激光产生后，其相干电磁场功率密度可达 10^{12} W/cm^2，相应的电场强度可与原子的库仑场强(约为 3×10^8 V/m)相比较，因此其极化强度 P 与电场的二次、三次甚至更高次幂相关。激光器所进行的大量实验证明，那些过去被认为与光强无关的光学效应或参量几乎都与光强密切相关。正是由于光波通过介质时极化率的非线性响应，引起了对于光波的反作用，产生了和频、差频等谐波。这种与光强有关，不同于线性光学现象的效应称非线性光学效应(non-liner optical effect)。具有非线性光学效应的晶体则称为非线性光学晶体。

2. 非线性光学晶体及其应用

非线性光学晶体的主要应用是激光频率转换。按其转换功能可以分为倍频晶体、频率上转换晶体、频率下转换晶体、参数放大或参量振荡晶体材料。按其应用激光的特性又可分高强功率(大于 10 GW/cm^2)、中功率、低功率激光频率转换晶体。

实际应用的非线性光学晶体，许多都是电光晶体材料，如磷酸盐类的 KDP、DKDP、磷酸钛氧钾(KTP)，还有 LiNbO$_3$(LN)和 KNbO$_3$(KN)等。当前优良的非线性晶体多集中于紫外、可见及近红外区域。在长波 5 μm 的远红外波段的优良非线性晶体较少。

三硼酸锂 LiB$_3$O$_5$(LBO)是一种新型紫外倍频晶体，是透光波段为 $0.16\sim2.6$ μm 负光双轴晶，有效倍频系数为 KDP 的 d_{36} 的三倍。LBO 晶体有很高的光伤阈值，有良好的化学稳定性和抗潮性，加工性能也好，广泛应用于高功率倍频、三倍频、四倍频及和频、差频等方面。在参量振荡、参量放大、光波导及光电效应方面也有良好的应用前景。

KDP 及 DKDP 一直是最早备受重视的功能晶体，透过波段为 $0.178\sim1.45$ μm，是负光性单轴晶，其非线性光学系数 $d_{35}=0.39$ pM/V(1.064 μm)，常作为标准与其他晶体比较。KDP 晶体最早作为频率晶体对 1.04 μm 实现二、三、四倍倍频及染料激光实现倍频而被广泛应用。它还可以制造 Q 开关。特别是特大功率激光在受控热核反应、核爆模拟的应用方面，大尺寸 KDP 是唯一已经采用的倍频材料，其转换效率高达 80% 以上。虽有新材料出现，但特大晶体的综合性能，仍以 KDP 为最优。

红外非线性光学晶体是非线性光学效应的重要载体。半导体非线性光学晶体有很多可以用于远红外波段。例如，单质的 Se、Te 用于红外倍频的半导体型非线性光学晶体，它们是正光性单轴晶体。CdSe 正光性单轴晶体是当前国际上重要的激子非线性多量子阱材料，具有很强的非线性，透光波段为 $0.75\sim20$ μm，可对不同波段激光的倍频、和频实现相位匹配。

3.7 光的传输与光纤材料

3.7.1 光纤发展概况和基本特征

从 1876 年发明电话到 20 世纪 70 年代,所有的通信线路都是铜导线。世界上干线通信使用的是标准铜轴管,每管质量达 200 kg/km。我国则采用 8 管铜轴电缆,加上金属护套每千米重达 4 吨多。正当人们为有色金属消耗过多,并为制造金属圆波导工艺而大伤脑筋之时,却在 20 世纪 70 年代初研制成功了高纯 SiO_2 和 GeO_2 玻璃,这样就诞生了光导纤维(optical fiber),至 80 年代初光纤的传输损耗在波长为 1.55 μm 时已降低到 0.2 dB/km。目前世界上光纤的年产量达 6 000 万千米以上,全世界铺设的光纤总长度已超过 2 亿千米。每根光纤的通信容量可以达到几千万,甚至上亿条话路。这是人类从电子通信过渡到光子通信的一个飞跃。最近十多年来,人类信息社会发展如此之快,以石英材料制成的光纤功不可没,它以极大的通信容量给人类带来了一个无限带宽的信息载体。从而建立了现代的全球通信网。

光纤是“光导纤维”的简称。所谓“光波导”是指能够约束并导引光波在其内部或表面附近沿轴线方向传播的传输介质。通常总是以其截面形状分为平板波导、矩形波导、圆柱波导等。光纤波导是以各种导光材料制成的纤维丝,其基本的结构可分为纤芯相包层两部分。纤芯都要由高折射率材料制成,它是光波传输的介质;而包层材料折射率比纤芯要稍低一些,它与纤芯共同组成光波导,形成对传输光波的约束作用。在光纤波导中传播的光波称之为“导波光”,其特征是:沿传播方向以“行波”的形式存在,而在垂直于传播方向上则以“驻波”的形式存在。因此对于理想的平直光纤波导,在垂直于光传播方向的任一截面上,都具有相同的场分布图,这种场分布只取决于光纤波导的几何结构,是光纤固有属性的表征。不同的场分布图常被称为“模式”。在一般的光纤中,可以允许几百到几千个模式传播,通常称之为“多模光纤”。如果光纤中只允许一个模式传播则称之为“单模光纤”。

光纤的传输特性与其横截面上折射率分布有很大关系。光纤依据其折射率分布可分为两类,即阶跃折射率分布和渐变折射率分布光纤。在阶跃折射率分布光纤中,纤芯和包层折射率均为常数,分别等于 n_1 和 $n_2(n_1 > n_2)$。在渐变折射率分布光纤中,包层折射率仍为 n_2,但纤芯折射率不再为常数,而是自纤轴沿半径 r 向外逐渐下降,在纤轴($r = 0$)处,折射率最大(等于 n_1),而在纤壁处,折射率最小(等于 n_2)。

纤芯的作用是将入射端的光线传输到接收端。纤芯和包层的交界面是折射率差的界面。该界面不使光线透过构成光壁以保证纤芯的导光。为了使光线在芯部正常导光,就必须使光线在光壁上产生全反射。图 3-25 就表示了这一原理,其中 B(入射光线)与芯纤所成角度 Φ

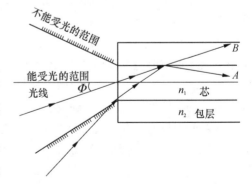

图 3-25 光导纤维接受与传输光线原理示意图

大于光导纤维可接受光的最大受光角 Φ_c 时就发生光的散射,就无法实现光导。因为入射角必须小于 Φ_c,也就是如图中 A 那样才能在芯部正常导光。根据纤芯和包层界面的全反射条件可以求得

$$\Phi_c = \arcsin\sqrt{n_1^2 - n_2^2} \approx \sqrt{2n_1(n_1 - n_2)} \qquad (3-27)$$

式中,n_1 和 n_2 分别为纤芯和包层的折射率。要使光传导过程中的损耗尽可能低,纤芯的透光性能应尽可能好,那么如何来计算光纤的损耗呢,对于石英光纤的损耗通常是以 dB/km 为单位来表示的,即

$$损耗 = \frac{10}{L}\lg(I_0/I) \qquad (3-28)$$

式中,L 是以 km 为单位的光纤长度,而强度为 I_0 的光经过 L 的光学纤维后衰减到强度为 I 时,把比值 I_0/I 的对数值的 10 倍作为损耗。

3.7.2 光纤材料的制备

光纤是各种光纤系统中最重要和最基本的部件,依据光纤材料可将光纤分为石英系列和非石英系列光纤。除此以外又可将光纤依据其折射率和模式分布进行分类,各种不同类型的光纤其制备工艺是不相同的。

图 3-26(a)即为目前光纤制备的工艺流程。最初的光纤多采用"直接拉丝"工艺加以制备,这种工艺是直接用纤芯和包层材料来拉制光纤。通常运用棒管法来拉制光纤,如图 3-26(b)。棒管法是一种最原始也最简单的光纤拉制工艺。这种工艺是将纤芯材料制成玻璃棒,再将包层材料制成玻璃管,经过表面清洗和抛光以后,将玻璃棒插入玻璃管之中然后置于中空的圆形坩埚中加热,即可拉成合适尺寸的光纤。棒管法虽能制成价格便宜的高数值孔径光纤,但由于气泡和杂质可能会掺进纤芯和包层之间的夹层,从而引起较大的损耗。后来人们又发展了"双坩埚法",其原理是将纤芯材料和包层材料分别装入两个同心的坩埚之内,而这两个坩埚被一熔炉加热,使材料软化后从喷嘴中流出而制成光纤。这种方法都用于制备多组分玻璃光纤和光纤束。经过十几年的摸索,现在的方法是将提纯的光纤原材料先制成光纤预制棒(而不用棒管法),然后制成光缆(光纤),其整套工艺流程已日趋成熟。

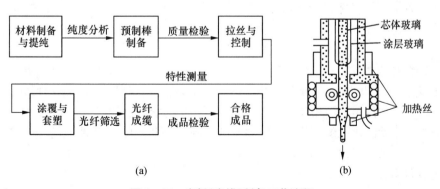

(a)　　　　　　　　　　　(b)

图 3-26　光纤(光缆)制备工艺流程

3.7.3 光纤的应用

1. 光纤通信

光纤通信是一种"光通信",即以光波为载波来传达信息实现通信。依据光波的传播介质可将光通信划分为"大气通信"——以空气为传播介质;"海水通信"——以水作为介质;"光纤通信"——以光纤作为传播介质。上述三种光通信方式覆盖陆、海、空三个方面,构成了现代社会信息传播的新框架。最近十多年以来,我国的光纤事业得到了政府的支持而发展极为迅速,目前已有上海、武汉、蚌埠、成都等地许多工厂和研究所生产有关多芯光缆、野战光缆、海底光缆等一系列光纤材料、光纤通信测量仪器、器件和设备。光纤通信系统的发展迄今已经历了第一、第二、第三代变化,正在进入第四、第五代。第一代光纤通信系统采用的是短波长 0.85 μm 光电器件;第二代光纤通信采用的长波长 1.3 μm 光电器件;第三代光纤又引入了单模光纤,使光纤的色散大幅度下降;第四代光纤通信系统中又出现了长波长 1.55 μm 光电器件,但在这一波长处,光纤的损耗降低了许多,并采用单频激光管及使光纤"色散移位"来使光纤色散降到零;第五代正处于实验室研究阶段,其主要标志是新兴通信方式的应用,如相干光通信、光放大通信、光弧子通信以及全光通信等,这样就有可能使未来通信系统出现根本性变革。与电信系统类似,光纤通信系统也是将用户的信息(语音、图像、数据等)按照一定方式调制到载送信息的光波上,然后经光纤传播输送至远方接收端,再经适当的调解从载波中取出用户所需要的信息,图 3-27 即光纤通信系统的一般装置。

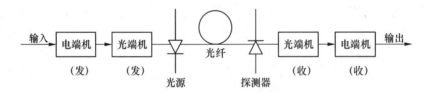

图 3-27 光纤通信系统的基本装置

在发送端有光发送端机和电发信端机。光发送端机主要部分是光源(激光二极管或发光二极管)及其相应的驱动电路。电发信端机就是通常电通信中采用的载波机、电视图像收发信设备、计算机终端或其他常规电子通信设备,利用电发信端机输送的电信号对光源进行调制,使其输出载有有用信息的载波光信号并耦合进光纤线路传输。光接收端机的主要部分是光电检测器(光电二极管)及相应的放大电路,其功能是将经过光纤传送的光信号还原成电信号,并送电收信端机作调解、放大、判决、再生等电子技术处理,以恢复原始信息供用户使用。

2. 光纤传感技术

光纤传感器是 20 世纪 70 年代才出现的新技术,它是以光纤作为信息的传输媒质,光作为信息载体的一种传感器。由于光纤的优良的物理、化学、机械和传输性能,使光纤传感器具有传统传感器无法比拟的优越性:它的灵敏度高,体积小,能抗电磁干扰,抗腐蚀性强,能在恶劣环境下使用。

3. 光纤传像技术

利用光纤进行图像传输有三种途径:第一种途径是利用光纤通信技术进行图像传输;

第二种途径是光纤束传像,是利用每根光纤的传光能力,向每根光纤对应一个最基本的像元,光纤束两端每根光纤进行相关排列,这样就可进行像传输;第三种途径是利用单根光纤实现图像传输。这方面的研究历史很短,已经取得一些成就。

4. 在其他方面的应用

光纤在混凝土建筑中的应用;利用激光和光纤的起爆装置;微波光纤技术的应用,包含射频传输线路中的应用及光纤在雷达中的应用。

3.8　材料的发光

发光材料又称为发光体,是一种能够把从外界吸收的各种形式的能量转换为非平衡光辐射的功能材料。光辐射有平衡辐射(热辐射)和非平衡辐射(发光)两大类:任何物体只要有一定的温度,那么该物体就具有在此温度下处于热平衡状态的辐射,如红光、红外辐射。非平衡辐射是指在某种外界作用激发下,体系偏离原来的平衡态,如物理回复到平衡态的过程中,其多余的能量以光辐射的形式释放出来,则成为发光源。因此,发光是一种叠加在热辐射背景上的非平衡辐射,其持续时间要超过光的振动周期。

材料中的电子受能量激发进入激发态,再衰变回较低能级时会放出能量,该能量以光的形式释放时称为材料的发光。固体发光的微观过程可以分为两步:第一步,对材料进行激励,即各种能量的输入,将固体中电子的能量提高到一个非平衡状态,称为"激发态";第二步,处于激发态的电子自发向低能态跃迁,同时发射光子。

3.8.1　激励方式

材料的激发过程可以有多种能量注入的形式,外界可能的能量来源包括电磁波、带电粒子、电场、机械作用或化学反应。其中常用的激励方式主要有以下几种。

1. 光致发光

通过光的辐射将材料中的电子激发到高能态从而导致发光,称为"光致发光"。光激励可以采用光频波段,也可以采用 X 射线和 γ 射线波段。日常照明用的荧光灯即紫外线激发涂布在灯管内壁的荧光粉而发光的。

2. 阴极射线发光

利用高能量的电子来轰击材料,通过电子在材料内部的多次散射碰撞,使材料中多种发光中心被激发或电离而发光的过程,称为"阴极射线发光"。这种发光只限于电子轰击的区域附近。彩色电视的颜色就是采用电子束扫描、激发显像管内表面上不同成分的荧光粉,使它们发射红、绿、蓝三基色光而呈现。

3. 电致发光

通过对绝缘发光材料施加电场导致发光,或者从外电路将电子(空穴)注入半导体的导带(价带),导致载流子复合发光,称为"电致发光"或"场致发光"。发光二极管的发光就属于半导体的电致发光。

3.8.2 材料发光的特性

从应用的角度来看,人们感兴趣材料的光学性能通常是发光的颜色、强度和延续时间,故材料的发光特性主要从激发光谱、发射光谱、发光寿命和发光效率来评价。

1. 激发光谱和发射光谱

激发光谱是指材料发射某一特定谱线(或谱带)的发光强度随激发光的波长而变化的曲线,如图 3-28(a)所示。能够引起材料发光的激发波长也一定是材料的吸收波长,但是激发光谱≠吸收光谱,因为有些材料吸收某些光后不一定会发射光,这些对发光没有贡献的吸收是不会出现在激发光谱上的。

发射光谱是指在一定激发条件下发射光强按照波长的分布,如图 3-28(b)所示。发射光谱的形状与材料的能带结构有关,它反映材料从高能级向低能级的跃迁过程。

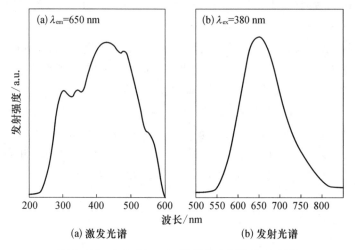

(a) 激发光谱   (b) 发射光谱

图 3-28　LaEuSi$_2$N$_3$O$_2$ 的激发光谱和发射光谱

2. 发光寿命

发光体在激发停止后,持续发光时间的长短称为发光寿命(也称荧光寿命或余晖时间)。发光强度以指数衰减,其衰减规律如下

$$I = I_0 e^{-\alpha t} \tag{3-29}$$

式中,α 表示电子在单位时间内跃迁到基态的概率。

光强衰减到初始值 I_0 的 $1/e$ 所经历的时间为发光寿命 τ,有 $\tau = 1/\alpha$,则

$$I = I_0 e^{-t/\tau} \tag{3-30}$$

在实际应用时,往往约定从激发停止后发光强度衰减到初始值的 $1/10$ 的时间称为余晖时间。余晖时间较长的发光被称为磷光,余辉时间较短的被称为荧光。

3. 发光效率

发光效率通常有三种表示方式,量子效率、功率效率和流明效率。

量子效率 η_q 是指发光光子数 n_{out} 与吸收光子数 n_{in} 之比,

$$\eta_q = \frac{n_{out}}{n_{in}} \tag{3-31}$$

功率效率 η_p 是指发光功率 P_{out} 与吸收光功率(或输入的电功率) P_{in} 之比,

$$\eta_p = \frac{P_{out}}{P_{in}} \tag{3-32}$$

流明效率 η_l 是指发射的光通量 L(以流明 lm 为单位)与输入的光功率(或电功率) P_{in} 之比,

$$\eta_l = \frac{L}{P_{in}} \tag{3-33}$$

许多发光器件的性能要以人眼的感觉来评价,而人眼对不同波长的光敏感度不同,比如有些功率效率很高的器件发出的光,在人眼看起来并不觉得很明亮。因此,从实用的角度出发才引入了"流明效率"(或"光度效率")这一参数。

3.9 固体激光器材料及其应用

对光发射深入地理解和研究,导致了一个奇异的器件——激光器的诞生。毫不夸张地讲,激光器的问世不仅给光学、物理学乃至整个科学研究领域带来了一场深刻的革命,其触角几乎渗透到各个领域,并充分发挥巨大的潜力。

1960 年美国人梅曼首先建立了世界上第一台在红光谱区发射激光的红宝石激光器。激光器一般由三部分组成:第一部分是能产生激光的物质,称为激光工作物质;第二部分是激光产生的激励装置(在红宝石激光器中就是氙闪光灯);第三部分就是供激光放大的谐振腔。图 3-29 就是红宝石脉冲式激光器的装置图,其中红宝石就是激光工作物质,而在红宝石一端的镜子则能将该波长的激光 100% 反射,而另一端的镜子则可让激光部分透过以便应用。正是激光束在两平行的镜子间来回反射造成了激光作用。激光的英文名字为 LASER,就是 Light Amplification by Swimulated Emission of Radiation 的缩写。

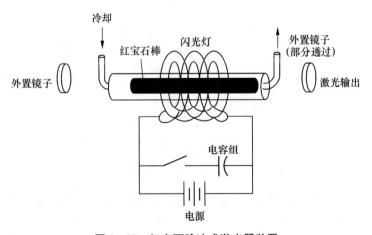

图 3-29 红宝石脉冲式激光器装置

将已处于布居反转的物质系统(可实现布居反转的物质系统称为激光增益介质)置于由两个平行反射镜构成的谐振腔内(图 3-30),增益介质所发出的传播方向平行于两个反射镜轴线的自发辐射光在谐振腔内来回反射,多次往返穿过激光增益介质时会不断放大,如果放大超过了所有损耗,谐振腔内储存的能量将随时间而增加,直至单程饱和增益恰好等于损耗时,达到稳态自振荡,产生激光。

图 3-30 激光器结构原理图

目前从晶体、玻璃体、气体、半导体和液体中都已获得了激光,其谐振范围可以从远红外到紫外。主要的气体激光器有 He-Ne 激光器、氩离子激光器、He-Cd 激光器和 CO_2 激光器。南京大学闵乃本院士课题组经过近 20 年的努力,将超晶格概念推广到介电材料,研制成周期、准周期和二维调制结构介电体超晶格,基于级联光频转换和多波长同时产生,研制成功超晶格全固态白光激光器;基于超晶格振动与微波的耦合,将与极化激元相关的长波光学特性由红外波段拓展至微波波段,为微波带隙材料设计提供了新途径。他们深入研究了电磁波(光波与微波)与弹性波(超声波)在介电体超晶格中的传播、激发及其耦合效应,从新效应、新机制的理论预言到材料制备、实验验证、原型器件研制进行了系统性的原创工作。该材料主要应用于光电子学、光子学等高科技领域。

对于固体激光器来说,除了光泵、聚光冷却系统、谐振腔和电源以外,最主要部分就是激光工作物质。常用的固体激光工作物质有激光晶体、激光玻璃和半导体材料。表 3-8 列出了几种主要的固体激光器及其应用情况。

表 3-8 固体激光器的种类和应用

种 类		主要波长	特 征	输出功率	应 用	正在开发的应用
固体激光器	红宝石激光器	0.69(红外)	(1) 高能脉冲 (2) 高功率脉冲输出(Q 开关控制)	1~100 J 1 MW~1 W	测距、激光雷达、打孔、焊接	等离子测定、高速全息照相
	玻璃激光器	1.06(红外)	(1) 高能脉冲 (2) 大功率脉冲(Q 开关控制)	约 1 000 J 约 1 TW	加工	物性研究,引发等离子体
	钇铝石榴激光器	1.06(红外)	(1) 连续高功率输出 (2) 高速反复操作的 Q 开关 (3) 第二调制波输出	连续 1 W~1 kW 交变 5 kHz~10 kW	(1) 集成电路划线、修整红宝石 (2) 激光雷达	染料激光器光源、拉曼分光计光源程序
半导体激光器		0.9(红外)	功率高 效率高	脉冲约 10 W 连续约几毫瓦	游戏用光源	通信情报处理、测距

在现有的几十种激光晶体和激光玻璃(激光工作物质)中,最早发现并经常使用的有红宝石、掺钕的硅酸盐玻璃(简称钕玻璃)和掺钕的钇铝石榴石。现有激光工作物质主要有以下几类:

1. 色心晶体

色心晶体主要由碱金属卤化物的离子缺位捕获电子形成色心。与一般激光晶体不同，色心晶体是由束缚在基质晶体晶格周围的电子或其他元素的离子与晶格相互作用形成发光中心。由于束缚在缺位中的电子与周围晶格间存在强的耦合，因此电子能级显著被加宽，使吸收光谱和荧光光谱呈连续谱的特征，所以色心激光晶体可实现调谐激光输出。色心晶体主要有 LiF,KF,NaCl,KCl:Na,KCl:Li,KI:Li 等。近年来氧化物色心晶体已引起人们的重视，目前已研制出 CaO 色心激光器，输出功率已超过 100 mW，调谐范围为 357～420 nm，表明其有很好的发展前景。

2. 掺杂型激光晶体

除色心激光晶体以外，绝大部分的激光晶体都是含有激活离子的荧光晶体。在这些掺杂型激光晶体中，晶体所起的作用就是提供一个合适的晶体场，使之产生所需要的受激辐射。因此对基质晶体的要求就是其阳离子与激活离子的半径、电负性要接近，而价态则尽可能相同，同时该基质晶体的物理化学性能必须稳定，并能较易生长出光学性好的大尺寸晶体。人们在这些原则指导下找到的基质晶体主要有氧化物、氟化物和复合氟化物三类。

3. 自激活激光晶体

增加激活离子的浓度是提高效率的一种有效途径，当激活离子成为基质的一种组分时就形成了所谓自激活晶体。在通常情况下，激活离子在掺杂型晶体中增加到一定程度时就会产生淬灭效应，使荧光寿命下降。但是以 NdP_5O_{14} 为代表的一类自激活晶体，其含 Nd^{3+} 浓度比通常 Nd:YAG 晶体高 30 倍，但荧光效应未发生明显下降。由于激活离子浓度高(高于 1×10^{21} cm^{-3})，很薄的晶体就能得到足够大的增益而成为高效、小型激光器的晶体材料。

4. 激光玻璃

尽管在玻璃中激活离子的发光性能不及激光晶体那样好(包括荧光谱线较宽，受激发截面较低等)，但激光玻璃具有储能大、制造工艺成熟、基质玻璃的性质可按要求在很大的范围内变化、容易获得、光学均匀、价格便宜等特点。在过去 40 年中，激光玻璃与激光晶体成为固体激光材料中的两大类型，并得到了飞速的发展。激光玻璃可分为硅酸盐激光玻璃、磷酸盐激光玻璃、氟磷酸盐激光玻璃、氟化物激光玻璃。

随着激光技术的发展，固体激光器的种类日益增加，其中有普通的脉冲激光器、电光或声光调 Q 脉冲激光器、连续泵浦声光调 Q 激光器、高频倍频激光器、锁模激光器和可调谐激光器(包括声子激光器、5d-4J 跃迁激光器和色心激光器)、高功率激光器和半导体激光器等。由于激光与其他光源相比具有许多特点，诸如高方向性、高亮度、高单色性和高相干性等，因此它在工业、农业、自然科学、医疗和军事等领域有着广泛的应用。在工业上的主要应用有材料加工(如打孔、焊接、切割、划片)，热处理或退火，半导体快速生长与掺杂以及利用激光化学法制作微电子器件等。在农业上的应用则有激光育种、桑蚕诱发等。

固体激光器在自然科学上的应用是多方面的，诸如激光通信、激光电视、激光雷达、激光制导，这些都是在光电子学领域中的应用；在材料物理学和化学方面的应用，例如激光光谱学、激光催化、激光分离同位素和多光子化学等；在医疗上可用于开刀、汽化、烧灼、凝固、止血、照射和诊断等方面；在军事上则应用于激光测距、激光雷达、激光侦察、激光武器等。美、英、法、日等国近年来都已建立了高功率激光器，以便进行激光核聚变研究。

习题

1. 概念：光的波粒二象性、光的干涉和衍射、晶体的双折射、光的吸收和色散、材料发光、电光材料、激光晶体、电光效应。

2. 一入射光以较小的入射角 i 和折射角 r 通过一透明玻璃板，若玻璃对光的衰减可忽略不计，试证明透过后的光强为 $(1-m)^2$，m 为反射系数。

3. 光通过一块厚度为 1 mm 的透明 Al_2O_3 板后强度降低了 15%，试计算其吸收和散射系数的总和。

4. 有一材料的吸收系数 $\alpha = 0.32$ cm^{-1}，当透射光强分别为入射的 10%、20%、50% 及 80% 时，材料的厚度各为多少？

5. 一玻璃对水银灯蓝、绿谱线 $\lambda = 435.8$ nm 和 546.1 nm 的折射率分别为 1.652 5 和 1.624 5，用此数据定出柯西(Cauchy)近似经验公式 $n = A + \dfrac{B}{\lambda^2}$ 的常数 A 和 B，然后计算对钠黄线 $\lambda = 589.3$ nm 的折射率 n 及色散率 $\dfrac{\mathrm{d}n}{\mathrm{d}\lambda}$ 值。

6. 摄影者知道用橙黄滤色镜拍摄天空时，可增加蓝天和白云的对比，若相机镜头和胶卷底片的灵敏度将光谱范围限制在 $390\sim620$ nm，并把太阳光谱在此范围内视成常数，当色镜把波长在 550 nm 以后的光全部吸收时，天空的散射光波被它去掉百分之几呢？（瑞利定律认为：散射光强与 λ^4 成反比）

7. 设一个两能级系统的能级差 $E_2 - E_1 = 0.01$ eV。

(1) 分别求出 $T = 10^2$ K、10^3 K、10^5 K、10^8 K 时粒子数之比值 N_2/N_1。

(2) $N_2 = N_1$ 的状态相当于多高的温度？

(3) 粒子数发生反转的状态相当于怎样的温度？

8. 一光纤的芯子折射率 $n_1 = 1.62$，包层折射率 $n_2 = 1.52$，试计算光发生全反射的临界角 θ_c。

9. 试说明氧化铝为什么可以制成透光率很高的陶瓷，而金红石则不能。

10. 预料在 LiF 及 PbS 之间的折射率及色散有什么不同？

4　材料的电导性能

本章内容提要

　　电导性能在材料的许多应用中十分重要。导电材料、电阻材料、电热材料、半导体材料、超导材料和绝缘材料等都是以材料的电导性能为基础的。本章在介绍电导率、迁移率、离子的电导、电子的电导本质及其特性的基础上,介绍材料的电导特性、半导体陶瓷的物理效应及超导材料。

4.1　电导的物理现象

4.1.1　电导率与电阻率

电导的物理现象

　　当在材料两端加电压 V 时,材料中有电流 I 通过,这种现象称为导电,电流 I 值可用欧姆定律表示,即

$$I = \frac{V}{R} \tag{4-1}$$

　　式中,R 是材料的电阻,其值不仅与材料的性质有关,还与材料的长度 L 及截面积 S 有关,$R = \rho \frac{L}{S}$,ρ 为材料的电阻率(electrical resistivity),ρ 的单位为 $\Omega \cdot m$;$I = SJ$,J 为电流密度,J 的单位为 A/m^2;$V = LE$,E 为电场强度,E 的单位为 V/m。

　　式(4-1)可写成

$$J = \frac{1}{\rho} E \tag{4-2}$$

　　由于电阻率 ρ 只与材料的本性有关,而与几何尺寸无关,因此评定材料的导电性常用电阻率 ρ 而不用电阻 R。导体的电阻率 $\rho < 10^{-2}\ \Omega \cdot m$,绝缘体的电阻率 $\rho > 10^{10}\ \Omega \cdot m$,半导体的电阻率 $\rho = 10^{-2} \sim 10^{10}\ \Omega \cdot m$。

　　定义:电阻率的倒数为电导率(electrical conductivity),用 σ 表示,即

$$\sigma = \frac{1}{\rho} \tag{4-3}$$

式(4-2)可写成

$$J = \sigma E \qquad (4-4)$$

式(4-4)是欧姆定律的微分形式,它适用于非均匀导体。微分式说明导体中某点的电流密度正比于该点的电场,比例系数为电导率σ。σ的单位为 S/m(西门子每米)。

电导率σ的大小反映物质输送电流的能力。

4.1.2 电导的物理特性

1. 载流子

电流是电荷的定向运动。电荷的载体称为载流子。任何一种物质,只要存在载流子,就可以在电场作用下产生导电电流。

金属导体中的载流子是自由电子,无机材料中的载流子可以是电子(负电子 e'、电子空穴 $h^{\cdot}$)、离子(正离子、负离子、空位)。

载流子为离子的电导称为离子电导,载流子为电子的电导称为电子电导。

电子电导和离子电导具有不同的物理效应,由此可以确定材料的电导性质。

(1) 霍尔效应——电子电导的特征。电子电导的特征是具有霍尔效应(Hall effect)。沿试样 x 轴方向通入电流 I(电流密度 J_x),z 轴方向上加一磁场 H_z,那么在 y 轴方向上将产生一电场 E_y(图4-1),这一现象称为霍尔效应。所产生的电场为

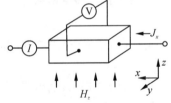

$$E_y = R_H J_x H_z \qquad (4-5)$$

式中,R_H 为霍尔系数(Hall coefficient),与霍尔迁移 μ_H 之间的关系为 $\mu_H = R_H \sigma$。

图4-1 霍尔效应示意图

霍尔效应是电子在磁场作用下产生横向移动的结果。因电子质量小、运动容易,而离子的质量比电子大得多,磁场作用力不足以使它产生横向位移,因而纯离子的电导不呈现霍尔效应。可利用霍尔效应的存在与否来检验材料是否存在电子电导。

(2) 电解效应——离子电导的特征。离子电导的特征是存在电解效应。离子的迁移伴随着一定的质量变化,离子在电极附近发生电子得失而形成新的物质,这就是电解现象。

利用电解效应除了可检验材料中是否存在离子电导外,还可判定载流子是正离子还是负离子。

2. 迁移率和电导率的一般表达式

物体的导电现象,其微观本质是载流子在电场作用下的定向迁移。如图4-2,设横截面为单位面积,在单位体积内载流子数为 n,每一载流子的电荷量为 q,则单位体积内参加导电的自由电荷为 nq。如果介质处在外电场中,则作用于每一个载流子的力等于 qE。在这个力作用下,每一载流子在 E 方向发生迁移,其平均速度为 v。则单位时间通过单位截面的电荷量为

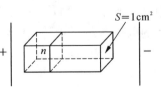

$$J = nqv \qquad (4-6)$$

图4-2 导电现象

由欧姆定律的微分形式,得

$$\sigma = \frac{J}{E} = \frac{nqv}{E} \qquad (4-7)$$

定义:$\mu = \dfrac{v}{E}$ 为载流子的迁移率(mobility)。其物理意义为载流子在单位电场中的迁移速度。则式(4-7)的电导率表达式可写成

$$\sigma = nq\mu \qquad (4-8)$$

电导率的一般表达式为

$$\sigma = \sum_i \sigma_i = \sum n_i q_i \mu_i \qquad (4-9)$$

式(4-9)反映电导率的微观本质,即宏观电导率 σ 与微观载流子浓度 n(数量)、每一种载流子的电荷量 q 以及每种载流子的迁移率 μ 的关系。

离子电导

4.2 离子电导

离子电导(ionic conductance)分为两类,一类是以热缺陷(空位、离子)作为载流子的本征电导(也叫固有电导),这种电导在高温下十分显著;另一类是以固定较弱的离子(主要是杂质离子)作为载流子的杂质电导。由于杂质离子是弱联系离子,故在较低温度下其电导也表现得很显著。离子晶体的电导主要为离子电导。

4.2.1 载流子浓度

1. 本征电导的载流子浓度

本征电导(intrinsic conductance)的载流子由热缺陷提供。所谓热缺陷是指当晶体的温度高于绝对 0 K 时,由于晶格内原子热运动,使一部分能量较大的原子离开平衡位置造成的缺陷,分为弗伦克尔(Frenker)缺陷和肖特基(Schottky)缺陷两类。

Frenker 缺陷指正常格点的原子由于热运动进入晶格间隙,而在晶体内正常格点留下空位。空位和间隙离子成对产生。如在 CaF_2 晶体中,形成的 Frenker 缺陷

$$F_F \Leftrightarrow F_i' + V_F^{\cdot} \qquad (4-10)$$

Schottky 缺陷指正常格点的原子由于热运动跃迁到晶体表面,在晶体内正常格点留下空位。对于离子晶体,为保持电中性,正离子空位和负离子空位成对产生。如在 NaCl 晶体中,形成的 Schottky 缺陷

$$0 \Leftrightarrow V_{Na}' + V_{Cl}^{\cdot} \qquad (4-11)$$

Frenker 缺陷中空位浓度与填隙离子的浓度是相等的;而离子型晶体中形成 Schottky 缺陷时,正、负离子浓度相等,由缺陷反应平衡常数与温度关系,两种缺陷提供的载流子浓度

N_F、N_S 可表示为

$$N_f = N\exp\left(-\frac{E_F}{2kT}\right) \qquad (4-12)$$

$$N_s = N\exp\left(-\frac{E_S}{2kT}\right) \qquad (4-13)$$

式中,N 为单位体积内离子结点数或单位体积内离子对的数目;E_F、E_S 分别为 Frenker 缺陷和 Schottky 缺陷形成能(或叫离子离解能);k 为玻耳兹曼常数;T 为热力学温度。

由式(4-12)和式(4-13)可以看出,本征电导的载流子浓度决定于温度和热缺陷形成能(离解能)E。常温下,kT 比起 E 小很多,故只有在高温下,热缺陷浓度才显著大起来,即固有电导在高温下才显著。

离解能 E 和晶体结构有关,在离子晶体中,一般 $E_S < E_F$,只有在结构很松,离子半径很小的情况下,才易形成 Frenker 缺陷。

2. 杂质电导的载流子浓度

杂质电导(extrinsic conductance)的载流子浓度决定于杂质的数量和种类。由于杂质的存在,不仅增加了载流子数,而且使点阵发生畸变,使得离子离解能变小。在低温下,离子晶体的电导主要是杂质电导。如在 Al_2O_3 晶体中掺入有 MgO 或 TiO_2 杂质

$$2MgO \xrightarrow{Al_2O_3} 2Mg'_{Al} + V_O^{\cdot\cdot} + 2O_O$$

$$3TiO_2 \xrightarrow{2Al_2O_3} 3Ti_{Al}^{\cdot} + V_{Al}^{'''} + 6O_O$$

很显然,杂质含量相同时,杂质不同产生的载流子浓度不同;而同样的杂质,含量不同,产生的载流子浓度不同。

4.2.2 离子迁移率

离子电导的微观机构为载流子——离子的扩散(迁移)。

现讨论间隙离子在晶格间隙的扩散。间隙离子处于间隙位置时,受周围离子的作用,处于一定的平衡位置(此称为半稳定位置)。如果它要从一个间隙位置跃入相邻原子的间隙位置,需克服一个高度为 U_0 的"势垒"。完成一次跃迁,又处于新的平衡位置(间隙位置)上。如图 4-3 所示。这种扩散过程就构成了宏观的离子的"迁移"。

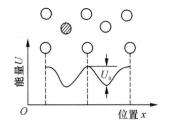

图 4-3 间隙离子的势垒

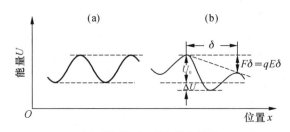

(a) 无电场;(b) 施加外电场 E

图 4-4 间隙离子的势垒变化

由于 U_0 相当大,远大于一般的电场能,即在一般的电场强度下,间隙离子单从电场中获得的能量不足以克服该势垒进行跃迁,因而热运动能是间隙离子迁移所需要能量的主要来源。通常热运动平均能量仍比 U_0 小许多,因而可用热运动的涨落现象来解释。

由于热运动(无电场作用),间隙离子单位时间沿某一方向跃迁的次数符合玻耳兹曼统计规律,即

$$P = \frac{1}{6}\nu_0 \exp\left(-\frac{U_0}{kT}\right) \tag{4-14}$$

式中,U_0 为实现跃迁需克服的势垒;ν_0 为间隙离子在半稳定位置上振动的频率。

外加电场 E 时,由于电场力的作用,晶体中间隙离子的势垒不再对称,如图 4-4 所示。对于正离子,受电场力 $F = qE$ 的作用,F 与 E 同方向,因而正离子顺电场方向"迁移"容易,反电场方向"迁移"困难。则单位时间内正离子顺电场方向和逆电场方向跃迁次数分别为

$$P_{\text{顺}} = \frac{1}{6}\nu_0 \exp\left(-\frac{U_0 - \Delta U}{kT}\right) \tag{4-15}$$

$$P_{\text{逆}} = \frac{1}{6}\nu_0 \exp\left(-\frac{U_0 + \Delta U}{kT}\right) \tag{4-16}$$

式中,ΔU 为电场在 $\delta/2$ 距离上造成的位势差;δ 为相邻半稳定位置间的距离(每跃迁一次的距离),等于晶格距离,$\Delta U = F \cdot \dfrac{\delta}{2} = \dfrac{qE\delta}{2}$。

则载流子沿电场方向的迁移速度 v 为

$$v = (P_{\text{顺}} - P_{\text{逆}}) \cdot \delta = \frac{1}{6}\nu_0 \exp\left(-\frac{U_0}{kT}\right)\left[\exp\left(\frac{\Delta U}{kT}\right) - \exp\left(\frac{-\Delta U}{kT}\right)\right] \cdot \delta \tag{4-17}$$

当电场强度不太大,即 $\Delta U \ll kT$ 时,式(4-17)可近似为

$$v = \frac{1}{6}\nu_0 \times \frac{2\Delta U}{kT}\exp\left(-\frac{U_0}{kT}\right) = \frac{\delta^2 \nu_0 qE}{6kT}\exp\left(-\frac{U_0}{kT}\right) \tag{4-18}$$

故载流子沿电场方向的迁移率为

$$\mu = \frac{v}{E} = \frac{\delta^2 \nu_0 q}{6kT}\exp\left(-\frac{U_0}{kT}\right) \tag{4-19}$$

式中,q 为电荷数,单位为 C;$k = 0.86 \times 10^{-4}$ eV/K;U_0 为无外电场时的间隙离子的势垒,单位为 eV。

需要说明的是,不同类型的载流子在不同的晶体结构中扩散时所需克服的势垒是不同的。通常空位扩散能比间隙离子扩散能小许多,对于碱卤晶体的电导主要是空位电导。

4.2.3 离子电导率

1. 离子电导率的一般表达式

载流子浓度及迁移率确定后,其电导率 $\sigma = nq\mu$。若本征电导主要由 Schottky 缺陷引

起,则本征电导率 σ_S 为

$$\sigma_S = \frac{N_1 \delta^2 \nu_0 q^2}{6kT} \exp\left(-\frac{U_S + \frac{1}{2}E_S}{kT}\right) = A_S \exp\left(-\frac{W_S}{kT}\right) \quad (4-20)$$

式中,W_S 为电导活化能,它包括缺陷形成能和迁移能;A_S 为比例系数,在不大的温度范围内,可认为是常数。

本征离子电导率的一般表达式为

$$\sigma = A_1 \exp\left(-\frac{W}{kT}\right) = A_1 \exp\left(-\frac{B_1}{T}\right) \quad (4-21)$$

式中,A_1 为常数,$A_1 = \frac{N_1 \delta^2 \nu_0 q^2}{6kT}$,$N_1$ 为单位体积内离子结点数或单位体积内离子对的数目;$B_1 = \frac{W}{k}$,W 为本征电导活化能,包括缺陷形成能和缺陷迁移能。

杂质离子的存在,使得晶格中可能存在间隙质点或空位,依照上式写出

$$\sigma = A_2 \exp\left(-\frac{W}{kT}\right) = A_2 \exp\left(-\frac{B_2}{T}\right) \quad (4-22)$$

式中,$A_2 = \frac{N_2 \delta^2 \nu_0 q^2}{6kT}$,$N_2$ 为杂质浓度;$B_2 = \frac{W}{k}$,W 为电导活化能,仅包括缺陷迁移能。

比较式(4-21)和式(4-22),虽然一般 $N_2 \ll N_1$,但 $B_2 < B_1$,$e^{-B_2/T} \gg e^{-B_1/T}$,因而杂质电导率比本征电导率大得多,离子晶体的电导主要为杂质电导,只有在很高温度时才显示本征电导。

若仅有一种载流子,电导率用单项式表示为

$$\sigma = \sigma_0 \exp\left(-\frac{B}{T}\right) \quad (4-23)$$

将式(4-23)两边取对数可得

$$\ln \sigma = A - B/T \quad (4-24)$$

或

$$\lg \sigma = A - B/T \quad (4-25)$$

则 $\ln \sigma - 1/T$ 图或 $\lg \sigma - 1/T$ 关系图为直线,由直线斜率可求出电导活化能 W。

如果电导率与温度的关系为方程式(4-24)所表示的关系,则电导活化能为

$$W = B \cdot k \quad (4-26)$$

式中,k 为玻耳兹曼常数,$k = 1.38 \times 10^{-23}$ J/K 或 $k = 0.86 \times 10^{-4}$ eV/K。

如果电导率与温度的关系为方程式(4-25)所表示的关系,则电导活化能 W 为

$$W = 2.303 B \cdot k \quad (4-27)$$

若存在多种载流子,其总电导率可表示为

$$\sigma = \sum_i A_i \exp\left(-\frac{B_i}{T}\right) \tag{4-28}$$

2. 扩散与离子电导

离子电导是在电场作用下离子的扩散现象。目前为止已发现的离子扩散机制有三种,即空位扩散、间隙扩散和亚间隙扩散,如图 4-5 所示。

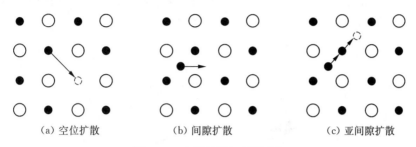

（a）空位扩散　　　　（b）间隙扩散　　　　（c）亚间隙扩散

图 4-5　离子扩散机制模式图

空位扩散即以空位作为载流子的直接扩散方式,即结点上的质点跃迁到邻近空位,空位则反向跃迁。空位扩散机制是最常见的扩散机制。一般情况下,在离子晶体结构中,较大的离子的扩散是按空位扩散机制进行的,空位在迁移过程中使晶格变形程度小,因此,空位扩散所需的活化能较其他扩散机制也小。

间隙扩散是以间隙离子作为载流子的直接扩散运动,即处于间隙位置的质点从一个间隙位置移入另一个间隙位置。与空位机制相比,间隙机制引起的晶格变形大,需要的能量高。当间隙原子相对晶格原子较小时,间隙机制容易发生;间隙原子越大,间隙机制越难发生。另外,如果扩散介质为空隙概率较高的空旷型结构,间隙机制也容易发生。

亚间隙扩散指间隙离子取代附近的晶格离子,被取代的晶格离子进入间隙位置从而产生离子移动。亚间隙机制造成的晶格变形程度、需要的能量介于空位机制与间隙机制之间。AgBr 晶体中 Ag^+ 的扩散,萤石型结构 UO_{2+x} 晶体中 O^{2-} 的扩散属于此种扩散机制。

离子的扩散系数大,离子电导率就高,能斯特-爱因斯坦(Nernst-Einstein)方程表明了离子电导率与其扩散系数之间的这一关系,其方程为

$$\sigma = D \times \frac{nq^2}{kT} \tag{4-29}$$

式中,n 为载流子单位体积浓度;q 为离子荷电量;D 为扩散系数(diffusion coefficient);k 为玻耳兹曼常数。

将 $\sigma = nq\mu$ 代入式(4-29)可得离子扩散系数与离子迁移率 μ 的关系式,即

$$D = \frac{\mu}{Q}kT = BkT \tag{4-30}$$

式中,B 为离子绝对迁移率,$B = \frac{\mu}{q}$。

4.2.4　离子电导率的影响因素

1. 温度的影响

式(4-20)～式(4-28)表明离子电导率随着温度升高呈指数规律增加。含有杂质的电解质的电导率随着温度的变化曲线($\ln\sigma - T^{-1}$关系曲线)如图4-6所示,在低温下,杂质电导占主要地位;高温下,本征电导的载流子数显著增多,本征电导起主要作用。这两种不同的导电机制,使曲线出现了转折点。

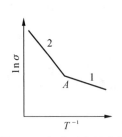

图4-6　温度对离子电导率的影响

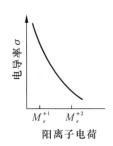

图4-7　离子晶体中阳离子电荷对电导率的影响

2. 离子性质及晶体结构的影响

电导率随着电导活化能指数规律变化,而活化能大小反映离子的固定程度,它与晶体结构有关。熔点高的晶体,活化能高,电导率低。

研究碱卤化合物的电导激活能发现,负离子半径增大,其正离子激活能显著降低。例如,NaF的激活能为216 kJ/mol,NaCl只有169 kJ/mol,而NaI却只有118 kJ/mol,这样电导率便依次提高。

阳离子电荷高低对活化能也有影响。一价阳离子电荷少,活化能低,电导率大;相反,高价正离子,价键强,激活能高,故迁移率就低,电导率也低。如图4-7所示为离子晶体中阳离子电荷对电导率的影响。

晶体的结构状态对电导活化能有很大影响。结构紧密的离子晶体,由于可供移动的间隙小,则间隙离子迁移困难,活化能高,电导率低。

3. 晶格缺陷

具有离子电导的固体物质称为固体电解质。只有离子晶体才能成为固体电解质,但并非所有离子晶体都能成为固体电解质。离子晶体要具有离子电导的特性,必须具备两个条件:① 电子载流子的浓度小;② 离子晶格缺陷浓度大并参与电导。

影响晶格缺陷生成和浓度的主要原因有:

(1) 由于热激励形成晶格缺陷。如NaCl晶体中形成Schottky缺陷形成V'_{Na},$V^{\cdot}_{Cl}$;CaF_2晶体中,形成的Frenker缺陷F'_i,$V^{\cdot}_F$。

(2) 不等价固溶掺杂形成晶格缺陷。如Al_2O_3晶体中掺杂MgO,从而形成$V^{\cdot\cdot}_O$,Mg'_{Al}。

(3) 离子晶体中正、负离子计量比随气氛的变化发生偏离,形成非化学计量化合物,从而产生晶格缺陷。

如在还原气氛下形成的 TiO_{2-x}，ZrO_{2-x}，其平衡式为

$$O_O \rightarrow \frac{1}{2}O_2(g) + V_{\ddot{O}} + 2e'$$

FeO 在氧化气氛下形成 $Fe_{1-x}O$，其平衡式为

$$\frac{1}{2}O_2(g) \rightarrow O_O^{\times} + V_{Fe}'' + 2h^{\cdot}$$

因此，几乎所有的电解质中都或多或少地具有电子电导。

固体电解质的总电导率为离子电导率和电子电导率之和 $\sigma_T = \sigma_i + \sigma_e$

表征材料导电载流子种类对导电贡献的参数是迁移数 t_x，也有人将其称为输运数（transference number），其定义为指定种类的载流子所运载的电流与总电流之比，即

$$t_x = \frac{\sigma_x}{\sigma_T} \tag{4-31}$$

则离子迁移数为

$$t_i = \frac{\sigma_i}{\sigma_T} = \frac{\sigma_i}{\sigma_i + \sigma_e} \tag{4-32}$$

电子迁移数为

$$t_e = \frac{\sigma_e}{\sigma_T} = \frac{\sigma_e}{\sigma_i + \sigma_e} \tag{4-33}$$

通常把离子迁移数 $t_i > 0.99$ 的导体称为离子电导体；把离子迁移数 $t_i < 0.99$ 的导体称为混合电导体。

4.2.5 固体电解质 ZrO_2

ZrO_2 具有三种晶体结构，单斜、四方和立方结构。在其单斜晶型和四方晶型的相互转变过程中，大约有 9% 的体积变化，因此难以获得致密稳定的 ZrO_2 烧结体。如果在 ZrO_2 中固溶有 CaO、Y_2O_3，则可以获得稳定的立方 ZrO_2。固溶过程中产生 $V_{\ddot{O}}$，使高温下 O^{2-} 容易移动。当 $V_{\ddot{O}}$ 浓度比较小时，离子电导率 σ_i 与 $[V_{\ddot{O}}]$ 成正比；在 $V_{\ddot{O}}$ 浓度比较大时，离子电导率 σ_i 达到饱和，然后随 $V_{\ddot{O}}$ 浓度进一步增大，电导率反而下降。这是因为 $V_{\ddot{O}}$ 与固溶阳离子发生缔合作用，生成缔合中心（$V_{\ddot{O}} \cdot Ca_{Zr}''$）所致。实验表明，在 1 000℃ 时，固溶 13%（物质的量分数）CaO 或者 8%（物质的量分数）Y_2O_3，其电导率呈现最大值。

稳定化立方 ZrO_2 的重要应用之一是作为氧敏感元件，用于测量气体中或熔融金属中的氧含量。如图 4-8 所示为 ZrO_2 氧敏元件的构造。这是一固体电池

$$p_{O_2}(C) : Pt \| 稳定型 ZrO_2 \| Pt : p_{O_2}(A)$$

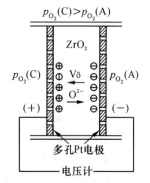

图 4-8 ZrO_2 氧敏元件的构造

Pt 可以加速氧离子的产生,又可以使之复合成氧分子,这一过程产生的电动势 E 为

$$E = \frac{RT}{4F} \ln \frac{p_{O_2}(C)}{p_{O_2}(A)} \quad\quad (4-34)$$

式中,R 为气体常数;F 为法拉第常数;T 为热力学温度,单位 K;$p_{O_2}(C)$ 为 C 侧氧分压(待测氧分压);$p_{O_2}(A)$ 为 A 侧氧分压(常取空气中的氧分压 21.2 kPa)。

稳定化立方 ZrO_2 氧敏元件常用于监控汽车的排气、锅炉燃烧室空燃比的控制;冶炼金属中氧浓度以及氧化物热力学数据的测量等。

4.3 电子电导

电子电导的载流子是电子或空穴。电子电导主要发生在导体和半导体中。在电子电导的材料中,电子与点阵的非弹性碰撞引起电子波的散射是电子运动受阻的原因之一。

4.3.1 电子迁移率

先讨论金属中自由电子的运动。自由电子的量子化特征不很显著,比如它的能量不是量子化的,而是可以连续变化的,因而自由电子的运动可以在经典力学的基础上结合波粒二象性来讨论。

电子电导(1)

在外电场 E 作用下,金属中的自由电子可被加速,其加速度为

$$a = \frac{eE}{m_e} \quad\quad (4-35)$$

实际上导体都有电阻,因而电子不会无限地加速,速度不会无限大。可假定电子由于和声子、杂质缺陷相碰撞而散射,失去前进方向上的速度分量。这就是金属有电阻的原因。发生碰撞瞬间,由于电子向四面八方散射,因而对大量电子平均而言,电子在前进方向上的平均迁移速度为 0,然后又由于电场的作用,电子仍被电场加速,获得定向速度。每两次碰撞之间的平均时间为 2τ,则电子的平均速度为

$$\bar{v} = \frac{e\tau E}{m_e} \quad\quad (4-36)$$

则自由电子的迁移率 μ_e 为

$$\mu_e = \frac{\bar{v}}{E} = \frac{e\tau}{m_e} \quad\quad (4-37)$$

式中,e 为电子电荷;m_e 为电子质量;τ 为松弛时间,则 $1/2\tau$ 为单位时间平均散射次数,τ 与晶格缺陷及温度有关。温度越高,晶体缺陷越多,电子散射概率越大,τ 越小。

以上是用经典力学模型来讨论自由电子的运动,实际晶体中的电子不是"自由"的。对于半导体和绝缘体中的电子能态,必须用量子力学理论来描述。

用量子力学理论来描述半导体的绝缘体中非"自由"电子能态时,为避免对晶格场复杂作用的讨论,引入将晶格场对电子的作用包括在内的有效质量 m^* 的概念。这样晶体中的电子的运动状态也可写成 $F = m^* a$ 的形式,F 指电场力 eE。对于自由电子,$m^* = m_e$;晶体中的电子,m^* 与 m_e 不同,决定于能态,即电子与晶格的相互作用强度。对于一定结构的材料,晶格场一定,则有效质量有确定的值,可通过实验测定。

有了有效质量的概念,就可以依照自由电子的迁移率 μ_e 的求法,计算得到晶格场中的电子迁移率为

$$\mu_e = \frac{e\tau}{m^*} \tag{4-38}$$

式中,e 为电子电荷;m^* 为电子的有效质量,决定于晶格,氧化物的 m^* 一般为 m_e 的 $2 \sim 10$ 倍;碱性盐的 $m^* = m_e/2$;τ 为平均自由运动时间。

τ 除与晶格缺陷有关外,还决定于温度 T。其大小是由载流子的散射强弱来决定的。散射越弱,τ 越长,μ 就越高。掺杂浓度和温度对 μ 的影响,本质上是对载流子散射强弱的影响。散射主要有两方面的原因:① 晶格散射。在低掺杂半导体中,μ 随 T 升高而大幅度下降。② 电离杂质散射。杂质原子和晶格缺陷都可以对载流子产生一定的散射作用。但重要的是由电离杂质产生的正、负电中心对载流子有吸引或排斥作用,当载流子经过带电中心附近,就会发生散射作用。电离杂质散射与掺杂浓度有关。掺杂越多,被散射机会也就越多。另外,散射强弱还与温度有关。温度升高,因载流子运动速度加大,同样的吸引、排斥作用相对较小,散射较弱。所以,在高掺杂时,由于电离杂质散射随温度变化的趋势与晶格散射相反,因此迁移率随温度变化较小。

4.3.2 载流子浓度

1. 晶体的能带结构(energy band structures in crystals)

根据能带理论,晶体中并非所有电子,也并非所有的价电子都参与导电,只有导带(conduction band)中的电子或价带(valence band)顶部的空穴才能参与导电。

图 4-9 为金属、半导体和绝缘体的能带结构。从图中可以看出,导体中导带和价带之间没有禁区(禁带宽度 $E_g \approx 0$),电子进入导带不需要能量,因而导电电子的浓度很大。在绝

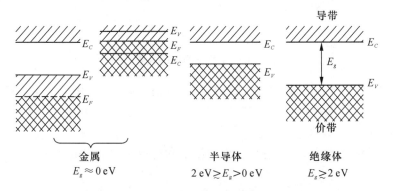

图 4-9 金属、半导体和绝缘体的能带结构

缘体中价带和导带隔着一个宽的禁带 E_g(E_g 大于 2 eV,一般为 6~12 eV),电子由价带进入导带需要外界供给能量,使电子激发,实现电子由价带到导带的跃迁,因而通常导带中导电电子浓度很小。半导体和绝缘体有相类似的能带结构,只是半导体的禁带较窄(E_g 一般小于 2 eV),电子跃迁比较容易。表 4-1 列出了一些化合物的禁带宽度。

表 4-1 本征半导体室温下的禁带宽度

晶体	E_g/eV	晶体	E_g/eV	晶体	E_g/eV
BaTiO$_3$	2.5~3.2	AgI	2.8	Ga$_2$O$_3$	4.6
C(金刚石)	5.2~5.6	KCl	7	CoO	4
Si	1.1	MgO	>7.8	GaP	2.25
α-SiO$_2$	2.8~3	α-Al$_2$O$_3$	>8	CdS	2.42
PbS	0.35	TiO$_2$	3.05~3.8	GaAs	1.4
PbSe	0.27~0.5	CaF$_2$	12	ZnSe	2.6
PbTe	0.25~0.30	PN	4.8	Te	1.45
Cu$_2$O	2.1	CdO	2.1	γ-Al$_2$O$_3$	2.5
Fe$_2$O$_3$	3.1	LiF	12		

陶瓷材料中电子电导比较显著的主要是半导体陶瓷。

2. 本征半导体中的载流子浓度

半导体的价带和导带之间隔着一个禁带 E_g,在绝对零度下,无外界能量时,半导体价带中的电子不可能跃迁到导带中去。如果存在外界作用(如热、光辐射),则价带中的电子获得能量,可能跃迁到导带中去。这样,不仅在导带中出现了导电电子,而且在价带中出现了电子空穴,如图 4-10 所示。在外电场作用下,价带中的电子可以逆电场方向运动到这些空位上来,而本身又留下新的空位,即空位顺电场方向运动,所以称此种导电为空穴导电。空穴好像一个带正电的电荷,因此,空穴导电是属于电子电导的一种形式。

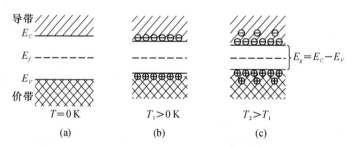

图 4-10 本征半导体的能带结构

导带中的电子导电和价带中的空穴导电同时存在,称为本征电导。本征电导的载流子电子和空穴的浓度是相等的。这类载流子只由半导体晶格本身提供,所以叫本征半导体(intrinsic semiconductor)。

根据费米(Fermi)统计理论,导带中电子浓度和价带中的空穴浓度为

$$n_e = n_h = N \exp\left(-\frac{E_g}{2kT}\right) \qquad (4-39)$$

式中,N 为等效状态密度,$N = 2\left(\dfrac{2\pi kT}{h^2}\right)^{\frac{3}{2}}(m_e^* \, m_h^*)^{\frac{3}{4}}$,单位为 m^{-3};$E_g = E_C - E_V$。

3. 杂质半导体中的载流子浓度

杂质对半导体的导电性能影响极大,如在硅单晶中掺入十万分之一的硼原子,可使硅的导电能力增加 1 000 倍。

杂质半导体(extrinsic semiconductor)分为 n 型和 p 型半导体(n/p-type semiconductor)。

在半导体中掺入杂质后,多出电子(如在四价的硅单晶中掺入五价的砷,砷原子外层有 5 个电子,其中 4 个同相邻的 4 个 Si 原子形成共价以后,还多出 1 个电子),这个"多余"的电子能级离导带很近(图 4-11),比满带中的电子容易激发。这种"多余"电子的杂质能级称为施主能级(donor level)。掺入施主杂质的半导体称为 n 型半导体。

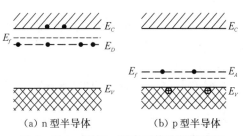

(a) n 型半导体   (b) p 型半导体

图 4-11　n 型与 p 型半导体的能带结构

在半导体中掺入杂质后,少了电子而出现空穴能级(如将三价的 B 掺入四价的 Si 中,其外层只有 3 个电子,与 Si 形成共价键时就少了 1 个电子,即出现了电子空穴),该空穴能级离价带很近,价带中的电子激发至空穴能级上比起越过整个禁带到达导带要容易得多。这个空穴能级能容纳由价带激发上来的电子,故称这种杂质能级为受主能级(acceptor level)。掺入受主杂质的半导体称为 p 型半导体或空穴型半导体。

n 型半导体的载流子主要为导带中的电子。设单位体积中有 N_D 个施主原子,施主能级为 E_D,具有电离能 $E_i = E - E_D$。当温度不很高时,即 $E_i \ll E_g$,导带中的电子几乎全部由施主能级提供。p 型半导体的载流子主要为空穴。

n 型和 p 型半导体的载流子浓度在温度不很高时分别为

$$n_e = (N_C N_D)^{\frac{1}{2}} \exp\left(-\frac{E_C - E_D}{2kT}\right) \tag{4-40}$$

$$n_h = (N_V N_A)^{\frac{1}{2}} \exp\left(-\frac{E_A - E_V}{2kT}\right) \tag{4-41}$$

式中,N_C、N_V 分别为导带、价带的有效状态密度;N_D、N_A 分别为施主、受主杂质浓度;E_D、E_A 分别为施主、受主杂质能级;E_C、E_V 分别为导带底部、价带顶部能级。

由式(4-40)、式(4-41)可见,杂质半导体的载流子浓度与温度的关系符合指数规律。

4.3.3　电子电导率

在按公式 $\sigma = nq\mu$ 计算电子电导率时,需注意在电子电导中,载流子电子与空穴的浓度、迁移率常常不一样,因而需分别考虑。

本征半导体的电导率为

$$\sigma = n_e e \mu_e + n_h e \mu_h = N e^{-\frac{E_g}{2kT}} (\mu_e + \mu_h) e \tag{4-42}$$

式中，μ_e、μ_h 分别为电子与空穴的迁移率。

n 型、p 型半导体的电导率分别为

$$\sigma = N e^{-\frac{E_g}{2kT}}(\mu_e + \mu_h)e + (N_C N_D)^{\frac{1}{2}} \exp\left(-\frac{E_C - E_D}{2kT}\right)\mu_e\, e \tag{4-43}$$

$$\sigma = N e^{-\frac{E_g}{2kT}}(\mu_e + \mu_h)e + (N_V N_A)^{\frac{1}{2}} \exp\left(-\frac{E_A - E_V}{2kT}\right)\mu_h\, e \tag{4-44}$$

其中，第一项与杂质浓度无关，第二项与杂质浓度有关。低温时，第二项起作用；高温时，由于杂质能级上的有关电子已全部离解激发，温度继续升高时，电导率的增加属于本征电导性(第一项起作用)。

本征半导体或高温时的半导体的电导率与温度的关系可简写成

$$\sigma = \sigma_0 \exp\left(-\frac{E_g}{2kT}\right) \tag{4-45}$$

式中，σ_0 与温度关系不太显著，故在温度变化范围不太大时，σ_0 可视为常数。因此，$\ln\sigma$ 与 $1/T$ 成直线关系，由直线斜率可求出禁带宽度。

取式(4-45)的倒数，得电阻率与温度的关系

$$\rho = \rho_0 \exp\left(\frac{E_g}{2kT}\right) \tag{4-46}$$

或

$$\ln\rho = \ln\rho_0 + \frac{E_g}{2k} \cdot \frac{1}{T} \tag{4-47}$$

即本征半导体的电阻率的对数随温度升高而直线下降，图 4-12 为实验测得的一些本征半导体的电阻率与温度的关系。

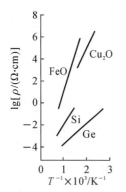

图 4-12　本征半导体电阻率与
　　　　　温度的关系

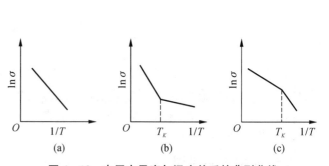

图 4-13　电子电导率与温度关系的典型曲线

实际晶体具有比较复杂的导电机制。图 4-13 为电子电导率与温度关系的典型曲线。图(a)具有线性特性，表示该温度区间具有始终如一的电子跃迁机制。图(b)和(c)都在 T_K 处出现明显的转折，其中(b)表示低温区主要是杂质电子电导，高温区以本征电子电导为主；(c)表示在同一晶体中存在两种杂质时的电导特性。

4.3.4 电子电导率的影响因素

1. 温度的影响

在温度变化不大时,电导率与温度的关系符合指数式。温度对电导率的影响包括对迁移率的影响和载流子浓度的影响,而对后者的影响是主要的。

在迁移率公式 $\mu_e = \dfrac{e\tau}{m^*}$ 中,τ 是载流子和声子碰撞的特征弛豫时间。它除了与杂质有关外,还决定于温度,τ 的温度关系决定了 μ 的温度关系。总的迁移率受散射的控制,由于电离杂质散射与晶格散射随温度变化的趋势相反,因此迁移率随温度变化较小。

载流子浓度与温度关系很大,符合指数式,图 4-14 表示电子载流子浓度随温度变化的关系曲线,图中低温阶段为杂质电导,高温阶段为本征电导,中间出现了饱和区,此时杂质全部电离解完,而本征电导还不明显。

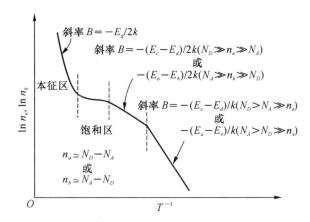

图 4-14　电子载流子浓度随温度变化的关系曲线

综合 μ、n 两个方面,对于实际材料 $\ln\sigma$ 与 $1/T$ 的关系曲线是非线性的。

2. 杂质及缺陷的影响

共价键晶体中不等价原子替代在禁带中形成杂质能级的情况,对离子晶体同样适用。但是在离子晶体中情况要复杂得多。大多数半导体氧化物陶瓷,或者由于掺杂产生非本征的缺陷(杂质缺陷),或由于烧成条件使它们成为非化学计量而形成组分缺陷。

1) 杂质缺陷

杂质对半导体性能的影响是由于杂质离子引起的新局部能级。生产上研究得比较多的价控半导体,就是通过杂质的引入,导致主要成分中离子电价的变化,从而出现新的局部能级。

$BaTiO_3$ 的半导化常通过添加微量的稀土元素形成价控半导体。

添加 La_2O_3 的 $BaTiO_3$ 原料在空气中烧成,其反应式为

$La_2O_3 \xrightarrow{BaTiO_3} 2La_{Ba}^{\cdot} + \frac{1}{2}O_2(g) + 2e' + 2O_O^{\times}$,生成 $Ba_{1-x}La_x(Ti_{1-x}^{4+} Ti_x^{3+})O_3$。

La^{3+} 占据晶格中 Ba^{2+} 的位置,但每添加一个 La^{3+} 离子,晶体中多余一个正电荷,为了保持电中性,Ti^{4+} 俘获了一个电子,形成 Ti^{3+}。这个被俘获的电子只处于半束缚状态,容易激

发,参与导电。

此过程提供施主能级,因而 $BaTiO_3$ 成为 n 型半导体。

添加微量 Nb^{5+} 的 $BaTiO_3$ 在空气中烧成,置换固溶的结果同样可以形成 n 型半导体。

把少量的 Li_2O 加入 NiO 中,将此混合物在空气中烧成,可得到电阻率极低的 p 型半导体,其电阻率 $\rho=1\ \Omega\cdot cm$。其反应式为

$$Li_2O+\frac{1}{2}O_2(g)\xrightarrow{2NiO}2Li_{Ni}'+2e'+2O_O^\times$$

对于价控型半导体,可以通过改变杂质的组成获得不同的电性能,但必须注意杂质离子应具有和被取代离子几乎相同的尺寸,而且杂质离子本身有固定的价数,具有高的离子化势能。表 4-2 列出了典型的价控型半导体陶瓷及其应用。

表 4-2　价控半导体陶瓷及其应用

基体	掺杂	生成缺陷种类		固溶式	半导体类型	应用
NiO	Li_2O	Li_{Ni}'	$Ni_{Ni}^\cdot$	$(Ni_{1-2x}^{2+}Ni_x^{3+})Li_xO$	p	热敏电阻
CoO	Li_2O	Li_{Co}'	$CO_{Co}^\cdot$	$(CO_{1-2x}^{2+}CO_x^{3+})Li_xO$	p	热敏电阻
FeO	Li_2O	Li_{Fe}	Fe_{Fe}	$(Fe_{1-2x}^{2+}Fe_x^{3+})Li_xO$	p	热敏电阻
MnO	Li_2O	Li_{Mn}'	$Mn_{Mn}^\cdot$	$(Mn_{1-2x}^{2+}Mn_x^{3+})Li_xO$	p	热敏电阻
ZnO	Al_2O_3	$Al_{Zn}^\cdot$	Zn_{Zn}'	$(Zn_{1-2x}^{2+}Zn_x^+)Al_xO$	n	气敏电阻
TiO_2	Ta_2O_5	$Ta_{Ti}^\cdot$	Ti_{Ti}'	$(Ti_{1-2x}^{4+}Ti_x^{3+})Ta_xO_2$	n	气敏电阻
Bi_2O_3	BaO	Ba_{Bi}'	$Bi_{Bi}^\cdot$	$(Bi_{1-2x}^{3+}Bi_x^{4+})Ba_xO_3$	p	高阻压敏材料组分
Cr_2O_3	MgO	Mg_{Cr}'	$Cr_{Cr}^\cdot$	$(Cr_{1-2x}^{3+}Cr_x^{4+})Mg_xO_3$	p	高阻压敏材料组分
				$(Cr_{1-2x}^{2+}Cr_x^{4+})Mg_xO_3$		
$BaTiO_3$	La_2O_3	$La_{Ba}^\cdot$	Ti_{Ti}'	$Ba_{1-x}La_x(Ti_{1-x}^{4+}Ti_x^{3+})_3$	n	PTC
$BaTiO_3$	Ta_2O_5	$Ta_{Ti}^\cdot$	Ti_{Ti}'	$Ba(Ti_{1-2x}^{4+}Ti_x^{3+})Ta_xO_3$	n	PTC
$LaCrO_3$	CaO	Ca_{La}'	$Cr_{Cr}^\cdot$	$La_{1-x}Ca_x(Cr_{1-x}^{3+}Ti^{4+})O_3$	p	高温电阻发热体
$LaMnO_3$	SrO	Sr_{La}'	$Mn_{Mn}^\cdot$	$La_{1-x}Sr_x(Mn_{1-x}^{3+}Mn_x^{4+})O_3$	p	高温电阻发热体
SnO_2	Sb_2O_3	Sb_{Sn}'	$Sn_{Sn}^\cdot$	$(Sn_{1-2x}^{4+}Sn_x^{5+})Sb_xO_2$	p	透明电极

2) 组分缺陷

非化学计量配比的化合物中,由于晶体化学组成的偏离,形成离子空位或间隙离子等晶格缺陷称为组分缺陷。这些缺陷的种类、浓度将给材料电导带来很大影响。

(1) 阳离子空位($M_{1-x}O$)。金属氧化物 MnO、FeO、CoO、NiO 等在氧化气氛下,由于氧过剩,而形成阳离子空位,缺陷反应方程简写式为

$$\frac{1}{2}O_2(g)\to O_O^\times+V_M''+2h^\cdot \tag{4-48}$$

固溶式为 $(M_{1-y}^{2+}M_{\frac{2}{3}y}^{3+})O$,通常写成 $M_{1-x}O$。y 或 x 值决定于温度和周围氧分压的大小,并因物质种类而异。

在这些金属氧化物中,阳离子通常为正二价,一旦氧过剩,为了保持电中性,一部分阳离

子变成正三价,这可视为二价阳离子俘获一个空穴,形成弱束缚空穴。通过热激活,极易放出空穴而参与电导,成为 p 型半导体。从能带构造看,如图 4-15(a)所示,阳离子空位 V_M'、V_M^x(这是未完全电离完的阳离子空位,若完全电离完,则为 V_M'')。在能带间隙内形成受主能级,这些空位的电离在价带顶部产生空穴,从而形成 p 型半导体。如果在一定温度下,阳离子空位全部电离成 V_M'',根据质量作用定律,由式(4-48),可得

$$[h^\cdot] = 2[V_M''] \propto p_{O_2}^{\frac{1}{6}} \tag{4-49}$$

故在一定温度下,空穴浓度与氧分压的 1/6 次方成正比。若迁移率 μ 不随氧分压变化,则电导率 σ 和氧分压的 1/6 次方成正比,即

$$\sigma \propto p_{O_2}^{\frac{1}{6}} \tag{4-50}$$

V_M'' 是一个带负电中心,能束缚电子空穴,此空穴是弱束缚的。这种束缚了空穴的阳离子空位能级距价带顶部很近,当吸收外来能量时,价带中的电子很容易跃迁到此能级上,形成导电空穴。吸收能量对应一定波长的可见光能量,从而使晶体具有某种特殊的颜色。这种俘获了空穴的阳离子空位(负电中心)叫作 V-色心。

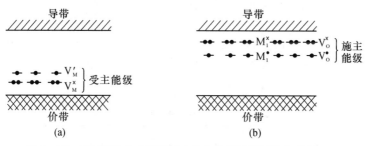

图 4-15 氧过剩(a)、氧不足(b)的非化学计量配比氧化物的能带构造和晶格缺陷的能级模型

(2) 阴离子空位 (TiO_{2-x})。TiO_2 等金属氧化物,在还原气氛焙烧时,由于缺氧而使 TiO_2 中的部分氧逸出,从而在晶格中产生氧空位。每个氧离子离开晶格时交出两个电子。这两个电子可将 Ti^{4+} 还原成 Ti^{3+},但三价的 Ti^{3+} 离子不稳定,会恢复四价放出两个电子。缺陷方程为

$$O_O \rightarrow \frac{1}{2}O_2(g) + V_O^{\cdot\cdot} + 2e' \tag{4-51}$$

固溶式为 $(Ti_{1-2x}^{4+} Ti_{2x}^{3+})O_{2-x}$ 或 TiO_{2-x}。
同样,利用质量作用定律,可得

$$[e'] \propto p_{O_2}^{-\frac{1}{6}} \tag{4-52}$$

氧离子空位相当于一个带正电荷的中心,能束缚电子。被束缚的电子处在氧离子空位上,为最邻近的 Ti^{4+} 所共有,它的能级距导带很近,如图 4-15(b)所示。当受激发时,该电子可跃迁到导带中去,因而具有导电能力,形成 n 型半导体。因此,俘获了电子的阴离子空位的性质同杂质半导体的施主能级很相似,相当于 n 型半导体的特征。通常将这些俘获了

电子的阴离子空位称为 F-色心。当吸收外来能量时,这个电子跃迁到激发态能级上,这个能量对应于一定波长的可见光的能量,因此这种晶体对某种波长的光具有特殊的吸收能力,也即具有某种特殊的颜色。这就是 TiO_2 在还原气氛中会发黑的原因。

(3) 间隙离子。金属氧化物 ZnO 中,由于金属离子过剩形成间隙离子缺陷,通常表示为 $Zn_{1+x}O$。在一定温度下,ZnO 晶体和周围氧分压处于平衡状态,其缺陷反应为

$$ZnO \rightarrow Zn_i^{\cdot} + e' + \frac{1}{2}O_2(g) \tag{4-53}$$

或

$$ZnO \rightarrow Zn_i^{\cdot\cdot} + 2e' + \frac{1}{2}O_2(g) \tag{4-54}$$

按式(4-53)反应时

$$[e'] \propto p_{O_2}^{-\frac{1}{4}} \tag{4-55}$$

按式(4-54)反应时

$$[e'] \propto p_{O_2}^{-\frac{1}{6}} \tag{4-56}$$

实验证明,ZnO 在 Zn 蒸气中加热形成单电荷间隙,即按式(4-53)反应,形成 n 型半导体。

可以用霍尔效应或温差电动势效应来判断某一材料是 n 型半导体还是 p 型半导体,或者主要是电子电导还是空穴电导。部分半导体材料所属类型见表 4-3。

表 4-3　部分半导体材料所属类型

类　型	半导体材料
n 型	TiO_2、V_2O_5、V_3O_8、Ag_2S、Nb_2O_5、MoO_3、CdO、CsS、CdS、CdSe、SnO_2、WO_3、Cs_2Se、BaO、Ta_2O_5、$BaTiO_3$、$PbCrO_4$、Fe_3O_4、Hg_2S、ZnF_2、ZnO
p 型	Ag_2O、Cr_2O_3、MnO、CoO、SnO、NiO、Cu_2O、Cu_2S、Pr_2O_3、SnS、Sb_2S_3、CuI、Bi_2Te_3、Te、Se、MoO_2、Hg_2O
两性的	SiC、UO_2、PbTe、Ge、Si、Co_3O_4、TiS_2、PbSe、Mn_3O_4

4.4　金属材料的电导

主要以电子、空穴作为载流子导电的材料,可以是金属或半导体。金属主要是以自由电子导电。

4.4.1　金属电导率

对金属导电的认识是不断深入的。最初,以所有自由电子都对金属电导率做出贡献为

假设,利用经典自由电子理论,推导出的金属电导率的表达式为

$$\sigma = \frac{ne^2 l}{m\bar{v}} \tag{4-57}$$

式中,m 为电子质量;$\bar{v}$ 为电子运动平均速度;n 为电子密度;e 为电子电量;l 为平均自由程。

量子自由电子理论表明,并非所有自由电子都对金属电导率有贡献,而是只有在费米面附近能级的电子才能对电导做出贡献。最后再根据能带理论,推导出电导率的表达式为

$$\sigma = \frac{n_{ef}e^2 l_F}{m^* \bar{v}} \tag{4-58}$$

式中,n_{ef} 表示单位体积内实际参加传导过程的电子数;m^* 为电子的有效质量,它考虑了晶体点阵对电场作用的结果。

式(4-58)不仅适用于金属,也适用于非金属,它能完整反映晶体导电的物理本质。

在绝对 0 K 时,晶体为理想点阵结构,电子波通过时不受散射;只有在晶体点阵完整性遭到破坏的地方,电子波才受到散射(不相干散射),这就是金属产生电阻的根本原因。热振动、晶体中异类原子、位错、点缺陷等都会使理想晶体点阵的周期性遭到破坏。这样,电子波在这些地方发生散射而产生电阻,降低电导率。

金属的总电阻包括金属的基本电阻和溶质(杂质)电阻。这就是有名的马西森定律(Matthiessen rule),公式表示为

$$\rho = \rho' + \rho(T) \tag{4-59}$$

式中,$\rho(T)$ 是与温度有关的电阻率;ρ' 是与杂质浓度、点缺陷、位错有关的电阻率。

由式(4-59)不难看出,当处于高温时,金属的电阻主要由 $\rho(T)$ 项起主导作用;在低温时,ρ' 是主要的。在极低温度(一般为 4.2 K)下测得的金属电阻率称为金属剩余电阻率。用它或用相对电阻率 $\rho_{300\,K}/\rho_{4.2\,K}$ 作为衡量金属纯度的重要指标。目前生产的金属单晶体的相对电阻率($\rho_{300\,K}/\rho_{4.2\,K}$)值很高,大于 2×10^4。

4.4.2 电阻率与温度的关系

金属的温度愈高,电阻率也愈大。若以 ρ_0 和 ρ_T 表示金属在 0℃和 T℃温度下的电阻率,则电阻率与温度的关系为

$$\rho_T = \rho_0(1 + \alpha T) \tag{4-60}$$

一般在温度高于室温情况下,式(4-60)对大多数金属是适用的。

由式(4-60)可得出(平均)电阻温度系数的表达式

$$\bar{\alpha} = \frac{\rho_T - \rho_0}{\rho_0 T} \tag{4-61}$$

式(4-61)给出了 0~T℃温度区间的平均电阻温度系数。当温度区间趋向于零时,便得 T℃温度下金属的真电阻温度系数

$$\alpha_T = \frac{\mathrm{d}\rho}{\rho_T \mathrm{d}T} \tag{4-62}$$

除过渡族金属外,所有纯金属的电阻温度系数 α 近似等于 $4 \times 10^{-3}℃^{-1}$。过渡族金属,特别是铁磁性金属具有较高的 α 值,如铁为 $6 \times 10^{-3}℃^{-1}$,钴为 $6.6 \times 10^{-3}℃^{-1}$,镍为 $6.2 \times 10^{-3}℃^{-1}$。

理论证明,理想金属在 $0~\mathrm{K}$ 时电阻为零。粗略地讲,当温度升高时,电阻率随温度升高而增加(图 4-16)。对于含有杂质和晶体缺陷的金属的电阻,不仅有受温度影响的 $\rho(T)$ 项,而且有 ρ_0' 剩余电阻率项。如钨单晶体相对电阻率($\rho_{300~\mathrm{K}}/\rho_{4.2~\mathrm{K}}$)值为 3×10^5,由 $4.2~\mathrm{K}$ 到熔点电阻率变化 5×10^6 倍。

严格地说,金属电阻率在不同温度范围与温度变化的关系是不同的,其特征见图 4-17。在温度 $T > (2/3)\theta_D$ 时,电阻率正比于温度,即 $\rho(T) = \alpha T$。当 $T \ll \theta_D$,电阻率与温度成五次方关系,即 $\rho \propto T^5$。一般认为纯金属在整个

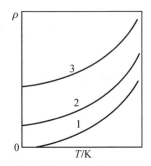

1—理想金属晶体 $\rho = \rho(T)$;
2—含有杂质金属 $\rho = \rho_0 + \rho(T)$;
3—含有晶体缺陷 $\rho = \rho_0' + \rho(T)$

图 4-16 低温下杂质、晶体缺陷对金属电阻率的影响

温度区间电阻产生的机制是电子-声子之间的散射,只是在极低温度($2~\mathrm{K}$)时,电阻率与温度成二次方关系,即 $\rho \propto T^2$,这时电子-电子之间的散射构成了电阻产生的主要机制。

通常金属熔化时电阻增大 $1.5 \sim 2$ 倍。因为熔化时金属原子规则排列遭到破坏,从而增强了对电子的散射,电阻增加,如图 4-18 中钾、钠金属电阻率-温度曲线。但也有反常,如锑随温度升高,电阻也增加;熔化时电阻反常地下降了。其原因是锑在熔化时,由共价结合而变化为金属结合,电阻率下降。

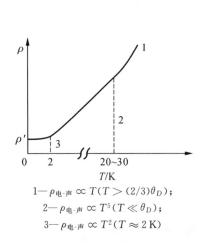

1— $\rho_{电-声} \propto T(T > (2/3)\theta_D)$;
2— $\rho_{电-声} \propto T^5(T \ll \theta_D)$;
3— $\rho_{电-声} \propto T^2(T \approx 2~\mathrm{K})$

图 4-17 金属电阻率温度曲线

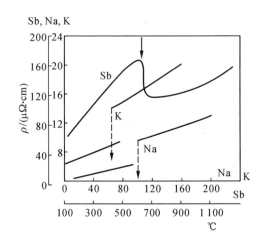

图 4-18 锑、钾、钠熔化时电阻率变化曲线

需要指出的是,过渡族金属的电阻与温度的关系经常出现反常,特别是具有铁磁性的金属在发生磁性转变时,电阻率出现反常,如图 4-19(a)所示。一般金属的电阻率与温度是一次方关系,对铁磁性金属在居里点以下温度不适用。如图 4-19(b)所示,镍的电阻随温度变化,在居里点以下温度偏离线性。研究表明,在接近居里点时,铁磁性金属或合金的电阻率

反常降低量 $\Delta\rho$ 与其自发磁化强度 M_s 的平方成正比。即

$$\Delta\rho = \alpha M_s^2 \qquad\qquad (4-63)$$

铁磁性金属电阻率随温度变化的特殊性是由铁磁性金属内 d 与 s 壳层电子云相互作用的特点决定的。

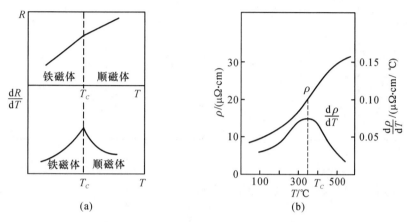

图 4-19　金属磁性转变对电阻的影响

4.4.3　电阻率与压力的关系

在流体静压压缩时(高达 1.2 GPa),大多数金属的电阻率下降。这是因为在巨大的流体静压条件下,金属原子间距缩小,内部缺陷、形态、电子结构、费米能和能带结构都将发生变化,显然会影响金属的电导率。

在流体静压下金属的电阻率计算式为

$$\rho_p = \rho_0(1 + \varphi \cdot p) \qquad\qquad (4-64)$$

式中,ρ_0 表示在真空条件下的电阻率;p 表示压力;φ 为压力系数($10^{-6} \sim 10^{-5}$)。

根据压力对金属导电性的影响特性,将金属分为正常金属和反常金属。所谓正常金属,是指随压力增大,金属的电阻率下降;反之为反常金属。例如,铁、钴、镍、钯、铂、铱、铜、银、金、锆等均为正常金属,如表 4-4 所示。

表 4-4　一些金属在 0℃ 的电阻压力系数 $\dfrac{1}{\rho}\dfrac{\mathrm{d}\rho}{\mathrm{d}p}$

金属	$\dfrac{\mathrm{d}\rho}{\rho\mathrm{d}p}/(10^{-6}\,\mathrm{cm^2/kg})$	金属	$\dfrac{\mathrm{d}\rho}{\rho\mathrm{d}p}/(10^{-6}\,\mathrm{cm^2/kg})$	金属	$\dfrac{\mathrm{d}\rho}{\rho\mathrm{d}p}/(10^{-6}\,\mathrm{cm^2/kg})$
Mg	−12.99	Ni	−1.85	Mo	−1.30
Al	−4.39	Fe	−2.34	Ta	−1.45
Ag	−4.28	Pd	−2.13	W	−1.37
Cu	−2.88	Pt	−1.93		
Au	−2.94	Rh	−1.64		

碱金属和稀土金属大部分属于反常的情况,还有像元素钙、锶、锑、铋等也属于反常金属。

压力增大时可使许多物质由半导体和绝缘体变为导体,甚至变为超导体。表 4-5 给出了一些元素在一定压力极限下变为金属导体的数据。

表 4-5　一些半导体和绝缘体转变为导体的压力极限

元素	$p_{极限}$/GPa	$\rho/(\mu\Omega \cdot m)$	元素	$p_{极限}$/GPa	$\rho/(\mu\Omega \cdot m)$
S	40		H	200	
Se	12.5		金刚石	60	
Si	16		P	20	60 ± 20
Ge	12		AgO	20	70 ± 20
I	22	500			

4.4.4　冷加工和缺陷对电阻率的影响

1. 冷加工对电阻率的影响

如图 4-20 所示,室温下测得经相当大的冷加工变形后纯金属(如铁、铜、银、铝)的电阻率,比未经变形的总共只增加 2%～6%。只有金属钨、钼例外,当冷变形量很大时,钨电阻可增加 30%～50%,钼增加 15%～20%。一般单相固溶体经冷加工后,电阻可增加 10%～20%。而有序固溶体电阻增加 100%,甚至更高。也有相反的情况,如镍-铬、镍-铜-锌、铁-铬-铝等中形成 K 状态,则冷加工变形将使合金电阻率降低。

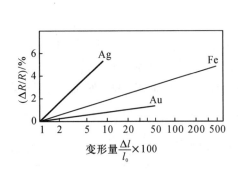

图 4-20　变形量对金属电阻的影响

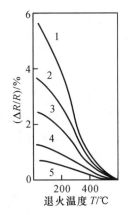

1— $\varepsilon = 99.8\%$；2— $\varepsilon = 97.8\%$；3— $\varepsilon = 93.5\%$；4— $\varepsilon = 80\%$；5— $\varepsilon = 44\%$

图 4-21　冷加工变形铁的电阻在
退火时的变化

冷加工引起金属电阻率增加,同晶格畸变(空位、位错)有关。冷加工引起金属晶格畸变也像原子热振动一样,增加电子散射概率。同时也会引起金属晶体原子间键合的改变,导致原子间距的改变。

当温度阵到 0 K 时,未经冷加工变形的纯金属电阻率将趋向于零,而冷加工的金属在任何温度下都保留有高于退火态金属的电阻率。在 0 K 时,冷加工金属仍保留某一极限电阻率,称之为剩余电阻率。

根据马西森定律,冷加工金属的电阻率可写成

$$\rho = \rho' + \rho_M \tag{4-65}$$

式中,ρ_M 表示与温度有关的退火金属电阻率;ρ' 是剩余电阻率。实验证明,ρ' 与温度无关,或者说,$d\rho/dT$ 与冷加工程度无关。总电阻率 ρ 愈小,ρ'/ρ 比值愈大,所以 ρ'/ρ 的比值随温度降低而增高。显然,低温时用电阻法研究金属冷加工更为合适。

如图 4-21 所示,冷加工金属的退火,可使电阻回复到冷加工前金属的电阻值。

如果认为范性形变所引起的电阻率增加是由于晶格畸变、晶体缺陷所致,则电阻率增加值 $\Delta\rho$ 等于

$$\Delta\rho = \Delta\rho_{空位} + \Delta\rho_{位错} \tag{4-66}$$

式中,$\Delta\rho_{空位}$ 表示电子在空位处散射所引起的电阻率的增加值,当退火温度足以使空位扩散时,这部分电阻将消失;$\Delta\rho_{位错}$ 是电子在位错处的散射所引起的电阻率的增加值,这部分电阻保留到再结晶温度。

范比伦(van Beuren)给出了电阻率随变形 ε 变化的表达式

$$\Delta\rho = C\varepsilon^n \tag{4-67}$$

式中,C 是比例常数,与金属纯度有关;n 在 0~2 变化。

考虑到空位、位错的影响,将式(4-66)和式(4-67)写成

$$\Delta\rho = A\varepsilon^n + B\varepsilon^m \tag{4-68}$$

式中,A、B 是常数;n 和 m 在 0~2 之间变化。式(4-68)对许多面心立方金属和体心立方的过渡族金属是成立的。如金属铂 $n = 1.9$,$m = 1.3$;金属钨 $n = 1.73$,$m = 1.2$。

2. 缺陷对电阻率的影响

空位、间隙原子以及它们的组合、位错等晶体缺陷使金属电阻率增加。根据马西森定律,在极低温度下,纯金属电阻率主要由其内部缺陷(包括杂质原子)决定,即由剩余电阻率 ρ' 决定。因此,研究晶体缺陷对电阻率的影响,对于评价单晶体结构完整性有重要意义。掌握这些缺陷对电阻的影响,可以研制具有一定电阻值的金属。半导体单晶体的电阻值就是根据这个原则进行人为控制的。

不同类型的晶体缺陷对金属电阻串影响程度不同。通常,分别用 1% 原子空位浓度或 1% 原子间隙原子、单位体积中位错线的单位长度、单位体积中晶界的单位面积所引起的电阻率变化来表征点缺陷、线缺陷、面缺陷对金属电阻率的影响。表 4-6 列出了一些金属的空位、位错对电阻率的影响。

空位和间隙原子对剩余电阻率的影响和金属中原子的影响相似,其影响大小是同一数量级,表 4-7 列出了低浓度碱金属的剩余电阻率。

表 4-6　空位、位错对金属电阻率的影响

金属	$(\Delta\rho_{位错}/\Delta N_{位错})$ /$(10^{-19}\,\Omega\cdot cm/cm^{3})$	$(\Delta\rho_{空位}/C_{空位})$ /$(10^{-6}\,\Omega\cdot cm/$ 原子百分数$)$	金属	$(\Delta\rho_{位错}/\Delta N_{位错})$ /$(10^{-19}\,\Omega\cdot cm/cm^{3})$	$(\Delta\rho_{空位}/C_{空位})$ /$(10^{-6}\,\Omega\cdot cm/$ 原子百分数$)$
Cu	1.3	2.3；1.7	Pt	1.0	9.0
Ag	1.5	1.9	Fe		2.0
Au	1.5	2.6	W		29
Al	3.4	3.3	Zr		100
Ni		9.4	Mo	11	

表 4-7　低浓度碱金属的剩余电阻率

金属基	杂质1% (原子百分数)	$\rho/(\mu\Omega\cdot cm)$ 实验	$\rho/(\mu\Omega\cdot cm)$ 计算	金属基	杂质1% (原子百分数)	$\rho/(\mu\Omega\cdot cm)$ 实验	$\rho/(\mu\Omega\cdot cm)$ 计算
K	空位		0.975	Rb	Na		2.166
	Na	0.56	1.272			0.04，0.13	0.134
	Li		2.914		K		1.050

　　在范性形变和高能粒子辐射过程中,金属内部将产生大量缺陷。此外,高温淬火和急冷也会使金属内部形成远远超过平衡状态浓度的缺陷。当温度接近熔点时,由于急速淬火而"冻结"下来的空位引起的附加电阻率为

$$\Delta\rho = A\mathrm{e}^{-\frac{E}{kT}} \tag{4-69}$$

　　式中,E 为空位形成能;T 为淬火温度;A 为常数。

　　大量的实验结果表明,点缺陷引起的剩余电阻率变化远比线缺陷的影响大(参见表 4-6)。

　　对多数金属,当形变量不大时,位错引起的电阻率变化 $\Delta\rho_{位错}$ 与位错密度 $\Delta N_{位错}$ 之间呈线性关系。如在 4.2 K 时,铁的 $\Delta\rho_{位错}\approx 10^{-18}\Delta N_{位错}$;钼的 $\Delta\rho_{位错}\approx 5.0\times10^{-16}\Delta N_{位错}$;而钨的 $\Delta\rho_{位错}\approx 6.7\times10^{-17}\Delta N_{位错}$。

　　一般金属在变形量为 8% 时,$\Delta N_{位错}\approx 10^{5}\sim10^{8}\,cm^{-2}$,位错影响电阻率增加值 $\Delta\rho_{位错}$ 很小,一般在 $10^{-11}\sim10^{-8}\,\Omega\cdot cm$。当退火温度接近再结晶温度时,位错对电阻率的影响可忽略不计。

4.4.5　电阻率的各向异性

　　一般在立方系晶体中金属的电阻率表现为各向同性,但在对称性较差的六方晶系、四方晶系、斜方晶系和菱面体中,导电性表现为各向异性。

　　不同的金属和不同温度下,电阻各向异性系数 $\rho_{\perp}/\rho_{/\!/}$($\rho_{\perp}$、$\rho_{/\!/}$ 分别为垂直六方晶轴方向的、平行六方晶轴方向的电阻率)是不相等的。表 4-8 是常温下某些金属的各向异性系数。

表 4-8 某些金属在常温下的各向异性系数

金属	晶格类型	$\rho/(\mu\Omega \cdot cm)$		$\rho_\perp/\rho_{/\!/}$	金属	晶格类型	$\rho/(\mu\Omega \cdot cm)$		$\rho_\perp/\rho_{/\!/}$
		$\rho_\perp$	$\rho_{/\!/}$				$\rho_\perp$	$\rho_{/\!/}$	
Be	六方密排	4.22	3.83	1.1	Cd	六方密排	6.54	7.79	0.84
Y	六方密排	72	35	2.1	Bi	菱面体	100	127	0.74
Mg	六方密排	4.48	3.74	1.2	Hg	菱面体	2.35	1.78	1.32
Zn	六方密排	5.83	6.15	0.95	Ga	斜方	54 轴 c	8 轴 c	6.75
Sc	六方密排	68	30	2.2	Sn	四方晶系	9.05	13.3	0.69

多晶试样的电阻可通过晶体不同方向的电阻率表达,即

$$\rho_{多晶} = \frac{1}{3}(\rho_\perp + \rho_{/\!/}) \tag{4-70}$$

4.4.6 固溶体的电阻率

1. 形成固溶体时电阻率的变化

金属之间形成固溶体时,电导率降低。这是因为溶质原子溶入溶剂晶格时,溶剂的晶格发生扭曲畸变,破坏了晶格势场的周期性,电子受到散射的概率增加,因而电阻率增高。但晶格畸变不是电阻率改变的唯一因素,固溶体电性能尚取决于固溶体组元的化学相互作用(能带、电子云分布等)。

在连续固溶体中,合金成分距组元越远,电阻率也越高,在二元合金中最大电阻率常在 50% 原子浓度处,而且可能比组元电阻率高几倍,如图 4-22 所示。铁磁性及强顺磁性金属组成的固溶体情况有异常,它的电阻率一般不在 50% 原子处,如图 4-23 所示。

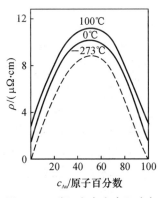

图 4-22 银-金合金电阻率与组元的关系

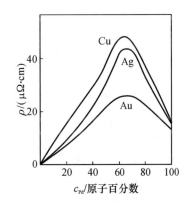

图 4-23 铜、银、金与钯组成金合金电阻率与组元的关系

根据马西森定律,低浓度固溶体电阻率表达式为

$$\rho = \rho_0 + \rho' \tag{4-71}$$

式中,ρ_0 表示固溶体溶剂组元的电阻率;ρ' 为剩余电阻率,$\rho' = c\Delta\rho$,此处 c 是杂质原子

含量,$\Delta\rho$ 表示 1%原子杂质引起的附加电阻率。

马西森定律早在 1860 年就已提出,目前已发现不少低浓度固溶体(非铁磁性)偏离这一定律。考虑到这种情况,现把固溶体电阻率写成三部分

$$\rho = \rho_0 + \rho' + \Delta \qquad (4-72)$$

式中,Δ 为偏离马西森定律的值,它与温度和溶质浓度有关。随溶质浓度增加,偏离愈严重。

实验证明,除过渡族金属外,在同一溶剂中溶入 1%(原子百分数)溶质金属所引起的电阻率增加,由溶剂和溶质金属的价数而定,它们的价数差愈大,增加的电阻率愈大,这就是诺伯里-林德(Norbury-Lide)法则,其数学表达式为

$$\Delta\rho = a + b(\Delta Z)^2 \qquad (4-73)$$

式中,a、b 是常数;ΔZ 表示低浓度合金溶剂和溶质间的价数差。

某些杂质原子对某些金属电阻率的影响见表 4-9。

表 4-9 杂质(原子百分数为 1%)对某些金属电阻率的影响/($\mu\Omega\cdot cm$)

溶剂	金属杂质(溶质)															
	Zn	Cd	Hg	In	Tl	Sn	Pb	Bi	Co	V	Fe	Ti	Mn	Cr	Al	Cu	Au
Al	0.35	0.6				0.9	1.0	1.3								
Cu	0.30	0.30	1.0	1.1		3.1	3.3									
Cd	0.08			0.24	0.54	1.3	1.99	4.17								
Ni									0.22	4.3	0.47	3.4	0.72	4.8	2.1	0.98	0.39

2. 有序合金的电阻率

当固溶体有序化后,电阻率受两种作用相反的影响。一方面,当合金有序化后,其合金组元化学作用加强,因此,电子的结合比在无序状态更强,从而使导电电子数减少,因而合金的剩余电阻率增加。另一方面,晶体离子势场在有序化时更为对称,这就使电子散射概率大大降低,因而有序合金的剩余电阻率减小。通常情况下,上述第二个方面的作用占优势,因而当合金有序化时,电阻率降低。

图 4-24、图 4-25 为铜-金合金在有序化和无序化时的电阻率变化曲线。图中曲线 1 表明,无序合金(淬火态)同一般合金电阻率变化规律相似;曲线 2 表明,有序合金 Cu_3Au、$CuAu$(退火态)的电阻率比无序合金低得多。当温度高于转变点,合金的有序态被破坏,合金为无序态,电阻率明显上升。

斯米尔诺夫根据合金成分及远程有序度从理论上计算了有序合金剩余电阻率,并假定:完全有序合金在 0 K 和纯金属一样不具有电阻,只有当原子有序排列被破坏时才有电阻率。这样,有序合金的剩余电阻率可写成

$$\rho' = A\left[c(1-c) - \frac{\nu}{1-\nu}(q-c)^2\eta^2 \right] \qquad (4-74)$$

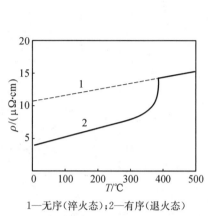

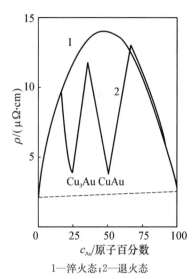

1—无序(淬火态);2—有序(退火态)

图4-24 Cu₃Au合金有序化对电阻率影响

1—淬火态;2—退火态

图4-25 Cu-Au合金电阻率曲线

式中,ρ'表示在0K时合金电阻率;c表示合金中第一组元的相对原子浓度;ν是第一类结点(第一组无占据的)相对浓度;q表示第一类结点被相应原子占据的可能性;A为与组元性质有关的参数;η表示远程有序度。

图4-26为不同远程有序度对剩余电阻率的影响曲线。

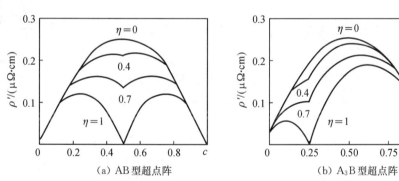

图4-26 远程有序度对剩余电阻率的影响

3. 不均匀固溶体(K状态)电阻率

在合金元素中含有过渡族金属的,如镍-铬、镍-铜-锌、铁-镍-钼、铁-铬-铝、银-锰等合金中,X射线和电子显微镜分析认为是单相的,但在回火过程中发现合金的电阻反常升高(其他物理性能,如热膨胀系数、比热等也有明显变化)。冷加工时发现合金的电阻率明显降低。托马斯(Thomas)最早发现这一现象,并把这一组织状态称为K状态。X射线分析表明,固溶体中原子间距的大小显著地波动,其波动正是组元原子在晶体中不均匀分布的结果,所以,也将K状态称为"不均匀固溶体"。可见,固溶体的不均匀组织是"相内分解"的结果。这种分解不析出任何具有自己固有点阵的晶体。当形成不均匀固溶体时,在固溶体点阵中只形成原子的聚集,其成分与固溶体的平均成分不同,这些聚集包含大约1000个原子,即原子的聚集区域几何尺寸大致与电子自由程为同一数量级,故明显增加电子散射概率,提高了合金的电阻率,如图 4-27 所示。由图可见,当回火温度超过 550℃时,反常升高的电阻率又开始消失,这可解释为原子聚集高温下将消散,于是固溶体渐渐地成为普通无序的、统计均匀的固溶体。冷加工在很大程度上促使固溶体不均匀组织的破坏并获得普通无序的固溶体,因此,合金电阻率明显降低,如图 4-28 所示。

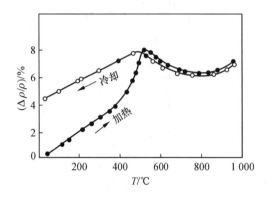

(原始态:高温淬火)

图 4-27 80Ni20Cr 合金加热、冷却
电阻变化曲线

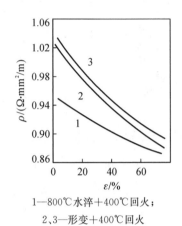

1—800℃水淬+400℃回火;
2、3—形变+400℃回火

图 4-28 80Ni20Cr 合金电阻率与
冷加工形变的关系

无机非金属
固体材料的电导

4.5 无机非金属固体材料的电导

大多数无机非金属固体材料为多晶多相材料,其显微结构往往较为复杂,由晶粒、玻璃相、气孔等组成。多晶多相材料的电导比单晶和均质材料要复杂得多。

4.5.1 玻璃态电导

1. 含碱玻璃的电导特性

纯净玻璃的电导一般较小,但如含有少量的碱金属离子 R^+,就会使电导大大增加。这是由于玻璃结构松散,R^+ 不能与两个氧原子相联系以延长点阵网络,从而造成弱联系离子,因而电导大大增加。

含有碱金属离子 R^+ 的玻璃的电导基本上是离子电导,由于玻璃体的结构比晶体疏松,R^+ 能够穿过大于其原子大小的距离而迁移,电导活化能小,因而比同组成的晶体的电导大得多。

玻璃中的电导率与 R^+ 的含量密切相关。

在 R^+ 离子含量不大时,玻璃电导率随 R^+ 离子含量增加线性增加;当 R^+ 离子含量到一定限度时,电导率呈指数关系增加。这是因为,R^+ 首先填充在玻璃结构的松散处,这时 R^+ 的增加只是增加电导载流子数。当孔隙被填满后,继续增加 R^+,就开始破坏原来结构紧密的部位,使整个玻璃的结构进一步松散,此时 R^+ 起着解网作用,因而电导活化能降低,电导率呈指数关系上升。

在实际生产中,常常利用双碱效应和压碱效应降低玻璃的电导率,可使玻璃的电导率降低 4~5 个数量级。

双碱效应是指当碱金属离子总浓度较大时(占玻璃组成的 25%~30%),在碱金属离子总浓度相同情况下,含两种碱比含一种碱的电导率要小,比例恰当时,可降到很低(图 4-29)。原因是 K_2O、Li_2O 氧化物中,R^+ 所占据的空间与其半径有关。在外电场作用下,R^+ 移动时,小离子留下的空位比大离子留下的空位小,这样大离子只能通过本身留下的空位,而小离子进入体积大的空位中,产生应力,不稳定,因而也是进入同种离子空位较稳定。这样互相干扰使电导率大大下降。另外,大离子不能进入小空位,使通路堵塞,妨碍小离子的运动,迁移率也降低。

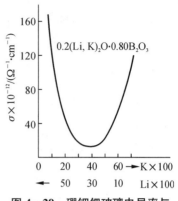

图 4-29 硼钾锂玻璃电导率与锂、钾含量关系

压碱效应是指在含碱玻璃中加入二价金属氧化物,尤其是重金属氧化物,可使玻璃电导率降低。相应的阳离子半径越大,这种效应越强。这是因为二价离子与玻璃中氧离子结合比较牢固,能嵌入玻璃网络结构,以致堵住了离子的迁移通道,使碱金属离子移动困难,电导活化能增加,从而减小了玻璃的电导率。实际上可理解为二价金属离子的加入,加强玻璃的网络形成,从而降低了碱金属离子的迁移能力。如用二价离子取代碱金属离子,也得到同样效果。图 4-30 为不同的氧化物置换 $0.18Na_2O$-$0.82SiO_2$ 玻璃中的 SiO_2 后,玻璃的电阻率变化情况。从图中可以看出,几种氧化物中,CaO 降低电导率的效果最明显。

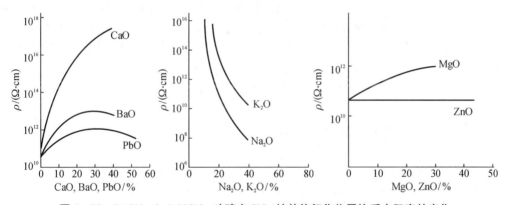

图 4-30 $0.18Na_2O$-$0.82SiO_2$ 玻璃中 SiO_2 被其他氧化物置换后电阻率的变化

固体材料如陶瓷中往往含有玻璃相,玻璃相的组成通常也较复杂,其电导率比晶体相高,因此对介质材料应尽量减少玻璃相的电导。上述规律对陶瓷中的玻璃也适用。

2. 玻璃半导体

玻璃半导体为新兴的电子信息材料和能源材料,按其组成可分为:① 氧化物玻璃(如 SiO_2 等);② 硫属化合物(S、Se、Te 等与金属的化合物,如 As_2S_3、As_2Se_3、As_2Te_3、As_2Se_3-As_2Te_3、As_2Se_3-As_2Te_3-Te_2Se 等);③ Ge、Si、Se 等元素非晶态半导体。表 4-10 列出了代表性的硫属玻璃半导体的组成和性能。

表 4－10　硫属玻璃半导体的组成与性能

材料组成	透光范围 /μm	折射率 n	软化点/℃	热膨胀系数 $\alpha/(10^{-6}\ K^{-1})$	硬度(Knoop)	弹性模量 /GPa
$Si_{25}As_{25}Te_{50}$	2～9	2.93	317	13	167	—
$Ge_{10}As_{20}Te_{70}$	2～20	3.55	178	18	111	—
$Si_{15}Ge_{10}As_{25}Al_{50}$	2～12.5	3.06	320	10	179	—
$Ge_{30}P_{10}S_{60}$	2～8	2.15	520	15	185	—
$Ge_{40}S_{60}$	0.9～12	2.30	420	14	179	—
$Ge_{28}Sb_{12}Se_{60}$	1～15	2.62	326	15	154	29
$As_{50}S_{20}Se_{60}$	1～13	2.53	218	20	121	14
$As_{50}S_{20}Se_{20}Te_{10}$	1～13	2.51	195	27	94	10
$As_{35}S_{10}Se_{35}Te_{20}$	1～12	2.70	176	25	106	17
$As_{38.7}Se_{61.3}$	1～15	2.79	202	19	114	17
As_8Se_{92}	1～19	2.48	70	34	—	—
$As_{40}S_{60}(As_2S_3)$	1～11	2.41	210	25	109	16

含有变价过渡金属离子的某些氧化物玻璃呈现出电子电导性,其中最具代表性的有磷酸钒和磷酸铁玻璃。硫属玻璃半导体是以 As、S、Se、Te 等为主,添加 Si、Ge、Sb 等形成多成分系玻璃。由于其成分不同,因而具有特殊的玻璃化区域和物理状态。其中以 Si-As-Te 系玻璃研究较多。该材料在其玻璃化区域内呈现出半导体性质;在玻璃化区域以外,存在着结晶化状态,形成多晶体,表现出金属电导特性。大多数硫属玻璃半导体的电导过程为热激活过程,与本征半导体的电导相似。这是因为非晶态的半导体存在很多悬空键和区域化的电荷位置,从能带结构来看,在价带和导带之间存在很多局部能级,因此对杂质不敏感。因而难于进行价控,难于形成 p-n 结。采用 SiH_4 辉光放电法所形成的非晶态硅,由于悬空键被 H 所补偿而能实现价控,并在太阳能电池上获得应用。

4.5.2　多晶多相固体材料的电导

陶瓷材料通常为多晶多相材料,其显微结构主要由微晶相、玻璃相和气孔相三部分构成,三者的量的大小及其相互间的关系,决定了陶瓷材料电导率的大小。

微晶相、玻璃相电导率较高,原因是玻璃相结构松弛,微晶相缺陷较多,因而活化能较低。由于玻璃相几乎填充了坯体的晶粒间隙,形成连续网络,所以含玻璃相的陶瓷的电导很大程度上取决于玻璃相。含有大量碱性氧化物的无定形相的陶瓷材料的电导率较高。实际材料中,作绝缘用的电瓷含有大量碱金属氧化物,因而电导率较大,刚玉瓷(Al_2O_3)含玻璃相较少,电导率就小。

固溶体与均匀混合体的导电机制较复杂,有电子电导,也有离子电导。此时,杂质与缺陷为影响导电性的主要内在因素。对于多价型阳离子的固溶体,当非金属原子过剩时,形成空穴半导体;当金属原子过剩时,形成电子半导体。

除了薄膜及超细颗粒外,晶界的散射效应比晶格小得多(这与离子及电子运动的自由程有关),因而均匀材料的晶粒大小对电导影响很小。相反,半导体材料急剧冷却时,晶界在低温已达平衡,结果晶界比晶粒内部有较高的电阻率。由于晶界包围晶粒,所以整个材料有很高的直流电阻。如 SiC 电热元件,二氧化硅在半导体颗粒间形成,晶界中 SiO_2 越多,电阻越大。

对于少量气孔分散相,气孔率增加,陶瓷材料的电导率减少。这是由于一般气孔相电导率较低。如果气孔量很大,形成连续相,电导主要受气相控制。这些气孔形成通道,使环境中的潮气、杂质很易进入,对电导有很大的影响。因此提高密度仍是很重要的。

材料的电导在很大程度上取决于电子电导。这是由于与弱束缚离子比较,杂质半束缚电子的离解能很小,容易被激发,因而载流子的浓度随温度升高剧增。另外,电子和空穴的迁移率比离子迁移率要大许多个数量级。例如,岩盐中钠离子的活化能为 1.75 eV,而半导体硅的施主能级才 0.04 eV,相差 44 倍。二者迁移率相差更大,TiO_2 中电子迁移率约为 $0.2 \ cm^2/(s \cdot V)$,而铝硅酸盐陶瓷中离子迁移率只有 $10^{-9} \sim 10^{-12} \ cm^2/(s \cdot V)$。材料中电子载流子只要有离子载流子的 $1/10^9 \sim 1/10^{12}$,就可以达到相同的电导数值。因此,对于绝缘材料的生产,工艺上比较关键的是要严格控制烧成气氛,以减少电子电导。

综上,多晶多相陶瓷材料的电导是各种电导机制的综合作用,$\sigma = \sum_i \sigma_i$,可归纳为离子电导和电子电导。表 4-11 列出了一些材料的各种电导机制的迁移数。

表 4-11 一些材料的电导机制(各载流子的迁移数)

化合物	温度/℃	t_i^+	t_i^-	$t_{e,h}$
NaCl	400	1.00	0.00	
	600	0.95	0.05	
KCl	435	0.96	0.04	
	600	0.88	0.12	
$KCl+0.02\%CaCl_2$	430	0.99	0.01	
	600	0.99	0.01	
AgCl	20~350	1.00		
AgBr	20~300	1.00		
BaF_2	500		1.00	
PbF_2	200		1.00	
$CuCl_2$	20	0.00		1.00
	360	1.00		0.00
$ZrO_2+7\%CaO$	>700	0	1.00	10^{-4}
$Na_2O \cdot 11Al_2O_3$	<800	1.00(Na$^+$)		$<10^{-6}$
FeO	800	10^{-4}		1.00
$ZrO_2+18\%CoO_2$	1 500		0.52	0.48
$ZrO_2+50\%CeO_2$	1 500		0.15	0.85
$Na_2O \cdot CaO \cdot SiO_2$		1.00(Na$^+$)		
$15\%(FeO \cdot Fe_2O_3) \cdot CaO \cdot SiO_2 \cdot Al_2O_3$	1 500	0.1(Ca^{2+})		0.9

4.5.3　次级现象

1. 空间电荷效应

在测量陶瓷电阻时,经常可以发现,加上直流电压后,电阻需要经过一定的时间才能稳定。切断电源后,将电极短路,发现类似的反向放电电流,并随时间减小到零,如图4-31所示。随时间变化的这部分电流称为吸收电流,最后恒定的电流称为漏导电流,这种现象称为电流吸收现象。

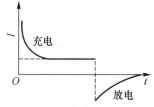

图4-31　电流吸收现象

电流吸收现象,是在外电场作用下,电介质(如瓷体)内自由电荷重新分布的结果。当不加电场时,因热扩散,正、负离子在瓷体内均匀分布,各点的密度、能级大致一致。当施加电场时,正、负离子分别向负、正极移动,引起介质内各点离子密度变化,并保持在高势垒状态。在介质内部,离子减少,而在电极附近,离子增加,或在某地方积聚,这样形成自由电荷的积累,称空间电荷(也叫容积电荷)。空间电荷的形成和电位分布改变了外电场在瓷体内的电位分布,因此引起电流变化。空间电荷形成主要是因为陶瓷内部具有微观不均匀结构,导致各部分的电导率不一样。如运动的离子被杂质、晶格畸变、晶界所阻止,致使电荷聚集在结构不均匀处;在直流电场中,离子电导的结果,在电极附近生成大量的新物质,形成宏观绝缘电阻不同的两层或多层介质;介质内的气泡、夹层等宏观不均匀性,在其分界面上有电荷积聚,形成电荷极化等,这些都可导致吸收电流产生。

电流吸收现象主要发生在离子电导为主的陶瓷材料中。电子电导为主的陶瓷材料,因电子迁移率很高,所以不存在空间电荷吸收电流现象。

2. 电化学老化现象

电化学老化是指在电场作用下,由于化学变化引起材料电性能不可逆的恶化。

电化学老化的原因主要是离子在电极附近发生氧化还原过程,有下面几种情况。

(1) 阳离子-阳离子电导:参加导电的为阳离子。晶相玻璃相中的一价正离子活动能力强,迁移率大;同时电极的 Ag^+ 也能参与漏导。最后两种离子在阴极处都被电子中和,形成新物质。

(2) 阴离子-阳离子电导:参加导电的既有正离子,也有负离子。它们分别在阴极、阳极被中和,形成新物质。

(3) 电子-阳离子电导:参加导电的为一种阳离子,还有电子。这种机构通常在具有变价阳离子的介质中发生。例如,含钛陶瓷,除了纯电子电导以外,阳离子 Ti^{4+} 发生电还原过程,成为 Ti^{3+}。

(4) 电子-阴离子电导:参加导电的为一种阴离子,还有电子。例如,TiO_2 在高温缺氧条件下,在阳极氧离子放出氧气和电子,在阴极 Ti^{4+} 被还原成 Ti^{3+}。

可见,陶瓷电化学老化的必要条件是介质中的离子至少有一种参加电导。如果电导纯属电子电导,则电化学老化不可能发生。

金红石瓷、钙钛矿瓷的离子电导虽比电子电导小得多,但在高温和使用银电极的情况下,银电极容易发生 Ag^+ 扩散入介质,并经过一定时间后,足以使材料老化。含钛陶瓷、滑石瓷等在高温和银电极情况下老化十分严重,不宜在高温下运行。对于使用严格的场合,除选用无钛陶瓷以外,还可以使用铂(金)电极或钯银电极,以避免老化过程。

4.5.4 固体材料电导混合法则

由于陶瓷材料的显微结构复杂,其电导的理论计算也较为复杂。为简化起见,设陶瓷材料由晶粒和晶界组成,且界面的影响和局部电场的变化等因素可以忽略,则总电导率 σ_T^n 为

$$\sigma_T^n = V_G \sigma_G^n + V_B \sigma_B^n \tag{4-75}$$

式中,σ_G^n、σ_B^n 分别为晶粒、晶界的电导率;V_G、V_B 分别为晶粒、晶界的体积分数。n 的取值范围为$(-1, +1)$。当 $n=-1$ 时,相当于图 4-32(a)的串联状态;而当 $n=1$ 时,相当于图 4-32(b)的并联状态;对于晶粒均匀分散在晶界中的情况,相当于图 4-32(c)的混合状态,$n \to 0$。

将式(4-75)微分,且 $n \to 0$,得陶瓷电导的对数混合法则

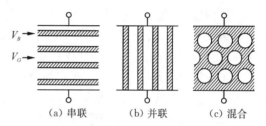

图 4-32 层状与混合模式

$$\ln \sigma_T = V_G \ln \sigma_G + V_B \ln \sigma_B \tag{4-76}$$

在实际陶瓷材料中,当晶粒和晶界之间的电导率、介电常数、多数载流子差异很大时,往往在晶粒和晶界之间产生相互作用,引起各种陶瓷材料特有的晶界效应,如 $ZnO\text{-}Bi_2O_3$ 系陶瓷的压敏效应、半导体 $BaTiO_3$ 的 PTC(正温度系数)效应等。

4.6 高分子材料的电导

高分子材料的高分子链中原子以共价键相连,不存在自由电子或离子,因此高分子材料的禁带宽度都非常大,电导率也非常低,因此,高分子材料大多用于绝缘材料。特定的聚合物具有一定的导电性,如 π 共轭高分子、电荷转移配位高分子、高分子离子型盐类配位化合物和螯合物。

材料的电导率低,使得表面电荷不易消除,电荷积累,易产生静电现象。静电产生有利的方面在于静电复印、静电喷涂。静电产生不利的方面则在于易燃易爆,不利于加工;静电产生还可能对材料造成损害,如电子设备的外壳会积累静电,使电磁辐射穿透高分子材料,损害内部的固体器件。

添加离子化合物可以提高高分子材料的电导率,这些离子会迁移到高分子材料的表面,吸附潮气,进而消除静电。也可以通过添加炭黑或金属粉等导电性填充物来减小或消除高分子材料的静电。在分子链中引入极性基团,开发本身具有导电性的高分子材料以减小或消除静电。

有机导体和有机超导体的发现,扩展了导电材料的范围,Alan J. Heeger、Alan G. Mac Diarmid、白川英树还因为导电塑料的发现获得了 2000 年诺贝尔化学奖。

4.7 半导体陶瓷的物理效应

4.7.1 晶界效应

晶界是指多晶体中相邻晶粒之间的界面。晶界上原子不能有序排列,具有过渡的性质,结构比较疏松,呈现出一系列与晶粒不同的特性。如晶界是原子或离子快速扩散的通道,并容易引起杂质原子或离子偏聚,同时使得晶界处熔点低于晶粒;晶界上原子排列混乱,存在着各种缺陷,常成为固态相变时优先成核的区域等。陶瓷材料烧结时利用晶界的特性通过加入添加物和改变及控制工艺过程来控制晶界组成、结构和相态等,获得特定的性能,即所谓的晶界工程。晶界工程在功能陶瓷中应用十分普遍,如半导体陶瓷作敏感材料中的一大类是利用晶界特性,最突出的例子是 ZnO 压敏电(变)阻器和正温度系数(PTC)材料。

1. 压敏效应(varistor effect)

压敏效应指对电压变化敏感的非线性电阻效应,即在某一临界电压下,电阻值非常之高,几乎无电流通过;超过该临界电压(敏感电压),电阻迅速降低,让电流通过。ZnO 压敏电阻具有的对称非线性电压-电流特性,如图 4-33 所示。

压敏电阻的电压-电流特性常表示为

$$I = \left(\frac{V}{C}\right)^{\alpha} \tag{4-77}$$

式中,α 为非线性指数;C 为相当于电阻值的量,是一常数。

α 和 C 是决定压敏特性的参数。α 值大于 1,其值越大,压敏特性越好。C 值较难测定,常用在一定电流下(通常为 1 mA)所施加的电压 V_C 来代替 C 值。V_C 定义为压

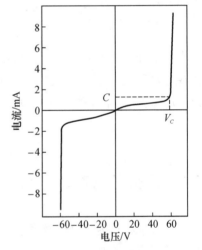

图 4-33　ZnO 压敏电阻的电压-电流特性曲线

敏电阻器电压,其值为厚 1 mm 试样,流过 1 mA 电流的电压值。因此,压敏电阻特性可用 α 和 V_C 来表示,即 α 和 V_C 为描述压敏电阻器特性的参数。

目前实际使用的 ZnO 压敏电阻配方是 ZnO 及其添加物 Bi_2O_3 和 Pr_6O_{11}。ZnO 压敏电阻的添加物及其作用见表 4-12。

在 ZnO 压敏电阻器的生产过程中,烧成温度、烧成气氛、冷却速度等对其结构及性能有很大的影响。要获得压敏特性的一个很重要的条件是,要在空气中(氧化气氛下)烧成,

表 4-12　ZnO 压敏电阻的添加物及其作用

添加物	作用
Bi_2O_3、Pr_6O_{11} 等	压敏特性的基本添加物,形成晶界势垒
CoO、MnO_2、Al_2O_3 等	提高非线性指数值
Sb_2O_3、Cr_2O_3 玻璃料	改善元件的稳定性

缓慢冷却,使晶界充分氧化。

压敏效应是陶瓷的一种晶界效应。为了解释压敏特性的机理,对 ZnO 压敏电阻器晶界的微观结构和组成做了大量的研究工作。俄歇谱仪、透射电镜、扫描电镜、电子能谱仪等分析表明,Bi_2O_3 副成分相很少存在于两个晶粒间的晶界处,大部分存在于三晶粒所形成的晶界部位。另外还发现,在 ZnO 晶粒和晶粒直接接触的晶界面附近 2~10 nm 内含有很高浓度的铋离子,即铋偏析。Bi^{3+} 置换固溶 Zn^{2+} 的位置在距晶界面 2 nm 的地方形成电子耗损层。晶界上具有负电荷吸附的施主能级,从而形成相对于晶界面对称的双肖特基势垒。图 4-34 为 ZnO 压敏电阻的双肖特基势垒模型,图中(a)为施加电压前的肖特基势垒;(b)为施加电压后的情形。当电压较低时,由于热激励,电子必须越过肖特基势垒而流过(热电离过程)。电压到某一值以上,晶界面上所捕获的电子,由于隧道效应通过势垒,造成电流急剧增大,从而呈现出异常的非线性关系。

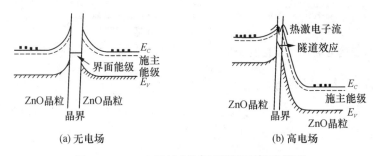

图 4-34 ZnO 压敏电阻的双肖特基势垒模型

ZnO 压敏电阻已广泛用于半导体和电子仪器的稳压和过压保护以及设备的避雷器等。

2. PTC 效应(positive temperature coefficient,正温度系数)

1) PTC 现象

$BaTiO_3$ 半导体陶瓷的 PTC 效应是 Hayman 继 1955 年发表了价控型 $BaTiO_3$ 半导体专利后发现的。

使 $BaTiO_3$ 半导体化有两种模式,即价控型和还原型。价控型即用半径同 Ba^{2+}、Ti^{4+} 相近,原子价不同的阳离子去置换固溶 Ba^{2+}、Ti^{4+} 位置,在氧化气氛中进行烧结,形成 n 型半导体,如形成 $Ba_{1-x}La_x(Ti_{1-x}^{4+} Ti_x^{3+})O_3$ 和 $Ba(Ti_{1-2x}^{4+} Ti_x^{3+})Nb_xO_3$。还原型即用高温还原法可使之半导体化,如形成 $Ba(Ti_{1-2x}^{4+} Ti_{2x}^{3+})O_{3-x}$。

价控型半导体最大的特征是在材料的晶型转变点(居里点)附近,电阻率随温度上升发生突变,增大了 3~4 个数量级,即所谓 PTC 现象。图 4-35 为 PTC 陶瓷的电阻率-温度特性曲线。PTC 现象是价控型半导体所特有的,$BaTiO_3$ 单晶和还原型半导体都不具有此特性。

2) PTC 现象的机理

在各种解释 PTC 现象的理论中,Heywang 理论能较好地说明 PTC 现象。图 4-36 为 Heywang 晶界模式图。该理论认为 n 型半导体陶瓷的晶界上具有表面能级,此表面能级可以捕获载流子,从而在两边晶粒内产生一层电子耗损层,形成肖特基势垒。肖特基势垒的高度与介电常数有关。在铁电范围内,介电系数大,势垒低。当温度超过居里点,根据居里-外斯定律,材料的介电系数急剧减少,势垒增高,从而引起电阻率的急剧增加。

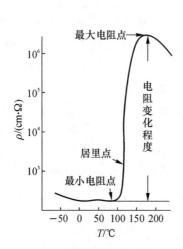

图 4-35　PTC 陶瓷的电阻率-温度特性曲线

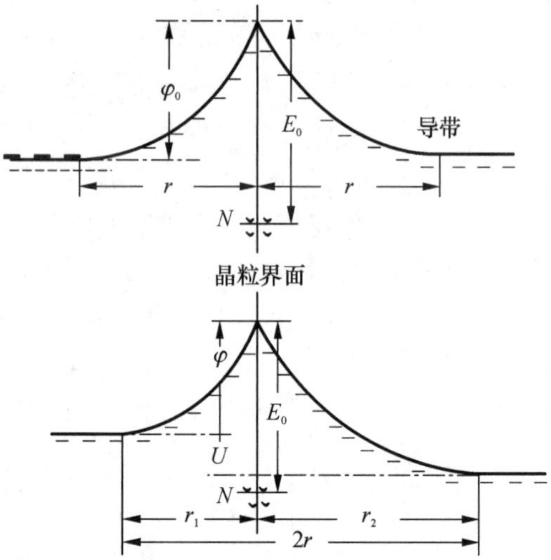

图 4-36　Heywang 晶界模式图

由泊松方程,可以得到势垒高度为

$$\varphi_0 = \frac{eN_D}{2\varepsilon\varepsilon_0}r^2 \tag{4-78}$$

式中,φ_0 为势垒高度;r 为势垒半径;ε 为介电系数;N_D 为施主密度;e 为电子电荷。PTC 陶瓷的电阻率为

$$\rho = \rho_0 \exp\left(\frac{e\varphi_0}{kT}\right) \tag{4-79}$$

铁电体在居里温度以上的介电系数遵循居里-外斯定律

$$\varepsilon = \frac{C}{T - T_C} \tag{4-80}$$

式中,C 为居里常数;T_C 为居里温度。

可见,在居里点以下的铁电相范围内,介电系数 ε 大,φ_0 小,因而电阻率 ρ 就低;温度超过居里点,ε 就急剧减小,φ_0 变大,电阻率 ρ 就增高。

3) PTC 陶瓷的应用

PTC 陶瓷主要应用于温度敏感元件、限流元件以及恒温发热体等方面。

温度敏感元件有两种类型。一是利用 PTC 电阻-温度特性,用于各种家用电器的过热报警器以及马达的过热保护;另一类是利用 PTC 静态特性的温度变化,主要用于液位计。

限电流元件应用于电子电路的过流保护、彩电的自动消磁;近年来广泛应用于冰箱、空调机等的马达启动。

PTC 恒温发热元件应用广泛。在家用电器方面,从诸如电子灭蚊器、电热水壶、电吹风、电饭锅等小功率发热元件发展到用于干燥机、暖风机房等的大功率蜂窝状发热元件。在工业上具有多种用途,如电烙铁、石油汽化发热元件、汽车冷启动恒温加热器等。

4.7.2 表面效应

陶瓷气敏元件主要是利用半导体表面的气体吸附反应。利用表面电导率变化的信号来检测各种气体的存在和浓度。

1. 半导体表面空间电荷的形成

半导体表面存在着各种表面能级,如晶格原子周期排列终止处所产生的达姆(Tamm)能级、晶格缺陷或表面吸附原子所形成的电子能级等。这些表面能级将作为施主或受主和半导体内部产生电子授受关系。当表面能级低于半导体的费米能级,即为受主表面能级时,从半导体内部俘获电子而带负电,内层带正电在表面附近形成表面空间电荷层,这种电子的转移将持续到表面能级中电子的平均自由能与半导体内部的费米能级相等为止。图4-37为 n 型半导体表面存在受主型表面能级时,平衡状态下的表面能带结构图。图中,表面附近的能带往上弯曲,空间电荷层中的电子浓度比内部小,这种空间电荷层称为耗尽层。

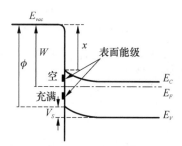

W—功函数;ϕ—光电子放出端;x—电子亲和力;V_s—表面电势垒;E_C—导带底;E_V—价带顶;E_F—费米能级

**图4-37 n型半导体表面
能带结构图**

根据表面能级所捕获的电荷和数量大小,可以形成积累层、耗尽层、反型层三种空间电荷层。空间电荷层中的多数载流子的浓度比内部大,称为积累层。这种由气体吸附所形成的积累层状态称为积累层吸附。n 型半导体情况下,若发生 $D_{gas} \rightarrow D_{ad}$,$D_{ad} \rightarrow D_{ad}^+$($D_{gas}$ 为气体分子,D_{ad} 为吸附分子)吸附反应,将形成积累层。相反,气体分子为受主时($A_{gas} \rightarrow A_{ad}$,$A_{ad} + e \rightarrow A_{ad}^-$),吸附气体捕获内部电子而带负电。这样一来,所形成的空间电荷层中的多数载流子浓度(n 型为电子)比内部少,称为耗尽层。根据质量作用定律 $np = n_i^2$(n_i 为本征载流子浓度),积累层中少数载流子浓度比内部小,耗尽层中少数载流子浓度比内部大。假定电子大规模转移的结果,使 $n < n_i$,则 $p > n_i$,空间电荷层中少数载流子 p 变为多数载流子,这种空间电荷层称为反型层。

2. 半导体表面吸附气体时电导率的变化

半导体表面吸附气体时,半导体和吸附气体分子(或气体分子分解后形成的基团)之间由于电子的转移(即使电子的转移不那么显著)产生电荷的偏离。如果吸附分子的电子亲和力 χ 比半导体的功函数 W 大,则吸附分子从半导体捕获电子而带负电;相反,吸附分子的电离势 I 比半导体的电子亲和力 χ 小,则吸附分子向半导体供给电子而带正电。因此,如果知道吸附分子(或基团)的 χ 和 I 及半导体的 W 和 χ,那么就可以判断吸附状态和对电导率的影响。通常,根据对电导率的影响来判断半导体的类型和吸附状态。当 n 型半导体负电吸附,p 型半导体正电吸附时,表面均形成耗尽层,因此表面电导率减少而功函数增加。当 n 型半导体正电吸附,p 型半导体负电吸附时,表面均形成积累层,因此表面电导率增加。比如氧分子对 n 型和 p 型半导体都捕获电子而带负电(负电吸附)。

$$\frac{1}{2}O_2(g) + ne^- \longrightarrow O_{ad}^{n-} \tag{4-81}$$

而 H_2、CO、酒精等,往往产生正电吸附。但是,它们对半导体表面电导率的影响,则使同一类型的半导体也会因氧化物的不同而不同。

半导体气敏元件的表面与空气接触时,氧常以 O^{n-} 的形式被吸附。实验表明,温度不同,吸附氧离子的形态也不一样。随着温度的升高,氧的吸附状态变化情况为

$$O_2 \rightarrow \frac{1}{2}O_4^- \longrightarrow O_2^- \rightarrow 2O^- \rightarrow 2O^{2-} \tag{4-82}$$

例如,ZnO 半导体在温度 200～500℃时,氧离子吸附为 O^-、O^{2-}。氧吸附的结果,半导体表面电导减少,电阻增加。在这种情况下,如果接触 H_2、CO 等还原性气体,则它们与已吸附的氧反应,反应式为

$$O_{ad}^{n-} + H_2 \longrightarrow H_2O + ne^-$$
$$O_{ad}^{n-} + CO \longrightarrow CO_2 + ne^- \tag{4-83}$$

反应释放出电子,因而表面电导率增加。表面控制型气敏元件就是利用表面电导率变化的信号来检测各种气体的存在和浓度。

现以厚度为 d,宽度为 W,电极间距离为 L 的半导体片状试样为例研究气体吸附电导率的变化。设空间电荷层宽度为 l,在空间电荷层内宽为 x 处的电导率为 $\sigma(x)$,半导体内部电导率为 $\sigma(b)$ 时,试样的电导 G(西门子)为

$$G = \sigma_b \times \frac{W}{L} \times (d-l) + \int_0^l \sigma(x) \times \frac{W}{L}dx = \sigma_b \times \frac{W}{L} \times d + \frac{W}{L}\int_0^l [\sigma(x) - \sigma_b]dx$$

$$\tag{4-84}$$

则由吸附电导引起的电导变化量为

$$\Delta G = \Delta\sigma \times \frac{W}{L} = \frac{W}{L}\int_0^l [\sigma(x) - \sigma_b]dx \tag{4-85}$$

式中,$\Delta\sigma = \int_0^l [\sigma(x) - \sigma_b]dx$,常称为表面电导率。它由载流子的电荷、浓度以及迁移率的乘积来表示,即

$$\Delta\sigma = e(\overline{\mu_p}\delta_p + \overline{\mu_n}\delta_n) \tag{4-86}$$

式中,δ_p、δ_n 分别为 1 cm^2 表面的空间电荷层中的空穴和电子的过剩浓度(以半导体内部为基准)。$\overline{\mu_p}$、$\overline{\mu_n}$ 分别为表面空间电荷层中空穴和电子的平均迁移率。由于表面散射的原因,它们的值仅是半导体内部 μ_p 和 μ_n 的 $1/10～1/5$。

n 型半导体,忽略空穴传导,$\Delta\sigma_n = e\overline{\mu_n}\delta_n$;p 型半导体,忽略电子传导,$\Delta\sigma_p = e\overline{\mu_p}\delta_p$。

以上表明,n 型半导体气敏元件中正电荷吸附时电导率增加,负电荷吸附时电导率减少。

半导体陶瓷气敏元件是一种多晶体,存在着晶粒之间的接触或颈部接合,如图 4-38 所示。晶粒相接触形成晶界,半导体接触气体时,因为在晶粒表面形成空间电荷层,因此两个晶粒之间介入这个空间电荷层部分。当 n 型半导体晶粒发生负电荷吸附时,晶粒之间便形成图 4-38(a)那样的势垒,阻止晶粒之间的电子转移。势垒的高度因气体种类、浓度不同而异,从而使电导率随之改变。在空气中,氧的负电荷吸附结果,势垒高,电导率小。若接触可燃气体,则与吸附氧反应,负电荷吸附减少,势垒降低,电导率增加。如图 4-38(b)所示的晶

粒间颈部接合厚度的不同,对电导率的影响也不尽相同。若颈部厚度很大,如图4-38(b)中(2)的情况,吸附气体和半导体之间的电子转移仅仅发生在相当于空间电荷层的表面层内,不影响内部的能带构造。但是,若颈部厚度小于空间电荷层的厚度,如图4-38(b)中(1)的情况,整个颈部厚度都直接参与和吸附气体之间的电子平衡,因而表现出吸附气体对颈部电导率较强的影响,即电导率变化最大。因此可以认为半导体气敏元件晶粒大小、接触部的形状等对气敏元件的性能有很大影响。

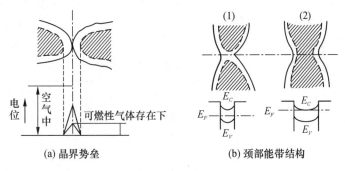

(a) 晶界势垒　　　　　　(b) 颈部能带结构

图4-38　晶界和颈部的电导

4.7.3　塞贝克效应

半导体材料的两端如果有温度差,那么在较高的温度区有更多的电子被激发到导带中去,但热电子趋向于扩散到较冷的区域。当这两种效应引起的化学势梯度和电场梯度相等且方向相反时,就达到稳定状态。多数载流子扩散到冷端,结果在半导体两端就产生温差电动势,这种现象称为温差电动势效应,如图4-39所示。此现象首先由塞贝克发现,因此,也称为塞贝克效应。

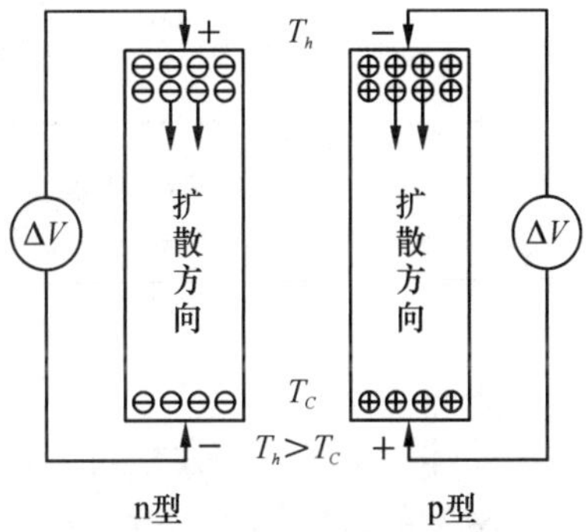

定义温差电动势系数 α 为

$$\alpha = \frac{dV}{dT} = -\frac{V_h - V_C}{T_h - T_C} \qquad (4-87)$$

图4-39　半导体陶瓷的塞贝克效应

式中,$V_h - V_C$ 为半导体高温区和低温区之间的电位差,单位为V;$T_h - T_C$ 为温度差,单位为K。

温差电动势系数 α 的符号同载流子带电符号一致,因此,测量 α 还可以判断半导体的类型(p型还是n型)。

当半导体中存在一种类型的载流子(电子或空穴),其浓度分布规律近似于玻耳兹曼函数分布时,α 可表达为

$$\alpha = \pm \frac{k}{e}\left(\ln \frac{N_v}{n_i} + A\right) \qquad (4-88)$$

式中,N_v 为状态密度;A 为能量输出项,是一常数;n_i 为载流子(电子或空穴)的浓度。

若要通过 α 的测量来求载流子的浓度,就要知道 N_v 和 A 的值。它们与导电机理有关。

若载流子在宽能带内传导(能带传导机理),N_V 值为

$$N_V = 2\left(\frac{2\pi m^* kT}{h^2}\right)^{\frac{3}{2}} \approx 4.84 \times 10^{21} \left(\frac{m^* T}{m}\right)^{\frac{3}{2}} \ \mathrm{m^{-3}} \tag{4-89}$$

式中,h 为普朗克常量;m 和 m^* 分别为电子的质量和有效质量。这时 A 近似为 2。若载流子和晶格极化作用较强,形成小极化子在很窄的能带内进行完全电子跃迁传导,则 N_V 可看作单位体积内的有效阳离子数量,其值可达 $10^{28}\ \mathrm{m^{-3}}$,而 A 值近似为零。

由电导率 σ 和载流子浓度 n 的测量值,根据电导率公式 $\sigma = ne\mu$,可以求出迁移率 μ 值。

一些主要半导体材料的温差电动势系数的值见表 4-13。

表 4-13 一些主要半导体材料的温差电动势系数 $\alpha/(\mu V/℃)$

材料	α	材料	α	材料	α	材料	α
ZnO	-710	Cu_2O	$+470 \sim +1\ 150$ $(-180 \sim 360℃)$	PbSe(p)	$+190 \sim +230$	$Bi_2Te_3(n)$	-240
CuO	-700	MoS_2	-770 $(330 \sim 230℃)$	ZnSb	$+150 \sim +200$ $(-40 \sim 180℃)$	$Bi_2Te_3(p)$	$+220$
FeO	-500	CuS	-10	PbTe(n)	$-120 \sim -230$ $(20 \sim 400℃)$	As_2Te_3	$+230 \sim +260$
NiO	$+240$	FeS	$+30$	PbTe(p)	$+150 \sim +180$ $(20 \sim 110℃)$		
Mn_2O_3	$+390$	PbSe(n)	$-180 \sim -220$	$Sb_2Te_3(p)$	$+30 \sim +130$ $(-220 \sim 30℃)$		

4.7.4 p-n 结

1. p-n 结势垒的形成

半导体中电子和空穴数目分别决定于费米能级与导带底和满带顶的距离。n 型半导体在杂质激发的范围,电子数远多于空穴,因此 E_F 应在禁带的上半部,接近导带;而 p 型半导体空穴远多于电子,E_F 将在禁带下部,接近于满带,于是

$$\begin{aligned}
&\text{n 型} \qquad n_e = (N_C N_D)^{\frac{1}{2}} \exp\left(-\frac{E_C - E_F}{kT}\right) \\
&\text{p 型} \qquad n_h = (N_V N_A)^{\frac{1}{2}} \exp\left(-\frac{E_F - E_V}{kT}\right)
\end{aligned} \tag{4-90}$$

当 n 型半导体和 p 型半导体相接触时,或半导体内一部分为 n 型,另一部分为 p 型时,由于 n 型和 p 型费米能级不同,因而引起电子的流动,在接触面两侧形成正负电荷积累,产生一定的接触电势差。这种情况在能带图中的反映如图 4-40 所示。

接触电势差使 p 型相对于 n 型带负的电势 $-V_d$,在 p 区电子静电势能提高 eV_d,表现在 p 区整个电子能级向上移动 eV_d,恰好补偿 E_F 原来的差别,即

$$eV_d = (E_F)_n - (E_F)_p \tag{4-91}$$

使两边 E_F 拉平,这种状态为热平衡状态。能带弯曲处相当于 p-n 结的空间电荷区。其中存在强的电场,对 n 区电子或 p 区空穴来说,都是高度为 eV_d 的一个势垒。

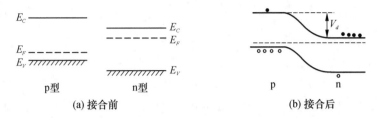

(a) 接合前　　　　　　　　　　　(b) 接合后

图 4-40　n 型与 p 型半导体接合前后的能带结构

如果从具体载流子的平衡来看,势垒电场恰好能阻止密度大的 n 区电子向 p 区扩散;对空穴,由于电荷符号和电子相反,p-n 结的势垒也正好阻止空穴由密度高的 p 区向密度低的 n 区扩散。假定考虑电子运动,那么在平衡状态下,p 区极少量的电子由于势垒的降低而产生一定的电流(饱和电流 $-I_0$)与 n 区电子由于势垒增高 eV_d 而产生的电流(扩散电流 I_d)相互抵消。以类似的方法分析空穴的运动。扩散电流 I_d 可用下式表示为

$$I_d = A \exp\left(-\frac{eV_d}{kT}\right) \tag{4-92}$$

式中,A 为常数。

2. 偏压下的 p-n 结势垒和整流作用

如果在 p-n 结上外加偏置电压 V,且 p 区接电压正极,n 区接负极,即外加正偏压,则 p 区相对于 n 区的电势由无偏压时的 $-V_d$ 改变为 $-(V_d-V)$,这时势垒高度为 $e(V_d-V)$,能带图中势垒将降低,如图 4-41 所示。在这种情况下,势垒就不再能完全抵消电子和空穴的扩散作用,结果由电子所产生的净电流为

$$
\begin{aligned}
I_e = I_d' - I_d &= A_e \exp\left[-\frac{e(V_d-V)}{kT}\right] - A_e \exp\left(-\frac{eV_d}{kT}\right) \\
&= A_e \exp\left(-\frac{eV_d}{kT}\right)\left[\exp\left(\frac{eV}{kT}\right) - 1\right] \\
&= I_e^0 \left[\exp\left(\frac{eV}{kT}\right) - 1\right]
\end{aligned}
\tag{4-93}
$$

式中,$I_e^0 = A_e \exp\left(-\frac{eV_d}{kT}\right)$。

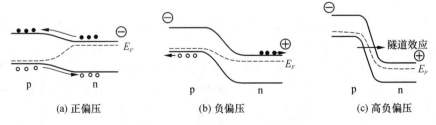

(a) 正偏压　　　　　　　(b) 负偏压　　　　　　(c) 高负偏压

图 4-41　偏压下的 p-n 结势垒

同样,空穴所产生的净电流有类似的结果,因此,通过 p-n 结的总电流可以表达为

$$I = I_0 \left[\exp\left(\frac{eV}{kT}\right) - 1 \right] \qquad (4-94)$$

式中,I_0 为常数。

当 p-n 结上施加负偏压时,如图 4-41(b)所示,p 区的电子和 n 区的空穴浓度都很低,仅流过极小的电流。这时的电流虽然符合式(4-94),但不能超过 $-I_0$。当负偏压继续增大时,能带弯曲变大,如图 4-41(c)所示,出现隧道效应。电流急剧增大,产生绝缘破坏,此时的电压称为反向击穿电压。p-n 结的 V-I 特性如图 4-42 所示。

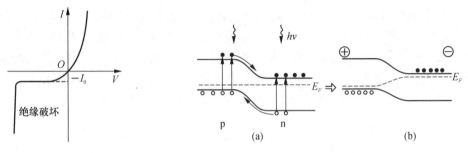

图 4-42　p-n 结的 V-I 特性　　　　图 4-43　光生伏特效应

3. 光生伏特效应

如果用能量比半导体禁带宽度还大的光照射 p-n 结,半导体吸收光能,电子从价带激发至导带,价带中产生空穴,如图 4-43 所示。p 区的电子向 n 区移动,n 区的空穴向 p 区移动,结果产生电荷积累,p 区带正电,n 区带负电,从而产生电位差。这和费米能级的弯曲相对应。若在 p-n 结两侧设置电极,与外电路相连就有电流通过。利用这种原理,可以将太阳能转换为电能,制造出太阳能电池或光检测器件。例如,将 n 型半导体 CdS 烧结体上电析一层 p 型半导体 Cu_2S,Cu_2S 扩散在局部晶界上形成 p-n 结,从而增大 p-n 结的接触面积,提高光电流的收集效率,制得高效能的太阳能电池。

4.8　超导体

4.8.1　概述

所谓超导体(superconductor)就是在液氢甚至液氦的低温下,具有零阻导电现象的物质。这是一种固体材料内特有的电子现象。材料有电阻的状态称为正常态。超导体中有电流而没有电阻,超导体是等电位的,超导体内没有电场。材料由正常态转变为超导体的温度称为超导体的临界温度,并以 T_c 表示。T_c 是物质常数,同一种材料在相同条件下有确定的值。当温度在 T_c 以上时,超导体处于正常态;当温度在 T_c 以下,超导体进入零电阻状态即超导态。除了零电阻这个基本特征外,超导体的另一个基本特征是完全抗磁性,即迈斯纳效

应。超导材料分为高温超导体和低温超导体,临界温度大于液氮温度(77 K)的称为高温超导体。超导体的研究与发现开始于金属及其化合物,继而的研究在氧化物中发现了超导体,高临界陶瓷超导材料及其超导薄膜、超导线材相继问世。

1908 年在 Leiden 大学(荷兰),开默林-昂内斯(Kamerlingh-Onnes)获得液氦,并得到了 1 K 的低温。1911 年他们发现在 4.2 K 附近,水银的电阻突然降到无法检测的程度,具有超导电性,处于超导态(superconducting state)。多年来超导体的研究都限于金属及金属化合物范围,这期间在超导理论方面有重大进展。1957 年 J. Bardecen, L. N. Cooper 和 J. R. Schriefler 描述了大量电子的相互作用,并形成了"库柏电子对"的理论,这就是著名的 BCS 理论。它预言在金属和金属间化合物中的超导体 T_c 不超过 30 K。比如已经实用化的金属间化合物 Nb_3Sn、V_3Ga,具有较高的临界温度 T_c,分别为 18.1 K 和 16.8 K。在 20 世纪 60 年代开始在氧化物中寻找超导体。1966 年在具有氧离子缺陷的钙铁矿结构的 $SrTiO_{3-x}$ 氧化物中发现超导电性,虽然 T_c 只有 0.55 K,但这是陶瓷材料具有超导性,意义重大。1979 年得到 $T_c = 13$ K 的 $BaPb_{0.75}Bi_{0.25}O_3$ 的超导体。1986 年,J. G. Bedorz 和 K. A. Müller 发现了具有较宽转变温度范围的超导体$(LaBa)_2CuO_4$,进入超导态的开始转变温度为 35 K,并因此而获得了诺贝尔奖。这种氧化物属于 Ba - La - Cu 氧化物系统。1987 年 2 月我国科学家赵忠贤等得到在液氮以上温度的Y-Ba-Cu-O 系超导体(化学式为 $YBa_2Cu_3O_{7-x}$,即所谓的 Y - 123 相)。其后开始了寻找转变温度更高的超导体。如 Ba - A - Ca - Sr - O 系统和 Ti - Ca/Ba - Cu - O 系统的 T_c 温度分别为 114 K 和 120 K,Hg - Ba - Cu - O 系统的 T_c 温度接近 140 K。目前,关于高温超导体的研究有四个方面:一是更高的 T_c 体系探索,二是高 T_c 超导机制研究,三是高 T_c 超导体物理性能的测定和研究,四是高 T_c 超导体材料的制备与成材加工工艺研究。

4.8.2 约瑟夫逊效应

1962 年,剑桥(Cambridge)大学的博士后约瑟夫逊(B.D.Josephson)从理论上预测了超导电子的隧道效应,即超导电子(电子对)能在极薄的绝缘体阻挡层中通过。后来实验证实了这个预言,并把这个量子现象称为 Josephson 效应。图 4 - 44 为 Josephson 效应元件,由两块超导体中间夹一层绝缘体构成。若绝缘体较厚,即使将其冷却到超导临界温度以下,由于绝缘层的阻挡,超导电子不能通过;但若绝缘较薄(厚度约为 1 nm 时),超导电子便可通过中间绝缘层而导通,产生 Josephson 效应。在两边的超导体设置电极,就可以观测到绝缘体上产生的电压 V。如果从外部通入电流 I,那么就可以观察到超导电子的隧道效应。Josephson 元件的 I-V 特性如图 4 - 45 所示。电流 I 是绝缘体阻挡层电压 V 的函数。若电流由零逐渐增大,由于超导电子的隧道效应,绝缘体上不产生压降,处于好像不存在绝缘层的零阻超导状态。当电流超过某一临界电流值 I_0(A 点)时,达到最大 Josephson 电流,超导状态被破坏,过渡到有阻状况($A \rightarrow B$),电流进一步增大,将沿 $B \rightarrow C \rightarrow D$ 变化;相反,电流由大变小,那么将沿 $D \rightarrow C \rightarrow B \rightarrow E \rightarrow 0$ 变化,出现 I-V 特性的滞后现象。如果通过方向相反的电流,则出现与图中曲线对称的 I-V 特性曲线。

超导状态下的电流 I 与最大 Josephson 电流 I_0 的关系为

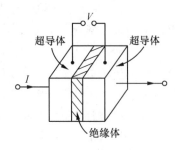

图 4 - 44　Josephson 器件

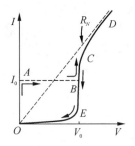

图 4 - 45　Josephson 器件的 I - V 特性

$$I = I_0 \sin \theta \qquad (4 - 95)$$

式中，θ 表示两超导体的量子状态的相位差。当 $\theta = 90°$ 时，出现 $A \to B$ 的开关特性。这是由于超导电子对隧道电流和超导电子对的破坏以及热激励的单电子亚微子的隧道电流的综合结果。为了把这种超导电子电流与超导状态的直流 Josephson 电流加以区别，将这种超导电子电流称为交流 Josephson 电流。单一电子隧道电流称为亚粒子隧道电流。交流 Josephson 电流与隧道阻挡层产生的直流电压 V 的关系为

$$I = I_0 \sin \left(\frac{2 \mid e \mid Vt}{h} + \theta_0 \right) \qquad (4 - 96)$$

式中，θ_0 为夹有隧道阻挡层的两超导体间的相位差；h 为普朗克常数；e 为电子电荷。

式(4 - 96)表示超导电子电流是以时间 t 和角频率 $\omega = \dfrac{2 \mid e \mid V}{h}$ 作交变的交流电流。

Ba - La - Cu - O 系层状钙钛矿结构等超导体的发现，原有超导理论很难解释，有关高温超导理论仍在探索中。

4.8.3　超导体的分类

根据磁化特性超导体可分为两类，即第一类超导体和第二类超导体。第一类超导体的特征为由正常态直接过渡到超导态，无中间态，并且具有完全抗磁性。该类超导体熔点较低、质地较软，也称软超导体，包括一些在常温下具有良好导电性的纯金属，如铝、镓、镉、锡、铟等。因为临界电流密度和临界磁场较低，因而第一类超导体实用价值不大。第二类超导体由正常态转变为超导态时存在中间态，混合态中有磁通线存在，具有更高的临界温度、更大的临界电流密度和更高的临界磁场强度，因此具有很高的实用价值。

根据材料成分超导体可分为单质超导体(Pb、Hg)、合金超导体(NbTi、Nb$_3$Ge、Nb - Ti - Zr 等)、氧化物超导体(Y - Ba - Cu - O，La - Ba - Cu - O，Bi - Sr - Ca - Cu - O，Ti - Ba - Ca - Cu - O，Hg - Ba - Ca - Cu - O 等)和有机超导体[氧化聚丙烯、(BEDT - TTF)$_2$ClO$_4$(1,1,2 - 三氯乙烷)、(BEDT - TTF)$_2$ReO$_4$、碳纳米管]等。高温超导体铜氧基超导体包括四大类：90 K 的稀土系、110 K 的铋系、125 K 的铊系和 135 K 的汞系，这类超导体具有类似的层状结晶结构，铜氧层是超导层。

4.8.4　超导体的应用

超导材料是具有广泛应用前景的重要功能材料。超导材料的应用开发一直受到关注。

液氦冷却的超导体 Nb-Ti 系统和金属间化合物 Nb_3Sn 已具有中等工业规模的开发，主要利用超导体的完全抗磁性制造高磁场超导磁体。这些磁体可用于医用核磁共振（NMR）成像系统、实验物理用粒子加速器、舰船用推进发动机、电站发动机、磁悬浮列车、核聚变和磁流体发电系统、电能储存系统、电源变压器等。其中用于医用核磁共振（NMR）成像系统、实验物理用粒子加速器这两项已经实现，其他几项也已证明可行。液态氮温度用超导体的发现，使超导体的应用成本降低，应用前景更加光明。

利用超导体的 Josephson 效应可以制作高灵敏度的电子器件，这些器件具有如下特点：

（1）小功率（μW 级）超高速开关动作（PS 级，$PS=10^{-12}\,s$）。

（2）具有显著的非线性电阻特性。

（3）施加几毫伏的直流电压可以获得高达 10 THz（$1\,THz=10^{12}\,Hz$）的超高频振荡信号。从外部输入电磁波可以产生与之相对应的一定的直流电压，即具有量子效应。

（4）噪声极小，制成超导环（闭合回路）可以获得高灵敏度磁感应器件。

这些特点可以应用于超高速计算机运算存储器件、各种频率范围的高灵敏度电磁波检测器件、超高精度电位计、超导量子干涉器件等。

高温超导体已经取得实际应用，如钇钡铜氧超导体和铋系超导体已制成了高质量的超导电缆、载人高温超导磁悬浮实验车，铊钡钙铜超导薄膜安装在移动电话的发射塔中，增加容量，减少断线和干扰。

超导材料由于其独特的优势在材料的研究和应用中发挥了巨大的作用。超导材料也有其自身的缺点，比如低温条件、需要高质量的薄膜和器件制备工艺，这就制约了超导材料的进一步发展和应用。随着新型材料制备工艺和低温技术的进一步发展，超导材料将会有着更为广阔的发展空间。

习题

1. 名词解释。

离子电导和电子电导；本征电导和杂质电导；离子电导体和混合电导体；n 型半导体和 p 型半导体；双碱效应和压碱效应；吸收电流现象；电化学老化现象；压敏效应；PTC 现象；超导体。

2. 金属、半导体、离子晶体的导电机制有何不同？试说明温度对金属、半导体、离子晶体电导率的影响有何不同。

3. 实验测出离子型电导体的电导率与温度的相关数据，经数学回归分析得出关系式为

$$\ln\sigma=A-B/T$$

（1）试求在测量温度范围内的电导活化能表达式。

(2) 若给出 $T_1 = 500$ K 时, 电导率 $\sigma_1 = 10^{-9}$ $\Omega^{-1} \cdot cm^{-1}$; $T_2 = 1\,000$ K 时, 电导率 $\sigma_2 = 10^{-6}$ $\Omega^{-1} \cdot cm^{-1}$, 计算电导活化能的值。

4. 根据缺陷化学原理推导:

(1) ZnO 电导率与氧分压的关系。

(2) 在具有阴离子空位 TiO_{2-x} 非化学计量化合物中, 其电导率与氧分压的关系。

(3) 在具有阳离子空位 $Fe_{1-x}O$ 非化学计量化合物中, 其电导率与氧分压的关系。

(4) 讨论添加 Al_2O_3 对 NiO 电导率的影响。

5. 本征半导体中, 从价带激发至导带的电子电导和价带产生的空穴电导同时存在。激发的电子数 n 可近似表示为

$$n = N \exp\left(-\frac{E_g}{2kT}\right)$$

式中, N 为状态密度; k 为玻耳兹曼常数; T 为热力学温度, 单位 K。试回答:

(1) 设 $N = 10^{23}$ cm^{-3}, $k = 8.6 \times 10^{-5}$ eV/K 时, $Si(E_g = 1.1$ eV$)$、$TiO_2(E_g = 3.0$ eV$)$ 在室温(20℃)和500℃时所激发的电子数各是多少?

(2) 当电子和空穴同时为载流子时, 半导体的电导率为

$$\sigma = n_e e \mu_e + n_h e \mu_h$$

假设 Si 的迁移率 $\mu_e = 1\,450$ $cm^2/(V \cdot s)$, $\mu_h = 500$ $cm^2/(V \cdot s)$, 且不随温度变化。求 Si 在 20℃ 和 500℃ 时的电导率。

6. 根据费米-狄拉克分布函数, 半导体中电子占有某一能级 E 的允许状态概率 $f(E)$ 为

$$f(E) = \left(1 + \exp\frac{E - E_f}{kT}\right)^{-1}$$

式中, E_f 为费米能级, 它是电子存在概率为 1/2 的能级。

如图 4-46 所示的能带结构, 本征半导体导带中的电子浓度 n_e, 价带中的空穴浓度 n_h 分别为

$$n_e = 2\left(\frac{2\pi m_e^* kT}{h^2}\right)\exp\left(-\frac{E_C - E_f}{kT}\right)$$

$$n_h = 2\left(\frac{2\pi m_h^* kT}{h^2}\right)\exp\left(-\frac{E_f - E_V}{kT}\right)$$

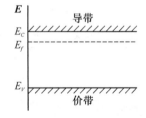

图 4-46 能带结构

式中, m_e^*、m_h^* 分别为电子和空穴的有效质量; h 为普朗克常量; k 为玻耳兹曼常数。试回答:

(1) 写出 E_f 的表达式。

(2) 当 $m_e^* = m_h^*$ 时, E_f 位于能带结构的什么位置? 通常 $m_e^* < m_h^*$, E_f 的位置随温度将如何变化?

(3) 令 $n_e = n_h = \sqrt{np}$, $E_g = E_C - E_V$, 试求 n 随温度变化的函数关系。

7. 表 4-11 中哪些化合物具有混合导电方式? 为什么?

8. 为什么金属的电阻温度系数为正?

9. 试说明温度对过渡族金属氧化物混合电导的影响。

10. 已知镍-铁合金中加入一定含量钼，可以使合金由统计均匀状态转变为不均匀固溶体（K 状态）。图 4-47 为合金相对电阻变化同形变量关系曲线。从该图中能否确定镍-铁钼合金由均匀状态变为 K 状态的钼含量？

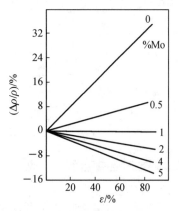

图 4-47 合金相对电阻变化同形变量关系曲线

5 材料的磁学性能

本章动画

　　磁性不只是物质宏观的物理性质,而且与物质的微观结构密切相关。它不仅取决于物质的原子结构,还取决于原子间的相互作用——键合情况、晶体结构。因此,研究磁性是研究物质内部结构的重要方法之一。同时随着现代科学技术和工业的发展,磁性材料的应用也越来越广泛。本章介绍固体物质的各种磁性(抗磁性、顺磁性、铁磁性、反铁磁性、亚铁磁性)的形成机理及宏观表现;重点介绍磁性表征参量、各类磁性物质的内部相互作用;磁性材料在交变磁场中的磁化过程及宏观磁性;磁性材料及其应用。

5.1 基本磁学性能

磁学基本性能

　　自然界中有一类物质,如铁、镍和钴,在一定的情况下能相互吸引,由于这种性质称它们具有磁性。使之具有磁性的过程称为磁化。能够被磁化的或能被磁性物质吸引的物质叫作磁性物质或磁介质。

　　如果将两个磁极靠近,在两个磁极之间产生作用力——同性相斥和异性相吸。磁极之间的作用力是在磁极周围空间传递的,这里存在着磁力作用的特殊物质,称之为磁场。磁场和物体的万有引力场、电荷的电场一样,都具有一定的能量,磁场还具有本身的特性:磁场对载流导体或运动电荷表现作用力;载流导体在磁场中运动要做功。物理研究表明,物质的磁性也是电流产生的。

5.1.1 磁学基本量

1. 磁感应强度和磁导率

1820 年,奥斯特发现电流能在周围空间产生磁场,一根通有直流电 I 的无限长直导线,在距导线轴线 r 处产生的磁场强度 H(magnetic field strength)为

$$H = \frac{I}{2\pi r} \tag{5-1}$$

式中,I 的单位为安培,A;r 的单位为米,m;H 的单位为安培/米(A/m)。

材料在磁场强度为 H 的外加磁场(直流、交变或脉冲磁场)作用下,会在材料内部产生

一定磁通量密度,称其为磁感应强度 B(magnetic flux density),即在强度为 H 的磁场被磁化后,物质内磁场强度的大小。单位为特斯拉(T)或韦伯/米^2(Wb/m^2)。B 和 H 是既有大小又有方向的向量,两者关系为

$$B = \mu H \qquad (5-2)$$

式中,μ 为磁导率(magnetic permeability),是磁性材料最重要的物理量之一,反映了介质的特性,表示材料在单位磁场强度的外加磁场作用下,材料内部的磁通量密度。在真空中

$$B_0 = \mu_0 H \qquad (5-3)$$

式中,μ_0 为真空磁导率,$\mu_0 = 4\pi \times 10^{-7}$ 亨利 / 米(H/m)。

2. 磁矩

磁矩(magnetic moment)是表示磁体本质的一个物理量。任何一个封闭的电流都具有磁矩 m。其方向与环形电流法线的方向一致,其大小为电流与封闭环形的面积的乘积 $I\Delta S$(图 5-1)。在均匀磁场中,磁矩受到磁场作用的力矩 J 为

$$J = m \times B \qquad (5-4)$$

式中,J 为矢量积;B 为磁感应强度,其单位为

$$[B] = \left[\frac{J}{m}\right] = \frac{N \cdot m}{A \cdot m^2} = \frac{V \cdot s}{m^2} = \frac{Wb}{m^2} \qquad (5-5)$$

式中,韦伯(Wb)是磁通量的单位。

为了求得磁矩在磁场中所受的力,对一维情况可以写出

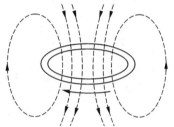

图 5-1 磁矩

$$F_x = m \times \frac{dB}{dx} \qquad (5-6)$$

所以,磁矩是表征磁性物体磁性大小的物理量。磁矩愈大,磁性愈强,即物体在磁场中所受的力也大。磁矩只与物体本身有关,与外磁场无关。磁矩的概念可用于说明原子、分子等微观世界产生磁性的原因。电子绕原子核运动,产生电子轨道磁矩;电子本身自旋,产生电子自旋磁矩。以上两种微观磁矩是物质具有磁性的根源。

3. 磁化强度

电场中的电介质由于电极化而影响电场,同样,磁场中的磁介质由于磁化也能影响磁场。设真空中

$$B_0 = \mu_0 H \qquad (5-7)$$

式中,B_0 和 H 分别为磁感应强度(Wb/m^2)和磁场强度(A/m);μ_0 为真空磁导率,$\mu_0 = 4\pi \times 10^{-7}$ H/m。

在一外磁场 H 中放入一磁介质,磁介质受外磁场作用,处于磁化状态,则磁介质内部的磁感应强度 B 将发生变化

$$B = \mu H \qquad (5-8)$$

式中,μ 为介质的绝对磁导率,μ 只与介质有关。式(5-8)还可以写成如下形式

$$B = \mu_0(H + M) \qquad (5-9)$$

式中,M 称为磁化强度(magnetization intensity),它表征物质被磁化的程度。对于一般磁介质,无外加磁场时,其内部各磁矩的取向不一,宏观无磁性。但在外磁场作用下,各磁矩有规则地取向,使磁介质宏观显示磁性,这就叫磁化。磁化强度的物理意义是单位体积的磁矩。设体积元 ΔV 内磁矩的矢量和为 $\sum m$,则磁化强度 M 为

$$M = \frac{\sum m}{\Delta V} \tag{5-10}$$

式中,m 的单位为 A·m²;V 的单位为 m³;因而磁化强度 M 的单位为 A/m,即与 H 的单位一致。

磁介质在外磁场中的磁化状态,主要由磁化强度 M 决定。M 可正、可负,由磁体内磁矩矢量和的方向决定,因而磁化了的磁介质内部的磁感应强度 B 可能大于、也可能小于磁介质不存在时真空中的磁感应强度 B_0。

现在讨论 H 与 M 的关系。由 $B = \mu_0(H+M) = \mu H$ 可得

$$\left(\frac{\mu}{\mu_0} - 1\right) H = M \tag{5-11}$$

定义 $\mu_r = \frac{\mu}{\mu_0}$ 为介质的相对磁导率,则

$$M = (\mu_r - 1)H \tag{5-12}$$

如果定义 $\chi = \mu_r - 1$ 为介质的磁化率(magnetic susceptibility),则可得磁化强度与磁场强度的关系

$$M = \chi H \tag{5-13}$$

式中,比例系数 χ 仅与磁介质性质有关。它反映材料磁化的能力,没有单位,为一纯数。χ 可正、可负,决定于材料的不同磁性类别,表 5-1 为一些常见材料在室温时的磁化率。

表 5-1 一些常见材料在室温时的磁化率

材 料	磁化率	材 料	磁化率
氧化铝	-1.81×10^{-5}	锌	-1.56×10^{-5}
铜	-0.96×10^{-5}	铝	2.07×10^{-5}
金	-3.44×10^{-5}	铬	3.13×10^{-4}
水银	-2.85×10^{-5}	钠	8.48×10^{-6}
硅	-0.41×10^{-5}	钛	1.81×10^{-4}
银	-2.38×10^{-5}	锆	1.09×10^{-4}

5.1.2 物质的磁性分类

根据物质的磁化率,可以把物质的磁性大致分为五类。按各类磁体磁化强度 M 与磁场

强度 H 的关系,可作出其磁化曲线。图 5-2 为它们的磁化曲线示意图。

（1）抗磁体。磁化率为甚小的负数,大约在 10^{-6} 数量级。它们在磁场中受微弱斥力。金属中约有一半简单金属是抗磁体。根据磁化率与温度的关系,抗磁体又可分为:① "经典"抗磁体,它的磁化率不随温度变化,如铜、银、金、汞、锌等;② 反常抗磁体,它的磁化率随温度变化,且其大小是前者的 $10\sim100$ 倍,如铋、镓、锑、锡、铟、铜-锆合金中的 γ 相等。

（2）顺磁体。磁化率为正值,为 $10^{-3}\sim10^{-6}$。它们在磁场中受微弱吸力。又根据磁化率与温度的关系可分为:① 正常顺磁体,其磁化率随温度变化符合 $\chi\infty$

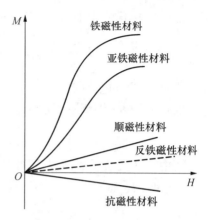

图 5-2　五类磁体的磁化曲线示意图

$1/T$ 关系（T 为温度）,金属铂、钯、奥氏体不锈钢、稀土金属等属于此类;② 磁化率与温度无关的顺磁体,例如锂、钠、钾、铷等金属。

（3）铁磁体。在较弱的磁场作用下,就能产生很大的磁化强度。χ 是很大的正数,且与外磁场呈非线性关系变化。具体金属有铁、钴、镍等。铁磁体在温度高于某临界温度后变成顺磁体。此临界温度称为居里温度或居里点,常用 T_c 表示。

（4）亚铁磁体。这类磁体有些像铁磁体,但 χ 值没有铁磁体那样大。通常所说的磁铁矿（Fe_3O_4）、铁氧体等属于亚铁磁体。

（5）反铁磁体。这类磁体的 χ 值是小的正数,在温度低于某温度时,它的磁化率同磁场的取向有关;高于这个温度,其行为像顺磁体。具体材料有 $\alpha-Mn$、铬、氧化镍、氧化锰等。

5.2　抗磁性和顺磁性

5.2.1　原子本征磁矩

抗磁性与顺磁性

物质的磁性起源于组成原子的磁性,磁矩是原子内部各种磁矩总和的有效部分。一个原子的总磁矩,是其内部所有电子的轨道磁矩、自旋磁矩和核磁矩的矢量和。原子核具有磁矩,但核磁矩很小,通常可忽略。原子本征磁矩则为电子轨道磁矩与自旋磁矩的总和的有效部分。

1. 电子轨道磁矩

从原子结构的简单模型出发,如图 5-3 所示,将电子绕核的运动考虑成环形电流,设轨道半径为 r,电子电量为 e,质量为 m,运动角速度为 ω,轨道角动量为 L_l,则轨道电流强度 I 为

$$I=\frac{dq}{dt}=\frac{e}{2\pi/\omega}=e\frac{\omega}{2\pi} \qquad (5-14)$$

图 5-3　环形电流产生磁矩

因此由单个电子的圆周运动所产生的轨道磁矩(orbital magnetic moment)为

$$P_e = IS = e\frac{\omega}{2\pi}\pi r^2 = \frac{e}{2m}m\omega r^2 = \frac{e}{2m}rmv = \frac{e}{2m}L_l \tag{5-15}$$

式中,S 为环电流的面积。

实际上,电子围绕原子核的运动是一量子效应,按照量子力学,电子的轨道角动量为

$$L_l = \sqrt{l(l+1)}\hbar \tag{5-16}$$

式中,l 为角量子数,$\hbar$ 为普朗克常量被 2π 除,也称作狄拉克常数。当主量子数 $n=1$,$2,3,\cdots$ 时,$l=n-1,n-2,\cdots,0$。所以电子轨道磁矩

$$P_e = \frac{e}{2m}\sqrt{l(l+1)}\hbar = \sqrt{l(l+1)}\mu_B \tag{5-17}$$

是量子化的。其中

$$\mu_B = \frac{e\hbar}{2m_e} = 9.273 \times 10^{-24}\ \text{J/T}$$

为一常数,是电子磁矩的最小单位,称为玻尔磁子。

电子轨道磁矩的方向垂直于电子运动环形轨迹的平面,并符合右手螺旋定则,它在外磁场方向的投影,即电子轨道磁矩在外磁场 z 方向的分量

$$P_{ez} = m_l\mu_B \tag{5-18}$$

也是量子化的,其中 $m_l = 0, \pm 1, \pm 2, \cdots, \pm l$,为电子轨道运动的磁量子数。

若原子中有多个电子,则总的轨道角动量等于各个电子轨道角动量的矢量和。由于电子的轨道磁矩受不断变化方向的晶格场的作用,不能形成联合磁矩。

2. 电子自旋磁矩

除了轨道磁矩外,自旋的电子也具有自旋磁矩。每个电子本身做自旋运动,产生一个沿自旋轴方向的自旋磁矩(spin magnetic moment)。因此可以把原子中每个电子都看作一个小磁体,具有永久的轨道磁矩和自旋磁矩,如图 5-4 所示。

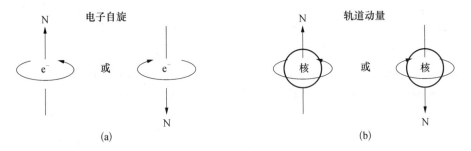

图 5-4　电子运动产生磁矩

电子自旋角动量 L_s 和自旋磁矩 P_s 取决于自旋量子数 $s(s=1/2)$,它们在外磁场 z 方向的分量取决于自旋磁量子数 $m_{ss} = \pm 1/2$,即

$$L_s = \sqrt{s(s+1)}\hbar = \frac{\sqrt{3}}{2}\hbar \tag{5-19}$$

$$P_s = 2\sqrt{s(s+1)}\,\mu_B = \sqrt{3}\,\mu_B \qquad (5-20)$$

$$L_{sz} = m_{ss}\hbar = \pm\frac{1}{2}\hbar \qquad (5-21)$$

$$P_{sz} = 2m_{ss}\mu_B = \pm\mu_B \qquad (5-22)$$

其符号取决于电子自旋方向,一般取与外磁场方向 z 一致的方向为正。实验上也测定出电子自旋磁矩在外磁场方向的分量恰为一个玻尔磁子。

3. 原子的磁矩

上面讨论了电子的轨道磁矩和自旋磁矩,不考虑原子核的贡献,原子的总角动量和总磁矩由其中电子的轨道与自旋角动量耦合而成。对于大多数磁性原子,其原子的总磁矩可以通过 LS 耦合给出,即原子中各电子的轨道角动量和自旋角动量各自分别合成总的轨道和自旋角动量,然后两者再合成原子的总角动量 $J = L + S$。LS 耦合也称 Russell-Saunders 耦合,除了 LS 耦合外,尚有 JJ 耦合。此时,各电子的轨道角动量和自旋角动量先合成电子的总角动量 J,然后各电子的总角量 J 再合成原子的总角动量。JJ 耦合适用于原子序数(Z)大于 82 的原子。

总轨道角动量由总轨道量子数 L 决定:$P_L = \sqrt{L(L+1)}\,\hbar$,其中 $L = \sum m_{li}$ 是各电子的轨道磁量子数的总和。

总轨道磁矩:$\mu_L = \sqrt{L(L+1)}\,\mu_B$

总轨道磁矩在外磁场 z 方向的分量:$\mu_{Lz} = m_L\mu_B$,其中 $m_L = \pm L, \pm(L-1), \pm(L-2), \cdots, 0$,对应于 $(2L+1)$ 个取向。

总自旋角动量由自旋量子数 S 决定:$L_S = \sqrt{S(S+1)}\,\hbar$,其中 $S = \sum m_{si}$ 是各电子的自旋磁量子数的总和。

总自旋磁矩:$P_S = 2\sqrt{S(S+1)}\,\mu_B$

总自旋磁矩在外磁场 z 方向的分量:$\mu_{Sz} = 2m_S\mu_B$,其中 $m_S = \pm S, \pm(S-1), \cdots, 0$,对应于 $(2S+1)$ 个取向。

原子总角动量由总角量子数 J 决定:$L_J = \sqrt{J(J+1)}\,\hbar$,其中,$J$ 由 L 和 S 合成,依赖于 P_L 和 P_S 的相对取向 $J = |L-S|, |L-S+1|, \cdots, |L+S|$。

因此,原子的总磁矩为

$$P_J = g_J\sqrt{J(J+1)} \cdot \mu_B \qquad (5-23)$$

其中

$$g_J = 1 + \frac{J(J+1) + S(S+1) - L(L+1)}{2J(J+1)} \qquad (5-24)$$

称为朗德劈裂因子,其数值反映出电子轨道运动和自旋运动对原子总磁矩的贡献。

当 $S=0$ 而 $L\neq0$ 时,$g_J = 1$;当 $S\neq0$ 而 $L=0$ 时,$g_J = 2$;当 $S\neq0$ 且 $L\neq0$ 时,孤立原子或离子的 g_J 可大于或小于 2。

原子总自旋磁矩在外磁场 z 方向的分量为 $P_{Jz} = g_J m_J\mu_B$,其中,$m_J = \pm J, \pm(J-1), \pm(J-2), \cdots, 0$,共 $(2J+1)$ 个可能值。

以上孤立原子磁矩的表达式也适用于孤立离子。

当原子的 $J=0$ 时,原子的总磁矩 $P_J=0$,当原子中的电子壳层均被填满时即属此情况。

当原子的电子壳层未被填满时,其 $J \neq 0$,原子的总磁矩 $P_J \neq 0$,其原子总磁矩称为原子的固有磁矩或本征磁矩。原子的固有磁矩与其中的电子排布有关。

占据同一轨道的两电子的自旋磁矩方向相反,互相抵消。原子的电子壳层是满填的,自旋磁矩完全相互抵消,原子磁矩由轨道磁矩决定。如果原子的电子壳层未满填,自旋磁矩未完全抵消,则磁矩主要由自旋磁矩决定。

洪特(Hund)规则是基于对光谱线的实验而建立的,描述含有未满壳层的原子或离子基态的电子组态及其总角动量。其内容如下:第一,未满壳层中各电子的自旋取向(m_S)使总自旋量子数 S 最大时能量最低;第二,在满足第一规则的条件下,以总轨道角量子数 L 最大的电子组态能量最低;第三,当未满壳层中的电子数少于状态数的一半时,$J=|L-S|$ 的能量最低。未满壳层中的电子数少于状态数的一半时占据尽可能多的轨道,且其中电子自旋方向平行。

下面用三个例子说明洪特法则的用法。

【例1】 对于 Cr^{3+} 情况,电子组态为 $3d^3$,则

$$S=\frac{1}{2}+\frac{1}{2}+\frac{1}{2}=\frac{3}{2}$$

$$L=2+1+0=3$$

$$J=L-S=\frac{3}{2}$$

【例2】 Dy^{3+} 情况,电子组态为 $3f^9$,则

$$S=7\times\frac{1}{2}-2\times\frac{1}{2}=\frac{5}{2}$$

$$L=3+2=5$$

$$J=L+S=\frac{15}{2}$$

【例3】 Cr 原子基态情况,电子组态为 $3d^5 4s^1$,则

$$S=5\times\frac{1}{2}+\frac{1}{2}=3$$

$$L=0$$

$$J=3$$

4. 原子磁矩计算举例

下面以铁原子为例,应用上述理论计算原子磁矩。

(1) 确定铁原子的磁性电子壳层,由元素周期表查得铁的原子序数 $Z=26$。根据电子壳层知识,铁原子的磁性电子壳层为 $3d^6$。

(2) 计算 $3d^6$ 的 S、L、J 量子数。6 个电子中,应该有 5 个电子自旋占有 5 个 $+1/2$ 的 m_s 状态,一个电子自旋占 $-1/2$ 的 m_s 超过半满。于是

$$S = 5 \times \frac{1}{2} - 1 \times \frac{1}{2} = 2$$

$$L = \sum m_l = 2 + 1 + 0 + (-1) + (-2) + 2 = 2$$

$$J = L + S = 4$$

(3) 计算 g_J，用求得的 S、L、J 代入朗德因子公式，得到 $g_J = 1.5$。

(4) 计算 P_J，用求得的 g_J 和 J 代入式(5-23)，得到 $P_J = 6.7\mu_B$。

原子是否具有磁矩，取决于其具体的电子壳层结构。若有未被填满的电子壳层，其电子的自旋磁矩未被完全抵消(方向相反的磁矩可互相抵消)，则原子就具有永久磁矩。例如，铁原子的电子层分布为 $2s^2 2p^6 3s^2 3p^6 3d^6 4s^2$，除 3d 壳层外各层均被电子填满(其自旋磁矩相互抵消)，而根据洪德法则，3d 壳层的电子应尽可能填充不同的轨道，其自旋应尽量在一个平行方向上。因此，3d 壳层的 5 个轨道中除了 1 个轨道填有 2 个自旋相反的电子外，其余 4 个轨道均只有 1 个电子，且这 4 个电子的自旋方向互相平行，使总的电子自旋磁矩为 $4\mu_B$。而诸如锌的某些元素，具有各壳层都充满电子的原子结构，其电子磁矩互相抵消，因此不显磁性。

在磁性材料内部，B 与 H 的关系较复杂，二者不一定平行，矢量表达式为

$$B = \mu_0(H + M) = \mu_0 H + B_i \qquad (5-25)$$

式中，B_i 是磁性材料内的磁偶极矩被 H 磁化而贡献的；而 H 只有在均匀且无限大的磁性材料中，才与无磁性材料时的外加磁场相同。

一般磁性材料的磁化，不仅对磁感应强度 B 有贡献，而且可能影响磁场强度 H。如图 5-5(a)所示的闭合环形磁芯，其 $B = \mu_0(H + M)$，式中 H 就等于外加磁场强度，而如图 5-5(b)所示的缺口环形磁芯，由于在缺口处出现表面磁极，导致在磁芯中产生一个与磁化强度方向相反的磁场，称为退磁场，以 H_d 表示，只有在均匀磁化时，H_d 才是均匀的，其数值正比于磁化强度 M，而方向与 M 相反，因此，退磁场起着削弱磁化的作用，其表达式为

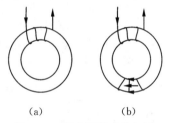

图 5-5 闭合环形磁芯(a)和
缺口环形磁芯(b)

$$H_d = -NM \qquad (5-26)$$

式中，N 为退磁因子(demagnetizing factor)，无量纲，与磁体的几何形状有关。所以，缺口环形磁芯的磁感应强度成为

$$B = \mu_0(H - NM + M) \qquad (5-27)$$

对于长而细的旋转椭圆体，若磁化方向沿长轴，则退磁因子 N 为

$$N = \frac{1}{k^2 - 1}\left[\frac{1}{\sqrt{k^2 - 1}}\ln(k + \sqrt{k^2 - 1} - 1)\right] \qquad (5-28)$$

式中，k 为椭圆体的长轴 c 与短轴 a 之比值，即 $k = c/a$，其中 $a = b < c$。

对于扁旋转椭圆体，若磁化方向平行于圆盘平面时，其 N 为

$$N_c = \frac{1}{2}\left[\frac{k^2}{(k^2 - 1)^{3/2}}\sin\frac{\sqrt{k^2 - 1}}{k} - \frac{1}{k^2 - 1}\right] \qquad (5-29)$$

式中,k 为扁旋转椭圆体的直径与厚度之比值,即 $k=c/a$,其中 $a<b=c$。

从而可以导出旋转椭圆体在极限情形的退磁因子:

① 球形体$(a=b=c)$:$N=1/3$。

② 细长圆柱体$(a=b\ll c)$:$N_a=N_b=0$,$N_c=1/2$。

③ 薄圆板$(a=b\gg c)$:$N_a=N_b=0$,$N_c=1$。

5.2.2 抗磁性

上面的原子磁性的讨论表明,原子的磁矩取决于未填满壳层电子的轨道磁矩和自旋磁矩。对于电子壳层已填满的原子,虽然其轨道磁矩和自旋磁矩的总和为零,但这仅是在无外磁场的情况下,当有外磁场作用时,即使对于那种总磁矩为零的原子也会显示出磁矩来。这是由于电子的循轨运动在外磁场的作用下产生了抗磁磁矩 ΔP 的缘故。

如图 5-6 所示,取两个轨道平面与磁场 H 方向垂直而循轨运动方向相反的电子为例来研究。当无外磁场时,电子循轨运动产生的轨道磁矩为 $P_e=\frac{1}{2}e\omega r^2$,见式(5-14),电子受到的向心力为 $K=mr\omega^2$。当加上外磁场后,电子必将又受到洛伦兹力的作用,从而产生一个附加力 $\Delta K=Her\omega$。由于洛伦兹力 ΔK 使向心力 K 或增[图 5-5(a)]或减[图5-5(b)],对(a)图,向心力增为 $K+\Delta K=mr(\omega+\Delta\omega)^2$,这是根据朗之万的意见,认为 m 和 r 是不变的,故当 K 增加时,只能是 ω 变化,即增加一个 $\Delta\omega=eH/2m$(解上式并略去 $\Delta\omega$ 的二次项),称为拉莫尔角频率,电子的这种以 $\Delta\omega$ 围绕磁场所做的旋转运动,称为电子进动。从而由式(5-14)可得磁矩增量(附加磁矩)

$$\Delta P=-\frac{e}{2}\Delta\omega r^2=-\frac{e^2r^2}{4m}H \tag{5-30}$$

上式中的符号表示附加磁矩 ΔP 总是与外磁场 H 方向相反,这就是物质产生抗磁性的原因。显然,物质的抗磁性不是由电子的轨道磁矩和自旋磁矩本身所产生的,而是由外磁场作用下电子循轨运动产生的附加磁矩所造成的。由式(5-30)还可看出,ΔP 与外磁场 H 成正比,这说明抗磁磁化是可逆的,即当外磁场去除后,抗磁磁矩即行消失。

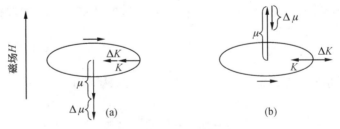

图 5-6 产生抗磁矩的示意图

(沿圆周箭头指电流方向)

上面讨论的仅是一个电子产生的抗磁磁矩 ΔP,对于一个原子来说,常常有 z 个电子。这些电子又分布在不同的壳层上,它们有不同的轨道半径 r,且其轨道平面一般与外磁场方向不完全垂直,故一个原子的抗磁磁矩经计算为

$$\Delta P_\alpha = -\frac{e^2 H}{4m} \sum_{i=1}^{z} r_i^2 \qquad (5-31)$$

对于每摩尔的抗磁磁矩应为 $N\Delta P$，这里 $N = 6.022 \times 10^{23} \, mol^{-1}$ 为阿伏加德罗常数，故其抗磁磁化率 χ 为

$$\chi = \frac{N\Delta P_\alpha}{H} = -\frac{e^2 N}{4m} \sum_{i=1}^{z} r_i^2 \qquad (5-32)$$

但上式对金属内的自由电子不适用，因自由电子的 $\sum_{i=1}^{z} r_i^2$ 无确定值。由此可见，式(5-32) 仅表达了离子的抗磁性。

既然抗磁性(diamagnetism)是电子的轨道运动产生的，而任何物质又都存在这种运动，故可以说任何物质在外磁场作用下都要产生抗磁性。但应注意，这并不能说任何物质都是抗磁体，这是因为原子除了产生抗磁磁矩外，还有轨道磁矩和自旋磁矩产生的顺磁磁矩。在此情况下只有那些抗磁性大于顺磁性(paramagnetism)的物质才能称为抗磁体。抗磁体的磁化率 χ 很小，约为 -10^{-6}，且与温度、磁场强度等无关或变化极小。凡是电子壳层被填满了的物质都属抗磁体，如惰性气体、离子型固体、共价键的 C、Si、Ge、S、P 等通过共有电子而填满了电子壳层，故也属抗磁体。

5.2.3 物质的顺磁性

顺磁体的原子或离子是有磁矩的(称为原子固有磁矩，它是电子的轨道磁矩和自旋磁矩的矢量和)，其源于原子内未填满的电子壳层(如过渡元素的 d 层，稀土金属的 f 层)，或源于具有奇数个电子的原子。但无外磁场时，由于热振动的影响，其原子磁矩的取向是无序的，故总磁矩为零，如图 5-7(a)所示。当有外磁场作用，则原子磁矩便排向外磁场的方向，总磁矩便大于零而表现为正向磁化，如图 5-7(b)所示。但在常温下，由于热运动的影响，原子磁矩难以有序化排列，故顺磁体的磁化十分困难，磁化率一般仅为 $10^{-6} \sim 10^{-3}$。

在常温下，使顺磁体达到饱和磁化程度所需的磁场约为 $8 \times 10^8 \, A/m$，这在技术上是很难达到的。但若把温度降低到接近绝对零度，则达到磁饱和就容易多了。例如，$GdSO_4$ 在 1 K 时，只需 $H = 24 \times 10^4 \, A/m$ 便可达磁饱和状态，如图 5-7(c)所示。总之，顺磁体的磁化仍是磁场克服热运动的干扰，使原子磁矩排向磁场方向的结果。

根据顺磁磁化率与温度的关系，可以把顺磁体大致分为三类，即正常顺磁体、磁化率与温度无关的顺磁体和存在反铁磁体转变的顺磁体。

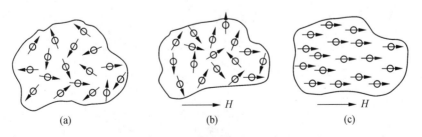

图 5-7　顺磁体磁化过程示意图

1. 正常顺磁体

O_2、N_2、Pd,室温下除钆(Gd)以外的稀土金属,Fe、Co、Ni 的盐类,以及铁磁性金属在居里点以上都属正常的顺磁体。其中有部分物质能准确地符合居里定律,它们的原子磁化率与温度成反比,即

$$\chi = \frac{C}{T} \tag{5-33}$$

式中,C 为居里常数,它的值为 $N\mu_B^2/3k$;这里 N 为阿伏加德罗常数;μ_B 为玻尔磁子;k 为玻耳兹曼常数。但还有相当多的固溶体顺磁物质,特别是过渡族金属元素是不符合居里定律的。它们的原子磁化率和温度的关系需用居里-外斯定律(Curie-Weiss law)来表达,即

$$\chi = \frac{C'}{T + \Delta} \tag{5-34}$$

式中,C' 为常数;Δ 对某种物质而言也是常数,但对不同物质可有不同的符号,对存在铁磁性转变的物质,其 $\Delta = -\theta_C$(表示居里温度)。在 θ_C 以上的物质属顺磁体,其 χ 大致服从居里-外斯定律,此时的 M 和 H 间保持着线性关系。

2. 磁化率与温度无关的顺磁体

碱金属 Li、Na、K、Rb 属于此类,它们的 $\chi = 10^{-7} \sim 10^{-6}$,其顺磁性是由价电子产生的,由量子力学可证明它们的 χ 与温度无关。

3. 存在反铁磁体转变的顺磁体

过渡族金属及其合金或它们的化合物属于这类顺磁体。它们都有一定的转变温度,称为反铁磁居里点或尼尔点,以 T_N 表示。当温度高于 T_N 时,它们和正常顺磁体一样服从居里-外斯定律,且 $\Delta > 0$;当温度低于 T_N 时,它们的 χ 随 T 下降,当 $T \to 0$ K 时,$\chi \to$ 常数;在 T_N 处 χ 有一极大值,MnO、MnS、NiCr、$CrS - Cr_2S$、Cr_2O_3、FeS_2、FeS 等都属这类。

图 5-8 中表示了单纯顺磁性图(a)、存在铁磁性图(b)和存在反铁磁性转变图(c)的顺磁体的 $\chi - T$ 关系曲线。由图可看出,图(b)中 $T < \theta_C$ 时物质属铁磁体,而图(c)中 $T < T_N$ 时物质属于反铁磁体。

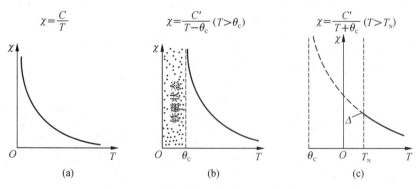

图 5-8 顺磁体的 $\chi - T$ 关系曲线示意图

5.2.4 金属的抗磁性与顺磁性

我们知道,金属是由点阵离子和自由电子构成的,故金属的磁性要考虑到点阵结点上正离子的抗磁性和顺磁性,自由电子的抗磁性与顺磁性。如前所述,正离子的抗磁性源于其电子的轨道运动,正离子的顺磁性源于原子的固有磁矩。而自由电子的磁性可简述如下:其顺磁性源于电子的自旋磁矩,在外磁场作用下,自由电子的自旋磁矩转到了外磁场方向;自由电子的抗磁性源于其在外磁场中受洛伦兹力而做的圆周运动,这种圆周运动产生的磁矩同外磁场反向。这四种磁性可能单独存在,也可能共同存在,要综合考虑哪个因素的影响最大,从而确定其磁性。

非金属中除氧和石墨外,都是抗磁性(它们与惰性气体相近)的。如 Si、S、P 以及许多有机化合物,它们基本上是以共价键结合的,由于共价电子对的磁矩互相抵消,因而它们都成为抗磁体。在元素周期表中,接近非金属的一些金属元素,如 Sb、Bi、Ga、灰 Sn 等,它们的自由电子在原子价增加时逐步向共价结合过渡,故表现出异常的抗磁性。

在 Cu、Ag、Au、Zn、Cd、Hg 等金属中,由于它们的离子所产生的抗磁性大于自由电子的顺磁性,因而它们属于抗磁体。

所有的碱金属和除 Be 以外的碱土金属都是顺磁体。虽然这两族金属元素在离子状态时有与惰性气体相似的电子结构,似应成为抗磁体,但是由于自由电子产生的顺磁性占据了主导地位,故仍表现为顺磁性。

稀土金属的顺磁性较强、磁化率较大且遵从居里-外斯定律。这是因为它们的 4f 或 5d 电子壳层未填满,存在未抵消的自旋磁矩。

过渡族金属在高温时基本都属于顺磁体,但其中有些存在铁磁性转变(如 Fe、Co、Ni),有些则存在反铁磁性转变(如 Cr)。这类金属的顺磁性主要是由于它们的 3d~5d 电子壳层未填满,d⁻和 f⁻态电子未抵消的自旋磁矩形成了晶体离子的固有磁矩,从而产生了强烈的顺磁性。

5.2.5 影响金属抗、顺磁性的因素

温度和磁场强度对抗磁性的影响甚微,但当金属熔化凝固、范性形变、晶粒细化和同素异构转变时,电子轨道的变化和原子密度的变化,将使抗磁磁化率发生变化。

熔化时抗磁体的磁化率值一般都减小,铊熔化时降低 10%,铋降低 1/12.5,但锗、金、银不同,它们的磁化率值在熔化时是增高的。

范性形变可使铜和锌的抗磁性减弱,经高度加工硬化后的铜可由抗磁性变为顺磁性,而退火则可使铜的抗磁性恢复。

晶粒细化可使铋、锑、硒、碲的抗磁性减弱,在晶粒高度细化时可由抗磁性变为顺磁性。显然,熔化、加工硬化和晶粒细化等因素都能使金属晶体趋于非晶化,因此其影响效果也类似,而且都是因变化时原子间距增大、密度减小所致。

同素异构转变时,白锡→灰锡是由顺磁性变为抗磁性,是因为转变时原子间距增大,自由电子减少,故金属性减弱,顺磁性减弱;而锰的同素异构转变则相反,无论是 $\alpha \rightarrow \beta$,还

是$\beta \to \gamma$，会使顺磁磁化率增大。α - Fe 在 A_2 点（678℃）以上变为顺磁状态，在 910℃ 和 1 401℃ 发生同素异构转变时顺磁磁化率发生突变，如图 5 - 9 所示。由图可见，γ - Fe 的 χ 比 α - Fe 和 δ - Fe 都低，且几乎与温度无关，而 α - Fe 和 δ - Fe 的 χ 随 T 升高而急剧下降，这乃是强顺磁质的一般特性。有趣的是，α - Fe 和 δ - Fe 的 χ 曲线互为延长线，这说明了它们点阵结构的一致性，其物理性能的变化规律往往相同。

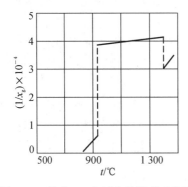
图 5 - 9　铁在 A_2 点以上的顺磁磁化率

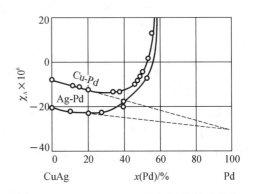
图 5 - 10　Cu‑Pd、Ag‑Pd 固溶体的磁化率

合金的相结构及组织对磁性的影响比较复杂。当低磁化率的金属，如 Cu、Ag、Mg、Al 等形成固溶体时，其磁化率与成分呈平滑的曲线关系，这说明形成固溶体时原子之间的结合键发生了变化。如果在抗磁性金属 Cu、Ag 中溶入过渡族的强顺磁性的元素，如 Pd，则将会使其磁性发生复杂变化，如图 5 - 10 所示。虽然 Pd 为强顺磁金属，但在 Pd 含量小于 30% 时，却使合金的抗磁性增强（有人认为这是由于合金的自由电子填充了 d 电子壳层而使 Pd 没有离子化造成的），只有当含量 Pd 相当高的时候磁化率才变为正值，并且很快上升到 Pd 所特有的高顺磁值。与 Pd 同族的元素 Ni 和 Pt 溶入 Cu 中，也会使磁化率降低，但仍保持着微弱的顺磁性。而 Cr、Mn 与 Pd 却大不相同，它们溶入 Cu 中将使固溶体的磁化率急剧增加，甚至比它们处于纯金属状态时的顺磁性还强，如图 5 - 11 所示。

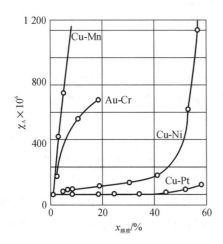
图 5 - 11　Mn、Cr、Ni 和 Pd 在 Cu 和 Au 中固溶体的磁化率

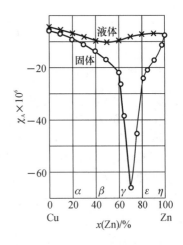
图 5 - 12　Cu‑Zn 合金的磁化率

如果在抗磁性金属中加入 Fe、Co、Ni 等铁磁性金属,则可使合金的 χ 剧增,甚至在低浓度时就能成为顺磁性的。研究合金化对金属磁性的影响,不但对了解固溶体中结合键的变化有重要意义,而且对某些要求弱磁性的仪器仪表有现实意义。

当固溶体产生有序化时,其原子间结合力要发生变化,从而引起原子间距变化和磁性的变化。在形成 CuAu 有序合金时抗磁性减弱,但形成 Au、Cu_3Pd 等合金时抗磁性却增强。金属形成中间相与化合物时的特征是在磁化率与成分的关系曲线上将出现极大值或极小值,如图 5-12 所示。图中曲线表明,在 Cu-Zn 合金中 γ 相有很高的抗磁磁化率,这是因为 γ 相 Cu_5Zn_8 小的原子是中性的(可能是 γ 相中电子的顺磁性不存在或小于抗磁性)。化合物的抗磁性在液态时比固态时弱,这是由于熔化时化合物部分分解而使金属键得到了加强的缘故。

5.3 铁磁性与反铁磁性

铁磁性与反铁磁性　　铁磁性的形成

5.3.1 铁磁质的自发磁化

铁磁现象虽然发现很早,然而这些现象的本质原因和规律,还是在 20 世纪初才开始认识的。1907 年法国科学家外斯系统地提出了铁磁性假说,其主要内容有:铁磁物质内部存在很强的"分子场",在"分子场"的作用下,原子磁矩趋于同向平行排列,即自发磁化至饱和,称为自发磁化;铁磁体自发磁化分成若干个小区域(这种自发磁化至饱和的小区域称为磁畴),由于各个区域(磁畴)的磁化方向各不相同,其磁性彼此相互抵消,所以大块铁磁体对外不显示磁性。

外斯的假说取得了很大成功,实验证明了它的正确性,并在此基础上发展了现代的铁磁性理论。在分子场假说的基础上,发展了自发磁化(spontaneous magnetization)理论,解释了铁磁性的本质;在磁畴假说的基础上发展了技术磁化理论,解释了铁磁体在磁场中的行为。

铁磁性材料的磁性是自发产生的。所谓磁化过程(又称感磁或充磁)只不过是把物质本身的磁性显示出来,而不是由外界向物质提供磁性的过程。实验证明,铁磁质自发磁化的根源是原子(正离子)磁矩,而且在原子磁矩中起主要作用的是电子自旋磁矩。与原子顺磁性一样,在原子的电子壳层中存在没有被电子填满的状态是产生铁磁性的必要条件。例如,铁的 3d 状态有四个空位,钴的 3d 状态有三个空位,镍的 3d 态有两个空位。如果使充填的电子自旋磁矩按同向排列起来,将会得到较大磁矩,理论上铁有 $4\mu_B$,钴有 $3\mu_B$,镍有 $2\mu_B$。

可是对另一些过渡族元素,如锰在 3d 态上有五个空位,若同向排列,则它们的自旋磁矩应是 $5\mu_B$,但它并不是铁磁性元素。因此,在原子中存在没有被电子填满的状态(d 或 f 态)是产生铁磁性的必要条件,但不是充分条件。故产生铁磁性不仅仅在于元素的原子磁矩是否高,而且还要考虑形成晶体时,原子之间相互键合的作用是否对形成铁磁性有利。这是形成铁磁性的第二个条件。

根据键合理论可知,原子相互接近形成分子时,电子云要相互重叠,电子要相互交换。对于过渡族金属,原子的 3d 状态与 s 态能量相差不大,因此它们的电子云也将重叠,引起 s、 d 状态电子的再分配。这种交换便产生一种交换能 E_{ex}(与交换积分有关),此交换能有可能使相邻原子内 d 层未抵消的自旋磁矩同向排列起来。量子力学计算表明,当磁性物质内部相邻原子的电子交换积分为正时($A > 0$),相邻原子磁矩将同向平行排列,从而实现自发磁化。这就是铁磁性产生的原因。这种相邻原子的电子交换效应,其本质仍是静电力迫使电子自旋磁矩平行排列,作用效果好像强磁场一样。外斯分子场就是这样得名的。理论计算证明,交换积分 A 不仅与电子运动状态的波函数有关,而且强烈地依赖于原子核之间的距离 R_{ab}(点阵常数),如图 5-13 所示。由图可见,只有当原子核之间的距离 R_{ab} 与参加交换作用的电子距核的距离(电子壳层半径)r 之比大于 3,交换积分才有可能为正。铁、钴、镍以及某些稀土元素满足自发磁化的条件。铬、锰的 A 是负值,不是铁磁性金属,但通过合金化作用,改变其点阵常数,使得 R_{ab}/r 之比大于 3,便可得到铁磁性合金。

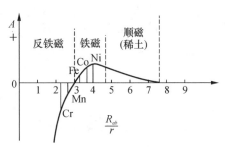

R_{ab}—原子间距;r—未填满的电子层半径

图 5-13　交换积分 A 与 R_{ab}/r 的关系

综上所述,铁磁性产生的条件:原子内部要有未填满的电子壳层;R_{ab}/r 之比大于 3 使交换积分 A 为正。前者指的是原子本征磁矩不为零;后者指的是要有一定的晶体结构。

根据自发磁化的过程和理论,可以解释许多铁磁特性。例如,温度对铁磁性的影响,当温度升高时,原子间距加大,降低了交换作用,同时热运动不断破坏原子磁矩的规则取向,故自发磁化强度 M_s 下降。直到温度高于居里点,以致完全破坏了原子磁矩的规则取向,自发磁矩就不存在了,材料由铁磁性变为顺磁性。同样,可以解释磁晶各向异性、磁致伸缩等。

5.3.2　反铁磁性和亚铁磁性

由前面的讨论可知,邻近原子的交换积分 $A > 0$ 时,原子磁矩取同向平行排列时能量最低,自发磁化强度 $M_s \neq 0$,从而具有铁磁性。如果交换积分 $A < 0$ 时,则原子磁矩取反向平行排列能量最低。如果相邻原子磁矩相等,由于原子磁矩反平行排列,原子磁矩相互抵消,自发磁化强度等于零。这样一种特性称为反铁磁性(antiferromagnetism)。研究发现,纯金属 α-Mn、Cr 等是属于反铁磁性。还有许多金属氧化物如 MnO、Cr_2O_3、CuO、NiO 等也属于反铁磁性。这类物质无论在什么温度下其宏观特性都是顺磁性的,χ 相当于通常强顺磁性物质磁化率的数量级。温度很高时,χ 很小,温度逐渐降低,χ 逐渐增大,降至某一温度,χ 升至最大值;再降低温度,χ 又减小。当温度趋于 0 K 时,χ 值如图 5-14(b)所示。χ 最大时的温度点称为尼尔点,用 T_N 表示。在温度大于 T_N 以上时,χ 服从居里-外斯定律,即 $\chi = \dfrac{C}{T + \Theta}$。尼尔点是反铁磁性转变为顺磁性的温度(有时也称为反铁磁物质的居里点 T_C)。在尼尔点附近普遍存在热膨胀、电阻、比热、弹性等反常现象,由于这些反常现象,使反铁磁物质可能成为有实用意义的材料。例如,近几年来正在研究具有反铁磁性的 Fe-Mn 合金作为恒弹性材料。

亚铁磁性物质由磁矩大小不同的两种离子(或原子)组成,相同磁性的离子磁矩同向平行排列,而不同磁性的离子磁矩是反向平行排列。由于两种离子的磁矩不相等,反向平行的磁矩就不能恰好抵消,二者之差表现为宏观磁矩,这就是亚铁磁性(ferrimagnetism)。具有亚铁磁性的物质绝大部分是金属的氧化物,是非金属磁性材料,一般称为铁氧体(又称磁性瓷及铁淦氧),按其导电性而论属于半导体,但常作为磁介质而被利用。它不易导电,其高电阻率的特点使它可以应用于高频磁化过程。亚铁磁性的 $\chi - T$ 关系如图 5-14(c) 所示。图中还标出铁磁性、反铁磁性、亚铁磁性原子(离子)磁矩的有序排列。

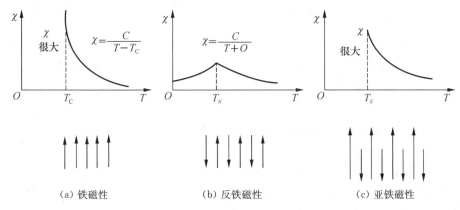

(a) 铁磁性　　　　　(b) 反铁磁性　　　　　(c) 亚铁磁性

图 5-14　三种磁化状态示意图

磁畴转向

5.3.3　磁畴

铁磁性(ferromagnetism)材料所以能使磁化强度显著增大(即使在很弱的外磁场作用下,也能显示出强弱性),这是由于物质内部存在着自发磁化的小区域——磁畴(magnetic domain)的缘故。由于原子磁矩间的相互作用,晶体中相邻原子的磁偶极子会在一个较小的区域内排成一致的方向,导致形成一个较大的净磁矩。但是对未经外磁场磁化的(或处于退磁状态的)铁磁体,它们在宏观上并不显示磁性,这说明物质内部各部分的自发磁化强度的取向是杂乱无章的[图 5-15(a)]。因而物质的磁畴绝不会是单畴,而是由许多小磁畴组成的。在未受到磁场作用时,磁畴方向是无规则的,因而在整体上净磁化强度为零。如给磁性材料加外磁场,将铁磁材料放在一个载流线圈中,在电流的外磁场作用下,材料中的磁畴顺着磁场方向转动,加强了材料内的磁场。随着外磁场加强,转到外磁场方向的磁畴就越来越多,与外磁场同向的磁感应强度越强[图 5-15(b)],这就说明材料被磁化了。

大量实验表明,磁畴结构的形成是由于这种磁体为了保持自发磁化的稳定性,必须使强磁体的能量达最低值,因而就分裂成无数微小的磁畴。每个磁畴大约为 $10^{-9}\,\mathrm{cm}^3$。由图 5-16 可以看出,磁畴结构总是要保证体系的能量最小,各个磁畴之间彼此取向不同,首尾相接,形成闭合的磁路,使磁体在空气中的自由静磁能下降为 0,对外不显现磁性。磁畴之间被畴壁(domain wall)隔开。畴壁实质是相邻磁畴间的过渡层。为了降低交换能,在这个过渡层中,磁矩不是突然改变方向,而是逐渐地改变,因此过渡层(磁畴壁)有一定厚度。畴壁的厚度取决于交换能和磁结晶各向异性能平衡的结果,一般为 $10^{-5}\,\mathrm{cm}^3$。铁磁体在外磁场中的磁化过程主要为畴壁的移动和磁畴内磁矩的转向。这就使得铁磁体只需在很弱的外磁场中就能得到较大的磁化强度。

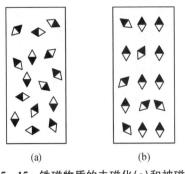
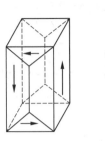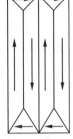

图 5-15 铁磁物质的未磁化(a)和被磁化
(b)时的磁畴排列

图 5-16 闭合磁畴示意图

5.3.4 磁化曲线和磁滞回线

磁性材料的磁化曲线(magnetization curve)和磁滞回线(magnetic hysteresis loop)是材料在外加磁场时表现出来的宏观磁特性。铁磁体具有很高的χ(或μ),即使在微弱的H下也可以引起激烈的磁化并达饱和。

1. 磁化曲线

对于铁磁性材料,磁感应强度B和磁场强度H不成正比,因为材料的磁化过程与磁畴磁矩改变方向有关。在$H=0$时,磁畴取向是无规则的,到磁感应强度饱和时($B=B_s$)再增大H也不能使B增加,因为形成的单一磁畴的方向已与H一致了。以软钢的磁化过程为例,如图 5-17 所示。若起始状态为完全退磁($H=0$时$M=0$)态,则随H增大,M开始缓慢增加,当H达到0.6×10^3 A/m 时M开始急剧上升,在$(1.2\sim2.4)\times10^3$ A/m 的H间隔内M从0.8×10^4 A/m 增大到12×10^4 A/m。以后继续增大H,M增加越来越慢,在H约为32×10^3 A/m 时,M的增加已停止,即达到技术饱和磁化强度。所有从退磁状态开始的铁磁物质的基本磁化曲线都有如图 5-17 所示的形式。它们之间的差别仅在于开始阶段的区间大小、M_s的大小以及上升幅度的大小,如图 5-18 所示。这种从退磁状态直到饱和之前的磁化过程称为技术磁化。

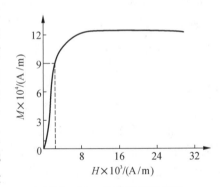

图 5-17 软钢的磁化曲线

若把磁化曲线画成$B-H$的关系,则从曲线上各点与坐标原点连线的斜率即是各点的磁导率μ,因此可建立$\mu-H$曲线,由此可近似确定其磁导率$\mu=B/H$。因B与H非线性,故铁磁材料的μ不是常数,而是随H而变化,如图 5-19 所示。在实际应用中,常使用相对磁导率$\mu_r=\mu/\mu_0$。μ_0为真空中的磁导率,铁磁材料的相对磁导率可高达数千乃至数万,这一特点是它用途广泛的主要原因之一。

当$H=0$时,$\mu_i=\lim\limits_{H\to0}\dfrac{\Delta B}{\Delta H}$,$\mu_i$称为起始磁导率(initial permeability)。对那些工作在弱磁场下的软磁材料,如信号变压器、电感器的铁芯等,希望具有较大的μ_i,这样可在较小的H

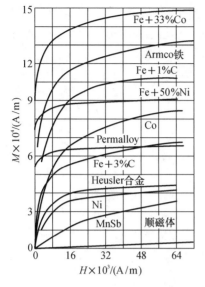

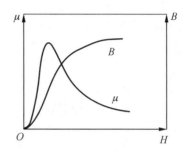

图 5-18　一些工业材料的基本磁化曲线　　　　图 5-19　B、μ 与 H 关系曲线

下产生较大的 B,在弱磁场区 μ-H 曲线存在的极大值 μ_m 称为最大磁导率。对在强磁场下工作的软磁材料,如电力变压器、功率变压器等,则要求有较大的 μ_m。

图 5-20 表示磁畴壁的移动和磁畴的磁化矢量的转向及其在磁化曲线上起作用的范围。可以看出,当无外施磁场,即样品在退磁状态时,具有不同磁化方向的磁畴的磁矩大体可以互相抵消,样品对外不显磁性。在外施磁场强度不太大的情况下,畴壁发生移动,使与外磁场方向一致的磁畴范围扩大,其他方向的相应缩小。这种效应不能进行到底,当外施磁场强度继续增至比较大时,与外磁场方向不一致的磁畴的磁化矢量会按外磁场方向转动。这样在每一个磁畴中,磁矩都向外磁场 H 方向排列,处于饱和状态,此时饱和磁感应强度用 B_m 表示,饱和磁化强度用 M_s 表示,对应的外磁场为 H_s。此后,H 再增加,B 增加极其缓慢,与顺磁物质磁化过程相似。其后,磁化强度的微小提高主要是由于外磁场克服了部分热骚动能量,使磁畴内部各电子自旋方向逐渐都和外磁场方向一致造成的。

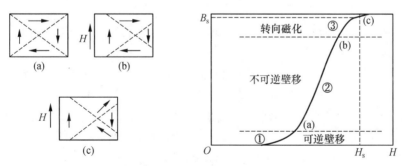

(a)磁化过程;(b)磁畴扩大;(c)磁化矢量转向

图 5-20　磁化曲线分布示意图

2. 磁滞回线

当铁磁物质中不存在磁化场时,H 和 B 均为零,即图 5-21 中 B-H 曲线的坐标原点 O。随着磁化场 H 的增加,B 也随之增加,但两者之间不是线性关系。当 H 增加到一定值时,B 不

再增加(或增加十分缓慢),这说明该物质的磁化已达到饱和状态。H_s 和 B_s 分别为饱和时的磁场强度和磁感应强度。如果再使 H 逐渐退到零,则与此同时 B 也逐渐减少。然而 H 和 B 对应的曲线轨迹并不沿原曲线轨迹 aO 返回,而是沿另一曲线 ab 下降到 B_r,这说明当 H 下降为零时,铁磁物质中仍保留一定的磁性,这种现象称为磁滞(magnetic hysteresis),B_r 称为剩磁,成为永久磁铁。只有加反向磁场,再逐渐增加其强度,直到 $H=-H_c$,使相反方向的磁畴形成并长大,磁畴重新回到无规则状态,B 才回到零。这说明要消除剩磁,必须施加反向磁场 H_c,H_c 称为矫顽力。它的大小反映铁磁材料保持剩磁状态的能力。图 5-21 表明,当磁场按 $H_s \to 0 \to -H_c \to -H_s \to 0 \to H_c \to H_s$ 次序变化时,B 所经历的相应变化为 $B_s \to B_r \to 0 \to -B_s \to -B_r \to 0 \to B_s$。于是得到一条闭合的 $B \sim H$ 曲线,称为磁滞回线。

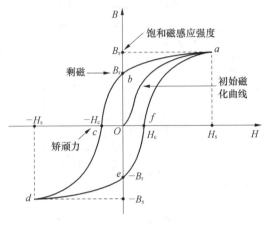

图 5-21 磁滞回线

所以,当铁磁材料处于交变磁场中时(如变压器中的铁芯),它将沿磁滞回线反复被磁化→去磁→反向磁化→反向去磁。在此过程中要消耗额外的能量,并以热的形式从铁磁材料中释放,这种损耗称为磁滞损耗(magnetic hysteretic loss)。磁滞回线表示铁磁材料的一个基本特征。它的形状、大小,均有一定的实用意义。可以证明,磁滞损耗与磁滞回线所围面积成正比。

由图 5-21 磁滞回线上可确定的特征参数为:

(1) 饱和磁感应强度 B_s(saturation magnetic flux density),是在指定温度(25℃或 100℃)下,用足够大的磁场强度磁化物质时,磁化曲线达到接近水平时,不再随外磁场增大而明显增大(对于高磁导率的软磁材料,在 $\mu_r=100$ 处)对应的 B 值。

(2) 剩余磁感应强度 B_r(remanence magnetic flux density),铁磁物质磁化到饱和后,又将磁场强度下降到零时,铁磁物质中残留的磁感应强度,即为 B_r,称为剩余磁感应强度,简称剩磁。

(3) 矫顽力 H_c(coercivity magnetic flux density),铁磁物质磁化到饱和后,由于磁滞现象,要使磁介质中 B 为零,必须一定的反向磁场强度 $-H$,磁场强度称为矫顽力 H_c。

需要指出的是,μ、M_r 和 H_c 都是对材料组织敏感的磁参数,它们不但决定于材料的组成(化学组成和相组成),而且还受显微组织的粗细、形态和分布等因素的强烈影响,即与材料的制造工艺密切相关,是材料磁滞现象的表征。不同的磁性材料具有不同的磁滞回线,从而使它们的应用范围也不同。具有小 H_c 值、高 μ 的瘦长形磁滞回线的材料,适宜作软磁材料。而具有大的 M_r 和 H_c、低 μ 的短粗形磁滞回线的材料适宜作硬磁(永磁)材料。而 M_r/M_s 从接近于 1 的矩形磁滞回线的材料,即矩磁材料则可作为磁记录材料。总之,通过材料种类和工艺过程的选择可以得到性能各异、品种繁多的磁性材料。

从静态磁性来说,一般金属磁性材料要达到 $H_c > 8 \times 10^4$ A/m 是相当困难的,但铁氧体却可得到很高的 H_c。例如,钡铁氧体可得到 $H_c = 11.5 \times 10^4$ A/m;铁氧体的 M_s 较低,而金属磁性材料的 M_s 都较高。图 5-22 对铁氧体与金属磁性材料的磁滞回线作了比较。

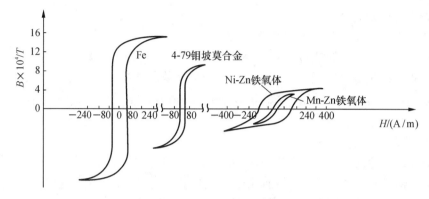

图 5 - 22　铁氧体与金属磁性材料磁滞回线的比较

5.3.5　磁致伸缩与磁阻效应

1. 磁致伸缩

铁磁晶体和亚铁磁晶体在外磁场中被磁化时,长度尺寸及体积大小均要发生微小的变化,而去掉外磁场后,又恢复原来的长度或体积。这种现象称为磁致伸缩现象。

磁致伸缩现象是焦耳在 1842 年发现的,所以又被称为焦耳效应。磁致伸缩现象有三种表现形式:① 沿着外磁场方向尺寸大小的相对变化,称为纵向磁致伸缩;② 垂直于外磁场方向尺寸大小的相对变化,称为横向磁致伸缩;③ 材料体积大小的相对变化,称为体积磁致伸缩。纵向或横向磁致伸缩又统称为线性磁致伸缩,具体表现为铁磁体在磁化过程中具有线度的伸长或缩短,横向和体积磁致伸缩工程应用不多见。磁致伸缩的大小用材料的相对伸长量 λ 来表示: $\lambda = \Delta L/L$ 。

λ 的符号为正,表明随着磁场的增强,材料的长度变化是伸长的,称为正磁致伸缩;反之,λ 的符号为负,表明随着磁场的增强,材料的长度变化是缩短的,称为负磁致伸缩。饱和时的磁致伸缩系数称为饱和磁致伸缩系数,记为“λ_s”。

超磁致伸缩现象与传统的磁致伸缩现象有一定的联系。磁致伸缩是由物质中原子或离子的自旋与轨道的耦合作用而产生的,是满足能量最小条件的必然结果。磁致伸缩效应是由于自旋与轨道耦合能和物质的弹性能趋近平衡过程的外在表现。

一般认为,磁致伸缩现象的产生是由于铁磁或亚铁磁材料在居里点以下发生自发磁化,从而形成大量的磁畴。在每个磁畴内,原子的磁矩有序排列,引起晶格发生形变,其磁化强度的方向是自发形变的一个主轴。在未加外磁场时,磁畴的磁化方向是随机取向的,无宏观效应。在外磁场中,磁畴的磁化方向趋向外磁场。通过磁弹性耦合,材料在磁化方向上将出现一个弹性变化。饱和时,整个材料就像一个大磁畴。若磁畴磁化强度方向是自发变形的长轴,则材料在外磁场方向将伸长;若磁畴磁化强度方向是自发变形的短轴,则材料在外磁场的方向将缩短。前者称为正磁致伸缩,如 Fe 等;后者称为负磁致伸缩,如 Ni 等。

磁致伸缩是相当复杂的现象,从自由能极小的观点来看,磁性材料的磁化状态发生变化时,其自身的形状和体积都要改变,因为只有这样才能使系统的总能量最小。具体来说,导致单畴铁磁体的形状和体积改变主要有以下三个原因:自发形变(自发的磁致伸缩)、形状效应和场致形变(磁致伸缩)。

由于磁致伸缩是磁性材料的内在特性,不会随时间退化,如同某些压电材料。而且磁致伸缩材料的应变、压力、能量密度和耦合系数等特性和基于压电材料上的换能器技术相比,更具优势。但许多设计和建模的问题妨碍了磁致伸缩材料的应用。如需要螺线管和相关磁场组件,磁致伸缩换能器通常比采用压电或电致伸缩材料的体积更大,故磁致伸缩材料的首选用于重型结构。

2. 磁阻效应

在通有电流的金属或半导体上施加磁场时,其电阻值将发生明显变化,这种现象称为磁致电阻效应,也称磁电阻效应(MR)。目前,已被研究的磁性材料的磁电阻效应可以大致分为:由磁场直接引起的磁性材料的正常磁电阻(OMR, ordinary MR)、与技术磁化相联系的各向异性磁电阻(AMR, anisotropic MR)、掺杂稀土氧化物中特大磁电阻(CMR, colossal MR)、磁性多层膜和颗粒膜中特有的巨磁电阻(GMR, giant MR)以及隧道磁电阻(TMR, tunnel MR)等。

(1) 常磁阻(OMR):对所有非磁性金属而言,由于在磁场中受到洛伦兹力的影响,传导电子在行进中会偏折,使得路径变成沿曲线前进,如此将使电子行进路径长度增加,使电子碰撞概率增大,进而增加材料的电阻。磁阻效应最初于 1856 年由威廉·汤姆孙,即后来的开尔文爵士发现,但是在一般材料中,电阻的变化通常小于 5%,这样的效应后来被称为"常磁阻(OMR)"。

(2) 巨磁阻(GMR):是指磁性材料的电阻率在有外磁场作用时较之无外磁场作用时存在巨大变化的现象。巨磁阻是一种量子力学效应,它产生于层状的磁性薄膜结构。这种结构是由铁磁材料和非铁磁材料薄层交替叠合而成的。当铁磁层的磁矩相互平行时,载流子与自旋有关的散射最小,材料有最小的电阻。当铁磁层的磁矩为反平行时,与自旋有关的散射最强,材料的电阻最大。

(3) 超巨磁阻(CMR):超巨磁阻效应(也称庞磁阻效应)存在于具有钙钛矿的陶瓷氧化物中。其磁阻变化随着外加磁场变化而有数个数量级的变化。其产生的机制与 GMR 不同,而且往往大上许多,所以被称为"超巨磁阻"。超巨磁阻材料被认为可应用于高容量磁性储存装置的读写头。

(4) 异向磁阻(AMR):有些材料中磁阻的变化,与磁场和电流间的夹角有关,称为异向性磁阻效应。其与材料中 s 轨域电子与 d 轨域电子散射的各向异性有关。异向磁阻的特性可用来精确测量磁场。

(5) 穿隧磁阻效应(TMR):穿隧磁阻效应是指在铁磁绝缘体薄膜(约 1 nm)的铁磁材料中,其穿隧电阻大小随两边铁磁材料相对方向变化的效应。此效应首先于 1975 年由 Michel Julliere 在铁磁材料(Fe)与绝缘体材料(Ge)发现;室温穿隧磁阻效应则于 1995 年,由 Terunobu Miyazaki 与 Moodera 分别发现。此效应更是磁性随机存取内存(Magnetic Random Access Memory, MRAM)与硬盘中的磁性读写头(read sensors)的科学基础。

5.4 磁性材料的动态特性

大多数铁磁材料(包括亚铁磁体)都是在磁路中起传导磁通的作用,即

磁性材料的
动态特性

作为通常所说的"铁芯"或"磁芯"。例如,电机和电力变压器使用的铁芯材料在工频范围工作,是一个交流磁化过程。磁性材料在交变磁场,甚至脉冲磁场作用下的性能统称磁性材料的动态特性。由于这种材料用量很大,又常工作在高磁通密度的条件下,因此工程上必须考虑节能指标,而消耗的电能一大部分是铁芯的损耗,称为"铁耗"。对高频条件下工作的磁芯材料而言,能量损耗本不是件大不了的事情,但能量损耗会引起磁芯品质因子 Q 值的降低。因此,在高频条件下工作的磁芯材料也必须考虑磁芯的高频损耗问题。

交变磁场的频率如果很高,材料的磁化强度就不再处于能量最低的状态,于是就出现磁化强度朝能量极小方向运动的问题。除此之外,磁化强度也可以绕磁晶各向异性中的易轴进动。这种进动过程的固有频率就是高频磁芯使用频率的上限。近来采用了一种新的磁记录装置——磁泡存储器,其记忆和读出过程是通过磁泡的传递实现的。为了提高记忆和读出速度,必须设法提高磁泡的传递速度,这一传递过程取决于畴壁的动态特性。所以,材料的动态磁化特性关系到许多技术领域的进步。

5.4.1 交流磁化过程与交流回线

软磁材料的动态磁化过程与静态的或准静态的磁化过程不同。静态过程只关心材料在该稳恒状态下所表现出的磁感应强度 B 对磁场强度 H 的依存关系。而不关心从一个磁化状态到另一磁化状态所需要的时间。

交流磁化过程,由于磁场强度是周期性对称变化的,所以磁感应强度也跟着周期性对称地变化,变化一周期构成一曲线称为交流磁滞回线(dynamic magnetic hysteresis loop)。铁磁材料在交变磁场中反复磁化时,由于磁化处于非平衡状态,磁滞回线表现为动态特性。交流磁滞回线的形状介于直流磁滞回线和椭圆之间,即在磁化场的振幅不变情况下,若提高频率,则回线将逐渐变为椭圆形,如图 5-23 所示。

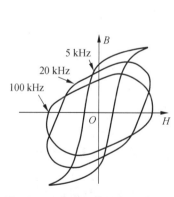

图 5-23　频率提高时的磁滞回线

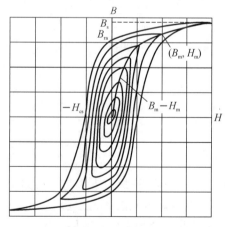

图 5-24　磁化曲线和磁滞回线

在交流磁化过程中,不同的交流幅值磁场强度 H_m,可有不同的交流回线,各交流回线顶点的轨迹,称为交流磁化曲线或简称 $B_m - H_m$ 曲线,B_m 称为幅值磁感应强度,如图 5-24 所示。交流幅值磁场强度达到饱和磁场强度 H_s 时,B_m 不再随 H_m 明显变化,$B_m - H_m$ 关系呈现为一条趋于平直的可逆曲线,交流回线的面积不再随 H_m 变化,这时的回线,称为极限交流回线。由极限交流回线,可确定材料的饱和磁感应强度 B_s,交流剩余磁感应强度 B_{ra},交流饱和矫顽力 H_{cs}。

5.4.2 磁滞损耗和趋肤效应

当外磁场的振幅不大(磁化基本上为可逆)时,得到在原点附近具有正负对称变化的磁滞回线称为瑞利磁滞回线,如图 5-25 所示。

由于瑞利磁滞回线可用解析式表达,故利用它可以求出回线所包围的面积——磁滞损耗为

$$W_h = \frac{4}{3} f \eta H_m^3 \qquad (5-35)$$

由式(5-35)知,由壁移引起的磁滞损耗 W_h 不但与磁化场的频率 f 成正比,与磁化场振幅 H_m 的三次方成正比,还和瑞利常数 η 成正比,瑞利常数的物理意义表示磁化过程中能量不可逆部分的大小。表 5-2 给出了一些铁磁材料的瑞利常数。

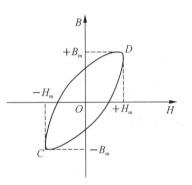

图 5-25 瑞利磁滞回线

表 5-2 一些铁磁材料的瑞利常数

铁磁材料	纯铁	压缩铁粉	钴	镍	45 坡莫合金	47.9Mo 坡莫合金	超坡莫合金	45.25 坡明伐
瑞利常数 $\eta/(A/m)$	25	0.013	0.13	3.1	201	4 300	150 000	0.001 3

当铁磁材料进行交变磁化时,铁磁导体内的磁通量也将发生相应变化,根据电磁感应定律,这种变化将在铁磁导体内产生垂直于磁通量的环形感应电流——涡流。这种涡流产生的损耗称涡流损耗(eddy-current loss)。均匀磁化时,其单位体积内的损耗为

$$P = \frac{r_0^2}{8\rho} \left(\frac{dM}{dt} \right)^2 \qquad (5-36)$$

非均匀磁化时

$$P = \frac{r_0^2}{2\rho} \left(\frac{dM}{dt} \right)^2 \qquad (5-37)$$

由式(5-37)可见,涡流大小与材料的电阻率成反比。金属材料涡流比铁氧体要严重得多。除了宏观的涡电流以外,磁性材料的磁畴壁处,还会出现微观的涡电流。涡电流的流动,在每个瞬间都会产生与外磁场产生的磁通方向相反的磁通,越到材料内部,这种反向的作用越强,致使磁感应强度和磁场强度沿样品界面严重不均匀。也即这种涡流又将产生一个磁场来阻止外磁场引起的磁通变化。因此,铁磁体内的实际磁场总是要滞后于外磁场,这就是涡流对磁化的滞后效应。若交变磁场的频率很高,而铁磁导体的电阻率又较小,则可能出现材料内部无磁场,磁场只存在于铁磁体表层的趋肤效应。这就是金属软磁材料要轧成

薄带使用的原因——减少涡流的作用。正是这种趋肤效应产生了所谓的涡流屏蔽效应。

5.4.3　磁后效和复数磁导率

处于外磁场为 H_{t_0} 的磁性材料,突然受到外磁场的阶跃变化到 H_{t_1},则磁性材料的磁感应强度并不是立即全部达到稳定值,而是一部分瞬时到达,另一部分缓慢趋近稳定值,这种现象称为磁后效(magnetic after effect),如图 5 - 26 所示。其中,(a)图表示外磁场从 t_0 时的 H_m 阶跃到 t_1 的 H 值,磁性材料 B 值的变化;(b)图表示外磁场从 t_0 时的 H 值阶跃到 t_1 的 H_m 值时,磁性材料 B 的变化。由于磁后效机制不同,表现也不同。一种重要的磁后效现象是由于杂质原子扩散引起的可逆后效,通常称为里希特(Richter)后效。描述磁后效进行所需时间的参数称为弛豫时间。在非晶态磁合金研究中发现,弛豫时间与材料的稳定性密切相关。这类磁后效与温度和频率关系密切。

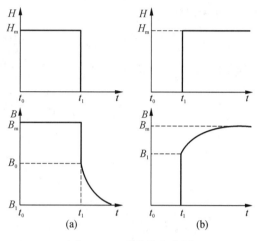

图 5 - 26　磁后效示意图

另一类是由热起伏引起的不可逆后效,常称为约旦(Jordan)后效,其特点是几乎与温度和磁化场的频率无关。

日常经验告诉我们,永磁材料天长日久后剩磁会逐渐地变小,即磁性随着时间的推移而变弱,这也是一种磁后效现象,称为"减落"。永久磁铁一般都存在自由磁极,由于退磁场的持续作用,通过磁后效过程引起磁铁渐渐地退磁。若不了解磁后效的机制并加以克服,要想得到稳定的永久磁铁是不可能的。

现已知道,永磁材料的磁后效遵从以下规律,即

$$M(T) - M(0) = \mu_d S_v \lg t \tag{5-38}$$

式中,S_v 为磁后效系数;μ_d 为微分磁导率。由此式可见,磁化强度的变化与时间的对数成正比,由此可求得时间从 $0 \rightarrow \infty$ 磁化强度的变化。这一磁后效即为约旦磁后效。应用上希望永磁材料能在较短时间内使磁化强度达到稳定状态,而一般磁后效系数 S_v 是随温度的升高而变大,因此常利用加热的办法来加速磁铁的老化,以便在较短的时间内使磁铁达到稳定状态。由式(5 - 38)还可看出,磁化强度的变化与微分磁导率 μ_d 成正比,而在磁化曲线的陡峭部分磁后效最严重,所以,在选取永久磁铁的工作点时,往往要避开陡峭区域,以便获得较稳定的工作状态。

铁磁材料在交变磁场作用下的磁性与它在静磁场作用下的磁性有很大不同。首先,材料在静磁场中的磁导率是一常数,但在交变磁场中存在磁滞效应、涡流效应、磁后效和畴壁共振等,使材料在交变磁场中的磁感应强度落后于外加磁场一个相位角。因而交变(动态)磁化时的磁导率为一复数。其次,各向同性的铁磁材料在交变磁场(尤其是高频场)中,往往

处于交变磁场和交变电场的同时作用下,而铁磁材料往往又是电介质(如铁氧体),因而处在交变电磁场中的铁磁材料常常同时显示其铁磁性和介电性。

设样品在弱交变场磁化,且 B 和 H 具有正弦波形、振幅为 H_m、角频率为 ω 的交变磁场为

$$H = H_m e^{iwt} \tag{5-39}$$

当该磁场加在各向同性的铁磁材料上时,由于上述各种阻碍作用,B 落后于 H 一个相位角 φ 称为损耗角。则

$$B = B_m e^{i(wt-\varphi)} \tag{5-40}$$

故由上两式可得材料在交变磁场中的复数磁导率(complex magnetic permeability)为

$$\dot{\mu} = \frac{1}{\mu_0} \frac{B}{H} = \frac{B_m}{\mu_0 H_m} e^{-i\varphi} = \mu' - i\mu'' \tag{5-41}$$

其中

$$\mu' = \frac{B_m}{\mu_0 H_m} \cos \varphi \tag{5-42}$$

$$\mu'' = \frac{B_m}{\mu_0 H_m} \sin \varphi \tag{5-43}$$

由上述公式知,$\dot{\mu}$ 的实部 μ' 是与 H 同相位的,而虚部 μ'' 是比 H 落后 $90°$。复数磁导率的模为 $|\mu| = \sqrt{(\mu')^2 + (\mu'')^2}$ 称为总磁导率或振幅磁导率(亦称幅磁导率)。除振幅磁导率外,还把 μ' 定义为弹性磁导率,代表了磁性材料中储存能量的磁导率;把 μ'' 称为损耗磁导率(或称黏滞磁导率),它与磁性材料磁化一周的损耗有关。由于 μ'' 的存在,B 落后于 H,引起铁磁材料在动态磁化过程中不断地耗能。处于均匀交变磁场中的单位体积铁磁体,单位时间的平均能耗(或磁损耗功率密度)为

$$P_{耗} = \frac{1}{T} \int_0^T H \mathrm{d}B = \pi f \mu_0 \mu'' H_m^2 \tag{5-44}$$

可见,铁磁体单位体积内的磁损耗功率与复数磁导率的虚部成正比,而与实部无关。此外,还与外磁场的频率和振幅的平方成正比。另一方面,交变磁场在铁磁体内的储能密度为

$$W_C = \frac{1}{T} \int_0^T HB \mathrm{d}t = \frac{1}{2} \mu_0 \mu' H_m^2 \tag{5-45}$$

复数磁导率 $\dot{\mu}$ 的实部 μ' 与铁磁材料在交变磁场中的储能密度有关,而其虚部 μ'' 与铁磁材料在单位时间内的能耗有关。

铁磁材料的品质因子 Q 定义为

$$Q = 2\pi f \frac{铁磁体内储能密度}{单位体积损耗功率} = \frac{\mu'}{\mu''} \tag{5-46}$$

可见,铁磁材料的 Q 值乃是复数磁导率的实部与虚部的比值。Q 值的倒数称为材料的磁损耗系数或损耗角的正切,即

$$\tan\varphi_n = \frac{1}{Q} = \frac{\mu''}{\mu'} \tag{5-47}$$

5.4.4　磁导率减落及磁共振损耗

铁磁材料即使经完全退火,放于无机械和热干扰的环境中,其起始磁导率也会随时间的推移而下降。如 Mn-Zn 铁氧体受磁场作用或机械冲击后,起始磁导率将随时间发生降落,称为磁导率减落。设材料在完全退磁后,时刻 t_1(s)测得的起始磁导率为 μ_{i1},时刻 t_2(s)测得的为 μ_{i2},则减落系数 DA 定义为

$$DA = \frac{\mu_{i1} - \mu_{i2}}{\mu_{i1}^2 \lg(t_2/t_1)} \tag{5-48}$$

在实际应用中通常希望减落系数尽可能小,且为方便起见常将 t_1 和 t_2 定义为10 min和100 min,并采用交流退磁使材料达到磁中性化。

图 5-27 为 $-60{}^{\circ}\!C$ 和 $0{}^{\circ}\!C$ 下 Mn-Zn 铁氧体的磁导率减落曲线。如图 5-28 所示为 Mn-Zn 铁氧体的 DA 随温度的变化。由图可知,磁导率减落与温度的关系密切。目前,人们认为磁导率随时间的减落,是由铁磁材料中电子或离子的扩散后效所造成的。电子或离子扩散后效的弛豫时间为几分钟到几年,其激活能为几个电子伏特。由于磁性材料退磁时处于亚稳状态,随时间的推移,为使磁性体的自由能达到最小值,电子或离子将不断向有利的位置扩散,把畴壁稳定在势阱中,导致了铁氧体起始磁导率随时间的减落。若时间足够长,扩散趋于完成,起始磁导率也趋于稳定值。不同温度下电子或离子的扩散速度不同,温度越高扩散速度越快,起始磁导率 μ_i 随时间的减落也就越快。

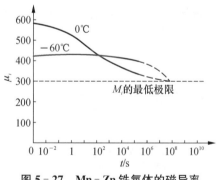

图 5-27　Mn-Zn 铁氧体的磁导率
减落曲线

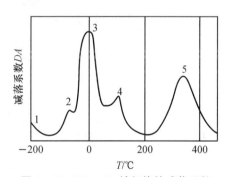

图 5-28　Mn-Zn 铁氧体的减落系数
DA 随温度 T 的变化

考虑到以上的减落机制,在应用这类软磁材料时,除在使用前要对材料进行老化处理外,还必须尽量减少对材料的机械冲击。

由式(5-44)可知,磁损耗随频率而变,在某一频率下出现明显增大的损耗就是一种共振损耗。随磁场频率的变化,将出现不同形式的共振损耗。

首先,共振损耗的频率与材料的尺寸有关。设材料的相对磁导率为 μ_r,相对介电系数为 ε_r,加在其上的电磁波的波长为 $\lambda = \dfrac{c}{f}\sqrt{\varepsilon_r\mu_r}$($c$ 为光速)。当磁性材料的尺寸为波长的整数

倍或半整数倍时,材料中将形成驻波,从而发生共振损耗,称为尺寸共振。如图 5-29 所示为 Ni-Zn 铁氧体复数磁导率的实部和虚部与频率的关系。图中在某个频率附近出现 μ'' 明显增大,就表示了共振损耗的存在。

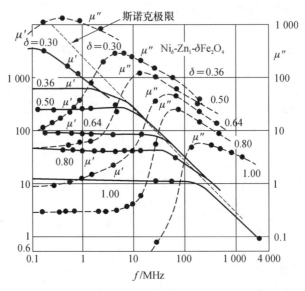

图 5-29　Ni-Zn 铁氧体复数磁导率的实部和虚部与频率的关系

在铁磁材料中一般都存在着磁各向异性场 H_k,材料中的微观磁化强度将绕着 H_k 进动。其进动的频率为

$$f = |\nu| H_k / 2\pi \qquad (5-49)$$

当进动的频率与高频磁场的频率一致时,出现共振损耗。这种由磁各向异性场形成的共振现象,称为自然共振。式(5-49)中的常数 ν 称为旋磁系数。另外,铁氧体中电子或离子扩散的磁后效现象除了引起磁导率减落外,也要引起共振损耗。

5.5　磁性材料及其应用

人类最早认识的磁性材料是天然磁石,其主要成分为四氧化三铁(Fe_3O_4),属于一种尖晶石结构的铁氧体,其显著特点是具有吸铁的能力,称为永磁材料,也称为硬磁或恒磁材料。磁性材料一直是国民经济、国防工业的重要支柱与基础,应用十分广泛,尤其在信息存储、处理与传输中已成为不可或缺的组成部分,广泛地应用于电信、自动控制、家用电器等领域,在微机、大型计算机中的应用具有重要地位。信息化发展的总趋势是向小、轻、薄以及多功能方向进展,因而要求磁性材料向高性能、新功能方向发展。磁性材料已经历了晶态、非晶态、纳米微晶态、纳米微粒与纳米结构材料的发展阶段。

磁滞回线内的面积代表了单位体积磁性材料在一个磁化和退磁周期中的能量损耗,面积愈大损耗愈大。而且,它的大小和形状决定了磁性材料的特性,从而可把磁性材料分为软磁材料(soft magnetic material)、硬磁材料(hard magnetic material)和磁存储材料(magnetic data-storage material)。

5.5.1　软磁材料

软磁材料的磁滞回线呈狭长形。软磁材料是矫顽力很低(<0.8 kA/m)的磁性材料,亦即当材料在磁场中被磁化,移出磁场后,获得的磁性便会全部或大部丧失。软磁材料应用范围广,可根据不同的工作条件提出不同的要求,但共同的特点要求是:① 矫顽力和磁滞损耗低;② 电阻率较高,磁通变化时产生的涡流损耗小;③ 高的磁导率,有时要求在低的磁场下具有恒定的磁导率;④ 高的饱和磁感应强度;⑤ 某些材料的磁滞回线呈矩形,要求高的矩形比。

由于软磁材料具有以上特性,外加很小的磁场就能达到饱和,所以软磁材料适合于交变磁场的器件,如变压器的铁芯,这时,铁芯的发热量少。此外,还可用于电机和开关器件。软磁材料的矫顽力很小,当外磁场的大小和方向发生变化时,其磁畴壁很容易运动,因此任何能阻碍磁畴壁运动的因素都能增加材料的矫顽力。晶体缺陷,如非磁化相的粒子或空位,都会阻碍磁畴壁的运动,故软磁材料中应该尽量减少这些缺陷和杂质含量。

软磁材料的发展经历了晶态、非晶态、纳米微晶态的历程。常用软磁材料有纯铁、硅钢片、铁镍合金、软磁铁氧体等。表 5-3 列出了某些比较典型的软磁工程材料及其性能。

表 5-3　典型的软磁工程材料及其特性

名　称	成分/%	相对磁导率		矫顽力 H_c/(A/m)	剩磁 B_r/T	最大磁感应强度/T	电阻率/($\mu\Omega \cdot$ cm)
		初始	最大				
工业纯铁	99.8Fe	150	5 000	80	0.77	2.14	10
低碳钢	99.5 Fe	200	4 000	100	0.77	2.14	112
硅钢(无织构)	3Si 余 Fe	270	8 000	60	0.77	2.01	47
硅钢(织构)	3Si 余 Fe	1 400	50 000	7	1.2	2.01	50
4750 合金	48Ni 余 Fe	11 000	80 000	2	1.2	1.55	48
4-79 坡莫合金	4Mo79Ni 余 Fe	40 000	200 000	1	1.2	0.80	58
含钼超磁导率合金	5Mo80Ni 余 Fe	80 000	450 000	0.4	1.20	0.78	65
帕明杜尔铁钴系高磁导率合金	2V49Co 余 Fe	800	80 000	160	1.20	2.30	40
金属玻璃 2605-3	$Fe_{79} B_{16} Si_5$	800	30 000	8	0.30	1.58	125
Mn-Zn 铁氧体	H5C2*	10 000	30 000	7	0.09	0.40	15×10^6
Ni-Zn 铁氧体	K5*	290	30 000	80	0.25	0.33	20×10^{13}

1. 纯铁和硅钢片

铁是最早应用的一种经典的软磁材料。人们常用降低碳量的方法来获得低矫顽力;另外在铁中加 Si,以在氢中脱碳来降低矫顽力是较为经济的方法。加 Si 还可提高其比电阻,以降低涡流损失和磁滞损耗,其结果显著降低了反复磁化的损耗。这种办法对软磁材料的发展有过重要意义。所以,直到目前,硅钢片在磁性材料中仍占有重要位置。

工业纯铁起始磁导率一般为 $300 \sim 500\mu_0$，最大磁导率 $6\,000 \sim 12\,000\mu_0$，H_c 在 $40 \sim 95$ A/m。硅钢片性能要比纯铁优越得多，但是硅钢片不论是机械性能还是磁性能都要受到硅含量、冶炼过程、轧制工艺、晶粒大小等因素的影响。一般来说，Si 含量高、晶粒大、杂质少，磁性能要高些。但含 Si 量不能超过 4%，否则会降低机械性能和加工性能。热轧硅钢片的反复磁化损失仅为工业纯铁的 1/10。如果将硅钢片在叠加拉应力的条件下冷轧，然后再结晶退火，就会形成一种特殊结构，即高斯结构。这种结构中，所有晶粒具有同一取向，也就是晶粒的易磁化方向[100]轴与轧制方向平行，难磁化方向[111]轴与轧制方向成 55°，而中等磁化方向[110]轴与轧制方向垂直。这就是冷轧取向硅钢片。如果用这种板材作受压器的铁芯，初始磁导率很高，磁滞回线特别窄而陡地上升到饱和区，反复磁化损失比一般热轧硅钢片降低 70%。立方结构硅钢片，其晶粒按立方取向，即立方体[100]面平行轧制方向，而[110]与轧制方面成 45°，[111]轴偏离磁化平面。这种立方结构硅钢片比高斯结构的硅钢性能更好，而且在轧制方向或垂直于轧制方向上都具有同样高的磁导率。但由于工艺还不过关，只用于试验变压器、发电机、电动机，还难以批量生产。总之，有关 Fe-Si 合金晶粒择优取向的结构板材的发现，对广磁性材料的发展具有重要意义。

2. 磁性陶瓷材料

20 世纪 40 年代，磁性陶瓷材料已成为重要的磁性材料领域，由于具有强的磁性偶合，高的电阻率和低损耗，并且种类繁多，应用广泛。铁氧体磁性材料主要有两类：一类是具有尖晶石结构，化学结构式为 MFe_2O_4 的铁氧体材料结构式中 M 在锰锌铁氧体中代表 Mn、Zn 和 Fe 的结合，而在镍锌铁氧体中镍代替了锰。铁氧体材料主要用于通信变压器、电感器、阴极射线管用变压器以及制作微波器件等。另一类是石榴石磁性结构，其化学式为 $R_3Fe_5O_{12}$，其中 R 代表铱或稀土元素，也用于微波器件，比尖晶石结构铁氧体的饱和磁化强度低，用于 $1 \sim 5$ GHz 频率范围。在非磁性基片上外延生长薄膜石榴石铁氧体作为磁泡记忆材料。几种代表性软磁铁氧体材料性能如表 5-4 所示。

表 5-4　几种软磁铁氧体材料性能

材料体系	起始磁导率 μ_i	B_s/T	H_c/(A/m)	T_c/K	电阻率 /$(\Omega \cdot cm)$	适用频率/MHz
Mn-Zn 系	>15 000	0.35	2.4	373	2	0.01
Mn-Zn 系	4 500	0.46	16	573	—	0.01~0.1
Mn-Zn 系	800	0.40	40	573	500	0.01~0.5
Ni-Zn 系	200	0.25	120	523	5×10^4	0.3~10
Ni-Zn 系	20	0.15	960	>673	10^7	40~80
Cu-Zn 系	50~500	0.15~0.29	30~40	313~523	$10^{6\sim7}$	0.1~30

3. 铁镍、铁铝合金

铁镍合金的软磁性能与电工钢相比，在低磁场中，具有高磁导率，低饱和磁感应强度，很低的矫顽力和低损耗，而且加工成型性能也比较好。这类合金产量没有硅钢片大；就质量而言，却是一个强有力的竞争者。这类合金的著名代表坡莫合金(79%Ni，21%Fe)具有很高的磁导率。虽然它的饱和磁场强度不高，只有硅钢片的一半，但它的磁化率极高(150 000 或更高),矫顽力很低(约 0.4 A/m),反复磁化损失就更低些,只有热轧硅钢片的 5% 左右。

Ni-Fe 合金不仅可以通过轧制和退火获得,而且还可以在居里点之下进行磁场冷却,强迫 Ni 和 Fe 原子定向排列,从而得到矩形磁滞回线的 Ni-Fe 合金,扩大使用范围。就化学成分而言,一般 Ni 含量为 40%~90%。此时,合金成单相固溶体。超结构相 Ni_3Fe 的有序-无序转变温度为 506℃,居里温度为 611℃。原子有序化对合金的电阻率、磁晶各向异性常数、磁致伸缩系数、磁导率和矫顽力都有影响。要想得到较高的磁导率,Ni 含量必须在 76%~80%,此时,相冷却过程中已经发生了有序变化,磁晶各向异性常数和磁致伸缩系数也发生了变化,为使它们趋近于零,铁镍合金热处理中必须急速冷却,否则就会影响磁性能。为了避免这个问题,就在合金中加入 Mo、Co、Cu 等元素,以减缓合金有序化的速度,简化处理工序,改善了磁性能。

铁铝合金(含 Al 一般在 16% 以下),热轧成板材、带材。铁铝合金的电阻率高、硬度高、耐磨性能好、密度小、对温度比较稳定,成本比较低,用途比较广泛。

4. 非晶态合金

非晶态软磁合金(amorphous soft magnetic alloy)的出现,为软磁材料的应用开辟了新领域。例如,$Fe_{80}-P_{16}-C_3-B_1$ 相和 $Fe_{40}-Ni_{40}-P_{14}-B_6$ 的矫顽力和饱和磁化强度,虽然与 50Ni-Fe 合金相当,但含有质量比低于 20% 的非金属成分,不但具有高的比电阻、交流损失很小,而且制造工艺简单,成本也低,还有高强度、耐腐蚀等优点。其中铁基非晶态软磁合金饱和磁感应强度高,矫顽力低,耗损特别小,但磁致伸缩大;钴基非晶态软磁合金饱和磁感应强度较低,磁导率高,矫顽力低,损耗小,磁致伸缩几乎为 0;铁镍基非晶态软磁合金基本上介于上述两者之间。一些非晶态磁性合金的性能见表 5-5。

表 5-5 一些非晶态磁性合金的性能

合 金	B_s /T	H_c /(A/m)	λ /(10^{-6})	ρ /($\mu\Omega \cdot cm$)	T_C /℃	铁芯损耗	
						60 Hz,1.4 T /(W/kg)	20 kHz,0.2 T /(mW/cm³)
铁基 $Fe_{81}B_{13.5}Si_{3.5}C_2$	1.61	3.2	30	130	370	0.30	300
$Fe_{78}B_{13}Si_9$	1.56	2.4	27	130	415	0.16	—
$Fe_{67}Co_{18}B_{14}Si_1$	1.80	4.0	35	130	415	0.55	—
$Fe_{79}B_{16}Si_5$	1.58	8.0	27	125	405	1.2	28
铁镍基 $Fe_{40}Ni_{38}Mo_4B_{18}$	0.88	0.6~1.2	12	160	353	—	10
钴基 $Co_{67}Ni_3Fe_4Mo_2B_{12}Si_{12}$	0.55	0.4	0.5	135	340	—	—

5.5.2 硬磁材料

硬磁材料的磁滞回线宽肥,它具有高的剩磁、高矫顽力和高饱和磁感应强度。磁化后可长久保持很强磁性,难退磁,适于制成永久磁铁。因此,除高矫顽力外,磁滞回线包容的面积,即磁能积(BH)对硬磁材料而言也是重要的参数。用最大磁能积$(BH)_{max}$可以全面地反映硬磁材料储有磁能的能力。$(BH)_{max}$越大,则在外磁场撤去后,单位面积所储存的磁能也越大,性能也越好。H_c是衡量硬磁材料抵抗退磁的能力,一般 $H_c > 10^3$ A/m。B_r 值要求也要大一些,一般不得小于 10^{-1} T。此外对温度、时间、振动和其他干扰的稳定性也要好。

硬磁性材料可分为金属硬磁材料和硬磁铁氧体两大类。金属硬磁性材料按照生产方法的不同,可以再细分为铸造合金、粉末合金、微粉合金、变形合金和稀土合金等,也可以按照化学成分或其他方法来分类。

1. 硬磁铁氧体

硬磁铁氧体是 $CoFeO_4$ 与 Fe_3O_4 粉末烧结并经磁场热处理而成。虽然出现很早,但由于性能差,且制造成本高,而应用不广。直到 20 世纪 50 年代,钡铁氧体($BaFe_{12}O_{19}$)出现,才使硬磁铁氧体的应用领域得到了扩展。钡铁氧体是用 $BaCO_3$ 相 Fe_3O_4 合成的,工艺简单,成本低;后来用 Sr 代替 Ba 得到锶铁氧体,其$(BH)_{max}$值提高很多。由于铁氧体磁性材料是以陶瓷技术生产,所以常称为陶瓷磁体。

硬磁铁氧体具有六方晶体结构,其磁晶各向异性常数高($K_1 = 0.3$ MJ/m^3),低的饱和磁化强度($M_s = 0.47$ T),高的矫顽力。磁化强度反向转换的机制可能是晶界畴壁钉扎畴的形核。由于居里温度只有 $450℃$,远低于铝镍钴材料(铝镍钴 5 型的居里温度为 $850℃$),所以磁性能对温度十分敏感。减小粒子尺寸形成单畴和磁场模压处理皆可提高$(BH)_{max}$和B_r。

2. 铝镍钴硬磁合金

AlNiCo 合金具有高的 $(BH)_{max}(= 40 \sim 70$ kJ/m^3),高剩余磁感应强度($B_r = 0.7 \sim 1.35$ T),适中的矫顽力($H_c = 40 \sim 160$ kA/m),是含有 Al、Ni、Co 加上 3%Cu 的铁基系合金。$AlNiCo_{1\sim4}$型是各向同性的,而 $AlNiCo_5$ 型以上各型号是通过磁场热处理可得到各向异性的硬磁材料。由于适中的价格和实用的$(BH)_{max}$,使 $AlNiCo_5$ 型成为该合金系中使用最广泛的合金。铝镍钴是脆性的,可以用粉末冶金方法生产。

AlNiCo 合金属于析出(沉淀)强化型磁体。当由高温冷却时,从体心立方相变为在弱磁基或非铁磁的 Ni-Al 富 α' 相,属于 Fe-Co 系,这是调幅分解。α' 趋于形成像针状,在〈100〉方向直径约为 10 nm,长度约为 100 nm。如果分解发生在居里温度以下(各向异性铝镍钴),所加磁场有利于〈100〉方向 α' 相的生长,则可增加$(BH)_{max}$。在这方面钴起着关键作用,因为提高了合金的居里温度,以至于使各向异性分解发生在磁场退火条件下。通过定向凝固,成为柱状铝镍钴。通过增加 Co 含量或增加 Ti 或 Nb,矫顽力可以增加到典型值的 3 倍,如 $AlNiCo_{8\sim9}$型。

AlNiCo 系合金广泛用于电机器件上,例如,发电机、电动机、继电器和磁电机;电子行业中的应用如扬声器、行波管、电话耳机和受话器。此外,还可用于各种夹持装置。由于与铁氧体比较,价格较高,因此市场上自 20 世纪 70 年代中期起已逐渐被铁氧体代替。

3. 变形硬磁合金

金属硬磁材料历史悠久,古代指南针就是用这种材料制成的。碳钢通过热处理形成细化马氏体,是一种性能较差的硬磁材料;添加合金元素 Cr、Co、V 等后,磁性能优越得多,同时还有一个大的优点就是成型性能特别好,可以进行冲、压、弯、钻等切削加工,材料可制成片、丝、管、棒,使用方便,价格又低。对于那些精细零件常常用这种磁材。这类材料中,铁基合金的磁能积一般在 8 kJ/m^3 左右;冷轧回火后的 Fe-Mn-Ti 合金性能与低钴钢相当;性能较好的要数 38Fe-52Co-10V,回火前必须冷变形,且变形越大,性能就越好;含 V 越高,性能就越佳;延伸性能较好,能压成薄片使用。Fe-Cr-Co冷热塑性形变比较好,磁性能可以与$AlNiCo_5$媲美,成本只有$AlNiCo_5$的1/3~1/5,可取代AlNiCo系合金。

4. 稀土永磁材料

稀土永磁材料是稀土元素(用R表示)与过渡族金属Fe、Co、Cu、Zr等或非金属元素B、C、N等组成的金属间化合物。自20世纪60年代开始至今,稀土永磁材料的研究与开发经历了四个阶段:第一代是60年代开发的RCo_5型合金(1:5型)。这种类型的合金分单相和多相两种,单相是指从磁学原理上为单一化合物的RCo_5永磁体,如$SmCo_5$、$(SmPr)Co_5$烧结永磁体;多相是指以1:5相为基体,有少量2:17型沉淀相的1:5型永磁体。第一代稀土永磁合金于70年代初投入生产。第二代稀土永磁合金为R_2TM_{17}型(2:17型,TM代表过渡族金属)。其中起主要作用的金属间化合物的组成比例是2:17(R/TM原子数比),亦有单相、多相之分,第二代产品在1978年前后投入生产。第三代为Nd-Fe-B合金,于1983年研制成功,第二年投入生产。烧结NdFeB的磁性能为永磁铁氧体的12倍,因此,在相似的情况下,体积、质量均将大为减小,从而可实现高效、低能的目的。目前国内外正在进行第四代稀土永磁材料的研究与开发,主要是R-Fe-C系与R-Fe-N系。纳米复合双柏稀土永磁材料适用于制备微型、异型电机,是稀土永磁材料研究与应用中的重要方向。各类型稀土永磁材料性能比较见表5-6。

表5-6 各类型稀土永磁材料性能比较

性　　能		第一代 1:5型 (RCo_5)		第二代 2:17型 (R_2TM_{17})		第三代 Nd-Fe-B
		A	B	A	B	
剩磁 B_r/T		0.74~0.78	0.88~0.92	0.92~0.98	1.08~1.12	1.18~1.25
矫顽力	H_{cB}(kA/m)	520~576	680~720	560~720	480~544	760~920
	H_{cJ}(kA/m)	600~760	960~1 280	>800	496~560	800~1 040
最大磁能积$(BH)_{max}$/(kJ/m³)		104~120	152~168	160~192	232~248	264~288
电阻率 ρ/($\Omega \cdot m$)		6×10^{-3}	5×10^{-3}	9×10^{-3}	9×10^{-3}	14.4×10^{-3}

5.5.3　磁信息存储材料

磁性材料在信息存储领域内的作用越来越重要,如磁带、计算机软盘和硬盘等都是靠磁性材料来记录信息。从磁盘或磁带上读数据或在它们上面写数据,都是通过一个由线圈缠绕的软磁性材料读写头来完成。数据(写)由线圈中的电信号引入,并通过磁头的磁隙在磁记录介质的一个很小区域产生磁场,使磁记录介质磁化,从而记录信息。用于计算机存储信息时可以用磁极方向来表示1和0。例如,N极向上存储的信息为1,向下表示为0。

1. 磁头材料

磁头材料(magnetic head materials)是磁头铁芯用的高密度软磁材料,用它做成记录(写入)或重放(读出)信息的换能器件,要求有较高的能量转换效率。对磁头材料有以下具体要求:

(1) 最大磁导率 μ_m 和饱和磁化强度 B_s 要高,以实现高效率记录。

(2) 矫顽力 H_c 和剩余磁化强度 B_r 要低,以减少磁头的磁损耗和剩磁,降低剩磁引起的噪声与非线性。

(3) 电阻率 ρ 要高,以降低损耗,改善高频记录的频率响应特性。

(4) 起始磁导率 μ_i 要高,以提高重放磁头的灵敏度。

(5) 磁导率的截止频率 f_r 要高,以利于高频高速记录,提高使用频率上限。

(6) 耐磨损、抗剥落、机械加工性好。

磁头材料又分为金属磁头材料、铁氧体磁头材料、非晶材料三类。

金属磁头材料主要有坡莫合金、铁铝合金、铁硅铝合金和非晶态钴基合金等,它们的优点是 μ_m 和 B_s 值高,H_c 低,缺点是 ρ 值和硬度值低,使用寿命不如铁氧体。在坡莫合金中加入少量的铌(3%～8%)、钛、铝等可提高其硬度和电阻率,并获得较高的磁导率。例如,加铌的 79Ni - 2Mo - 7Nb - 0.5Al - Fe 合金(硬坡莫合金)性能为:初始磁导率小 μ_i = 50 mH/M,最大磁导率 μ_m = 225 mH/M,H_c 为 0.8 A/m,B_s 为 0.5 T,硬度为 270,电阻率提高到 88 $\mu\Omega \cdot m$。铁硅铝合金和非晶态钴基软磁合金的电阻率和硬度优于坡莫合金,但铁硅铝加工性能很差,限制了应用。

铁氧体单晶或多晶磁头,如(Mn、Zn)Fe_2O_4、(Ni、Zn)Fe_2O_4 等都具有高磁导率,无磁晶各向异性、无晶粒晶界。从磁性能看,Fe-B 系的饱和磁化强度高;Fe-Ni 系的磁导率高;Fe-Co-B 系的磁导率高,磁滞伸缩系数低;Fe-Co-Ni-Zn 系等,电阻高、无磁晶各向异性、无晶粒晶界,但磁性能各有差异;Fe-B 系饱和磁化强度高;Fe-Ni 系的磁导率高;Fe-Co-B 系磁导率高,且磁滞伸缩系数低;而 Fe-Co-Ni-Zn 系的饱和磁化强度和剩磁比高。

2. 磁记录介质材料

磁记录介质材料(magnetic recording material)是涂敷在磁带、磁盘和磁鼓上面用于记录和存储信息的磁性材料。要使记录和存储的信息稳定可靠,要求记录介质为矩形好的永磁材料,并有如下磁性能要求:

(1) 矫顽力 H_c 要适当高(16～80 kA/m),以便有效地存储信息,抵抗环境干扰,减少剩磁状态的自退磁效应,提高记录密度。

(2) 磁滞回线矩形比高,即 B_r/B_s、H_c/B_r 要高。磁滞回线陡直近于矩形,以减少自退磁效应,使介质中保留较高的剩磁,提高记录信息的密度和分辨率,从而提高信号的记录效率。

(3) 饱和磁化强度 B_s 要高,以获得高的输出信号,提高单位体积的磁能积,提高各向异性导致的矫顽力。

(4) 温度稳定性好,老化效应小,以保证在宽温长期条件下稳定存储。

(5) 用于垂直记录的介质,其垂直磁各向异性系数要高。

磁记录介质常用的有如下几种:

(1) γ-Fe_2O_3。γ-Fe_2O_3 是一种具有尖晶石立方晶体结构的氧化物介质材料。它是由磁铁矿在温度约 200℃ 和有水蒸气的存在时氧化而制成的。γ-Fe_2O_3 粉末的基本磁性质:B_s 为 0.14 T,H_c 为 24～32 kA/m,居里温度 T_c 为 385℃,并且有好的温度稳定性。它主要用于录音带、录像带和磁盘。

（2）钡和锶铁氧体。钡和锶铁氧体有较高的矫顽力和磁能积,抗氧化能力强,成为广泛应用的永磁材料。钡铁气体磁粉是六角形平板结构,其易磁化轴垂直于 C 平面,适合作垂直磁记录介质。钡铁氧体的各向异性常数为 3.3×10^{-1} cm,由各向异性引起的矫顽力为 2 kA/m。

（3）CrO_2。CrO_2 是一种强磁性氧化物,属亚稳铁磁材料。CrO_2 的结构为四方晶系,具有单轴各向异性,各向异性常数为 3.0×10^{-2} J/cm。CrO_2 的 H_c 值为 31.8 kA/m,若加入 Te+Sn、Te+Sb 等复合物,H_c 可达 59.7 kA/m。CrO_2 主要用于高级录音带及录像带。

（4）金属磁粉。金属磁粉包括 Fe - Co - Ni 和 Co - Ni - P 合金粉、Fe 粉、Fe - Co 合金粉。其特点是 B_s 和 H_c 都较高,并且有高的灵敏度和分辨率。B_s 值高可以使材料在薄层内得到较大的读出信号,H_c 高使记录介质能承受较大的退磁作用,达到高密度记录。

（5）金属薄膜。金属薄膜材料是利用制膜工艺在基带上形成一种很薄的金属膜。常用的制膜工艺有化学镀、电镀、离子喷镀、溅射、真空蒸镀等。金属薄膜材料包括 Fe - Co - Ni 和 Co - Ni - P 等合金材料,其特点是磁性能好、分辨率高。这种材料生成的合金颗粒在几十纳米的数量级上,其厚度仅有十分之几甚至百分之几微米,特别适用于高密度记录。钴铬膜的垂直各向异性系数最高。

5.5.4　纳米磁性材料

纳米磁性材料是 20 世纪 70 年代后逐步产生、发展、壮大而成为最富有生命力与宽广应用前景的新型磁性材料。2000 年美国克林顿政府向国会提出增加纳米科技的经费,其原因之一是磁电子器件巨大的市场与高科技所带来的高利润,其中巨磁电阻效应高密度读出磁头的市场估计为 10 亿美元,目前已进入大规模的工业生产,磁随机存储器的市场估计为 1 000 亿美元/年,磁电子传感器件的应用市场亦十分宽广。

纳米磁性材料是指材料的一个或几个维度具有纳米级尺度(1～100 nm)的磁性材料,如具有一维纳米级的纳米磁膜,具有二维纳米级的纳米磁丝和具有三维纳米级的磁点。一般来说,介观磁性(在宏观科学与微观科学之间出现的介观科学,介观磁学是其中一个重要的部分,而纳米磁性材料即具有介观磁性)主要的表现有:单磁畴结构,大多数磁性材料的单磁畴临界尺寸都在纳米级范围内;超顺磁性和其他超磁性出现的临界尺寸也在纳米级范围;磁相变温度变化,表面磁结构变化;量子尺寸效应等。由于介观磁性大都出现在纳米级范围内,因而使多种纳米磁性材料都具有多种的介观磁性,从而得到一些新的和独特的应用。大量的研究表明,许多的纳米多层磁膜、纳米颗粒磁膜和纳米氧化物磁膜具有巨磁电阻效应,因而在磁记录读出磁头和磁传感器中得到重要的应用。例如,$[\mathrm{Fe}(1 \ \mathrm{nm}) / \mathrm{Ag}(t_{\mathrm{Ag}})]_{40}$ 多层纳米磁膜的磁电阻率 $\Delta \rho / \rho$ 与 Ag 膜厚 t_{Ag} 便有强烈的依赖关系。

纳米磁性材料及应用大致可分三大类型:① 纳米颗粒型:磁记录介质、磁性液体、磁性药物、吸波材料。② 纳米微晶型:纳米微晶永磁材料、纳米微晶软磁材料。③ 纳米结构型:人工纳米结构材料,如薄膜、颗粒膜、多层膜和隧道结;天然纳米结构材料,如钙钛矿型化合物。

磁性材料与信息化、自动化、机电一体化、国防、国民经济的方方面面紧密相关,磁记录材料至今仍是信息工业的主体,为了提高磁记录密度,磁记录介质中的磁性颗粒尺寸已由微米、亚微米向纳米尺度过渡。例如,合金磁粉的尺寸约为 80 nm,钡铁氧体磁粉的尺寸约为 40 nm,进一步发展的方向是所谓"量子磁盘",利用磁纳米线的存储特性,记录密度预计可达 400 Gb/in² (1 in²≈6.45 cm²),相当于每平方英寸可存储 20 万部《红楼梦》,由超顺磁性所决定的极限磁记录密度理论值约为 6 000 Gb/in²。近年来,磁盘记录密度突飞猛进,现已超过 10 Gb/in²,其中最主要的原因是应用了巨磁电阻效应读出磁头,而巨磁电阻效应是基于电子在磁性纳米结构中与自旋相关的输运特性。

磁性液体最先用于宇航工业,后应用于民用工业,这是十分典型的纳米颗粒的应用,它是由超顺磁性的纳米微粒包覆了表面活性剂,然后弥散在基液中而构成。目前美、英、日、俄等国都有磁性液体公司,磁性液体广泛地应用于旋转密封,如磁盘驱动器的防尘密封、高真空旋转密封等,以及扬声器、阻尼器件、磁印刷等。

磁性纳米颗粒作为靶向药物、细胞分离等医疗应用也是当前生物医学的一热门研究课题,有的已步入临床试验。

纳米金属软磁材料具有十分优异的性能,高磁导率、低损耗、高饱和磁化强度,已应用于开关电源、变压器、传感器等,可实现器件小型化、轻型化、高频化以及多功能化,近年来发展十分迅速。

磁电子纳米结构器件是 20 世纪末最具有影响力的重大成果,除巨磁电阻效应读出磁头、MRAM、磁传感器外,金属晶体管等新型器件的研究正方兴未艾。磁电子学已成为一门颇受青睐的新学科。

习题

1. 试说明下列磁学参量的定义和概念:磁化强度、矫顽力、饱和磁化强度、磁导率、磁化率、剩余磁感应强度、磁滞损耗。

2. 解释下列名词:原子本征磁矩、磁畴、磁滞回线、趋肤效应、铁磁材料品质因子、滞后效应、磁共振损耗。

3. 分析抗铁磁、顺铁磁、反铁磁、亚铁磁性的磁化率与温度的关系。

4. 物质中为什么会产生抗磁性?

5. 哪些磁性能参数是组织敏感的? 哪些是不敏感的? 举例说明成分、热处理、冷变形、晶粒取向等因素对磁性的影响。

6. 什么是自发磁化? 铁磁体形成的条件是什么?

7. 试用磁畴模型解释软磁材料的技术磁化过程。

8. 比较静态磁化与动态磁化的特点。

9. 讨论动态磁化过程中,磁损耗与频率的关系。

10. 软磁材料具有哪些磁特性? 常用软磁材料有哪些?

11. 硬磁材料具有哪些磁特性? 常用硬磁材料有哪些?

12. 试述磁头材料、磁记录介质材料的磁性能要求及常用材料。

13. 物质的磁性可以分为几类? 它们各有什么特点?

14. 磁性材料可以分为几类? 它们各有什么特点?

15. 一个长 20 cm,半径为 2 cm 的螺线管由 200 匝线圈绕制而成,其中通以 $I=0.5$ A 的电流,试计算此时螺线管中部和端部的 H 和 B 大小。

16. 某一铁的旋转椭球长轴为 1 mm,短轴直径为 0.1 mm,饱和磁化强度为 $\mu_0 M_S = 2.1$ T,求长轴和短轴方向的退磁场。

17. 试计算自由原子 Fe、Co、Ni、Gd、Dy 等的基态具有的原子磁矩 μ_J 各为多少。

6 材料的功能转换性能

本章内容提要

　　介电材料和绝缘材料是信息技术、电子和电气工程中不可缺少的功能材料,其中介电陶瓷在微波频段的应用,如在移动电话、卫星信号接收器、雷达等领域受到广泛关注。本章主要介绍电介质的介电性能,包括介电常数、介电损耗、介电强度及其随环境(温度、湿度、辐射等)的变化规律。通过比较真空平板电容器和填充电介质的平板电容器的电容变化,引入介电常数和极化的概念,介绍与极化相关的物理量;分析极化的微观机制。克劳修斯-莫索堤方程把微观的极化率和宏观的极化强度联系起来,指出了提高介电常数的途径。本章对电介质的铁电性能、压电性能及热释电性能及其相关材料和应用进行了详细介绍,并延伸到热电性能和光电性能等其他功能转换性能。最后,本章对智能材料的特征、分类及应用作了概要介绍。

6.1 介质的极化与损耗

6.1.1 介质极化相关物理量

介质的极化　　6.1 动画

　　在平行板电容器中,若在两板间插入固体电介质,则在外加电场作用下,固体电介质中原来彼此中和的正、负电荷产生位移,形成电矩,使介质表面出现束缚电荷,极板上电荷增多,造成电容量增大。

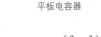

平板电容器

　　平行板电容器在真空中的电容量为

$$C_0 = \frac{Q}{V} = \frac{\varepsilon_0 (V/d) A}{V} = \varepsilon_0 A / d \tag{6-1}$$

　　极板间插入固体电介质后,电容量为

$$C = \varepsilon_r C_0 = \varepsilon_r \varepsilon_0 A / d = \varepsilon A / d \tag{6-2}$$

　　式中,d 为平板间距(m);A 为面积(m^2);V 为平板上电压(V),ε_r 为相对介电常数;$\varepsilon(\varepsilon_0 \varepsilon_r)$ 为介电材料的电容率,或称介电常数(dielectric constant)(单位为 F/m)。

　　放在平板电容器中增加电容的材料即称为介电材料。显然它属于电介质。电介质(dielectric)就是指在电场作用下能建立极化的物质。如上所述,在真空平板电容间嵌入一块电介质,当加上外电场时,则在正极板附近的介质表面上感应出负电荷,负极板附近的介质表面感应出正电荷。这种感应出的表面电荷称为感应电荷,由于这类电荷不能发生宏观的位移,因此又称为束缚电荷,如图 6-1 所示。电介质在电场作用下产生束缚电荷的现象称为电介质的极化(polarization)。正是这种极化的结果,使电容器增加电荷的存储能力。

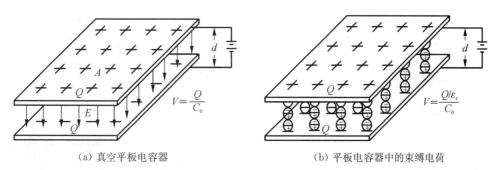

（a）真空平板电容器　　　　　　　（b）平板电容器中的束缚电荷

图 6-1　平板电容器中介电材料的极化

根据分子的电结构,电介质可分为两大类:极性分子电介质和非极性分子电介质。它们结构的主要差别是分子的正、负电荷统计重心是否重合,即是否有电偶极子。极性分子存在电偶极矩(electric dipole moment),其电偶极矩为

$$\vec{\mu} = Q \vec{l} \tag{6-3}$$

式中,Q 为所含的电量;$\vec{l}$ 为正负电荷重心距离,电偶极的单位为 C·m(库仑·米)。

非极性分子电介质在外电场作用下,正、负电荷重心将产生分离,产生电偶极矩。所谓极化电荷,是指和外电场强度相垂直的电介质表面分别出现的正、负电荷,这些电荷不能自由移动,也不能离开,总值保持中性。平板电容器中电介质表面电荷就是这种状态。为了定量描述电介质这种性质,人们引入极化强度、介电常数等参数。

极化强度 P(polarization)是电介质极化程度的量度,其定义式为

$$P = \frac{\sum \vec{\mu}}{\Delta V} \tag{6-4}$$

电介质的分类

式中,$\sum \vec{\mu}$ 为电介质中所有电偶极矩的矢量和;ΔV 为电偶极矩所在空间的体积;P 的单位已经证明,电极化强度值等于介质表面电荷密度。

极化是由电场引起的,极化强度就与电场强度有关,这一关系由电介质的结构决定,两者的关系可以表示为

$$P = (\varepsilon_r - 1)\varepsilon_0 \cdot E \tag{6-5}$$

真空是电介质的特例,其 P 值在任何电场 E 下均为 0,ε_0 即为真空的绝对介电常数,其他介质与真空相比较,其绝对介电常数与 ε_0 的比称为电介质的相对介电常数,记作ε_r。

陶瓷、玻璃、聚合物都是常用的电介质,表 6-1 中列出了一些玻璃、陶瓷和聚合物在室温下的相对介电常数。值得注意的是,使用电场的频率对一些电介质的介电常数是有影响的,影响规律将在 6.1.4 节中阐述。

表 6-1　一些玻璃、陶瓷、聚合物在室温下的相对介电常数

材　料	频率范围/Hz	相对介电常数
二氧化硅玻璃	$10^2 \sim 10^{10}$	3.78
金刚石	直流	6.6
α-SiC	直流	9.7
多晶 ZnS	直流	8.7
聚氯乙烯	60	3.0
聚甲基苯烯酸甲酯	60	3.5
钛酸钡	10^6	3 000
刚玉	60(10^6)	9(6.5)

6.1.2　极化类型

极化过程示意1　极化过程示意2　离子位移极化

电介质在外加电场作用下产生宏观的电极化强度,实际上是电介质微观上各种极化机制贡献的结果,它包括电子的极化、离子的极化、电偶极子取向极化、空间电荷极化。

1. 电子位移极化

没有受电场作用时,组成电介质的分子或原子所带正负电荷中心重合,对外呈中性。受电场作用时,正、负电荷中心产生相对位移(电子云发生了变化而使正、负电荷中心分离的物理过程),中性分子则转化为偶极子,从而产生了电子位移极化或电子形变极化。

图 6-2(a)形象地表示了正、负电荷重心分离的物理过程。因为电子很轻,它们对电场的反应很快,光频跟随外电场变化。根据玻尔原子模型、经典理论可以计算出电子的平均极化率 α_e 为

$$\alpha_e = \frac{4}{3}\pi\varepsilon_0 R^3 \qquad (6-6)$$

式中,ε_0 为真空介电常数;R 为原子(离子)的半径。由式(6-6)可见,电子极化率的大小与原子(离子)的半径有关。

电子位移式极化存在于一切气体、液体及固体介质中。具有如下特点:

(1) 形成极化所需时间极短(因电子质量极小),约为 10^{-15} s,故其 ε_r 不随频率变化。

(2) 具有弹性,当外电场去掉时,作用中心又马上会重合而整个呈现非极性,故电子位移式极化没有能量损耗。

(3) 温度对电子位移式极化影响不大。温度升高时,介质略有膨胀,单位体积内的分子数减少,引起 ε_r 略为下降,即 ε_r 具有不大的负温度系数。

2. 离子位移极化

离子晶体中,无电场作用时,离子处在正常结点位置并对外保持电中性,但在电场作用下,正、负离子产生相对位移,破坏了原先呈电中性分布的状态,电荷重新分布,相当于从中性分子转变为偶极子,产生离子位移极化。

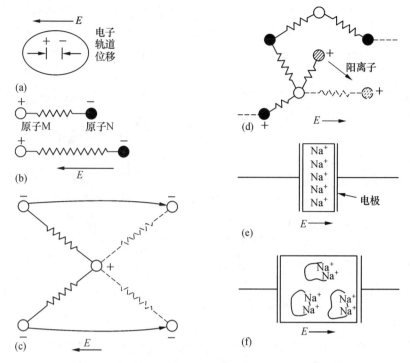

图 6-2 电介质的极化机制

离子在电场作用下偏移平衡位置的移动,相当于形成一个感生偶极矩;也可以理解为离子晶体在电场作用下离子间的键合被拉长,如碱卤化物晶体就是如此。图 6-2(b)所示是离子位移极化的简化模型。根据经典弹性振动理论可以估计出离子位移极化率

$$\alpha_a = \frac{12\pi\varepsilon_0}{M(n-1)}a^3 \tag{6-7}$$

式中,M 为与晶体结构相关的马德隆常数;a 为晶格常数;n 为电子层斥力指数。离子晶体的 n 为 7~11,因此离子位移式极化率约为 $10^{-40}\,F \cdot m^2$ 量级。

离子式极化主要存在于具有离子式结构的固体无机化合物中,如云母、陶瓷材料等,它具有如下特点:

(1) 形成极化所需时间极短,约为 $10^{-13}\,s$,故在一般的频率范围内,可以认为 ε_r 与频率无关。

(2) 属弹性极化,几乎没有能量损耗。

(3) 离子位移极化的影响,存在两个相反的因素:温度升高时离子间的结合力降低,使极化程度增加,但离子的密度随温度升高而减小,使极化程度降低。通常,前一种因素影响较大,故 ε_r 一般具有正的温度系数,即温度升高,而出现极化程度增强趋势的特征。

3. 弛豫(松弛)极化

这种极化机制也是由外加电场造成的,但与带电质点的热运动状态密切相关。例如,当材料中存在着弱联系的电子、离子和偶极子等弛豫质点时,温度造成的热运动使这些质点分布混乱,而电场使它们有序分布,平衡时建立了极化状态。这种极化具有统计性质,称为热弛豫(松弛)极化。极化造成带电质点的运动距离可与分子大小相比拟,甚至更大。由于是

一种弛豫过程,建立平衡极化时间为 $10^{-3}\sim10^{-2}$ s,并且由于创建平衡要克服一定的位垒,故吸收一定能量,因此,与位移极化不同,弛豫极化是一种非可逆过程。弛豫极化包括电子弛豫极化、离子弛豫极化、偶极子弛豫极化。它多发生在聚合物分子晶体缺陷区或玻璃体内。

1)电子弛豫极化 α_T^e

由于晶格的热振动、晶格缺陷、杂质引入、化学成分局部改变等因素,使电子能态发生改变,出现位于禁带中的局部能级形成所谓弱束缚电子。例如,色心点缺陷之一的"F-心"就是由一个负离子空位俘获了一个电子所形成的。"F-心"的弱束缚电子为周围结点上的阳离子所共有,在晶格热振动下所共有,在晶格热振动下,可以吸收一定能量由较低的局部能级跃迁到较高的能级而处于激发态,连续地由一个阳离子结点转移到另一个阳离子结点,类似于弱联系离子的迁移。外加电场使弱束缚电子的运动具有方向性,这就形成了极化状态,称之为电子弛豫极化。它与电子位移极化不同,是一种不可逆过程。

由于这些电子是弱束缚状态,因此电子可做短距离运动。由此可知,具有电子弛豫极化的介质往往具有电子电导特性。电子弛豫极化建立的时间为 $10^{-9}\sim10^{-2}$ s,在电场频率高于 10^9 Hz 时,这种极化就不存在了。

电子弛豫极化多出现在以铌、铋、镍、钛氧化物为基的陶瓷介质中。

2)离子弛豫极化 α_T^a

和晶体中存在弱束缚电子类似,在晶体中也存在弱联系离子。在完整离子晶体中,离子处于正常结点,能量最低最稳定,称之为强联系离子。它们在极化状态时,只能产生弹性位移,离子仍处于平衡位置附近。而在玻璃态物质中,结构松散的离子晶体或晶体中的杂质或缺陷区域,离子自身能量较高,易于活化迁移,这些离子称弱联系离子。

弱联系离子极化时,可以从一平衡位置移动到另一平衡位置。但当外电场去掉后离子不能回到原来的平衡位置,这种迁移是不可逆的,迁移的距离可达到晶格常数数量级,比离子位移极化时产生的弹性位移要大得多。然而需要注意的是,弱离子弛豫极化不同于离子电导,因为后者迁移距离属远程运动,而前者运动距离是有限的,它只能在结构松散或缺陷区附近运动,越过势垒到新的平衡位置。

根据弱联系离子在有效电场作用下的运动,以及对弱离子运动位垒计算,可以得到离子热弛豫极化率的大小为

$$\alpha_T^a=\frac{q^2\delta^2}{12kT} \tag{6-8}$$

式中,q 为离子荷电量;δ 为弱联系离子电场作用下的迁移;T 为热力学温度(K);k 为玻耳兹曼常数。

由式(6-8)可见,温度越高,热运动对弱联系离子规则运动阻碍越大,因此 α_T^a 下降。离子弛豫极化率比位移极化率大一个数量级,因此,电介质的介电常数较大。应注意的是,温度升高,则减小了极化建立所需的时间,因此,在一定温度下,热弛豫极化的电极化强度达到最大值。

离子弛豫极化的时间在 $10^{-5}\sim10^{-2}$ s,故当频率在无线电频率 10^6 Hz 以上时,则无离子弛豫极化对电极化强度的贡献。

4. 转向极化

极性电介质中,存在固有偶极矩 μ_0。无外电场时,混乱排列,而使 $\sum\mu_i=0$;有外电场

弛豫极化

时,偶极转向,成定向排列,从而使电介质极化。偶极子正负电荷中心不重合,好像分子的一端带正电荷,而另一端带负电荷,因而形成一个永久的偶极矩。在电场作用下,原来混乱分布的极性分子顺电场方向排列,因而显示出极性。

转向极化是极性电介质的一种极化方式。组成电介质的极性分子在电场作用下,除贡献电子极化和离子极化外,其固有的电偶极矩沿外电场方向有序化[图 6-2(c)、(d)]。在这种状态下的极性分子的相互作用是一种长程作用。尽管固体中极性分子不能像液态和气态电介质中的极性分子那样自由转动,但取向极化在固态电介质中的贡献是不能忽略的。对于离子晶体,由于空位的存在,电场可导致离子位置的跃迁,如玻璃中的 Na^+ 可能以跳跃方式使偶极子趋向有序化。

转向极化过程中,热运动(温度作用)和外电场是使偶极子运动的两个矛盾方面。偶极子沿外电场方向有序化将降低系统能量,但热运动会破坏这种有序化。在二者平衡条件下,可以计算出温度不是很低(如室温)、外电场不是很高时材料的取向极化率

$$\alpha_d = \frac{\langle \mu_0^2 \rangle}{3kT} \tag{6-9}$$

式中,$\langle \mu_0^2 \rangle$ 为无外电场时的均方偶极矩;k 为玻耳兹曼常数;T 为热力学温度(K)。

转向极化具有如下特点:

(1) 极化是非弹性的,消耗的电场能在复原时不可能收回。

(2) 形成极化所需时间较长,为 $10^{-10} \sim 10^{-2}$ s。故其 ε_r 与电源频率有较大的关系,频率很高时,偶极子来不及转动,因而其 ε_r 减小。

(3) 温度对极性介质的 ε_r 有很大的影响。温度高时,分子热运动加剧,妨碍它们沿电场方向取向,使极化减弱,故极性气体介质常具有负的温度系数,但对液体、固体介质则情况有所不同,温度过低时,由于分子间联系紧(如液体介质的黏度很大),分子难以转向,ε_r 也变小(只有电子式极化),所以极性液体、固体的 ε_r 在低温下先随温度的升高而增加,当热运动变得较强烈时,ε_r 又随温度的上升而减小。

5. 空间电荷极化

非均匀介质中,在电场作用下,原先混乱排布的正、负自由电荷发生了趋向有规则的运动过程,从而使正极板附近积聚了较多的负电荷,空间电荷的重新分布,实际形成了介质极化。

空间电荷极化常发生在不均匀介质中。在电场作用下,不均匀介质内部的正、负离子分别向负、正极移动,引起晶体内各点离子的密度发生变化,即出现电偶极矩。这种极化即称为空间电荷极化[图 6-2(e)、(f)]。在电极附近积聚的电荷就是空间电荷。实际上,晶面、相界、晶格畸变、杂质等缺陷区都可成为自由电荷运动的障碍。在这些障碍处,自由电荷的积聚形成空间电荷极化。宏观不均匀性,如夹层、气泡,也可形成空间电荷极化,这种极化称为界面极化。由于空间电荷的积聚,可形成很高的与外电场方向相反的电场,故又称为高压式极化。空间电荷极化具有如下特点:

(1) 其时间约为几秒到数十分钟,甚至数十余小时。

(2) 属非弹性极化,有能量损耗。

(3) 随温度的升高而下降。温度升高,离子运动加剧,离子扩散就很容易,因而空间电荷的积聚就会减小。

（4）与电源的频率有关,主要存在于低频至超低频阶段,高频时,因空间电荷来不及移动,就没有或很少有这种极化现象。

以上介绍的极化都是由于外加电场作用的结果,而有一种极性晶体在无外电场作用时自身已经存在极化,这种极化称自发极化。表 6-2 总结了晶体电介质可能发生的极化形式、可能发生的频率范围、与温度的关系等。

表 6-2 晶体电介质极化机制小结

极化形式		极化机制存在的电介质类型	极化存在的频率范围	温度的作用
电子极化	电子位移极化	发生在一切电介质中	直流到光频	不起作用
	电子弛豫极化	钛质瓷,以及高价金属氧化物基陶瓷	直流到超高频	随温度变化有极大值
离子极化	离子位移极化	离子结构电介质	直流到红外	温度升高,极化增强
	离子弛豫极化	存在弱束缚离子的玻璃、晶体陶瓷	直流到超高频	随温度变化有极大值
	转向极化	存在固有电偶极矩的高分子电介质,以及极性晶体陶瓷	直流到高频	随温度变化有极大值
	空间电荷极化	结构不均匀的陶瓷电介质	直流直到 10^3 Hz	随温度升高而减弱
	自发极化	温度低于 T_c 的铁电材料	与频率无关	随温度变化有最大值

6.1.3 宏观极化强度与微观极化率的关系

对一个分子来说,它总与除它自身以外的其他分子相隔开,同时又总与其周围分子相互作用,即使没有外部电场作用,介质中每一个分子也处在周围分子的作用之下;当外部施加电场时,由于感应作用,分子发生极化,并产生感应偶极矩,从而成为偶极分子,它们又转而作用于被考察分子,从而改变了原来分子间的相互作用。因此,作用在被考察分子上的有效电场就与宏观电场不同,它是外加宏观电场与周围极化了的分子对被考察分子相互作用电场之和,即作用在分子、原子上的有效电场与外加电场 E_0,电介质极化形成的退极化场 E_d,还有分子或原子与周围的带电质点的相互作用有关。克劳修斯-莫索堤方程表述了宏观电极化强度与微观分子(原子)极化率的关系。

1. 有效电场

当电介质极化后,在其表面形成了束缚电荷。这些束缚电荷形成一个新的电场,由于与极化电场方向相反,故称为退极化场 E_d。根据静电学原理,由均匀极化所产生的电场等于分布在物体表面上的束缚电荷在真空中产生的电场,一个椭圆形样品可形成均匀极化并产生一个退极化场。因此外加电场 E_0 和退极化场 E_d 的共同作用才是宏观电场 $E_{宏}$(图 6-3),即

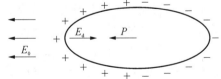

图 6-3 退极化场 E_d

$$E_{宏} = E_0 + E_d \tag{6-10}$$

莫索堤导出了极化的球形腔内局部电场 E_{loc} 表达式

$$E_{loc} = E_{宏} + P/3\varepsilon_0 \tag{6-11}$$

2. 克劳修斯-莫索堤方程(Clausius-Mossotti equation)

电极化强度 P 可以表示为单位体积电介质在实际电场作用下所有偶极矩的总和,即

$$P = \sum N_i \bar{\mu}_i \tag{6-12}$$

式中,N_i 为第 i 种偶极子数目;$\bar{\mu}_i$ 为第 i 种偶极子平均偶极矩。

带电质点的平均偶极矩正比于作用在质点上的局部电场 E_{loc}。即

$$\bar{\mu}_i = \alpha_i E_{loc} \tag{6-13}$$

式中,α_i 是第 i 种偶极子电极化率,则总的电极化强度为

$$P = \sum N_i \alpha_i E_{loc} \tag{6-14}$$

将式(6-11)代入式(6-14)中得

$$\sum N_i \alpha_i = \frac{P}{E_{宏} + P/3\varepsilon_0} \tag{6-15}$$

已经证明,电极化强度不仅与外加电场有关,且与极化电荷产生的电场有关,式(6-15)可以表示为

$$P = \varepsilon_0(\varepsilon_r - 1)E_{宏}$$

考虑上式代入式(6-15),则可化为

$$\sum N_i \alpha_i = \frac{1}{\dfrac{1}{(\varepsilon_r - 1)\varepsilon_0} + \dfrac{1}{3\varepsilon_0}} \tag{6-16}$$

整理得

$$\frac{\varepsilon_r - 1}{\varepsilon_r + 2} = \frac{1}{3\varepsilon_0}\sum_i N_i \alpha_i \tag{6-17}$$

式(6-17)描述了电介质的相对介电常数 ε_r 与偶极子种类、数目和极化率之间的关系。它提示人们,研制高介电常数的介电材料的方向,即为获得高介电常数,应选择大的极化率的离子,此外还应选择单位体积内极化质点多的电介质。

6.1.4 介质损耗分析

由于导电或交变电场中极化弛豫过程在电介质中引起的能量损耗,由电能转变为其他形式的能,如热能、光能等,统称为介质损耗(dielectric loss)。它是导致电介质发生热击穿的根源。电介质在单位时间内消耗的能量称为电介质损耗功率,简称电介质损耗。

介质的损耗

介质损耗

1. 损耗的形式

(1) 电导损耗：在电场作用下,介质中会有泄漏电流流过,引起电导损耗。气体的电导损耗很小,而液体、固体中的电导损耗则与它们的结构有关。非极性的液体电介质、无机晶体和非极性有机电介质的介质损耗主要是电导损耗。而在极性电介质及结构不紧密的离子固体电介质中,则主要由极化损耗和电导损耗组成。它们的介质损耗较大,并在一定温度和频率上出现峰值。

电导损耗,实质是相当于交流、直流电流流过电阻做功,故在这两种条件下都有电导损耗。绝缘好时,液、固电介质在工作电压下的电导损耗是很小的,与电导一样,是随温度的增加而急剧增加的。

(2) 极化损耗：只有缓慢极化过程才会引起能量损耗,如偶极子的极化损耗。它与温度有关,也与电场的频率有关。在某种温度或某种频率下,损耗都有最大值。

(3) 游离损耗：气体间隙中的电晕损耗和液、固绝缘体中局部放电引起的功率损耗称为游离损耗。电晕是在空气间隙中或固体绝缘体表面气体的局部放电现象。但这种放电现象不同于液、固体介质内部发生的局部放电。即局部放电是指液、固体绝缘间隙中,导体间的绝缘材料局部形成"桥路"的一种电气放电,这种局部放电可能与导体接触或不接触。这种损耗称为电晕损耗。

2. 介质损耗的表示方法

在一平板理想真空电容器中,其电容量 $C_0 = \varepsilon_0 \dfrac{A}{d}$,如在该电容器上加上角频率 $\omega = 2\pi f$ 的交流电压

$$U = U_0 e^{i\omega t} \tag{6-18}$$

则在电极上出现电荷 $Q = C_0 U$,其回路电流为

$$I_c = \frac{dQ}{dt} = i\omega C_0 U e^{i\omega t} = i\omega C_0 U \tag{6-19}$$

由式(6-19)可见,电容电流 I_c 超前电压 U 相位 $90°$。

如果在极板间充填相对介电常数为 ε_r 的理想介电材料,则其电容量 $C = \varepsilon_r C_0$,其电流 $I' = \varepsilon_r I_c'$ 的相位,超前电压 U 相位 $90°$。但实际介电材料不是这样,在实际的电介质中,因为它们总有漏电,或者是极性电介质,或者兼而有之,这时除了有电容性电流 I_c 外,还有与电压同相位的电导分切量 GU,总电流应为这两部分的矢量和(见图 6-4)。由于 GU 分量,电压与电流不成 $90°$。此时,合成电流为

$$I = (i\omega C + G)U \tag{6-20}$$

式中,$G = \sigma \dfrac{A}{d}$;$C = \varepsilon_0 \varepsilon_r \dfrac{A}{d}$;$\sigma$ 为电导率;A

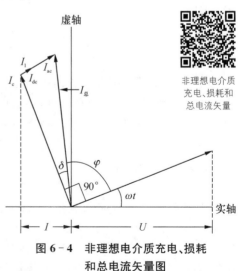

非理想电介质充电、损耗和总电流矢量

图 6-4 非理想电介质充电、损耗和总电流矢量图

为极板面积；d 为电介质厚度。

将 G 和 C 代入式(6-19)中，经简化得

$$I = (i\omega\varepsilon_0\varepsilon_r + \sigma)\frac{A}{d}U \tag{6-21}$$

定义 $\sigma^* = i\omega\varepsilon + \sigma$ 为复电导率(complex electrical conductivity)。

由前面的讨论知，真实的电介质平板电容器的总电流，包括了三个部分：① 由理想的电容充电所造成的电流 I_c；② 电容器真实电介质极化建立的电流 I_{ac}；③ 电容器真实电介质漏电流 I_{dc}。这些电流(见图6-4)对材料的复电导率做出贡献。总电流超前电压($90°-\delta$)，其中 δ 称为损耗角。类似于复电导率，对于电容率(绝对介电常量)ε，也可以定义复介电常数 ε^* 或复相对介电常数 ε_r^*。即

$$\varepsilon^* = \varepsilon' - i\varepsilon'' \tag{6-22}$$

$$\varepsilon_r^* = \varepsilon_r' - i\varepsilon_r'' \tag{6-23}$$

这样可以借用 ε_r^* 来描述前面分析的总电流

$$C = \varepsilon_r^* C_0 \quad 则 \quad Q = CU = \varepsilon_r^* C_0 U \tag{6-24}$$

并且

$$I = \frac{dQ}{dt} = C\frac{dU}{dt} = \varepsilon_r^* C_0 i\omega U$$

$$= (\varepsilon_r' - i\varepsilon_r'')C_0 i\omega U \tag{6-25}$$

则

$$I = (i\omega\varepsilon_r' C_0 + \omega\varepsilon_r'' C_0)U \tag{6-26}$$

由此可知，总电流可以分为两项，其中第一项是电容充电放电过程，没有能量损耗，它就是经常讲的相对介电常数 ε'(相应于复电容率的实数部分)；而第二项的电流是与电压同相位，对应于能量损耗部分，它由复介电常数的虚部 ε'' 描述，故称之为介质相对损耗因子。

定义损耗角正切

$$\tan\delta = \frac{\varepsilon''}{\varepsilon'} = \frac{\sigma}{\omega\varepsilon'} \tag{6-27}$$

损耗角正切 $\tan\delta$ 表示为获得给定的存储电荷要消耗的能量的大小，可以称之为"利率"，是电介质作为绝缘材料使用评价的参数。为了减少绝缘材料使用的能量损耗，希望材料具有大的介电常数和更小的损耗角正切。损耗角正切的倒数 $Q = (\tan\delta)^{-1}$ 在高频绝缘应用条件下称为电介质的品质因数，希望它的值要高。

在介电加热应用时，电介质的关键参数是介电常数 ε 和介质电导率 $\sigma = \tan\delta \cdot \omega\varepsilon' = \omega\varepsilon''$。

3. 频率的影响

电介质在电场作用下从开始极化到稳定状态需要一定时间，用时非常短的有电子位移式极化和离子位移式极化，此类极化称为瞬时极化；用时较长的有弛豫极化、转向极化、空间电荷极化，此类极化称为松弛极化。松弛极化因为极化过程的弛豫，在宏观上表现为电介质

的损耗。德拜研究了松弛极化过程,建立了复介电常数 $\varepsilon^* = \varepsilon' + i\varepsilon''$ 和损耗角正切与松弛时间 τ(也称为弛豫时间)之间的关系式,称为德拜方程。

$$\begin{cases} \varepsilon' = \varepsilon_\infty + \dfrac{\varepsilon_s - \varepsilon_\infty}{1 + \omega^2\tau^2} \\[2mm] \varepsilon'' = \dfrac{(\varepsilon_s - \varepsilon_\infty)\omega\tau}{1 + \omega^2\tau^2} \\[2mm] \tan\delta = \dfrac{\varepsilon''}{\varepsilon'} = \dfrac{(\varepsilon_s - \varepsilon_\infty)\omega\tau}{\varepsilon_s + \varepsilon_\infty\omega^2\tau^2} \end{cases} \qquad (6-28)$$

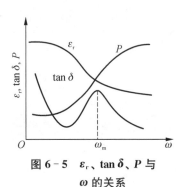
频率对介质极化和损耗的影响

式中,ε_s 为静态介电常数,ε_∞ 为光频介电常数。当 $\omega\tau = 1$ 时,损耗因子 ε'' 具有极大值,损耗角正切 $\tan\delta$ 也在略大于该频率值时达到最大值;当频率 $\omega \to 0$ 时,ε' 趋于静态介电常数 ε_s;当 $\omega \to \infty$ 时,由德拜方程可以得到 $\varepsilon' \to \varepsilon_\infty$,对应光频介电常数,此时只可能有电子位移式极化存在。

频率与介质损耗的关系,在德拜方程中有所体现,现分析如下,如图 6-5 所示。

(1)当外加电场频率很低,即 $\omega \to 0$ 时,介质的各种极化都能跟上外加电场的变化,此时不存在极化损耗,介电常数达最大值。介电损耗主要由漏导引起,P_w 和频率无关。$\tan\delta = \dfrac{\sigma}{\omega\varepsilon'}$,则当 $\omega \to 0$ 时,$\tan\delta \to \infty$。随着 ω 的升高,$\tan\delta$ 减小。

(2)当外加电场频率逐渐升高时,松弛极化在某一频率开始跟不上外电场的变化,松弛极化对介电常数的贡献逐渐减小,因而 ε_r 随 ω 升高而减少。在这一频率范围内,由于 $\omega\tau \ll 1$,故 $\tan\delta$ 随 ω 升高而增大,同时 P_w 也增大。

图 6-5　ε_r、$\tan\delta$、P 与 ω 的关系

从图 6-5 可看出,在 ω_m 下,$\tan\delta$ 达最大值,ω_m 可由下式求出

$$\omega_m = \frac{1}{\tau}\sqrt{\frac{\varepsilon_s}{\varepsilon_\infty}} \qquad (6-29)$$

式中,ε_s 为静态或低频下的介电常数;ε_∞ 为光频下的介电常数。$\tan\delta$ 的最大值主要由松弛过程决定。如果介质电导显著变大,则 $\tan\delta$ 的最大值变得平坦,最后在很大的电导下,$\tan\delta$ 无最大值。

(3)当 ω 很高时,$\varepsilon_r \to \varepsilon_\infty$,介电常数仅由位移极化决定,$\varepsilon_r$ 趋于最小值。此时由于 $\omega\tau \gg 1$,$\tan\delta$ 随 ω 升高而减小。$\omega \to \infty$ 时,$\tan\delta \to 0$。

4. 温度的影响

由德拜方程可以得出 P、ε 和 $\tan\delta$ 均与松弛时间常数 τ 相关,而根据 $\tau = \dfrac{1}{2v}e^{U/kT}$,松弛时间随温度的升高呈指数下降,所以 P、ε 和 $\tan\delta$ 与温度关系很大。另外,从材料结构分析,温度升高离子间易发生移动,松弛极化随之增加,松弛时间常数 τ 减小。

(1)当温度很低时,τ 较大,由德拜关系式可知,ε_r 较小,$\tan\delta$ 也较小。此时,由于 $\omega^2\tau^2 \gg 1$,$\tan\delta \propto \dfrac{1}{\omega\tau}$,$\varepsilon_r \propto \dfrac{1}{\omega^2\tau^2}$,故在此温度范围内,随温度上升,$\tau$ 减小,ε_r、$\tan\delta$ 和

P_w 上升。

（2）当温度较高时，τ 较小，此时 $\omega^2 \tau^2 \ll 1$，因此，随温度上升，τ 减小，$\tan\delta$ 减小。这时电导上升并不明显，P_w 主要决定于极化过程，所以 P_w 也随温度上升而减小。由此看出，在某一温度 T_m 下，P_w 和 $\tan\delta$ 有极大值，如图 6-6 所示。

（3）当温度继续升高，达到很大值时，离子热运动能量很大，离子在电场作用下的定向迁移受到热运动的阻碍，因而极化减弱，ε_r 下降。此时电导损耗剧烈增大，$\tan\delta$ 也随温度上升急剧增大。

根据以上分析可以看出，如果电介质的电导很小，则松弛极化介质损耗的特征是：在 ε_r 和 $\tan\delta$ 在与频率、温度的关系曲线中出现极大值。

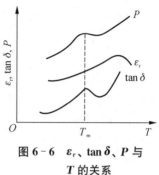

图 6-6　ε_r、$\tan\delta$、P 与 T 的关系

5. 湿度的影响

介质吸潮后，介电常数会增加，但比电导的增加要慢，由于电导损耗增大以及松弛极化损耗增加，而使 $\tan\delta$ 增大。对于极性电介质或多孔材料来说，这种影响特别突出，如纸内水分含量从 4% 增加到 10% 时，其 $\tan\delta$ 可增加 100 倍。

6.1.5　材料的介质损耗

1. 无机材料的损耗

无机材料的损耗可分为电离损耗和结构损耗。

（1）电离损耗：主要发生在含有气相的材料中。它们在外电场强度超过了气孔内气体电离所需要的电场强度时，由于气体电离而吸收能量，造成损耗，即电离损耗。其损耗功率可以用下式近似计算

$$P_w = A\omega(U - U_0) \tag{6-30}$$

式中，A 为常数；ω 为频率；U 为外施电压；U_0 为气体的电离电压。该式只有在 $U > U_0$ 时才适用，此时，当 $U > U_0$ 时，$\tan\delta$ 剧烈增大。

固体电介质内气孔引起的电离损耗，可能导致整个介质的热破坏和化学破坏，应尽量避免。

（2）结构损耗：结构损耗是在高频、低温下，与介质内部结构的紧密程度密切相关的介质损耗。结构损耗与温度的关系很小，损耗功率随频率升高而增大，但 $\tan\delta$ 则和频率无关。实验表明，结构紧密的晶体或玻璃体的结构损耗都是很小的，但是当某些原因（如杂质的掺入、试样经淬火急冷的热处理等）使它的内部结构变松散了，会使结构损耗大为提高。

一般材料，在高温、低频下，主要为电导损耗，在常温、高频下，主要为松弛极化损耗，在高频、低温下主要为结构损耗。

2. 离子晶体的损耗

根据内部结构的紧密程度，离子晶体可以分为结构紧密的离子晶体和结构不紧密的离子晶体。

前者离子都堆积得十分紧密，排列很有规则，离子键强度比较大，如 α-Al_2O_3、镁橄榄

石晶体,在外电场作用下很难发生离子松弛极化(除非有严重的点缺陷存在),只有电子式和离子式的弹性位移极化,所以无极化损耗,仅有的一点损耗是由漏导引起(包括本征电导和少量杂质引起的杂质电导)。在常温下热缺陷很少,因而损耗也很小。这类晶体的介质损耗功率与频率无关,tan δ 随频率的升高而降低。因此,以这类晶体为主晶相的陶瓷往往用在高频的场合,如刚玉瓷、滑石瓷、金红石瓷、镁橄榄石瓷等,它们的 tan δ 随温度的变化呈现出电导损耗的特征。

后者如电瓷中的莫来石(3Al$_2$O$_3$ · 2SiO$_2$)、耐热性瓷中的董青石(2MgO · 2Al$_2$O$_3$ · 5SiO$_2$)等,这类晶体的内部有较大的空隙或晶格畸变,含有缺陷或较多的杂质,离子的活动范围扩大。在外电场作用下,晶体中的弱联系离子有可能贯穿电极运动(包括接力式的运动),产生电导损耗。弱联系离子也可能在一定范围内来回运动,形成热离子松弛,出现极化损耗。所以这类晶体的损耗较大,由这类晶体作主晶相的陶瓷材料不适用于高频,只能应用于低频。

另外,如果两种晶体生成固溶体,则因或多或少带来各种点阵畸变和结构缺陷,通常有较大的损耗,并且有可能在某一比例时达到很大的数值,远远超过两种原始组分的损耗。例如,ZrO$_2$ 和 MgO 的原始性能都很好,但将两者混合烧结,MgO 溶进 ZrO$_2$ 中生成氧离子不足的缺位固溶体后,使损耗大大增加,当 MgO 含量约为 25%(摩尔分数)时,损耗有极大值。

3. 玻璃的损耗

复杂玻璃中的介质损耗主要包括三个部分:电导损耗、松弛损耗和结构损耗。哪一种损耗占优势,决定于外界因素——温度和外加电压的频率。高频和高温下,电导损耗占优势;在高频下,主要的是由弱联系离子在有限范围内的移动造成的松弛损耗;在高频和低温下,主要是结构损耗,其损耗机理目前还不清楚,大概与结构的紧密程度有关。

一般简单纯玻璃的损耗都是很小的,这是因为简单玻璃中的"分子"接近规则的排列,结构紧密,没有弱联系的松弛离子。在纯玻璃中加入碱金属氧化物后,介质损耗大大增加,并且损耗随碱性氧化物浓度的增大按指数增大。这是因为碱性氧化物进入玻璃的点阵结构后,使离子所在处点阵受到破坏。因此,玻璃中碱性氧化物浓度愈大,玻璃结构就愈疏松,离子就有可能发生移动,造成电导损耗和松弛损耗,使总的损耗增大。

在玻璃电导中出现的"双碱效应"(中和效应)和"压碱效应"(压抑效应)在玻璃的介质损耗方面也同样存在,即当碱离子的总浓度不变时,由两种碱性氧化物组成的玻璃,tan δ 大大降低,而且有一最佳的比值。

图 6-7 表示 Na$_2$O-K$_2$O-B$_2$O$_3$ 系玻璃的 tan δ 与组成的关系,其中 B$_2$O$_3$ 数量为 100,N$^+$ 离子和 K$^+$ 离子的总量为 60。当两种碱同时存在时,tan δ 总是降低,而最佳比值约为等分子比。这可能是两种碱性氧化物加入后,在玻璃中形成微晶结构,玻璃由不同结构的微晶所组成。可以设想,在碱性氧化物的一定比值下,形成的化合物中,离子与主体结构较强地固定着,实际上不参加引起介质损耗的过程;在离开最佳比值的情况下,一部分碱金属离子位于微晶的外面,即在结构的不紧密处,使介质损耗增大。

在含碱玻璃中加入二价金属氧化物,特别是重金属氧化物时,压抑效应特别明显。因为二价离子有两个键能使松弛

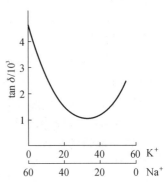

图 6-7 Na$_2$O-K$_2$O-B$_2$O$_3$ 系玻璃的 tan δ 与组成的关系

的碱玻璃的结构网巩固起来,减少松弛极化作用,因而使 $\tan\delta$ 降低。例如,含有大量 PbO、BaO 及少量碱的电容器玻璃,在 1×10^6 Hz 时,$\tan\delta$ 为 $(6\sim9)\times10^{-4}$。制造玻璃釉电容器的玻璃含有大量 PbO 和 BaO,$\tan\delta$ 可降低到 4×10^{-4},并且可使用到 250℃ 的高温。

4. 陶瓷材料的损耗

陶瓷材料的损耗主要包括电导损耗、松弛质点的极化损耗及结构损耗。此外,表面气孔吸附水分、油污及灰尘等造成表面电导也会引起较大的损耗。

以结构紧密的离子晶体为主晶相的陶瓷材料,损耗主要来源于玻璃相。为了改善某些陶瓷的工艺性能,往往在配方中引入一些易熔物质(如黏土),形成玻璃相,这样就使损耗增大。如滑石瓷、尖晶石瓷随黏土含量的增大,其损耗也增大。因而一般高频瓷,如氧化铝瓷、金红石等很少含有玻璃相。

大多数电工陶瓷的离子松弛极化损耗较大,主要原因是主晶相结构松散,生成了缺陷固溶体、多晶形转变等。

如果陶瓷材料中含有可变价离子,如含钛陶瓷,往往具有显著的电子松弛极化损耗。因此,陶瓷材料的介质损耗是不能只按照瓷料成分中纯化合物的性能来推测的。在陶瓷烧结过程中,除了基本物理化学过程外,还会形成玻璃相和各种固溶体。固溶体的电性能可能不亚于、也可能不如各组成成分。这是在估计陶瓷材料的损耗时必须考虑的。

总之,介质损耗是指介质的电导和松弛极化引起的弛豫和极化过程中带电质点(弱束缚电子和弱联系离子,并包括空穴和缺位)移动时,将它在电场中所吸收的能量部分地传给周围"分子",使电磁场能量转变为"分子"的热振动,能量消耗在使电介质发热效应上。

表 6-3 和表 6-4 分别给出了一些陶瓷的损耗因子。表 6-5 为电工陶瓷介质损耗的分类,供读者参考。

表 6-3 常用陶瓷的 $\tan\delta$

瓷　料		莫来石	刚玉瓷	纯刚玉瓷	钡长石瓷	滑石瓷	镁橄榄石
$\tan\delta$	293 ± 5 K	$30\sim40$	$3\sim5$	$1.0\sim1.5$	$2\sim4$	$7\sim8$	$3\sim4$
$(\times10^{-4})$	353 ± 5 K	$50\sim60$	$4\sim8$	$1.0\sim1.5$	$4\sim6$	$8\sim10$	5

表 6-4 电容器瓷的 $\tan\delta$ $[f=10^6$ Hz, $T=(293\pm5)$K$]$

莫来石	金红石瓷	钛酸钙瓷	钛酸锶瓷	钛酸镁瓷	钛酸锆瓷	锡酸钙瓷
$\tan\delta$ $(\times10^{-4})$	$4\sim5$	$3\sim4$	3	$1.7\sim2.7$	$3\sim4$	$3\sim4$

表 6-5 电工陶瓷介质损耗分类

损耗的主要机构	损耗的种类	引起该类损耗的条件
极化介质损耗	离子弛豫损耗	(1)具有松散晶格的单体化合物晶体,如堇青石、绿宝石 (2)缺陷固溶体 (3)玻璃相中,特别是存在碱性氧化物

损耗的主要机构	损耗的种类	引起该类损耗的条件
	电子弛豫损耗	破坏了化学组成的电子半导体晶格
	共振损耗	频率接近离子(或电子)固有振动频率
	自发极化损耗	温度低于居里点的铁电晶体
漏导介质损耗	表面电导损耗	制品表面污秽,空气湿度高
	体积电导损耗	材料受热温度高,毛细管吸湿
不均匀结构介质损耗	电离损耗	存在闭口孔隙和高电场强度
	由杂质引起的极化和漏导损耗	存在吸附水分、开口孔隙吸潮以及半导体杂质等

6.1.6　降低材料介质损耗的方法

降低材料的介质损耗应从考虑降低材料的电导损耗和极化损耗入手。

(1) 选择合适的主晶相:尽量选择结构紧密的晶体作为主晶相。

(2) 改善主晶相性能时,尽量避免产生缺位固溶体或间隙固溶体,最好形成连续固溶体。这样弱联系离子少,可避免损耗显著增大。

(3) 尽量减少玻璃相。有较多玻璃相时,应采用"中和效应"和"压抑效应",以降低玻璃相的损耗。

(4) 防止产生多晶型转变,因为多晶型转变时晶格缺陷多,电性能下降,损耗增加。如滑石转变为原顽辉石时析出游离方石英

$$Mg_3(Si_4O_{11})(OH_2) \longrightarrow 3(MgO \cdot SiO_2) + SiO_2 + H_2O$$

游离方石英在高温下会发生晶形转变产生体积效应,使材料不稳定,损耗增大。因此往往加入少量(1%)的 Al_2O_3,使 Al_2O_3 和 SiO_2 生成硅线石($Al_2O_3 \cdot SiO_2$)来提高产品的机电性能。

(5) 注意焙烧气氛。含钛陶瓷不宜在还原气氛中焙烧。烧成过程中升温速度要合适,防止产品急冷急热。

(6) 控制好最终烧结温度,使产品"正烧",防止"生烧"和"过烧",以减少气孔率。

此外,在工艺过程中应防止杂质的混入,坯体要致密。

6.2　介电强度

介质的击穿与
介电强度　　6.2 动画　　电介质的击穿

6.2.1　介电强度的定义

介质的特性,如绝缘、介电能力,都是指在一定的电场强度范围内的材料的特性,即介质只能在一定的电场强度内保持这些性质。当电场强度超过某一临界值时,介质由介电状态

变为导电状态。这种现象称介电强度的破坏，或叫介质的击穿。相应的临界电场强度称为介电强度(dielectric strength)，或称为击穿电场强度。

电介质击穿强度受许多因素影响，因此变化很大。这些影响因素有材料厚度、环境温度和气氛、电极形状、材料表面状态、电场频率和波形、材料成分和孔隙度、晶体各向异性、非晶态结构等。表 6-6 列出了某些电介质的介电击穿(电场)强度。

表 6-6　一些电介质的介电击穿(电场)强度

材　　料	温　　度	厚度/cm	介电强度$\times 10^{-6}$/(V/cm)
聚氯乙烯 (非晶态)	室温	—	0.4(ac)
橡胶	室温	—	0.2(ac)
聚乙烯	室温	—	0.2(ac)
石英晶体	20℃	0.005	5(dc)
BaTiO$_3$	25℃	0.02	0.117(dc)
云母	20℃	0.002	10.1(dc)
PbZrO$_3$ (多晶)	20℃	0.016	0.079(dc)

固体电介质的
热击穿

6.2.2　固体电介质的击穿

1. 固体电介质的热击穿

热击穿(thermal breakdown)的本质是处于电场中的介质，由于其中的介质损耗而受热，当外加电压足够高时，可能从散热与发热的热平衡状态转入不平衡状态，若发出的热量比散去的多，介质温度将愈来愈高，直至出现永久性损坏，这就是热击穿。

设介质的电导率为 σ，当施加电场 E 于介质上时，在单位时间内单位体积中就要产生 σE^2 焦耳热。这些热量一方面使介质温度上升，另一方面也通过热传导向周围环境散发。如环境温度为 T_0，介质平均温度为 T，则散热与温差 $(T-T_0)$ 成正比。介质由电导产生的热量 Q 是温度的指数函数，这是因为电导 σ 是温度的指数函数。图 6-8 表示介质中发热量 Q_1 和散热量 Q_2 的平衡关系。

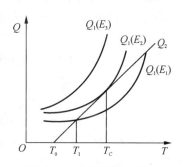

图 6-8　介质发热与散热
平衡关系示意图

加电场 E_1，最初，发热量大于散热量，介质温度上升至 T_1 达到平衡，此时发热量等于散热量。提高场强到 E_3，则在任何温度下，发热量都大于散热量，热平衡被破坏，介质温度继续上升，直至被击穿。在临界电场 E_C 时，击穿刚巧可能发生，发热曲线 Q_1 和散热曲线 Q_2 相切于临界温度 T_0 点。如果介质发生热破坏的温度大于 T_C，则只要电场稍高于 E_C 时，介质温度就会持续升高到其破坏温度。所以临界场强 E_C 可作为介质热击穿场强，在 T_C 点满足以下两个条件

$$Q_1(E_C, T_C) = Q_2(T_C) \tag{6-31}$$

$$\left.\frac{\partial Q_1(E_C, T)}{\partial T}\right|_{T_C} = \left.\frac{\partial Q_2}{\partial T}\right|_{T_C} \tag{6-32}$$

研究热击穿可归结为建立电场作用下的介质热平衡方程,从而求解热击穿电压的问题。但是该方程的求解往往比较困难,通常简化为两种极端情况:

(1) 电压长期作用,介质内温度变化极慢——稳态热击穿。

(2) 电压作用时间很短,散热来不及进行——脉冲热击穿。

固体电介质的
电击穿

2. 固体介质电击穿

固体介质电击穿(electrical breakdown)理论是在气体放电的碰撞电离理论基础上建立的。这一理论可简述如下:

在强电场下,固体导带中可能因冷发射或热发射存在一些电子。这些电子一方面在外电场作用下被加速,获得动能;另一方面与晶格振动相互作用,把电场能量传递给晶格。当这两个过程在一定的温度和场强下平衡时,固体介质有稳定的电导;当电子从电场中得到的能量大于传递给晶格振动的能量时,电子的动能就越来越大,至电子能量大到一定值时,电子与晶格振动的相互作用导致电离产生新电子,使自由电子数迅速增加,电导进入不稳定阶段,击穿发生。

1) 本征电击穿理论

本征电击穿与介质中自由电子有关,室温下即可发生,发生时间很短($10^{-8} \sim 10^{-7}$ s)。介质中的自由电子的来源:杂质或缺陷能级;价带。

设单位时间电子从电场获得的能量为 A。

$$A = \left(\frac{\partial u}{\partial t}\right)_E = A(E, u) = \frac{e^2 E^2}{m} \cdot \bar{\tau} \tag{6-33}$$

式中,u 为电子能量;下标 E 表示电场的作用;e 为电子电荷;m 为电子有效质量;$\bar{\tau}$ 为电子的平均弛豫时间,它与电子能量有关,高能电子速度快,松弛时间短,低能电子速度慢,松弛时间长。

设 B 为电子与晶格波相互作用时单位时间能量的损失。则

$$B = \left(\frac{\partial u}{\partial t}\right)_L = B(T_0, u) \tag{6-34}$$

式中,T_0 为晶格温度。

平衡时

$$A(E, u) = B(T_0, u) \tag{6-35}$$

当电场上升到使平衡破坏时,碰撞电离过程便立即发生。把这一起始场强作为介质电击穿场强的理论即为本征击穿理论,它分为单电子近似和集合电子近似两种。Frohlich 的利用集合电子近似(考虑电子间相互作用)的方法,建立了关于杂质晶体电击穿的理论,其击穿场强为

$$\ln E = 常数 + \frac{\Delta u}{2kT_0} \tag{6-36}$$

式中，Δu 为能带中杂质能级激发态与导带底的距离的一半。

由集合电子近似得出的本征电击穿场强，随温度升高而降低，上式与热击穿有类似关系，因而可以看成热击穿的微观理论。单电子近似方法只在低温时适用。在低温区，由于温度升高，引起晶格振动加强，电子散射增加，电子松弛时间变短，因而使击穿场强反而提高。这与实验结果定性相符。

根据本征击穿模型可知，击穿强度与试样形状无关，特别是击穿场强与试样厚度无关。

2）"雪崩"电击穿理论

"雪崩"电击穿理论以碰撞电离后自由电子数倍增到一定数值（足以破坏介质绝缘状态）作为电击穿判据。"雪崩"电击穿理论是本征击穿机制和热击穿机制结合起来，用本征击穿理论描述电子行为，而击穿的判据采用的是热击穿性质。

"雪崩"电击穿理论

Seitz 提出以电子"崩"传递给介质的能量足以破坏介质晶体结构作为击穿判据，用"四十代理论"来计算介质击穿场强。

设电场强度为 10^8 V/m，电子迁移率 $\mu = 10^{-4}$ m^2/(V·s)。从阴极出发的电子，一方面进行"雪崩"倍增；另一方面向阳极运动。与此同时，也在垂直于电子"崩"的前进方向进行浓度扩散，若扩散系数 $D = 10^{-4}$ m^2/s，则在 $t = 1$ μs 的时间中，"崩头"扩散长度为

$$r = \sqrt{2Dt} \approx 10^{-5} \text{ m} \tag{6-37}$$

这个半径为 r，长 1 cm 的圆柱形中（体积为 $\pi \times 10^{-12}$ m^3）产生的电子都给出能量。该体积中共有原子约 10^{17} 个，松散晶格中一个原子所需能量约为 10 eV，则上述松散小体积介质总共需 10^{18} eV 的能量。当场强以 10^8 V/m 增加时，每个电子经过 1 cm 距离由电场加速获得的能量约为 10 eV，则共需要"崩"内有 10^{12} 个电子就足以破坏介质晶格。已知碰撞电离过程中，电子数以 $2n$ 关系增加。设经 a 次碰撞，共有 2^a 个电子，那么当 $2^a = 10^{12}$，$a = 40$ 时，介质晶格就破坏了。也就是说，由阴极出发的初始电子，在其向阳极运动的过程中，1 cm 内的电离次数达到 40 次，介质便击穿。此估计虽然粗糙，但概念明确（更严格的数学计算，得出 $a = 38$）。

由"四十代理论"可以推断，当介质很薄时，碰撞电离不足以发展到四十代，电子"雪崩"系列已进入阳极复合，此时介质不能击穿，即这时的介质击穿场强将要提高。"雪崩"电击穿和本征电击穿在理论上有明显的区别：本征击穿理论中增加导电电子是继稳态破坏后突然发生的，而"雪崩"击穿是考虑到高场强时，导电电子倍增过程逐渐达到难以忍受的程度，最终介质晶格破坏。

6.2.3 影响材料击穿强度的因素

1. 介质结构的不均匀性

无机材料组织结构往往是不均匀的，有晶相、玻璃相和气孔等。它们具有不同的介电性，而在同一电压作用下，各部分的场强都不同。现以不均匀介质最简单的情况双层介质为例加以分析。设双层介质具有不同的电性质，ε_1、σ_1、d_1 和 ε_2、σ_2、d_2 分别代表第一层和第二层的介电常数、电导率和厚度。若在此系统上加直流电压 V，则各层内的电场强度 E_1、E_2 可以算出

$$\begin{cases} E_1 = \dfrac{\sigma_2(d_1 + d_2)}{\sigma_1 d_2 + \sigma_2 d_1} \times E \\[3mm] E_2 = \dfrac{\sigma_1(d_1 + d_2)}{\sigma_1 d_2 + \sigma_2 d_1} \times E \end{cases} \qquad (6\text{--}38)$$

上式表明,各层的电场强度显然不同,而且电导率小的介质,承受较高场强,而电导率大的介质其场强低。交流电压下也有类似关系。如果 σ_1 和 σ_2 相差甚大,则必然使其中一层的场强远大于平均电场强度,从而导致这一层可能优先击穿,其后另一层也将击穿。这表明,材料组织结构不均匀性可能引起击穿强度下降。

陶瓷中的晶相和玻璃相的分布可看成多层介质的串联和并联,从而也可进行类似的分析计算。

2. 材料中气泡的作用

材料中含有气泡,其介电常数和电导率都很小,因此,受到电压作用时其电场强度很高,而气泡本身抵抗电场强度比固体介质要低得多。一般讲,陶瓷介质的击穿场强为 80 kV/cm,而空气介质击穿场强为 33 kV/cm。因此,气泡首先击穿,引起气体放电(内电离)。这种内电离产生大量的热,易造成整个材料击穿。因为产生热量,形成相当高的热应力,材料也易丧失机械强度而破坏,这种击穿常称为电-机械-热击穿。

气泡对于高频、高压下使用的电容器陶瓷或者聚合物电容都是十分严重的问题,因为气泡的放电实际上是不连续的,如果把含气孔的介质看成电阻、电容串并联等效电路,那么由电路充放电理论分析可知,即使在交流 50 周情况下,每秒放电可达 200 次,可以想象在高频高压下材料缺陷造成的内电离是多么严重。

另外,内电离不仅可以引起电-机械-热击穿,而且可以在介质内引起不可逆的物理化学变化,造成介质击穿电压下降。

3. 材料表面状态和边缘电场

此处讲材料的表面状态,除自身表面加工情况、清洁程度外,还包括表面周围的介质及接触等。固体介质表面尤其是附有电极的表面常常发生介质表面放电,通常属于气体放电。固体介质常处于周围气体介质中,击穿时常常发现固体介质并未击穿,只是火花掠过它的表面,称之为固体介质的表面放电。

固体表面击穿电压常低于没有固体介质时的空气击穿电压,其降低情况常决定于以下三种条件。

(1)固体介质不同,表面放电电压也不同。陶瓷介质由于介电常数大、表面吸湿等原因,引起离子式高压极化(空间电荷极化),使表面电场畸变,降低表面击穿电压。

(2)固体介质与电极接触不好,则表面击穿电压降低,尤其是当不良接触在阴极处时更严重。原因是空气隙介电常数低,根据夹层介质原理,电场畸变,气隙易放电。介电常数越大,影响越显著。

(3)电场频率不同,表面击穿电压也不同,随频率升高,击穿电压降低。原因是气体正离子迁移率比电子小,形成正的体积电荷,频率高时,此现象更为突出。固体介质本身也因空间电荷极化导致电场畸变,因而表面击穿电压下降。

所谓边缘电场是指电极边缘的电场,单独提出是因为电极边缘常发生电场畸变,使边缘局部电场强度升高,导致击穿电压下降。是否会发生边缘击穿主要与下列因素有关:电极周围的介质;电极的形状、相互位置;材料的介电常数、电导率。

所以,表面放电和边缘击穿电压并不能表征材料的介电强度,因为这两种过程还与设备条件有关。为了防止表面放电和边缘击穿现象发生,以发挥材料介电强度的作用,可以采取电导率和介电常数较高的介质,并且介质自身应有较高的介电强度,通常选用变压器油。

另外,高频高压下使用的瓷介质表面往往施釉,保持其清洁,而且釉的电导率较高,电场更易均匀。如果电极边缘施以半导体釉,则效果更好。为了使电极边缘电场均匀,应注意电极形状和结构元件的设计,增大表面放电途径和边缘电场的均匀性。

总之,介质击穿强度是绝缘材料和介电材料的一项重要指标。电介质失效表现就是介电击穿。产生失效的机制有本征击穿、热击穿和"雪崩"式击穿以及三种准击穿形式:放电击穿、机械击穿、电化学击穿。实际使用材料的介电击穿原因十分复杂,难于分清属于哪种击穿形式。对于高频高压下工作的材料除进行耐压试验,选择高的介电强度外,还应加强对其结构和电极的设计。

聚合物电介质的介电现象与陶瓷材料类似,但是有以下几点应注意:
(1)绝缘材料的击穿强度为 10^7 V/cm,常温下高于一般陶瓷耐压水平。
(2)存在电机械压缩作用时引起的电机械击穿(本征击穿)。
(3)老化问题引起的放电击穿和电树击穿。
(4)聚合物的静电现象。

6.3 压电性能

压电效应　　6.3动画　　逆压电

6.3.1 压电效应及其逆效应

所谓压电效应(piezoelectric effect),是指在某些晶体(主要是离子晶体)的一定方向上施加压力或拉力时,该晶体在一些对应的表面上分别出现正、负电荷的物理现象,如图 6-9 所示。其生成的电荷密度和所加的外力大小成正比。压电效应有逆效应存在。逆压电效应(converse piezoelectric effect)指的是:在能产生压电效应的晶体的一定方向施加外部电场时,在该晶体的对应方向上产生内应力和应变的物理现象。其应力和应变同所施电场强度成正比。逆压电效应又称为电致变形现象,压电效应有时也称为正压电效应。

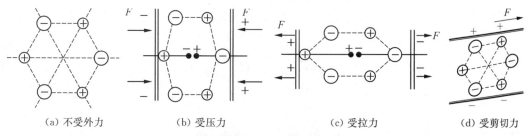

(a) 不受外力　　　　　(b) 受压力　　　　　(c) 受拉力　　　　　(d) 受剪切力

图 6-9　压电晶体产生压电效应的机理示意图

一般情况正压电效应的表现是晶体受力后在特定平面上产生束缚电荷,但直接作用是力使晶体产生应变,即改变了原子相对位置。产生束缚电荷的现象,表明出现了净电偶极矩。

压电效应与晶体结构有密切的联系:如果晶体结构具有对称中心,那么只要作用力没有破坏其对称中心结构,正、负电荷的对称排列也不会改变,即使应力作用产生应变,也不会产生净电偶极矩。这是因为具有对称中心的晶体总电矩为零。如果取一无对称中心的晶体结构,此时正、负电荷重心重合。加上外力后正、负电荷重心不再重合,结果产生净电偶极矩。因此,从晶体结构上分析,只要结构没有对称中心,就有可能产生压电效应。然而,并不是没有对称中心的晶体一定具有压电性,因为压电体首先须是电介质(或至少具有半导体性质),同时其结构必须有带正、负电荷的质点——离子或离子团存在。也就是说,压电体必须是离子晶体或者由离子团组成的分子晶体。

实验研究表明,压电应变常量是有方向的,而且具有张量性质,属于三阶张量即有 3^3 个分量。若用 D 表示电位移矢量;用 E 表示电场强度矢量;T 表示应力矢量;S 表示应变矢量,则可将正压电效应和逆压电效应分别表示为

$$D=dT \tag{6-39}$$

$$S=d^{\mathrm{T}}E \tag{6-40}$$

式中,$D=(D_1、D_2、D_3)^{\mathrm{T}}$;$E=(E_1、E_2、E_3)^{\mathrm{T}}$;$T$ 是矩阵转置;d 是 3×6 阶的压电常数矩阵,随压电晶体材料而变化;d^{T} 表示矩阵 d 的逆矩阵。

正压电效应矩阵的一般式为

$$\begin{bmatrix} D_1 \\ D_2 \\ D_3 \end{bmatrix} = \begin{bmatrix} d_{11} & d_{12} & d_{13} & d_{14} & d_{15} & d_{16} \\ d_{21} & d_{22} & d_{23} & d_{24} & d_{25} & d_{26} \\ d_{31} & d_{32} & d_{33} & d_{34} & d_{35} & d_{36} \end{bmatrix} \begin{bmatrix} T_1 \\ T_2 \\ T_3 \\ T_4 \\ T_5 \\ T_6 \end{bmatrix} \tag{6-41}$$

逆压电效应矩阵的一般矩阵式为

$$\begin{bmatrix} S_1 \\ S_2 \\ S_3 \\ S_4 \\ S_5 \\ S_6 \end{bmatrix} = \begin{bmatrix} d_{11} & d_{21} & d_{31} \\ d_{12} & d_{22} & d_{32} \\ d_{13} & d_{23} & d_{33} \\ d_{14} & d_{24} & d_{34} \\ d_{15} & d_{25} & d_{35} \\ d_{16} & d_{26} & d_{36} \end{bmatrix} \begin{bmatrix} E_1 \\ E_2 \\ E_3 \end{bmatrix} \tag{6-42}$$

例如,α-石英晶体(SiO_2)的正压电效应矩阵方式可表示为

$$
\begin{bmatrix} D_1 \\ D_2 \\ D_3 \end{bmatrix} = \begin{bmatrix} d_{11} & d_{12} & 0 & d_{14} & 0 & 0 \\ 0 & 0 & 0 & 0 & d_{25} & d_{26} \\ 0 & 0 & 0 & 0 & 0 & 0 \end{bmatrix} \begin{bmatrix} T_1 \\ T_2 \\ T_3 \\ T_4 \\ T_5 \\ T_6 \end{bmatrix} \tag{6-43}
$$

式(6-41)矩阵阵式的等式右边第一项称为压电常量。由上述表达式可以看出逆压电效应的压电常量矩阵是正压电效应压电常量矩阵的转置矩阵。

在具体应用压电体时,由于使用条件不同,经常会用到处理关于应力、应变、电场或电位移关系,此时即需要压电方程,具体可查阅相关文献。

6.3.2 压电元件的主要表征参数

压电材料的本征性能参量是指描述电介质的一般参量,如介电常数、介质损耗角正切、介电强度、压电常数等。但在使用和测量验电材料时,往往要将其制成压电振子,而表征压电振子的特征参量则主要是描述压电振子弹性谐振时力学性能的谐振频率、机械品质因数,以及描述谐振时机械能与电能相互转换的机电耦合系数等。一般用来表征压电材料的常数是指介电常数、弹性常数、压电常数和机电耦合系数,前三者是独立物理量,后者是它们的函数,这四个参数可以全面代表压电材料的性质。

通常测量压电参量用的样品,或者工程中应用的压电器件如谐振换能器和标准频率振子等,主要是利用了压电材料的谐振效应。即当把一个电场加在一个具有一定取向和形状制成的有电极的压电晶片(或极化后的压电陶瓷片)上时,会在压电材料内部激起各种模式的弹性波,当外电场频率与晶片的机械谐振频率一致时,会使晶片因逆压电效应而产生机械振荡,这种晶片即为压电振子。谐振法是通过测量压电振子的谐振频率和反谐振频率,决定该频率的压电振子尺寸和密度,再利用振子的运动方程和压电方程组,通过适当的计算获得被测压电振子的弹性和压电常数。

1. 表面电荷

在压电晶体弹性限度内,在某一方向上施加作用力 F 时,在相应面上产生的电荷密度

$$
\sigma_{ij} = d_{ij}P \tag{6-44}
$$

式中,d_{ij} 为压电常数,P 为极化强度。压电常数 d_{ij} 的两个下标,i 代表晶体的极化方向,例如产生电荷的表面垂直于 x 轴(y 轴或 z 轴),则 $i=1(2$ 或 $3)$;$j=1$ 或 2、3、4、5、6 分别表示沿 x 轴、y 轴、z 轴方向作用的正应力和垂直于 x 轴、y 轴、z 轴方向平面内作用的剪切应力。式(6-44)两边同乘以产生电荷表面的面积 S,得表面电荷量

$$
Q_{ij} = S\sigma_{ij} = Sd_{ij}P \tag{6-45}
$$

当 $i=j$ 时(作用力垂直于产生电荷的表面),$Q_{ij}=d_{ij}F_j$。例如,对于石英晶体,F 平行于 x 轴为 F_x 时,$Q_{11}=d_{11}F_x$;对于钛酸钡晶体,F 平行于 z 轴为 F_z 时,$Q_z=d_{33}F_z$。

若 $i \neq j$,对于石英晶体,若 $i=1$,$j=2$,F 平行于 y 轴为 F_y 时,在与 x 轴垂直的表面上

压电效应——
机械能转化为
电能

产生电荷 $[Q_x]_y = d_{12} S_x P_y$。

2. 谐振频率与反谐振频率

若压电振子是具有固有振动频率 f_r 的弹性体,当施加于压电振子上的激励信号频率等于 f_r 时,压电振子由于逆压电效应产生机械谐振,它又借助于正压电效应而输出电信号。

压电振子谐振时,输出电流达最大值,此时的频率为最小阻抗频率 f_m。当信号频率继续增大,输出电流达最小值,此时的频率称为最大阻抗频率 f_n。

根据谐振理论,压电振子在最小阻抗频率 f_m 附近,存在一个使信号电压与电流同位相的频率,这个频率就是压电振子的谐振频率 f_r,同样在 f_n 附近存在另一个使信号电压与电流同位相的频率,这个频率叫压电振子的反谐振频率 f_a,只有压电振子在机械损耗为零的条件下,$f_m = f_r$,$f_n = f_a$。

3. 频率常数

压电元件的谐振频率与沿振动方向的长度的乘积为一常数,称为频率常数 N (kHz·m)。

例如,陶瓷薄长片沿长度方向伸缩振动的频率常数 N_1 为

$$N_1 = f_r l \tag{6-46}$$

因为

$$f_r = \frac{1}{2l} \sqrt{\frac{Y}{\rho}} \tag{6-47}$$

式中,Y 为杨氏模量;ρ 为材料的密度。

所以

$$N_1 = \frac{1}{2} \sqrt{\frac{Y}{\rho}} \tag{6-48}$$

由此可见,频率常数只与材料的性质有关。若知道材料的频率常数,即可根据所要求的频率来设计元件的外形尺寸。

4. 机械品质因数

压电振子谐振时,仍存在内耗,使材料发热并降低性能。反映这种损耗程度的参数称为机械品质因数 Q_m,其定义式为

$$Q_m = 2\pi \frac{\text{谐振时振子储存的最大机械能量}}{\text{谐振每个振动周期内损耗的机械能量}} \tag{6-49}$$

不同压电材料的机械品质因数 Q_m 大小不同,而且还与振动模式相关,不作特殊说明,Q_m 一般为压电材料做成薄圆片时径向振动模式的机械品质因数。

5. 机电耦合系数

机电耦合系数 K(electromechanical coupling factor)是综合反映压电材料性能的参数。它表示压电材料的机械能与电能的耦合效应,定义为

$$K^2 = \frac{\text{由机械能转换的电能}}{\text{输入的总机械能}} \tag{6-50}$$

或

$$K^2 = \frac{\text{由电能转换的机械能}}{\text{输入的总电能}} \tag{6-51}$$

由于压电元件的机械能与它的形状和振动方式有关,因此不同形状和不同振动方式所对应的机电耦合系数也不相同。由定义可推证

$$K = d\sqrt{\frac{1}{\varepsilon^T S^E}} \qquad (6-52)$$

由于压电元器件的机械能与它的形状和振动模式有关,因此,不同形状和不同振动模式对应的机电耦合系数也不相同。压电陶瓷的机电耦合系数列于表6-7中,它们的计算方式可从压电方程中导出。

表6-7 压电陶瓷的机电耦合系数

K	振子形状和电极	不为零的应力应变分量
K_{31}	沿1方向长片,3面电极	T_1,S_1,S_2,S_3
K_{33}	沿3方向长圆棒,3端面电极	T_3,$S_1=S_2$,S_3
K_p	垂直于3方向的圆片的径向振动,3面电极	$T_1=T_2$,$S_1=S_2$,S_3
K_t	平行3方向的圆片的厚度振动,3面电极	$T_1=T_2$,T_3,S_2
K_{15}	垂直于2方向的面内的切变振动,1面电极	T_4,S_4

6.3.3 压电陶瓷的预极化

压电陶瓷的
预极化

自然界中虽然具有压电效应的压电晶体很多,但是成为陶瓷材料以后,往往不呈现出压电性能,这是因为陶瓷是一种多晶体,由于其中各细小晶体的紊乱取向,因而各晶粒间压电效应会互相抵消,宏观不呈现压电效应。铁电陶瓷中虽存在自发极化,但各晶粒间自发极化方向杂乱,因此宏观无极性。若将铁电陶瓷预先经强直流电场作用,使各晶粒的自发极化方向都择优取向成为有规则的排列(这一过程称为人工极化),当直流电场去除后,陶瓷内仍能保留相当的剩余极化强度,则陶瓷材料宏观具有极性,也就具有了压电性能。因此,铁电陶瓷只有经过"极化"处理,才能具有压电性。

1. 极化电场

极化电场是极化诸条件中的主要因素。极化电场越高,促使电畴取向排列的作用越大,极化就越充分。以锆钛酸铅为例,在四方相区,其矫顽场随锆钛比的减小而变大。

2. 极化温度

在极化电场和时间一定的条件下,极化温度高,电畴取向排列较易,极化效果好。常用压电陶瓷材料的极化温度通常取320~420 K。

3. 极化时间

极化时间长,电畴取向排列的程度高,极化效果较好。极化初期主要是180°电畴的反转,以后的变化是90°电畴的转向。90°电畴转向由于内应力的阻碍而较难进行,因而适当延长极化时间,可提高极化程度,一般极化时间从几分钟到几十分钟。

总之,极化电场、极化温度、极化时间三者必须统一考虑,因为它们之间相互有影响,应通过实验选取最佳条件。

6.3.4　压电陶瓷的稳定性

压电陶瓷性能的时间稳定性,常称为材料的老化或经时老化。一般认为,极化过程中,90°畴的取向,使晶体 c 轴方向改变,伴随着较大的应变。极化后,在内应力作用下,已转向的 90°畴有部分复原而释放应力,但尚有一定数量的剩余应力,电畴在剩余应力作用下,随时间的延长复原部分逐渐增多,因此剩余极化强度不断下降,压电性减弱。此外,180°畴的转向,虽然不产生应力,但转向后处于势能较高状态,因此仍趋于重新分裂成 180°畴壁,这也是老化的因素。总之,老化的本质是极化后电畴由能量较高状态自发地转变到能量较低状态,这是一个不可逆过程。然而,老化过程要克服介质内部摩擦阻力,这和材料组成、结构有关,因而老化的速率又是可以在一定程度上加以控制和改善的。目前有两种途径可以改善稳定性:一是改变配方成分,寻找性能比较稳定的锆钛比和添加物;另一种是把极化好的压电陶瓷片进行"人工老化"处理,如加交变电场,或做温度循环等。人工老化的目的,是为了加速自然老化过程,以便在尽量短的时间内,达到足够的相对稳定阶段(一般自然老化开始速率大,随时间延续,趋于相对稳定)。

压电陶瓷的温度稳定性主要与晶体结构特性有关。改善温度稳定性主要通过改变配方成分和添加物的方法,使材料结构随温度变化减小到最低限度。例如,一般不取在相界附近的组成,对于 PZT 瓷,其 Zr 与 Ti 的比值取在偏离相界的四方相侧,使结构稳定。

6.3.5　压电材料的研究进程

早在 1880 年就由 J.居里和 P.居里兄弟在 α-石英晶体上首次发现压电效应,即在晶体的特定方向上施加压力或拉力,晶体的一些对应的表面上分别出现正负束缚电荷,其电荷密度与外施力的大小成正比例,也即正压电效应具有对称中心的点群晶体不会具有压电性(piezoelectricity),在 32 个点群中,有 21 种不具有对称中心。除 43 点群外,其余 20 种都具有压电性。

居里兄弟发现压电效应以后的第二年(1881 年),李普曼(Lippmann)依据热力学方法,预先推知应有逆压电效应存在,几个月后,居里兄弟便用实验方法验证了这一点。压电材料的发展大致经历了如下几个阶段:

第一阶段:从发现压电效应之年(1880 年)起至第一次世界大战间,压电效应并未引起人们足够重视,故压电材料实际上尚未进入实用阶段。

第二阶段:第一次世界大战到第二次世界大战期间,受到战争的刺激,人们才真正重视起压电材料的研究。1916 年郎之万(Langevin)用压电石英晶体做成水下发射和接收的换能器,并用回波法探测沉船和海底。1921 年相继研制成功石英谐振器和滤波器,开创了压电晶体在频率控制和通讯方面的应用。在 1942—1943 年期间,苏联、美国和日本几乎同时发现了 $BaTiO_3$,这是在此期间的一个重要发现。

第三阶段:从第二次世界大战结束后到 20 世纪 60 年代,是压电材料及压电理论发展最有成效的时期,其中,1947 年首次发表的关于经极化的 $BaTiO_3$ 陶瓷压电性及其应用,具有划时代的意义。

以后的研究大体上沿着以下的思路,不断改善与完备 $BaTiO_3$ 的各种需要的性能:

(1) 研制 $BaTiO_3$ 与另一种 ABO_3 型材料形成固溶体。1954 年由 B.贾菲(B.Jaffe)发表了锆钛酸铅(PZT)二元系压电陶瓷的研制结果。PZT 具有优良的压电性,如耦合系数大、压电系数大、居里温度高,且能在很宽的范围内调整性能以满足各种不同需要等优点,故在许多方面取代了 $BaTiO_3$ 压电材料。因此,二元系压电陶瓷的研制成功,为压电陶瓷的研究与应用展开了新的一页。

(2) 在研究大量具有 ABO_3 型材料的基础上,设想用两种离子组成来取代其中 B 离子的位置,并将这样得到的化合物与已知的 PZT 形成三元系固溶体。到 20 世纪 60 年代,分别以 Zn、Nb、Fe、Ta、Mg 代替 ABO_3 中的 B 位置,制成 $Pb(Mg_{1/3}Nb_{2/3})O_3$、$Pb(Zn_{1/3}Nb_{2/3})O_3$ 以及 $Pb(Fe_{1/2}Ta_{2/3})$ 等,再由这些化合物与 $PbZrO_3$ 和 $PbTiO_3$ 一起形成三元系陶瓷:$xPb(Mg_{1/3}Nb_{2/3})O_3 - yPbTiO_3 - zPbZrO_3$ 等。其共同特点是:烧结性能比 PZT 好,烧结温度较低,在烧结过程中 PbO 的挥发很少,容易获得气孔率小、均匀致密的陶瓷,其性能可在更广的范围内加以调节。

(3) 研制了四元系压电陶瓷以及非铅陶瓷、压电半导体陶瓷、铁电热释电陶瓷等,进一步促进压电陶瓷的广泛应用。

在有机材料领域内,同样获得了很大的进展。在 20 世纪 40 年代中期已发现生物的各种组织具有压电性,所以有机压电材料开始为世人重视。1969 年发现聚偏氟乙烯(PVDF)薄膜具有优良的压电性能,此后,又开发了诸如聚氟乙烯(PVF)、聚氯乙烯(PVC)以及聚氧丙烯(PPO)等压电高分子材料。这些有机压电材料质地柔软,为了保持这种优点,同时又能兼容压电陶瓷的强压电性,又发展了由聚合物和铁电陶瓷合成的复合材料。

目前,生物压电学已经兴起且已在实用医学和纯科学方面取得了不少进展,对生物(包括人体组织)压电性的研究,甚至对控制生物生长、揭示生理功能秘密都具有重大科学意义。

6.3.6 压电材料及其应用

目前已知压电体超过千种,包括晶体、多晶体(如压电陶瓷)、聚合物、生物体(如骨骼)。

1. 压电材料的分类

1) 典型压电材料

自 20 世纪 40 年代中期出现了 BaT_iO_3 陶瓷以后,压电陶瓷的发展较快。两个分支:一是晶体和陶瓷材料;另一是柔性材料(高分子聚合物)。

(1) 钛酸钡:由于它的机电耦合系数较高,化学性质稳定,有较大的工作温度范围,因而应用广泛。钛酸钡早在 20 世纪 40 年代末已在拾音器、换能器、滤波器等方面得到应用。

(2) 钛酸铅:结构与钛酸钡相类似,其居里温度为 495℃,居里温度下为四方晶系,其压电性能较低。纯钛酸铅陶瓷很难烧结,当冷却通过居里点时,就会碎裂成为粉末,因此目前测量只能用不纯的样品。少量添加物可抑制开裂,例如含 Nb^{+5} 4%(原子)的材料,d_{33} 可达 40×10^{-12} C/N。

(3) 锆钛酸铅(PZT):为二元系压电陶瓷,$Pb(Ti,Zr)O_3$ 压电陶瓷在四方晶相(富钛边)和菱形晶相(富锆一边)的相界附近,其耦合系数和介电常数是最高的。这是因为在相界附近极化时更容易重新取向。相界大约在 $Pb(Ti_{0.465},Zr_{0.535})O_3$ 的地方,其机电耦合系数 k_{33} 可到 0.6，d_{33} 可到 200×10^{-12} C/N。

在 PZT 中添加某些元素，可达到改性的目的，比如添加物 La、Nd、Bi、Nb 等，属"软性"添加物，可使陶瓷弹性柔顺常数增高，矫顽场降低，k_p 增大；添加物 Fe、Co、Mn、Ni 等"硬性"添加物，可使陶瓷性能向"硬"的方面变化，即矫顽场增大，k_p 下降，同时介质损耗降低。为了进一步改性，在 PZT 陶瓷中掺入铌镁酸铅制成三元系压电陶瓷(简称 PCM)，使其具有可以广泛调节压电性能的特点。

2) 压电复合型材料

压电复合材料是指聚合物相材料和压电相材料按照一定的排列方式合成的一种具有压电效应的材料。由于其良好的可设计性，并能兼具压电陶瓷及压电聚合物的各项优异性，具有良好的机械加工性能，因而广受各国学者的青睐。

3) 纳米化压电材料

近年来，随着纳米技术的不断发展，纳米材料被应用于压电材料领域，并逐渐形成了一个崭新的压电材料领域，主要表现为不断地从老的压电材料中寻找新的效应，对老材料的纳米化控制，从压电材料的制作原料和结构入手，发掘新型压电材料，研究出高性能的纳米改性压电陶瓷。同时，压电材料超细粉体的制备也成为人们研究的热点之一，如何得到晶粒尺寸较小、均匀性好、表面活性高的结晶粉体也成为人们关注的目标。

4) 高温型压电陶瓷材料

采用传统固相烧结反应法可以合成具有钙钛矿相结构的高居里点陶瓷。因其良好的压电性能，高温压电陶瓷被广泛应用于核能、石化、发电、冶金等各个领域，具有广阔的发展前景。但是，压电性能优良，使用温度低于 400℃ 的高温压电陶瓷材料已经不能满足当前高新技术发展的要求，这就需要进一步的研究开发，使之具有在较高温度下不影响其压电性能及其他各项性能参数的新型功能材料。

5) 无铅化压电陶瓷

近年来，随着环保要求的逐渐提高，人们的环保意识也不断地加强。国际社会可持续发展战略的实施，使许多国家政府相继出台政策禁止在电子产品中含有铅元素。为此美国等发达国家投入了巨大的精力进行研究，无铅、低铅压电陶瓷的研究已经取得了不错的进展，已逐步取代铅基压电陶瓷。然而，无铅压电陶瓷的研究仍有大量的工作要做，必须进一步提高无铅压电陶瓷材料的机电耦合系数和机械品质因数，使无铅材料的结构和性能及其制备工艺能满足大规模的生产。

其中以环境友好的无铅压电陶瓷为研究重点，近年来开展了一系列的研究工作。目前，无铅压电陶瓷材料主要可以分为五大类：含铋层状结构材料、钨青铜结构材料、钛酸钡($BaTiO_3$，简写为 BT)基压电材料、钛酸铋钠[$(Bi_{0.5}Na_{0.5})TiO_3$，简写为 BNT]基压电材料和铌酸钾钠[$(K,Na)NbO_3$，简写为 KNN]基无铅压电材料。其中，① BT、BNT、KNN 三大体系无铅压电材料，均为钙钛矿结构，它的通式为 ABO_3 或 $A(B'_x B''_y)O_3$，其中 B' 和 B'' 是由两种不同价态氧化物复合而成的，$x+y=1$。A，B 价态可为 $A^+ B^{5+}$、$A^{2+}B^{4+}$ 和 A_3B_3。因其具有准同型相界(MPB)或多型相界(PPB)结构，在相界组分附近表现出优异的压电性能，而受到广泛的研究；② 铋层状结构和钨青铜体系无铅压电材料，因其具有居里温度高及各向异性大等特性而受到人们的重视。近几年，关于无铅压电材料的研究主要涉及制备工艺、掺杂改性、微观结构分析与调控、相结构分析与调控。

2. 压电材料的应用

压电材料的应用领域可以粗略分为两大类：即振动能和超声振动能-电能换能器应用，包括电声换能器、水声换能器和超声换能器等，以及其他传感器和驱动器应用。

1）换能器

换能器是将机械振动转变为电信号或在电场驱动下产生机械振动的器件。压电聚合物电声器件利用了聚合物的横向压电效应，而换能器设计则利用了聚合物压电双晶片或压电单晶片在外电场驱动下的弯曲振动，利用上述原理可生产电声器件如麦克风、立体声耳机和高频扬声器。对压电聚合物电声器件的研究主要集中在利用压电聚合物的特点，研制运用其他现行技术难以实现的且具有特殊电声功能的器件，如抗噪声电话、宽带超声信号发射系统等。

压电聚合物水声换能器研究初期均瞄准军事应用，如用于水下探测的大面积传感器阵列和监视系统等，随后应用领域逐渐拓展到地球物理探测、声波测试设备等方面。为满足特定要求而开发的各种原型水声器件，采用了不同类型和形状的压电聚合物材料，如薄片、薄板、叠片、圆筒和同轴线等，以充分发挥压电聚合物高弹性、低密度、易于制备为大和小不同截面的元件、声阻抗与水数量级相同等特点，最后一个特点使得由压电聚合物制备的水听器可以放置在被测声场中，感知声场内的声压，且不致由于其自身的存在使被测声场受到扰动。而聚合物的高弹性则可减小水听器件内的瞬态振荡，从而进一步增强压电聚合物水听器的性能。

压电聚合物换能器在生物医学传感器领域，尤其是在超声成像中，获得了最为成功的应用。PVDF 薄膜优异的柔韧性和成型性，使其易于应用到许多传感器产品中。

2）驱动器

压电驱动器利用逆压电效应，将电能转变为机械能或机械运动。聚合物驱动器主要以聚合物双晶片作为基础，利用横向效应和纵向效应两种方式，基于聚合物双晶片开展的驱动器应用研究包括显示器件控制、微位移产生系统等。要使这些创造性设想获得实际应用，还需要进行大量研究。电子束辐照 P(VDF-TrFE) 共聚合物使该材料具备了产生大伸缩应变的能力，从而为研制新型聚合物驱动器创造了有利条件。在潜在国防应用前景的推动下，利用辐照改性共聚物制备全高分子材料水声发射装置的研究，正在美国军方的大力支持下系统地进行。除此之外，利用辐照改性共聚物的优异特性，研究开发其在医学超声、减振降噪等领域的应用，还需要进行大量的探索。

3）传感器

压电式压力传感器是利用压电材料所具有的压电效应所制成的。压电式压力传感器的基本结构如图 6-10 所示。

给压电振子加上电极就构成了最简单的压电式传感器。当压电传感器受到沿其敏感轴向的外作用力时，在两电极上产生极性相反的电荷，因此它相当于一个电荷源或静电发生器。由于压电振子是绝缘体，因此当其两极表面集聚电荷时，它又相当于一个电容器，其电容量为

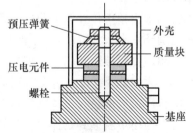

预压弹簧　外壳
质量块
压电元件
螺栓
基座

图 6-10　压电式压力传感器的
基本结构示意图

$$C_a = \frac{\varepsilon_r \varepsilon_0 A}{d}$$

式中,d 为振子厚度;A 为表面积;$\varepsilon_0 = 8.85~\text{pF/m}$ 是真空介电常数;ε_r 为压电材料的相对介电常数。产生的开路电压

$$U = \frac{Q}{C_a}$$

因此,压电元件可以等效为如图 6-11 所示的一个电压源(a)或者电荷源(b)。

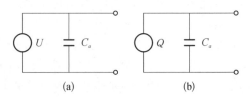

图 6-11　压电元件等效电路

由于压电材料的电荷量是一定的,所以在连接时要特别注意,避免漏电。压电式压力传感器的优点是具有自生信号、输出信号大、频率响应较高、体积小、结构坚固;其缺点是只能用于动能测量。需要特殊电缆,在受到突然振动或过大压力时,自我恢复较慢。

压电式加速度传感器,其压电元件一般由两块压电晶片组成。在压电晶片的两个表面上镀有电极,并引出导线。在压电晶片上放置一个质量块,质量块一般采用比较大的金属钨或高比重的合金制成。然后用一硬弹簧或螺栓、螺帽对质量块预加载荷,整个组件装在一个原基座的金属壳体中。为了隔离试件的任何应变传送到压电元件上去,避免产生假信号输出,所以一般要加厚基座或选用刚度较大的材料来制造,壳体和基座的重量差不多占传感器重量的一半。测量时,将传感器基座与试件刚性地固定在一起。当传感器受振动力作用时,由于基座和质量块的刚度相当大,而质量块的质量相对较小,可以认为质量块的惯性很小。因此质量块经受到与基座相同的运动,并受到与加速度方向相反的惯性力的作用。这样,质量块就有一正比于加速度的应变力作用在压电晶片上。由于压电晶片具有压电效应,因此在它的两个表面上就产生交变电荷(电压),当加速度频率远低于传感器的固有频率时,传感器的输出电压与作用力成正比,即与试件的加速度成正比,输出电量由传感器输出端引出,输入到前置放大器后就可以用普通的测量仪器测试出试件的加速度;如果在放大器中加入适当的积分电路,就可以测试试件的振动速度或位移。

4) 机器人(超声波传感器)

机器人安装接近式传感器主要目的有以下三个:其一,在接触对象物体之前,获得必要的信息,为下一步运动做好准备工作;其二,探测机器人手和足的运动空间中有无障碍物,如发现有障碍,则及时采取一定措施,避免发生碰撞;其三,获取对象物体表面形状的大致信息。

超声波是人耳听不见的一种机械波,频率在 20 kHz 以上。人耳能听到的声音,振动频率范围只是 20~20 000 Hz。超声波因其波长较短、绕射小,而能成为声波射线并定向传播,机器人采用超声传感器的目的是用来探测周围物体的存在与测量物体的距离。一般用来探测周围环境中较大的物体,不能测量距离小于 30 mm 的物体。

超声传感器包括超声发射器、超声接收器、定时电路和控制电路四个主要部分。它的工作原理大致如下:首先由超声发射器向被测物体方向发射脉冲式的超声波。发射器发出一连串超声波后即自行关闭,停止发射。同时超声接收器开始检测回声信号,定时电路也开始计时。当超声波遇到物体后,就被反射回来。等到超声接收器收到回声信号后,定时电路停止计时。此时定时电路所记录的时间,是从发射超声波开始到收到回声波信号的传播时间。利用传播时间值,可以换算出被测物体与超声传感器之间的距离。这个换算的公式很简单,

即声波传播时间的一半与声波在介质中传播速度的乘积。超声传感器整个工作过程都是在控制电路控制下顺序进行的。

压电材料除了以上用途外还有其他相当广泛的应用。如鉴频器、压电振荡器、变压器、滤波器等。

6.4 热释电性能

早在 1938 年,有人提出过利用热释电效应探测红外辐射,但并未受到重视,直到 20 世纪 60 年代,随着激光、红外技术的迅速发展,才又推动了对热释电效应的研究和对热释电晶体的应用。

6.4.1 热释电效应及其逆效应

1. 热释电效应

热释电效应(pyroelectric effect)是指由于温度的变化而引起晶体表面荷电的现象。它由于晶体受热膨胀而引起正负离子相对位移,从而导致晶体的总电矩发生改变。与压电效应相类似,具有对称中心的晶体不会具有热释电效应。晶体在均匀受热时的膨胀(或均匀冷却时的收缩)是在各个方向上同时发生的,并且在相互对称的方向上必定具有相等的线膨胀系数值,换句话说,在这些方向上所引起的正负电荷重心的相对位移也都是相等的。

在 32 个晶体点群对称性中,有 10 种点群的晶体属于非中心对称的晶体,它们都具有热释电效应,即只有当晶体中存在与其他极轴都不相同的唯一极轴时,才有可能由于热膨胀引起电矩变化而导致出现热释电效应。因此,只有以下点群晶体才具有热释电性:1,2,m,2 mm,4,4 mm,3,3 m,6,6 mm 共 10 种。这种晶体亦称为电极性晶体。

热释电效应最早在电气石[化学式为$(Na,Ca)(Mg,Fe)_3B_3Al_6Si_6(O,OH,F)_{31}$]晶体中发现,后来又发现了许多其他热释电晶体(pyroelectric crystal),其中比较重要的如钛酸钡、硫酸三甘酞、一水合硫酸锂、亚硝酸钠、铌酸锂以及钽酸锂等。

对于电极性晶体,受热作用时,由于结构方面的原因导致正负电荷重心不重合,这实际上就是一种自发极化。只有在晶体受热或冷却时,所引起的电矩改变不能被补偿的情形下,晶体两端产生的电荷才能显现。由此可见,晶体具有热释电效应的必要条件又可归结为具有自发极化,即晶体的自发极化随温度发生的变化是其热释电效应的来源。

2. 热释电效应的分类

在研究热释电效应时,必须注意边界条件和变温的方式。因为热释电体都具有压电性,所以温度改变时发生的形变也会造成极化的改变,这也是对热释电效应的贡献。

在均匀受热(冷却)的前提下,根据实验过程中的机械边界条件可将热释电效应分为两类。如果样品受到夹持(应变恒定),则热释电效应仅来源于温度改变造成的极化改变,称为初级热释电效应或恒应变热释电效应。如果样品在变温过程中并不受到夹持,而是处于自由的(应力恒定)状态。在这种情况下,样品因为热膨胀发生的形变通过压电效应改变极化,这一部分贡献叠加到初级热释电效应上。恒应力样品在均匀变温时表现出来的这一附加的热释电效应称为次级热释电效应。恒应力条件下的热释电效应是初级和次级热释电效应的叠加,其热电系数等于初级热释电系数与次级热释电系数之和。

热释电器件中的热释电体往往既非受夹持,也非完全自由,而是出于部分夹持状态,这种情况下热释电系数被称为部分夹持热释电系数。

如果样品被非均匀地加热(冷却),则其中将形成应力梯度,后者通过压电效应也对热释电效应有贡献,这种因非均匀变温引入的热释电效应称为第三热释电效应或假热释电效应。称为假热释电效应是因为任何压电体都可能表现出这种热释电效应,而在均匀变温的条件下,不属于极性点群的压电体是不可能有热释电效应的。在测量时要保证样品受热均匀,以排除假热释电效应。

以上讨论的都是可称为矢量热释电效应,因为它反映的是电偶极矩(矢量)随温度的变化。一般来说晶体也具有电四极矩,电四极矩在温度改变时也会发生变化,这种变化应该用张量来描述,因而称为张量热释电系数。虽然有迹象表明,这种现象很可能是存在的,但还没有得到确切的证实。一般认为,即便它存在也是非常微弱的。

3. 电热效应

电热效应指的是热电体在绝热条件下,当外加电场引起永久极化强度改变时,其温度将发生变化的现象。它是热释电效应的逆效应。

电热效应与焦耳效应不同,后者是物体中通过电流时引起温度变化的现象,是不可逆的;而前者是外加电场引起热电体的温度变化,是可逆或部分可逆的。但当焦耳效应与电热效应同时存在时,前者可能掩盖后者。为此,目前的技术水平只能限制在高电阻率的绝缘材料中应用电热效应。在相变温度附近,电热效应最强。例如,铁电磷酸二氢钾(KDP)在其居里点以上 $1℃$ 左右环境中,当电场强度达到 $10^2 kV/m$ 时,其温度变化可达 $0.1℃$。

6.4.2 热释电材料的表征参数

1. 热释电系数

热释电效应中极化的改变由温度变化引起,热释电效应的强弱由热释电系数来表示,假设整个晶体的温度均匀地改变,则极化的改变可由下式给出

$$dP_i = p_i dT \quad (i=1, 2, 3) \tag{6-53}$$

式中,P_i 为自发极化强度;dT 为温度的变化,p_i 为热释电系数,它反应热释电材料受到热辐射后产生自发极化的强度随温度变化的大小,单位 C/m^2。

2. 热释电电压与电流

如果热释电晶体中的极化强度 P_i 按同一方向排列,则沿垂直于该方向沉积金属电极,则两电极间将产生一个与温度变化速率成正比的电压

$$U = A\alpha \frac{dT}{dt} \tag{6-54}$$

式中,A 为晶体的表面积,α 是与晶体材料相关的参数。将热释电晶体为一电容器,其两电极间电压也可以表示为

$$\Delta U = \frac{\Delta Q}{C} = \frac{\Delta P_i \cdot A}{C} \qquad (6-55)$$

若在两电极间连接负载 R，则在负载中通过的热释电电流为

$$I = U/R = A \cdot \frac{\alpha}{R} \cdot \frac{dT}{dt} = A \cdot p \cdot \frac{dT}{dt} \qquad (6-56)$$

式中，p 为热释电系数。

热释电材料对温度十分敏感，例如，一片热释电瓷片，电容量 $C = 1\,000$ pF，面积 $A = 1$ cm^2，自发极化强度 $P_i = 30\ \mu\mathrm{F/cm}^2$，温度变化 1℃引起的极化变化 $\Delta P_i = 0.01 P_i = 0.3\ \mu\mathrm{F/cm}^2$，则在热释电瓷片两端产生的电压

$$\Delta U = \frac{\Delta Q}{C} = \frac{\Delta P_i \cdot A}{C} = 300 \text{ V} \qquad (6-57)$$

3. 电压响应优值和探测度优值

热释电材料最常见的应用是做成热释电探测元件，表征此元件的常用参量有两个，分别是电压相应优值和探测度优值。

电压相应优值

$$F_V = \frac{p}{C_V \varepsilon_r} \qquad (6-58)$$

探测度优值

$$F_M = \frac{p}{C_V \sqrt{\varepsilon_r \tan\delta}} \qquad (6-59)$$

式中，p 为热释电系数，C_V 为体积比热容，ε_r 为相对介电常数，$\tan\delta$ 为损耗角正切。由此可见选择热释电材料时，要求具有较大的热释电系数，较低的介电常数、介电损耗和热容。

6.4.3 热释电材料

目前，热释电材料（pyroelectric material）主要可分为单晶材料，如 TGS（硫酸三甘肽）、DTGS（氘化的 TGS）、CdS、LiTaO$_3$、SBN（铌酸锶钡）、PGO（锗酸铅）、KTN（钽铌酸钾）等；高分子有机聚合物及复合材料，如 PVF（聚氟乙烯）、PVDF（聚偏二氟乙烯）、P（VDF - TrFE）（偏二氟乙烯-三氟乙烯共聚物）、FEP 四氟乙烯-六氟丙烯共聚物、PVDF - PT（聚偏二氟乙烯与钛酸铅复合）、PVDF - PZT（聚偏二氟乙烯与锆钛酸铅复合）等和金属氧化物陶瓷及薄膜材料，如 ZnO、BaTiO$_3$、PMN（镁铌酸铅）、PST（钽钪酸铅）、BST（钛酸锶钡）等。

1. 单晶热释电材料

早期的热释电材料都是单晶材料。最早的实用热释电材料是 TGS 类晶体。TGS 晶体具有热释电系数大、光谱相应范围宽、响应灵敏度高和容易从水溶液中培育出高质量单晶等优点。但其居里温度较低，易退极化，且能溶于水，易潮解。LiTaO$_3$ 晶体材料介电损耗小、居里温度高、性能稳定，是制作热释电灵敏元件的理想材料。但是，TGS 类晶体和

$LiTaO_3$ 晶体介电常数都偏小,在小面积探测器和非制冷红外交平面阵列热像仪中将难以进行应用。SBN 单晶具有显著的热释电效应,通过调整组分能改变热释电系数和居里温度,加入少量的 Pb 或 La、Nd、Sm 等元素能改善其热释电性能。SBN 晶体介电常数大,不利于高频、大面积情况下使用,但用于低频、小面积热释电红外探测器以及非制冷红外焦平面阵列热像仪却是优良的材料。单晶材料探测灵敏度一般都较高,但制备工艺复杂、成本高。

2. 高分子有机聚合物及复合材料

高分子有机聚合物复合材料采用两相复合,打破了传统的单晶、陶瓷形式,品质印数较高,表现出优异的性能,它一般是将铁电陶瓷或单晶(如 PT、PLT、PZT、TGS 等)超细颗粒加入高分子有机聚合物[如树脂、硅胶、PVDF、P(VDF - TrFE)等]中均匀复合制成。研究表明,这样制备的复合材料兼具两者的优点。由 PZT 微粉和 PVDF 复合而成的热释电复合材料 PZT - PVDF 具有较好的热释电性能,这种材料在室温至 100℃的温区内具有相当好的应用前景。此外,LB 膜经极性分子组装后,其超薄性导致膜的热质很低,介电损耗小。对单质的、分子内具有电子给体和受体的双亲性分子,通过 LB 方法,可以组装同高分子红外探测器相当的热释电红外探测器。同时利用 LB 膜的超薄性,可以实现快响应的热释电红外探测器和热释电热像仪的分子组装,进而获得快响应的红外电视摄像机。

3. 金属氧化物陶瓷及薄膜材料

金属氧化物陶瓷热释电材料,不易潮解,能通过调整化学计量比、掺杂和对材料的结构进行控制等,在很宽的范围内调整居里温度和热释电性能。初期研究的金属氧化物陶瓷热释电材料以各种掺杂改性的 $PbZrO_3$ - $PbTiO_2$(PZT)二元系为主。$PbZrO_3$ $PbTiO_3$ 固溶体系 Zr/Ti>65/15 的铁电-铁电相变材料具有很大的热释电系数,相对介电常数在 200～500 之间,且相变前后自发极化方向不变,仅是数值改变,介电常数的变化也不大,因此非常适合作热释电材料。但缺点是其相变温度高于室温,且为一级相变,存在热滞,导致热释电响应的非线性。$PbZrO$ - $Pb(NbFe)O_3$ - $PbTiO_3$(PZNFT)等三元系为主掺杂改性的陶瓷热释电材料,添加含铅的第三组元 $Pb(NbFe)O_3$、$Pb(TaSc)O_3$ 等,使相变温度降到室温,掺入高价离子化合物(如 Nb_2O_5 等)或采用加偏置电场的方法使热滞减少,热释电响应在很宽的温度范围内保持良好的线性,热释电性能得到改善。采用以 PZNFT 三元系为基掺杂改性的、具有高热释电系数、适当介电常教及低介电损耗的陶瓷热释电材料制备的一系列小面积热释电红外探测器,具有较高的探测率。可以在非制冷红外焦平面阵列热像仪中获得应用。在 PZT、PLT、PLZT 中掺入适量的受主杂质(如 Cr、Fe、Co、Mn、Mg、Zn 等)或变价杂质,可提高材料的热释电性能。由于 BST、PLZT 等系列热释电-铁电材料的自发极化和热释电系数一般都很大,且自发极化可受外电场控制,采用这类材料制作的性能优良的探测器能探测 $10^{-4}℃$ 的温度变化,且光谱响应无波长选择性,无须制冷,可在室温下工作,正好补偿了光子探测器的低温工作、频率选择的致命弱点,因此,目前这类材料是室温探测器和热成像器件的首选材料。

金属氧化物薄膜热释电材料,体积比热小,有助于提高热释电红外探测器的响应速度、灵敏度和集成度。早期被应用于热释电红外探测器的薄膜材料是铅基钙钛矿铁电薄膜材料,如 $PbTiO_3$、PLT 和 PZT,当沉积的薄膜具有取向性时,可获得更好的热释电性能。随着功能器件向小型化、集成化方向发展,薄膜材料的研究应用将进一步广泛深入。

6.4.4 热释电材料的应用

热释电效应的发现虽然很早,但热释电材料的应用开发却很迟。直到 20 世纪 70 年代中期,随着红外技术的发展,热释电效应在红外探测器中才得到重要的应用。热释电红外探测器的结构与工作原理如图 6－12 所示,其中光线从窗口进入,通过滤光片过滤掉可见光等信号后到达热释电元件,热释电元件受热从而产生电信号。热释电元件可以等效为一只电阻 R_a 和一个电容 C_a 并联,受频率为 f 的红外辐射产生极化强度 P_i 的变化,可以在工作电阻 R_L 中测到交流电信号。

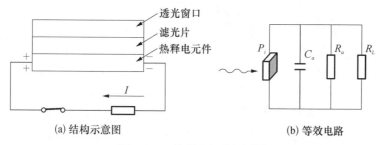

(a) 结构示意图   (b) 等效电路

图 6－12　热释电红外探测器

热释电红外探测器、热释电测温仪、热释电摄像仪等现在已广泛应用于火焰探测、环境污染监测、非接触式温度测量、夜视仪、红外测厚计与水分计、医疗诊断仪、红外光谱测量、激光参数测量、家电自动控制、工业过程自动监控、安全警戒、红外摄像、军事、遥感、航空航天空间技术等领域。而随着微电子机械技术和集成铁电学的发展,薄膜型热释电红外探测器阵列和交平面阵列已深受人们的关注。热释电单片式红外焦平面阵列和混合式非制冷红外交平面阵列产品已进入商品和军品领域。随着非制冷红外焦平面阵列技术日益广泛地应用于军品和民品各个相关领域,热释电材料在红外探测领域必将发挥越来越大的作用,并从根本上改变目前红外光电子学的形貌。

采用具有低电学噪声特性、优异的频率特性的热释电材料制作的具有优异性能的热释电红外探测器和热释电-铁电非制冷红外交平面阵列探测范围宽,可在室温下工作,成本低,易于小型化、易于推广应用,正好补偿了光量子探测器及其红外焦平面阵列,探测范围主要在近、中红外波段,必须配备制冷设备,价格昂贵,成本高,难于实现系统进一步的小型化和大批量应用等不足之处。因此,可以设想,随着热释电材料、热释电-铁电非制冷红外交平面阵列、室温探测器和热成像器件的进一步研究开发与进展,热释电材料及其应用器件将会有广阔的市场。

6.5　铁电性

6.5.1　铁电性的概念

一些电介质晶体在一定的温度范围内,晶胞的结构使正负电荷重心不重合而出现电偶极矩,产生不等于零的电极化强度,使晶体具有自发极化,极化的方向可以随外电场可逆地转动,晶体的这种性质叫铁电性(ferroelectricity)。

1. 铁电畴

通常,铁电体自发极化的方向不相同,但在一个小区域内,各晶胞的自发极化方向相同,这个小区域就称为铁电畴(ferroelectric domain)。两畴之间的界壁称为畴壁。一般若两个电畴的自发极化方向互成 $90°$,则其畴壁称为 $90°$ 畴壁;若自发极化方向反向平行,则其畴壁称为 $180°$ 畴壁;因晶体结构的不同还存在其他夹角的畴壁。

铁电畴与铁磁畴有着本质的差别,铁电畴壁的厚度很薄,大约是几个晶格常数的量级,但铁磁畴壁则很厚,可达到几百个晶格常数的量级(如 Fe 的磁畴壁厚约 100 nm),而且在磁畴壁中自发磁化方向可逐步改变方向,而铁电体则不可能。

一般说来,如果铁电晶体种类已经明确,则其畴壁的取向就可确定。电畴壁的取向可由下列条件来确定:① 晶体形变的连续性:电畴形成的结果使得沿畴壁而切割晶体所产生的两个表面是等同的(即使考虑了自发形变)。② 自发极化分量的连续性:两个相邻电畴的自发极化在垂直于畴壁方向的分量相等。

如果条件①不满足,则电畴结构会在晶体中引起大的弹性应变。若条件②不满足,则在畴壁上会出现表面电荷,从而增大静电能,在能量上是不稳定的。

电畴结构与晶体结构有关。$BaTiO_3$ 的铁电相晶体结构有四方、斜方、菱形三种晶系,它们的自发极化方向分别沿 $[001]$、$[011]$、$[111]$ 方向。如此,除了 $90°$ 和 $180°$ 畴壁外,在斜方晶系中还有 $60°$ 和 $120°$ 畴壁,在菱形晶系中还有 $71°$、$109°$ 畴壁。

$BaTiO_3$ 陶瓷的电畴:$BaTiO_3$ 陶瓷的电畴结构,由于其包含着大量的晶粒,故发现其电畴结构是由许多与周围的畴以一定规则堆砌的小畴组成的。由于 $BaTiO_3$ 陶瓷的电畴结构与单晶的差异,可以理解两者之间在铁电性质方面的微小差别。例如,两者的电滞回线就不完全相同:$BaTiO_3$ 单晶的电滞回线既窄又陡,而 $BaTiO_3$ 陶瓷的电滞回线既宽又斜。

2. 电畴"转向"

铁电畴在外电场作用下,总是要趋向于与外电场方向一致,这形象地称作电畴"转向"。实际上电畴运动是通过在外电场作用下新畴的出现、发展以及畴壁的移动来实现的。实验发现,在电场作用下,$180°$ 畴的"转向"是通过许多尖劈形新畴的出现、发展而实现的,如图 6-13 所示。尖劈形新畴迅速沿前端向前发展,如图 6-13(a)。对 $90°$ 畴的"转向"虽然也产生针状电畴,但主要是通过 $90°$ 畴壁的侧向移动来实现的。实验证明,这种侧向移动所需要的能量比产生针状新畴所需要的能量还要低。一般在外电场作用下(人工极化)$180°$ 电畴转向比较充分;同时由于"转向"时结构畸变小,内应力小,因而这种转向比较稳定。而 $90°$ 电畴的转向是不充分的,所以这种转向不稳定。当外加电场撤去后,则有小部分电畴偏离极化方向,恢复原位,大部分电畴则停留在新转向的极化方向上,这叫作剩余极化。

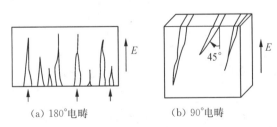

(a) $180°$ 电畴　　　　(b) $90°$ 电畴

图 6-13　电畴中针状新畴的出现和发展

3. 电滞回线

铁电体的电滞回线(ferroelectric hysteresis loop)是铁电畴在外电场作用下运动的宏观描述。这里我们只考虑单晶体的电滞回线,并且设极化强度的取向只有两种可能,即沿某轴的正向或负向。设在没有外电场时,晶体总电矩为0(能量最低)。当电场施加于晶体时,沿电场方向的电畴扩展,变大;而与电场反平行方向的电畴则变小。这样,极化强度随外电场增加而增加。如图6-14中OA段曲线。电场强度继续增大,最后晶体电畴方向都趋于电场方向,类似于单畴,极化强度达到饱和,这相当于图6-14中C附近的部分。此时再增加电场P与E呈线性关系(类似于单个弹性偶极子),将这线性部分外推至E=0时的情况,此时在纵轴P上的截距称为饱和极化强度或自发极化强度P_s。实际上P_s为原来每个单畴的自发极化强度,是对每个单畴而言的。如果电场自图6-14中C处开始降低,晶体的极化强度亦随之减小。在零电场处,仍存在剩余极化强度P_r。这是因为电场减小时,部分电畴由于晶体内应力的作用偏离了极化方向。但当E=0时,大部分电畴仍停留在极化方向,因而宏观上还有剩余极化强度。由此,剩余极化强度P_r是对整个晶体而言。当电场反向达到E_c时,剩余极化全部消失。反向电场继续增大,极化强度才开始反向。E_c常称为矫顽电场强度,如果它大于晶体的击穿场强,那么在极化强度反向前,晶体就被击穿,则不能说该晶体具有铁电性。

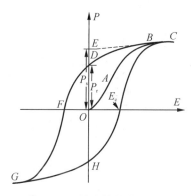

图6-14 铁电体的电滞回线

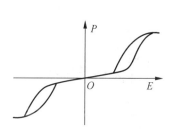

图6-15 $PbZrO_3$ 的双电滞回线

由于极化的非线性,铁电体的介电常数不是常数。一般以OA在原点的斜率来代表介电常数。所以在测量介电常数时,所加的外电场(测试电场)应很小。

另外,有一类物体在转变温度以下,邻近的晶胞彼此沿反平行方向自发极化。这类晶体叫反铁电体。反铁电体一般宏观无剩余极化强度,但在很强的外电场作用下,可以诱导成铁电相,其P-E呈双电滞回线(图6-15),$PbZrO_3$在E较小时,无电滞回线,当E很大时,出现了双电滞回线。反铁电体也具有临界温度-反铁电居里温度。在居里温度附近,也具有介电反常特性。

6.5.2 铁电体的自发极化

对铁电体的初步认识是它具有自发极化。铁电体有上千种,不可能都具体描述其自发极化的机制,但可以说自发极化的产生机制是与铁电体的晶体结构密切相关。其自发极化的出现主要是晶体中原子(离子)位置变化的结果。已经查明,自发极化机制分为两大类:其一是位移型自发极化,如氧八面体中离子偏离中心的运动;其二为无序化-有序化运动型自发极化,如氢键中质子的有序化运动;氢氧根集团择优分布;含其他离子集团的极性分布等。下面以钛酸钡($BaTiO_3$)为例对位移型铁电体自发极化的微观理论予以说明。

钛酸钡具有 ABO_3 型钙钛矿结构,如图 6-16 所示。对 $BaTiO_3$ 而言,A 表示 Ba^{2+},B 表示 Ti^{4+},O 表示 O^{2-}。钛酸钡的居里温度为 120℃,在居里温度以上,是立方晶系钙钛矿型结构,不存在自发极化。在 120℃ 以下,转变为四角晶系,自发极化沿原立方的[001]方向,即沿 c 轴方向。室温下,自发极化强度 $P_s = 26 \times 10^{-2}$ C/m²;当温度降低到 5℃ 以下时,晶格结构又转变成正交系铁电相,自发极化沿原立方体的[011]方向,亦就是原来立方体的两个 a 轴都变成极化轴了。当温度继续下降到 -90℃ 以下时,晶体进而转变为三角系铁电相,自发极化方向沿原立方体的[111]方向,亦即原来立方体的三个轴都成了自发极化轴,换句话说,此时自发极化沿着体对角线方向。

$BaTiO_3$ 的钡离子被 6 个氧离子围绕形成氧八面体结构(图 6-16)。根据钛离子和氧离子的半径比为 0.468,可知其配位数为 6,形成 TiO_6 结构,规则的 TiO_6 结构八面体有对称中心和 6 个 Ti-O 电偶极矩,由于方向相互为反平行,故电矩都抵消了,但是当正离子 Ti^{4+} 单向偏离围绕它的负离子 O^{2-} 时,则出现净偶极矩。这就是 $BaTiO_3$ 在一定温度下出现自发极化并导致成为铁电体的原因所在。

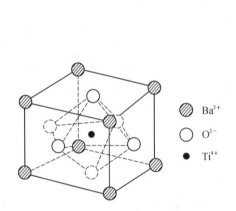

图 6-16 $BaTiO_3$ 的立方钙钛矿型结构

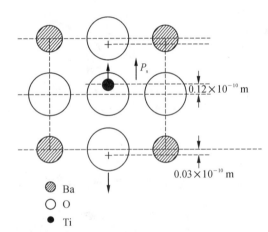

图 6-17 铁电转变时,TiO_6 八面体原子的位移

由于在 $BaTiO_3$ 结构中每个氧离子只能与 2 个钛离子耦合,并且在 $BaTiO_3$ 晶体中,TiO_6 一定是位于钡离子所确定的方向上,因此,提供了每个晶胞具有净偶极矩的条件。这样在 Ba^{2+} 和 O^{2-} 形成面心立方结构时,Ti^{4+} 进入其八面体间隙(图 6-17),但是诸如 Ba、Pb、Sr 原子尺寸比较大,所以 Ti^{4+} 在钡-氧原子形成的面心立方中的八面体间隙中的稳定性较差,只要外界稍有能量作用,即可以使 Ti^{4+} 偏移其中心位置,而产生净电偶极矩。

在湿度 $T > T_C$ 时,热能足以使 Ti^{4+} 在中心位置附近任意移动。这种运动的结果造成无反对称可言。虽然当外加电场时,可以造成 Ti^{4+} 产生较大的电偶极矩,但不能产生自发极化。当温度 $T < T_C$ 时,此时 Ti^{4+} 和氧离子作用强于热振动,晶体结构从立方改为四方结构,而且 Ti^{4+} 偏离了对称中心,产生永久偶极矩,并形成电畴。

研究表明,在温度变化引起 $BaTiO_3$ 相结构变化时,钛和氧原子位置的变化如图 6-17 所示。从这些数据可对离子位移引起的极化强度进行估计。

一般情况下,自发极化包括两部分:一部分来源于离子直接位移,另一部分是由于电子云的形变。其中,离子位移极化占总极化的 39%。

以上的分析是从钛离子和氧离子强耦合理论分析其自发极化产生的根源。目前关于铁电相起源,特别是对位移式铁电体的理解已经发展到从晶格振动频率变化来理解其铁电相产生的原理,即所谓"软模理论",具体分析可以参见有关文献。

6.5.3 铁电体的性能及其应用

1. 电滞回线

1) 温度对电滞回线的影响

铁电畴在外电场作用下的"转向",使得陶瓷材料具有宏观剩余极化强度,即材料具有"极性",通常把这种工艺过程称为"人工极化"。

极化温度的高低影响到电畴运动和转向的难易。矫顽场强和饱和场强随温度升高而降低。极化温度较高,可以在较低的极化电压下达到同样的效果,其电滞回线形状比较瘦长。

环境温度对材料的晶体结构也有影响,可使内部自发极化发生改变,尤其是在相界处(晶型转变温度点)更为显著。例如,$BaTiO_3$ 在居里温度附近,电滞回线逐渐闭合为一直线(铁电性消失)。

2) 极化时间和极化电压对电滞回线的影响

电畴转向需要一定的时间,时间适当长一点,极化就可以充分些,即电畴定向排列完全一些。实验表明,在相同的电场强度 E 作用下,极化时间长的,具有较高的极化强度,也具有较高的剩余极化强度。

极化电压加大,电畴转向程度高,剩余极化变大。

3) 晶体结构对电滞回线的影响

同一种材料,单晶体和多晶体的电滞回线是不同的。图 6-18 反映 $BaTiO_3$ 单晶和陶瓷电滞回线的差异。单晶体的电滞回线很接近于矩形,P_s 和 P_r 很接近,而且 P_r 较高;陶瓷的电滞回线中 P_s 与 P_r 相差较多,表明陶瓷多晶体不易成为单畴,即不易定向排列。

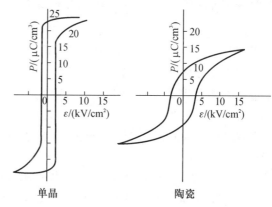

图 6-18 $BaTiO_3$ 单晶和陶瓷的电滞回线

2. 电滞回线的特性在实际中的应用

由于铁电体有剩余极化强度,因而可用来作信息存储、图像显示。目前已经研制出一些透明铁电陶瓷器件,如铁电存储和显示器件、光阀、全息照相器件等,就是利用外加电场使铁电畴做一定的取向,目前得到应用的是掺镧的锆钛酸铅(PLZT)透明铁电陶瓷以及 $Bi_4Ti_3O_{12}$ 铁电薄膜。

由于铁电体的极化随 E 而改变,因而晶体的折射率也将随 E 改变。这种由于外电场引起晶体折射率的变化称为电光效应。利用晶体的电光效应可制作光调制器、晶体光阀、电光开关等光器件。目前应用到激光技术中的晶体很多是铁电晶体,如 $LiNbO_3$、$LiTaO_3$、KTN(钽铌酸钾)等。

3. 介电特性

在自发极化出现前的非极性晶体称为顺电性晶体,顺电性晶体与铁电性晶体的转变温度称为铁电居里点 T_C。当温度 $T > T_C$ 时,铁电体转变为顺电相,电滞回线消失,这时极化强度 P 与电场强度 E 具有一般线性关系

$$P = \varepsilon_0 \chi E \qquad (6-60)$$

并且介电常数服从居里-外斯定律

$$\varepsilon_r = \frac{C}{T-\theta} + \varepsilon_\infty \qquad (6-61)$$

式中,C 为居里常数,θ 为特征温度,ε_∞ 代表电子位移式极化对介电常数的贡献,在居里点附近可以忽略。

像 $BaTiO_3$ 一类的钙钛矿型铁电体具有很高的介电常数。纯钛酸钡陶瓷的介电常数在室温时约 1 400;而在居里点(20℃)附近,介电常数增加很快,可高达 6 000～10 000。图 6-19可以看出,室温下 ε_r 随温度变化比较平坦,这可以用来制造小体积大容量的陶瓷电容器。为了提高室温下材料的介电常数,可添加其他钙钛矿型铁电体,形成固溶体。在实际制造中需要解决调整居里点和居里点处介电常数的峰值问题,这就是所谓"移峰效应"和"压峰效应"。

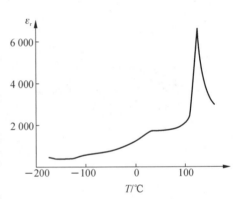

**图 6-19 $BaTiO_3$ 陶瓷介电常数
与温度的关系**

在铁电体中引入某种添加物生成固溶体,改变原来的晶胞参数和离子间的相互联系,使居里点向低温或高温方向移动,这就是"移峰效应"。其目的是在工作情况下(室温附近)材料的介电常数和温度关系尽可能平缓,即要求居里点远离室温,如加入 $PbTiO_3$ 可使 $BaTiO_3$ 居里点升高。

压峰效应是为了降低居里点处的介电常数的峰值,即降低 ε-T 非线性,也使工作状态相应于 ε-T 平缓区。例如,在 $BaTiO_3$ 中加入 $CaTiO_3$ 可使居里峰值下降。常用的压峰剂(或称展宽剂)为非铁电体。如在 $BaTiO_3$ 加入 $Bi_{2/3}SnO_3$,其居里点几乎完全消失,显示出直线性的温度特性,可认为是加入非铁电体后,破坏了原来的内电场,使自发极化减弱,即铁电性减小。

4. 铁电体的非线性

铁电体的非线性是指介电常数随外加电场强度非线性地变化。从电滞回线也可看出这种非线性关系。

非线性的影响因素主要是材料结构。可以用电畴的观点来分析非线性。电畴在外加电场下能沿外电场取向,主要是通过新畴的形成、发展和畴壁的位移等实现的。当所有电畴都沿外电场方向排列定向时,极化达到最大值。所以为了使材料具有强非线性,就必须使所有的电畴能在较低电场作用下全部定向,这时 ε-E 曲线一定很陡。在低电场强度作用下,电

畴转向主要取决于90°和180°畴壁的位移。但畴壁通常位于晶体缺陷附近。缺陷区存在内应力,畴壁不易移动。因此要获得强非线性,就要减少晶体缺陷,防止杂质掺入,选择最佳工艺条件。此外要选择适当的主晶相材料,要求矫顽场强低,体积电致伸缩小,以免产生应力。

强非线性铁电陶瓷主要用于制造电压敏感元件、介质放大器、脉冲发生器、稳压器、开关、频率调制等方面。已获得应用的材料有 $BaTiO_3$ - $BaSnO_3$、$BaTiO_3$ - $BaZrO_3$ 等。

5. 晶界效应

陶瓷材料晶界特性的重要性不亚于晶粒本身特性。如 $BaTiO_3$ 铁电材料,由于晶界效应,可以表现出各种不同的半导体特性。

在高纯度 $BaTiO_3$ 原料中添加微量稀土元素(如 La),用普通陶瓷工艺烧成,可得到室温下体电阻率为 $10 \sim 10^3$ $\Omega \cdot cm$ 的半导体陶瓷。这是因为像 La^{3+} 这样的三价离子,占据晶格中 Ba^{2+} 的位置。每添加一个 La^{3+} 时,离子便多余了一价正电荷,为了保持电中性,Ti^{4+} 俘获一个电子。这个电子只处于半束缚状态,容易激发,参与导电,因而陶瓷具有 n 型半导体的性质。

另一类型的 $BaTiO_3$ 半导体陶瓷不用添加稀土离子,只把这种陶瓷放在真空中或还原气氛中加热,使之"失氧",材料也会具有弱 n 型半导体特性。

利用半导体陶瓷的晶界效应,可制造出边界层(或晶界层)电容器。如将上述两种半导体 $BaTiO_3$ 陶瓷表面涂以金属氧化物,如 Bi_2O_3、CuO 等,然后在 $950 \sim 1\,250 ℃$ 氧化气氛下热处理,使金属氧化物沿晶粒边界扩散。这样晶界变成绝缘层,而晶粒内部仍为半导体,晶粒边界厚度相当于电容器介质层。这样制作的电容器介电常数可达 $20\,000 \sim 80\,000$。用很薄的这种陶瓷材料就可以做成击穿电压为 45 V 以上,容量为 0.5 μF 的电容器。它除了体积小、容量大外,还适合于高频(100 MHz 以上)电路使用,在集成电路中是很有前途的。

6.5.4 铁电体的分类

1894 年 Pockels 报道了罗息盐具有异常大的压电常数,1920 年 Valasek 观察到了罗息盐晶体(斜方晶系)铁电电滞回线,1935 年、1942 年又发现了磷酸二氢钾(KH_2PO_4)及其类似晶体中的铁电性与钛酸钡($BaTiO_3$)陶瓷的铁电性。迄今为止,已发现的具有铁电性的材料,就有 1\,000 多种。

1. 结晶化学分类

含有氢键的晶体:磷酸二氢钾(KDP)、三甘氨酸硫酸盐(TGS)、罗息盐(RS)等。这类晶体通常是从水溶液中生长出来的,故常被称为水溶性铁电体,又叫软铁电体。

双氧化物晶体:如 $BaTiO_3$(BaO - TiO_2)、$KNbO_3$(K_2O - Nb_2O_5)、$LiNbO_3$(Li_2O - Nb_2O_5)等,这类晶体是从高温熔体或熔盐中生长出来的,又称为硬铁电体。它们可以归结为 ABO_3 型,Ba^{2+}、K^+、Na^+ 处于 A 位置,而 Ti^{4+}、Nb^{6+}、Ta^{6+} 则处于 B 位置。

2. 按极化轴多少分类

沿一个晶轴方向极化的铁电体:罗息盐(RS)、KDP 等。

沿几个晶轴方向极化的铁电体:$BaTiO_3$、$Cd_2Nb_2O_7$ 等。

3. 按照在非铁电相时有无对称中心分类

非铁电相无对称中心:钽铌酸钾(KTN)和磷酸二氢钾(KDP)族的晶体。由于无对称中心的晶体一般是压电晶体,故它们都是具有压电效应的晶体。

非铁电相时有对称中心:不具有压电效应,如 $BaTiO_3$、TGS(硫酸三甘肽)以及与它们具有相同类型的晶体。

4. 按相转变的微观机构分类

位移型转变的铁电体:这类铁电晶体的转变是与一类离子的亚点阵相对于另一亚点阵的整体位移相联系。属于位移型铁电晶体的有 $BaTiO_3$、$LiNbO_3$ 等含氧的八面体结构的双氧化物。

有序-无序型转变的铁电体:其转变是同离子个体的有序化相联系的。有序-无序型铁电体包含有氢键的晶体,这类晶体中质子的运动与铁电性有密切关系。如磷酸二氢钾(KDP)及其同型盐就是如此。

5. "维度模型"分类法

"一维型"——铁电体极性反转时,其每一个原子的位移平行于极轴,如 $BaTiO_3$。

"二维型"——铁电体极性反转时,各原子的位移处于包含极轴的平面内,如 $NaNO_2$。

"三维型"——铁电体极性反转时,在所有三维方向具有大小相近的位移,如 $NaKC_4H_4O_6 \cdot 4H_2O$。

6.5.5 反铁电体

具有反铁电性(antiferroelectricity)的材料统称为反铁电体。反铁电体与铁电体具有某些相似之处。例如,晶体结构与同型铁电体相近,介电系数和结构相变上出现反常,在相变温度以上,介电系数与温度的关系遵从居里-外斯定律。但也具有不同之处,例如,在相变温度以下,一般情况下并不出现自发极化,亦无与此有关的电滞回线。反铁电体随着温度改变虽要发生相变,但在高温下往往是顺电相,在相变温度以下,晶体变成对称性较低的反铁电相(antiferroelectric phase)。

锆酸铅($PbZrO_3$)具有钙钛矿型结构,最早预示其具有反铁电性。反铁电体除了 $PbZrO_3$ 外,还有 $NH_4H_2PO_4$(ADP)型(包括 $NH_4H_2AsO_4$ 及氘代盐等),$(NH_4)_2SO_4$ 型(包括 NH_4HSO_4 及 NH_4LiSO_4 等),$(NH_4)_2H_3IO_6$ 型(包括 $Ag_2H_3IO_6$ 及氘代盐等),钙钛矿型[$NaNbO_3$,$PbHfO_3$,$Pb(Mg_{1/2}W_{1/2})O_3$,$Pb(Yb_{1/2}Nb_{1/2})O_3$ 等]及 $RbNO_3$ 等,其中具有较大应用价值的有 ADP、$PbZrO_3$ 以及 $NaNbO_3$ 等,研究较多的反铁电体是锆酸铅。

反铁电相的偶极子结构很接近铁电相的结构,能量上的差别很小,仅是每摩尔十几焦耳。因此,只要在成分上稍有改变,或者加上强的外电场或者是压力,则反铁电相就转变为铁电相结构。例如,$PbZrO_3$ 在居里温度以下是不能观察到电滞回线的,只能观察到在极化强度 P 与电场强度 E 之间的线性关系,但是,当电场强度值大于某个临界值 E_c 时(如 $E > 20\text{ kV/cm}$),$PbZrO_3$ 可以从反铁电态转变为铁电态,并且此时可以观察到 $PbZrO_3$ 的双电滞回线。不过,应当指出,反铁电体中出现的双电滞回线与 $BaTiO_3$ 中的双电滞回线有着本质的不同:前者是在外加电场的强迫下,是在居里温度以下发生的从反铁电相转变到铁电相的结果,而后者的双电滞回线是在居里温度以上发生的,是在外加电场引起 $BaTiO_3$ 居里温度升高,使晶体从顺电相转变到铁电相的结果。

杂质对临界电场的影响很大。如用 Ba^{2+} 代替 5at% 的 Pb^{2+} 或用 Ti^{4+} 代替 1at% 的 Zr^{4+},那么,即使无直流电场作用,也可能出现铁电相。在工程上,常常用 $PbZrO_3$ 和 $PbTiO_3$ 或用

NaNbO$_3$ 与 KNbO$_3$ 组成二元系铁电陶瓷 PZT 与 KNN。这些反铁电体的改性固溶体变成的铁电体，在工程上有许多实际应用。近年来，甚至发展了用流延法工艺制造叠片异质器件，即由"软"铁电体（改性的 PZT）和具有高临界场（反铁电相转变到铁电相的"开关场"）的反铁电体（改性的 PbSnZT）串联而成，这样的器件，其介电性能的稳定性大大高于用现在多数使用的单相"硬"材料的相应器件。

6.5.6 铁电性、压电性、热释电性之间的关系

至此，已经介绍了一般电介质、具有压电性能的电介质（压电体）、具有热释电性能的电介质（热释电体或热电体）、具有铁电性的电介质（铁电体），它们之间的关系如表 6-8 所示。

表 6-8 一般电介质、压电体、热释电体、铁电体存在的宏观条件

材 料	一般电介质	压电体	热释电体	铁电体
存在的宏观条件	电场极化	电场极化 无对称中心	电场极化 无对称中心 自发极化 极轴	电场极化 无对称中心 自发极化 极轴 电滞回线

热电性能　　6.6 动画

6.6 热电性能

热电转换性能、热电材料及其应用技术的研究历史悠长，长期以来主要应用于特种电源和微小型制冷领域。进入 21 世纪后由于清洁能源、新能源汽车、高功率电子设备等技术领域对高效热电转换技术的迫切需求，使得热电转换技术受到了工业界和学术界越来越广泛的关注。

6.6.1 热电效应

热电效应

在用不同种导体或半导体构成的闭合电路中，若使其结合部出现温度差，则在此闭合电路中将有热电流流过，或产生热电势，此现象称为热电效应（thermoelectric effect）。其原因是受热物体中电子或者空穴，因温度梯度的存在从高温区像低温区扩散，从而产生电流或电势。一般说来，金属的热电效应较弱，可用于制作宽温测量的热电偶。而半导体热电材料，因其热电效应显著，所以被用于热电发电或电子制冷。此外，还可作为高灵敏度温敏元件。

热电效应有塞贝克效应（Seebeck effect）、珀耳帖效应（Peltier effect）、汤姆逊效应（Thomson effect）三种，如图 6-20 所示。

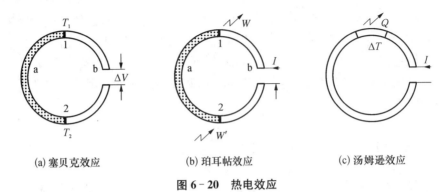

(a) 塞贝克效应　　　　　(b) 珀耳帖效应　　　　　(c) 汤姆逊效应

图 6－20　热电效应

1. 塞贝克效应

当由两种不同的导体 a、b 构成的电路开路时,若其连接点 1、2 分别保持在不同的温度 T_1(低温)、T_2(高温)下,则回路内产生电动势(热电势),此现象称为塞贝克效应,其感应电动势 ΔV 正比于连接点温度 T_1,T_2 之差 $\Delta T(\Delta T = T_2 - T_1)$,即

塞贝克效应

$$\Delta V = S(T) \cdot \Delta T \qquad (6-62)$$

式中,比例系数 $S(T)$ 称为热电能或塞贝克系数,单位为 $\mu V/K$。电势差 ΔV 有方向性,取决于构成回路的两种材料本身的特性和温度梯度的方向。规定当塞贝克效应产生的电流从高温端流向低温端时,塞贝克系数 $S(T)$ 为正。例如 P 型半导体中载流子为空穴,空穴从高温端流向低温端,相当于电流从高温端流向低温端,故产生的 $S(T)$ 和温差电势差为正。

利用塞贝克效应可以制成热电偶来测量温度,只要选择适当的金属材料制成热电偶就可以测量到 $-180 \sim 2\,800\,^{\circ}\mathrm{C}$ 的温度,如此宽泛的测量范围令酒精和水银温度计望尘莫及。用塞贝克效应测量温度的热电偶有四个重要定律:① 制成热电偶的两种材料 A、B 必须保证化学成分和物理状态完全均匀,否则所测得的热电势需要增加一个难以确定的附加电势,此定律称为均质导体定律;② 在热电偶回路中引入第三种金属导体,如果这第三种金属导体两端的温度相同,则不影响原热电偶回路所测得的热电势,此为中间导体定律;③ 制成热电偶的两种材料 A、B 为均质材料,且接头两端温度恒定,即使回路中某部分处于其他温度,也不影响原热电偶回路所测得的热电势,此为中间温度定律;④ 如果两种金属 A、B 分别与第三种金属 C 组成的热电偶所产生的热电动势已知(E_{AC} 和 E_{BC}),则由这两种导体组成的热电偶所产生的热电动势 ($E_{AB} = E_{AC} - E_{BC}$) 也就已知,此为标准电极定律。

2. 珀耳帖效应

若在两种不同的导体 a、b 构成的闭合电路中流过电流 I,则在两个连接点的一个连接点处(例如接点 1)产生热量 Q,而在另一连接点处(接点 2)吸收热量 Q',此现象称为帕尔贴效应。此时有 $Q = -Q'$,产生的热量正比于流过回路的电流,即

珀耳帖效应

$$Q = \pi_{ab} I \qquad (6-63)$$

式中,比例系数 π_{ab} 称为珀耳帖系数,单位 V,其大小取决于所用的两种导体的种类和环境温度。它与塞贝克系数 $S(T)$ 之间有如下关系

$$\pi_{ab} = S(T) \cdot T \qquad (6-64)$$

式中，T 为环境绝对温度。

由于利用珀尔帖效应无须大型冷冻设备和冷凝塔就可实现降温，所以利用此效应的电子冷冻装置特别适合于使狭窄场所保持低温以及控制半导体激光器的温度等。

3. 汤姆逊效应

在温度随位置不同而不同的导体（具有温度梯度为 $\dfrac{\mathrm{d}T}{\mathrm{d}x}$ 的导体）中，流过电流 I 除了产生不可逆焦耳热外，还会产生可逆热量的吸收或释放，这种现象称为汤姆逊效应。在每单位长度上，每秒产生的热量 $\dfrac{\mathrm{d}Q}{\mathrm{d}t}$ 正比于 $\dfrac{\mathrm{d}T}{\mathrm{d}x}$ 和 I

汤姆逊效应

$$\frac{\mathrm{d}Q}{\mathrm{d}t} = \tau(T) \cdot I \cdot \frac{\mathrm{d}T}{\mathrm{d}x} \tag{6-65}$$

式中，比例系数 $\tau(T)$ 称为汤姆逊系数，单位为 V/K。当电流方向与温度梯度方向一直是，若导体吸热，则汤姆逊系数为正，反之为负。

其本质是导体内自由电子在高温端具有较大的动能，从而向低温端扩散的结果。高温端失去电子从而带正电，低温端得到电子带负电，产生的温差电势差可以表示为

$$E(T, T_0) = \int_{T_0}^{T} \tau(T)\mathrm{d}T \tag{6-66}$$

该电势差较为微弱，目前尚未发现有何应用。

塞贝克于 1812 年发现了热能转换为电能的塞贝克效应。而电能转换为热能的珀耳帖效应是珀耳帖于 1834 年发现的，它是塞贝克效应的逆效应。汤姆逊效应是汤姆逊于 1856 年发现的，它与珀耳帖效应相似，但只是同一种金属的效应。表 6-9 给出了三种热电效应的比较。

表 6-9　三种热电效应的比较

效　应	材　料	加温情况	外电源	所呈现的效应
塞贝克 金属	两种不同金属	两种不同的金属环，两端保持不同的温度	无	接触端产生热电势
塞贝克 半导体	两种不同半导体	两端保持不同的温度	无	两端间产生热电势
珀耳帖 金属	两种不同金属	整体为某温度	加	接触处产生焦耳热以外的吸、发热
珀耳帖 半导体	金属与半导体	整体为某温度	加	接触处产生焦耳热以外的吸、发热
汤姆逊 金属	两条相同金属丝	两条相同金属丝个保持不同的温度	加	温度转折处吸热或放热
汤姆逊 半导体	两种半导体	两端保持不同的温度	加	整体发热（温度升高）或冷却

6.6.2　热电优值

较好的热电材料必须具有较高的 Seebeck 系数，从而保证有较明显的热电效应；同时应

有低的热导率,使热量能保持在接头附近;另外还要求电阻率较小,使产生的焦耳热量小。对于这几个性质的要求可由热电系数值 Z 描述

$$Z = \frac{S^2\sigma}{k} \tag{6-67}$$

式中,S 是 Seebeck 系数;σ 是电导率;k 是由电子热导率 k_e 和晶格热导率 k_l 组成的总热导率。由于不同环境温度下材料的 Z 值不同,习惯上人们常用热电系数与温度之积——热电优值 ZT 的大小来描述热电材料性能的好坏。

$$ZT = \frac{S^2\sigma}{k}T \tag{6-68}$$

热电优值为无量纲参量,材料的 ZT 值越大,热电材料的转换效率越高。大多数热电材料的 ZT 值小于 1,这使得热电器件的转换效率往往低于传统热机,因此如何提高热电材料的 ZT 值成为热电材料领域的核心工作。

6.6.3 提高热电材料性能的方法

ZT 值的三个核心因素 σ、S 和 k 相互之间具有强烈的相互依赖性:S 和 σ 与材料的载流子浓度密切相关,S 与载流子浓度呈反比,而 σ 与载流子浓度呈正比,两者的变化趋势相反;电子热导率 k_e 与 σ 变化趋势相反,只有晶格热导率 k_l 是相对独立的可调节参数。因此几乎不可能单独操纵一个因素来提高 ZT 值。为了增大 ZT 值,应尽可能增大 $S^2\sigma$,同时尽可能减小总热导率 k。

根据半导体物理可知,绝缘体和低载流子浓度的半导体材料具有高 Seebeck 系数;而高电导率则存在于高载流子浓度的金属材料中;然而热电材料的最大功率因子一般出现在高载流子浓度的半导体和导体之间的区域。

1. 塞贝克系数 S

对于 Seebeck 系数较高的掺杂半导体来说,Seebeck 系数与载流子浓度的关系可以表示为公式

$$S = \frac{8\pi^2 k_b^2}{3eh^2}m^* \cdot T \cdot \left(\frac{\pi}{3n}\right)^{2/3} \tag{6-69}$$

式中,k_b 是玻耳兹曼常数;e 是载体的电荷;h 是普朗克常量;m^* 是材料的有效质量;n 为载流子浓度。

2. 电导率 σ

电导率和载流子浓度的关系表示为

$$\sigma = ne\mu \tag{6-70}$$

式中,μ 为载流子迁移率;e 是载体的电荷;n 为载流子浓度。

理想的热电材料的电导率通常处于 10^3 S/cm。而金属氧化物的本征电导率通常会更低一些,在 $10\sim10^2$ S/cm 之间。因此,人们对于热电材料的提升重点主要在于不降低塞贝克系数的情况下提高电导率的有效掺杂机理。

典型的高性能热电材料一般为重掺杂半导体,其载流子浓度范围在 $10^{19} \sim 10^{21} \, \mathrm{cm^{-3}}$,为了获得较大的塞贝克系数,材料中应只有单一类型的载流子(n 型或 p 型),因为混合载流子会产生相反的塞贝克效应。为了实现统一的载流子类型,我们需要选择合适的能带隙与适当的掺杂材料。因此,高效的热电材料普遍为能量带隙小于 1 eV 的重掺杂半导体,因为这种重掺杂半导体既具有单一的载流子类型,又具有足够高的载流子迁移率。

3. 热导率 k

热电材料的热导率普遍认为主要是由两部分组成:载流子热导率 k_e 和晶格热导率 k_l。根据 Wiedemanmn-Franz 定律,当晶体中只有一种载流子时,载流子热导率正比于材料的电导率,其公式表达为

$$k_e = L_0 \sigma T \tag{6-71}$$

式中,L_0 是洛伦兹常数。所以仅仅通过降低载流子热导率来降低热导率的方法是不明智的,材料电导率会因此降低,从而降低 ZT 值。不过,因为热电半导体材料中电子热导率占总热导率的比例很小(只有 10% 左右)。因此,提高热电材料热电优值的主要途径依然是降低其声子热导率。

对于热导率的晶格热导率部分而言,由于影响晶格热导率的因素与材料的载流子输运是无关的,其表达式如下

$$k_l = \frac{1}{3} C_v v_s \lambda_{ph} \tag{6-72}$$

式中,C_v 为热容;v_s 为声速;λ_{ph} 为声子平均自由程。从上式可以看出,晶格热导率是不受电子结构影响的参数,这就提供了一个调控热导率的途径,即可以通过减小晶格热导率来降低总热导提高 ZT 值。

6.6.4 热电材料

热电材料(thermoelectric material)是一种将热能和电能进行转换的功能材料。从发现热电现象至今已有 100 多年,而真正将这一现象发展为有使用意义的能量转换技术与装置是在 20 世纪 50 年代。目前,正在应用以及研究较为成熟的热电材料主要是金属化合物及其固溶体合金如 PbTe、SiGe、CrSi 等,但这些热电材料具有制备条件要求较高,不适于在高温下工作以及含有对人体有害的重金属等缺点。因此,人们除了对传统材料进行进一步研究及改性外,也研发出了大量的新型热电材料。例如,以 $Na_x Co_2 O_4$ 为代表的金属氧化物热电材料,它们克服了传统材料制备困难、成本高、易氧化、强度低等缺点;填充式方钴矿作为一类新型热电材料具有低热导率的优点;Si-Ge 系列热电材料具有高熔点,且其原料来源丰富,适合高温下工作;纳米科技带来的新型热电材料,如电子晶体-声子玻璃(PGEC)热电材料、纳米超晶格热电材料等。

从实用的角度来看,只有那些无量纲优值接近 1 的材料才被视为热电材料。目前已被广泛应用的主要有三种:适用于普冷温区制冷的 $Bi_2 Te_3$ 类材料,适用于中温区温差发电的 PbTe 类材料,适用于高温区温差发电的 SiGe 合金。

1. Bi‑Te 系列

Bi_2Te_3 化学稳定性较好,在室温附近 ZT 值达到 1,被公认为是最好的热电材料,目前大多数制冷元器件都是使用这类材料。

一般而言,Pb、Cd、Sn 等杂质的掺杂可形成 p 型材料,而过剩的 Te 或掺入 I、Br、Al、Se、Li 等元素以及卤化物 AgI、CuI、CuBr、BiI_3、SbI_3 则使材料成为 n 型。在室温下,p 型 Bi_2Te_3 晶体的 Seebeck 系数 $S(T)$ 最大值约为 $260\,\mu V/K$,n 型 Bi_2Te_3 晶体的 $S(T)$ 值随电导率的增加而降低,并达到极小值 $-270\,\mu V/K$。Bi_2Te_3 材料具有多能谷结构,通常情况下,其能带形状随温度变化很小,但当载流子浓度很高时,等能面的形状将随载流子的浓度而发生变化。室温下它的禁带宽度为 0.13 eV,并随温度的升高而减少。

2. Pb‑Te 系列

PbTe 的化学键属于金属键类型,具有 NaCl 型晶体结构,属面心立方点阵,其熔点较高(1 095 K),禁带宽度较大(约 0.3 eV),是化学稳定性较好的大分子量化合物。通常被用作 $300\sim900$ K 范围内的温差发电材料,其 Seebeck 系数的最大值处于 $600\sim800$ K 范围内。PbTe 材料的热电优值的极大值随掺杂浓度的增高向高温区偏移。PbTe 的固溶体合金,如 PbTe 和 PbSe 形成的固溶体合金使热电性能有很大提高,这可能是由于合金中的晶格存在短程无序,增加了短波声子的散射,使晶格热导率明显下降,故使其低温区的优值增加。但在高温区,其 ZT 值没有得到很好的提高,这是由于形成 PbTe‑PbSe 合金后,材料的禁带明显变窄,导致少数载流子的影响增加,结果没能引起高温区 ZT 值的提高。

3. Si‑Ge 系列

高温用热电材料的典型合金是 SiGe,适用于 900 K 以上高温,在 1 200 K 时,$ZT\approx1$,是当前较好的宇航用热电材料。SiGe 合金单晶的 ZT 值也可以达到 0.65,是很有潜力的热电材料。适合制造由放射线同位素供热的温差发电器,并已得到实际应用。1977 年,旅行者号太空探测器首次采用 SiGe 合金作为温差发电材料,此后在美国 NASA 的空间计划中,SiGe 差不多完全取代了 PbTe 材料。SiGe 是由 Si 和 Ge 两种单质复合而成,材料单质 Si 和单质 Ge 的功率因子 $S^2\sigma$ 都比较大,但是其热导率也比较高,因此都不是好的热电材料。当 Si、Ge 形成合金后热导率会有很大的下降,而且这种下降明显大于载流子的迁移率变化带来的影响,从而使得热电优值 ZT 有较大的提高,可以作为实用的热电材料。

4. 其他新型热电材料

1) 电子晶体-声子玻璃(PGEC)热电材料

所谓电子晶体-声子玻璃,是指使材料导电性能方面像典型的晶体,有较高的电导率;热传导方面如同玻璃,有很小的热导率。G. A. Slack 等提出应设计一种化合物半导体,在这种化合物中,一个原子或分子以弱束缚状态存在于由原子构成的笼状超大型空隙中,这种原子或分子在空隙中能产生一种局域化程度很大的非简谐振动,被称为振颤子,这种振颤子同样有降低材料热导率的作用。在某一特定温度区间内材料热导率降低的程度受振颤子浓度、质量百分比及其振颤频率等参数的直接影响,调节这些参数可以调节材料的热导率。由于这种振颤仅降低热导率的声子导热部分,而对材料的电子输运状况影响较小,所以使得这类材料有一个很高的 ZT 值。最为典型的电子晶体-声子玻璃材料是 Skutterudite(方钴矿)材料,如 $CoAs_3$ 是典型的 Skutterudite 晶体结构。

2) 纳米超晶格热电材料

超晶格是一种新型结构的半导体化合物,是由两种极薄的不同材料的半导体单晶薄膜周期性地交替生长而成的多层异质结构,每层薄膜一般含几个至几十个原子层,由于这种特殊结构,半导体超晶格中的电子(或空穴)能量将出现新的量子化现象,以致产生许多新的物理性质。纳米超晶格热电材料区别于块体热电材料的两个重要特性是存在许多界面和结构的周期性。这些特性有助于增加费米能级附近的状态密度,导致 Seebeck 系数增大,有助于增加声子散射,同时又并不显著地增加表面的电子散射,由此在降低材料热导率的同时并不降低电导率。当满足量子限制条件时,在载流子浓度不变的情况下,可显著增大载流子的迁移率,从而方便地调节掺杂。

3) 功能梯度热电材料

在大温差范围内,只有沿温度梯度方向选用具有不同最佳工作温度的热电材料,使之各自工作于具有最大 ZT 值的温度附近,才能有效地提高其温差发电效率。按照这种设想制成的材料称为功能梯度式材料(FGM)。由于制备成分连续递变的材料较为困难,目前多采用不同材质沿温度梯度方向叠层放置,或采用相同材质但各段材料中载流子浓度递变的设计方法。V. B. Yuchenko 等对温差为 200℃ 时的叠层 IrSb$_3$ 基材料的结构进行了计算,发现当层数为 2 时,转换效率比单层材料提高 12%,当层数为 3 时,提高 15%。L. I. Anatychuk 及 D. P. Snowden 等也发现随着冷热端温差的增大(或层数增多),热电转换效率随之提高的现象。对于选定材料的 p-n 热电单体,随着界面温度的升高,η 由 250℃时的 6.7% 上升到 16.9%。关于梯度结构的另一个概念是沿温度梯度方向微观结构的递变。T. Kajikawa 等采用区域移动烧结制备装置曾获得具有这种结构的材料,通过沿样品长度方向切取片段材料进行测试分析表明,经良好烧结的材料内部形成各种超结构,沿长度方向组织实现连续变化,材料电导率和迁移率也实现连续递变。

4) Harf-Heusler 合金

Half-Heusler 体系是一种典型的窄带隙半金属材料,适用于中高温范围,由于其高温稳定性和良好的机械性能而备受关注。Half-Heusler 的通式为 ABX,其中 A 是元素周期表中左边的过渡元素(钛或钒族),B 为元素周期表中右边的过渡元素(铁、钴、镍族),X 为主族元素(镓、锡或锗)。Half-Heusler 化合物具有 MgAgAs 型结构,由两个相互穿插的面心立方和位于中心的简单立方构成,如图 6-21 所示。这类化合物及合金有优良的电学性能,室温下 Seebeck 系数可达 400 μV/K。

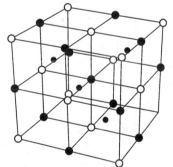

图 6-21　Half-Heusler 的 ABX 型晶体结构

图 6-21 中大、小两种实心圆圈分别代表 A 原子和 B 原子,空心圆圈代表 X 原子,B 原子占据 AX 亚结构立方间隙的一半。A 原子格子和 B 原子格子一起构成 NaCl 型结构,形成 4 个小立方体,若 4 个小立方体的所有空隙中心均被 B 原子填满,则材料的结构为 ABZX,即所谓的 Heusler 结构化合物,但图 6-21 中小立方体的空隙中心只有一半被 B 原子占据,另一半是空的,因此称之为 Half-Heusler 合金。A、B 和 X 晶格位置都具有高的可替代性,由于质量起伏和应力起伏效应,对 A、B 元素的取代可降低晶格热导率,同时 X 的取代也可调整载流子浓度,进一步调控 seebeck 和电导率。N 型 Half-Heusler 合金 MNiSn 和 MCoSb(M=Ti,Zr,

Hf)是被研究得最多的,P 型材料也有如 MCoSb、LnPdSb、ErNiSn、HfPtSn、ZrPtSn 等。工业和汽车排放的尾气平均温度为 500～600℃,这使得中高温热电材料更具有工业应用价值,中高温热电材料的代表为 PbTe、方钴矿和 Half - Heusler 体系。Half - Heusler 材料的应用温度贴近于绝大部分的工业热源,PbTe 材料具有毒性,且机械效率差,方钴矿的热稳定性差,Half - Heusler 的优势在于没有这类缺点,但高热导率一直制约着它的发展。

5) 金属氧化物热电材料

目前,一些较有潜力的氧化物已经诞生,如 $La_{0.1}Ba_{0.9}TiO_3$、$La_{0.05}Ca_{0.97}MnO_3$、$(R_{1-x}Ca)MnO_3(R=Tb、Ho、Y)$ 和 $Ba_{1-x}Sr_xPbO_3$ 等,其热电优值可达 $10^{-4}/K$。Fonstad 等发现 SnO_2 单晶具有较高的载流子迁移率[在 300 K 时可达 150～260 $cm^2/(V \cdot s)$],比 ReO_3 的迁移率 30 $cm^2/(V \cdot s)$ 高出许多,并且这些材料的烧结体制备容易,直到 1 400℃仍然具有表面防氧化功能。层状金属氧化物也是一种较有前景的热电材料。H. Yakabe 等对 $NaCo_2O_4$ 材料掺 Ag、Ba、Ca、La 等重金属元素的热电性能进行了研究,发现在掺入 Ba、Ca、La 等金属元素后,$NaCo_2O_4$ 材料的电阻率和 Seebeck 系数同时增大;掺入 Ag 使 $NaCo_2O_4$ 材料的电阻率下降而 Seebeck 系数增加。这种现象用目前经典的半导体理论无法给出合理的解释,公认的说法是电子间的强相关性导致了这种现象的发生。层状金属氧化物不足的是电导率仍然太低,如果能够解决这一问题,则金属氧化物作为高温用热电材料前景广阔。

光电性能　6.7 动画

6.7　光电性能

某些物质受到光照后,引起物质电性发生变化,这种光致电变的现象称为光电效应(photoelectric effect)。光电效应乃是光子与电子相互作用的结果。两者之间作用后各有所变,对于光子,它或被吸收或改变频率和方向;对于电子,必发生能量和状态的变化,从束缚于局域的状态转变到比较自由的状态,因而导致物质电性的变化。

6.7.1　光电效应

1. 光电发射效应

当金属或半导体受到光照射时,其表面和体内的电子因吸收光子能量而被激发,如果被激发的电子具有足够的能量,足以克服表面势垒而从表面离开,产生了光电发射效应或称为外光电效应。被光逸出的电子称为光电子(photoelectron)。

这一现象是由赫兹和霍尔瓦克斯等人于 1887 年发现的。这个效应可用图 6 - 22 示出的装置来观察。把两个金属电极安装在抽成真空的玻璃泡中,在两极间接入直流电源和灵敏检流计。当无光照射时,泡内阴极 K 与

光电发射效应实验

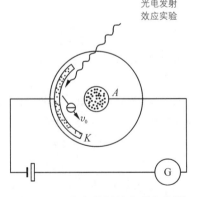

图 6 - 22　光电发射效应观察装置

阳极 A 之间的空间无载流子,故检流计 G 中无电流。当有光照射阴极 K 时,由于有光电子从阴极逸出,在电压作用下,漂向阳极,于是 G 中便有电流。

近代物理已确认了光的波粒二象性,光电发射效应即是光的粒子(光子)性的表现。爱因斯坦认为,一束频率为 ν 的光,是一束单个粒子能量为 $h\nu$ 的光子流。即

$$h\nu = \frac{1}{2}mv_0^2 + \varphi \qquad (6-73)$$

式中,$h \approx 6.626 \times 10^{-34}$ J·s,为普朗克常量;m 为光电子质量;v_0 为光电子的初速度;φ 为金属的逸出功或功函数。该方程称为爱因斯坦方程。

上述理论我们可以理解为光子是一个个能量为 $h\nu$ 的小能包,当它与固体的电子碰撞并为电子所吸收时,电子便获得了光子的能量,一部分用于克服金属的束缚,开销于逸出功 φ,剩下的便成了外逸光电子的初动能 $\frac{1}{2}mv_0^2$ 了。如果光子的频率小于某一 ν_{min} 值,即使增加光的强度,也不能产生光电子发射。一个光子与其所能引致的发射光电子数之比 η,称为量子效应,实用材料的 η 值一般为 $0.1 \sim 0.2$。利用光电发射效应可制成光电发射管。

2. 光电导效应

半导体受光辐射时,电导率增加而变得易于导电,此现象称光电导效应。这种效应的产生,来自材料因吸收光子后,其中的载流子浓度发生了改变。

如图 6-23 所示,当半导体未受光照时,只有极少的热激发自由载流子,绝大多数电子被束缚在图(a)的局域价键上不能参与导电。或如图(b)所示,导带中的自由电子极少,近似

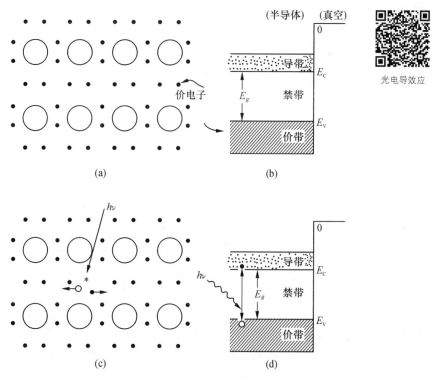

图 6-23 本征半导体光电导效应

空带,而价电子全部束缚于满的价带中,故电导率很小。要打破电子的这种分布格局,就必须输入能量,以破坏原子间的价键,将电子从价带提升到导带,光电导效应正是利用了光子的能量来实现了这一目的。如图(c)所示,当有光照射时,能量大于半导体禁带宽度 E_g 的光子 $h\nu$ 与价电子碰撞,价电子获得了光子的能量从价带中跃迁到导带中成为自由电子,并在价带中留下空位形成空穴。即光子被价电子吸收形成了自由电子-空穴对,它们都是可以参与导电的载流子。由于这一光电效应增加了材料的载流子浓度,从而增加了材料的电导率。产生光电导效应的必要条件是光子能量 $h\nu$ 必须大于半导体禁带宽度 E_g,由此可以得到产生光电导效应的入射光临界波长为

$$\lambda = \frac{hc}{E_g} \approx \frac{1.24}{E_g} \qquad (6-74)$$

上述情况为本征光电导,若光照仅激发禁带中的杂质能级上的电子或空穴而改变其电导率,则为杂质光电导。

3. 光生伏特效应

如果光照射到半导体的 p-n 结上,则在 p-n 结两端会出现电势差,p 区为正极,n 区为负极。这一电势差可以用高内阻的电压表测量出来,这种效应称为光生伏特效应,如图 6-24 所示。

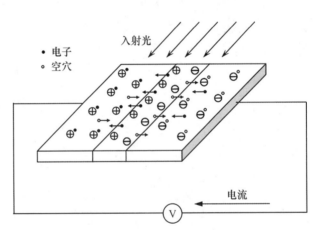

光生伏特效应

图 6-24　光生伏特效应原理示意图

光生伏特效应的原理为:当半导体材料形成 p-n 结时,由于载流子存在浓度差,n 区的电子向 p 区扩散,而 p 区的空穴向 n 区扩散,结果在 p-n 结附近 p 区一侧出现了负电荷区,而在 n 区一侧出现了正电荷区,称为空间电荷区。空间电荷的存在形成了一个自建电场,电场方向由 n 区指向 p 区。虽然自建电场分别阻止电子由 n 区向 p 区、空穴由 p 区向 n 区进一步扩散,但它却能推动 n 区空穴和 p 区电子分别向对方运动。

当光子入射到 p-n 结时,如果光子能量 $h\nu > E_g$,在 p-n 结附近激发出电子空穴对。在自建电场的作用下,n 区的光生空穴被拉向 p 区,p 区的光生电子被拉向 n 区,结果 n 区积累了负电荷,p 区积累了正电荷,产生光生电动势。若将外电路接通,则有电流由 p 区流经外电路至 n 区,这种效应就是光生伏特效应。

6.7.2 光电材料及其应用

光电材料是把光能转变为电能的一类能量转换功能材料。从不同的分类角度可以分为各种不同的光电材料。

1. 光电材料分类

1) 按用途分类

光电转换材料：根据光生伏特原理，将太阳能直接转换成电能的一种半导体光电材料。已使用的光电转换材料以单晶硅、多晶硅和非晶硅为主。此外，碲化镉（CdTe）和铜铟硒（CuInSe$_2$）被认为是两种非常有前途的光伏材料，目前研究已经取得一定的进展，但是距离大规模生产尚有差距。

光电催化材料：在光催化下将吸收的光能直接转变为化学能的半导体光电材料，它使许多通常情况下难以实现或不可能实现的反应在比较温和的条件下能够顺利进行。例如，水的分解反应，该反应的 $\Delta \tau G_m \gg 0$，在光电材料催化下，反应可以在常温常压下进行。

2) 按组成分类

有机光电材料：由有机化合物构成的半导体光电材料，主要包括酞菁及其衍生物、卟啉及其衍生物、聚苯胺、噬菌调理素等。

无机光电材料：由无机化合物构成的半导体光电材料，主要包括 Si、TiO$_2$、ZnS、LaFeO$_3$、LaFeO$_3$、KCuPO$_4$、CuInSe$_2$ 等。

有机、无机光电配合物：由中心金属离子和有机配体形成的光电功能配合物，主要有 2，2 联吡啶合钌类配合物等。

3) 按尺度分类

块体光电材料：是指颗粒尺度大于 100 nm 的光电材料。

纳米光电材料：是指颗粒尺度介于 1～100 nm 之间的光电材料。

2. 光电导材料

评价光电导特性的因子是光电导增益 G，它定义为每秒产生的电子-空穴对总数与每秒通过电极间的载流子（电子和空穴）数的比。

$$G = \left(\frac{\Delta I}{e}\right)\left(\frac{1}{F}\right) = (\tau_n \mu_n + \tau_p \mu_p)V/L^2 \qquad (6-75)$$

式中，τ_n、τ_p 为电子和空穴的寿命；μ_n、μ_p 为电子和空穴的迁移率；L 为半导体样品电极间距离；V 为外加电压。因为 $\tau_n \mu_n \gg \tau_p \mu_p$，所以上式可简化为

$$G = \tau_n \mu_n V/L^2 \qquad (6-76)$$

由此看出，欲使 G 大，可选用载流子寿命长、迁移率大的半导体材料为光电导材料。光电导材料按材料种类可分为三大类：

(1) 光电导半导体：包括单体（Ge，Si）、氧化物（ZnO，PbO）、镉化物（CdS，CdSe、CdTe）、铅化物（PbS，PbSe，PbTe）、其他（Sb$_2$S$_3$，InSb）等。

(2) 光电导陶瓷：包括 CdS 陶瓷、CdSe 陶瓷等。

(3) 有机高分子光导体：如聚氮乙烯基咔唑（PNVC）和 2，4，7 -三硝基芴酮（TNF）组

成的传荷配合物(CT)等属此类。

光电导材料常用作光探测的光敏感器件的材料。如可见光、红外光的半导体光电导型光敏器件的材料以及半导体光电二极管的材料。用 CdS 可以制造光敏晶体三极管,在 CdS 中扩散入铜可制成 p-n 结,其特性很好,可成为高阻抗元件。

3. 光电池材料

在光电池性能的研究中,发现产生光电流 I_φ 的大小与半导体的特性有关,特别是与禁带宽度有关。为寻找效率较高的光电转换材料,首先从选择具有合适禁带宽度的材料开始。对于不同禁带宽度的半导体,只能吸收一部分波长的辐射能量以产生电子空穴对。以太阳辐射为例,材料的禁带宽度 E_g 愈小,太阳光谱的可利用部分愈大,同时在太阳光谱峰值附近被浪费的能量也愈大。只有选择具有合适 E_g 值的材料,才能更有效地利用太阳光谱,研究表明 E_g 在 0.9~1.5 eV 范围内效果较好。硅的 E_g 为 1.07 eV,是太阳能电池较理想的材料;比较好的薄膜太阳能电池有硫化镉、碲化镉和砷化镓;此外,CdS 陶瓷太阳能电池制备简单,成本低,但稳定性较差;$CuInSe_2/CdS$、InS/CdS 等制成的 p-n 异质结太阳能电池,由于异质结两边的材料禁带宽度不同,因此可在太阳光谱分布较宽的范围内产生光激发,具有更广泛的光谱频带,能提高太阳能电池的效率,故其转换效率较高,但其工艺复杂。表 6-10 列出了部分太阳能电池的有关参数。

表 6-10 一些太阳能电池的性能和参数

材　　料	禁带宽度 /eV	截止波长/μm	材料所吸收的总太阳能/%	理论转换效率/%	实际达到的转换效率/%
Si	1.07	1.10	76	22	18
InP	1.25	0.97	69	25	6
GaAs	1.35	0.90	65	26	11
GdTe	1.45	0.84	61	27	5
CdS	2.40	0.50	24	18	8

习题

1. 解释下列名词:介质损耗、介电强度、压电效应、逆压电效应、铁电性、热电效应、光电效应、热释电效应、电热效应。

2. 试述电介质各种微观极化机制的特点。

3. 平行板真空电容器极板上的电荷面密度为 $\sigma = 2.3 \times 10^{-6}$ C/m^2,充入相对介电常数 $\varepsilon_r = 9.7$ 的介质后,若极板上的电荷面密度不变,计算真空条件下和充入介质后的 E、P 分别为多少?束缚电荷产生的场强为多少?

4. 解释下列名词:复电导率、复介电常数、损耗角、损耗因子。

5. 试述频率、温度、湿度等因素对介质损耗的影响。

6. 简述陶瓷材料的损耗机制。

7. 影响材料击穿强度的因素有哪些？

8. 压电材料主要表征参数有哪些？并说明其物理意义。

9. 有一零度 x 切的纵向石英晶体压电系数 $d_{11} = 2.31 \times 10^{-12}$ C/N，相对介电常数 $\varepsilon_r = 4.5$，其面积为 20 mm^2，厚度为 10 mm，当受到压力 $p = 10$ MPa 作用时，求产生的电荷量及输出电压。

10. 绘出典型的铁电体的电滞回线，说明其主要参数的物理意义和造成 P - E 非线性关系的原因。

11. 试比较三种热电效应的异同点。

12. 在某温度条件下，金属 A 与铂组成的热电偶测得的热电势为 12.58 mV，金属 B 与铂组成的热电偶测得的热电势为 8.24 mV，求由 AB 金属组成的热电偶在相同温度条件下测到的热电势。

13. 简述三种主要光电效应产生的原理。

14. 波长为 λ 和 $3\lambda/4$ 的单色光照射同一金属，发出的光电子的初动能之比为 1：2，求此金属板的逸出功。

15. 已知某半导体材料的禁带宽度 $E_g = 1.45$ eV，求该半导体的临界吸收波长。

参 考 文 献

[1] 邱成军,王元化,王义杰.材料物理性能[M].哈尔滨:哈尔滨工业大学出版社,2003.

[2] 关振铎,张中太,焦金生.无机材料物理性能[M].北京:清华大学出版社,1992.

[3] 冯端,师晶绪,刘治国.材料科学导论[M].北京:化学工业出版社,2002.

[4] 曹阳.结构与材料[M].北京:高等教育出版社,2003.

[5] 田莳.材料物理性能[M].北京:北京航空航天大学出版社,2004.

[6] 熊兆贤.材料物理导论[M].北京:科学出版社,2001.

[7] 宁青菊,谈国强,史永胜.无机材料物理性能[M].北京:化学工业出版社,2006.

[8] 陈树川,陈凌冰.材料物理性能[M].上海:上海交通大学出版社,1999.

[9] 杨尚林,张宇,桂太龙.材料物理性能[M].哈尔滨:哈尔滨工业大学出版社,1999.

[10] 陆佩文.无机材料科学基础[M].武汉:武汉工业大学出版社,1996.

[11] 龚江宏.陶瓷材料力学性能导论[M].北京:清华大学出版社,2003.

[12] 徐祖耀,李鹏兴.材料科学导论[M].上海:上海科学技术出版社,1986.

[13] William D, Callister J. Materials Science and Engineering:An Introduction[M].
Hoboken:John Wiley & Sons, 1999.

[14] Smith W F. Foundations of Materials Science and Engineering[M]. New York:
Mcgraw-Hill Book Co., 1992.

[15] 干福喜.信息材料[M].天津:天津大学出版社,2000.

[16] 贺福.碳纤维及石墨纤维[M].北京:化学工业出版社,2010.

[17] 刘强.材料物理性能[M].北京:化学工业出版社,2009.

[18] 王国梅,万发荣.材料物理[M].武汉:武汉理工大学出版社,2015.

[19] 温变英.高分子材料与加工[M].北京:中国轻工业出版社,2011.

[20] 施惠生,郭晓潞,阚黎黎.水泥基材料科学[M].北京:中国建材工业出版社,2011.

[21] 陈立东,刘睿恒,史迅.热电材料与器件[M].北京:科学出版社,2018.

[22] 高长银.压电效应新技术及应用[M].北京:电子工业出版社,2012.

[23] 王春雷,李吉超,赵明磊.压电铁电物理[M].北京:科学出版社,2009.

[24] 贾德昌,宋桂明.无机非金属材料性能[M].北京:科学出版社,2008.

[25] 郑昌琼,冉均国.新型无机材料[M].北京:科学出版社,2003.

[26] 宛德福,马兴隆.磁性物理学[M].北京:电子工业出版社,1999.

[27] 戴道生,钱昆明.铁磁学[M].北京:科学出版社,2017.

[28] 李志林.材料物理[M].北京:化学工业出版社,2009.

[29] 冯端,金国钧.凝聚态物理学:上卷[M].北京:高等教育出版社,2013.